Turbinen und Turbinenanlagen.

Von

Viktor Gelpke,
Ingenieur.

Mit 52 Textfiguren und 31 lithographierten Tafeln.

Springer-Verlag Berlin Heidelberg GmbH
1906

ISBN 978-3-642-50493-8 ISBN 978-3-642-50803-5 (eBook)
DOI 10.1007/978-3-642-50803-5

Softcover reprint of the hardcover 1st edition 1906

Vorwort.

Die vorliegende Arbeit ist in der Absicht verfaßt worden, auf dem Gebiete des Wasserturbinenbaues auf Fachgenossen und Studierende anregend zu wirken, wozu dem Unterzeichneten durch seine Tätigkeit als Ingenieur der Firma Th. Bell & Co. und später als Chefingenieur der Firma Escher, Wyss & Co., Zürich, während der Dauer von ca. 10 Jahren reichlich Stoff geboten war.

Zu diesem Zwecke sind einerseits die Grundlagen der Berechnung vertieft und verschärft und neue Mittel zum Entwurf der Schaufelung gegeben worden — immer mit Rücksicht auf die praktische Verwendung —, andererseits eine Reihe neuer Konstruktionsformen aufgestellt worden. Unter anderem wurde die prinzipiell einfachste aller Turbinen, die Jonval-Turbine, in modernes Gewand gekleidet, um darzutun, daß auch diese Turbine einer weiteren Entwickelung sehr wohl fähig gewesen wäre; das gleiche gilt auch von der Radialturbine mit Innenbeaufschlagung und Drehschaufelregulierung, die als Einheit betrachtet, wohl durch keine andere Konstruktionsform an Einfachheit übertroffen werden kann.

Um die Mannigfaltigkeit der Turbinengrößen trotz Veränderlichkeit von Wassermenge und Druckhöhe in geregelter Weise der praktischen Ausführung zu unterwerfen und damit zu bewirken, daß die Modellmagazine nicht ins Ungemessene anwachsen, ist das Kapitel „Normaltypen" entstanden.

Bei Abfassung des Abschnitts Pelton- und Löffelräder waren in erster Linie praktische Gesichtspunkte wegleitend. Mit den gemachten Angaben soll der Konstrukteur in den Stand gesetzt werden, einen ersten, angenähert richtigen Entwurf herzustellen, der dann an Hand strenger theoretischer Untersuchung — speziell auch des relativen und absoluten Wasserwegs und des Verlaufs der relativen und absoluten Geschwindigkeiten — nachkontrolliert werden muß. Endlich war Verfasser bemüht, jüngeren Fachgenossen diejenigen Einzelheiten in modernster Form zur Verfügung zu stellen, welche für den Bau einer ganzen Turbinenanlage von größter Wichtigkeit sind und sehr oft als minderwertige Konstruktionselemente nicht mit dem Interesse behandelt werden, welches sie verdienen.

*

Da dem in der Praxis stehenden Ingenieur zur schriftstellerischen Arbeit nur eine beschränkte Zeit zur Verfügung steht, mußte Verfasser die Kapitel: Druck- und Geschwindigkeitsregulatoren vorläufig zurückstellen; er behält sich aber vor, bei einer allfälligen Neuauflage dieser Schrift darauf zurückzukommen.

Für den wesentlichen Anteil, welchen Herr Ingenieur Kugel in Düsseldorf, namentlich an der Behandlung des theoretischen Teils und der Schaufelkonstruktionen genommen hat, spreche ich genanntem Herrn hiermit meinen verbindlichsten Dank aus; ebenso danke ich den Firmen: Escher Wyss & Co., Th. Bell & Co. und J. J. Rieter & Co., welche durch Überlassung von Zeichnungen einiger vollständigen Turbinenanlagen mich unterstützt haben.

Es soll an dieser Stelle nicht unerwähnt bleiben, daß die Firma Escher Wyss & Co. schon seit dem Jahre 1900 nach dieser von mir eingeführten und hier wiedergegebenen Methode der Schaufelkonstruktionen gearbeitet hat und damit Resultate erzielt worden sind, die der oberen Grenze des überhaupt Erreichbaren nahe kommen.

Jede Berichtigung, Ergänzung oder Erweiterung dieser Arbeit von seiten der Herren Fachgenossen werde ich mit Dank begrüßen und gebührend in Berücksichtigung ziehen.

Zürich, September 1906.

Viktor Gelpke.

Inhaltsverzeichnis.

Turbinen.

Berechnung der Turbinen.

Konstruktion von Turbinenrädern.

Turbinenanlagen.

Turbinen.

Berechnung der Turbinen.

A. Allgemeine Bezeichnungen.

Es bedeutet:

Q die Wassermenge in Kubikmetern pro Sekunde.

H das Nutzgefälle, Summe von Druck- und Sauggefälle, in Metern, unmittelbar vor bzw. hinter der Turbine gemessen.

n die Umdrehungszahl pro Minute.

$\omega = \frac{\pi n}{30}$ die Winkelgeschwindigkeit.

$N_{th} = \frac{QH}{75}$ das theoretische Arbeitsvermögen des Wassers in Pferdestärken.

$N = \varepsilon N_{th}$ die an der Turbinenwelle abgegebene hydraulische Leistung.

$N_{th} - N = (1 - \varepsilon) N_{th}$ demnach den hydraulischen Leistungsverlust im Leitapparat, Spalt, Laufrad und Saugrohr.

$N_e = \eta N_{th}$ die nach außen verfügbare und bremsbare mechanische Leistung,

$N - N_e = (\varepsilon - \eta) N_{th}$ die mechanischen Verluste entstanden durch Halszapfen- und Spurzapfenreibung, sowie hydraulische Verluste entstanden durch besondere Entlastungsvorrichtungen (Entlastungskolben), Kühlvorrichtungen für Lager u. dgl.

h_E das Teilgefälle vom O.W. Sp. bis Mitte Leitapparat-Eintrittsquerschnitt in Metern.

h_A das Teilgefälle von O.W. Sp. bis Mitte Leitapparat-Austrittsquerschnitt.

$h_A - h_E$ die „hydraulische" Leitradhöhe.

h_0 das Teilgefälle von O. W. Sp. bis Mitte Laufrad-Eintrittskante.

h_e das Teilgefälle von O.W. Sp. bis Mitte Laufrad-Eintrittsquerschnitt.

$h_e - h_A$ die „hydraulische" Spalthöhe.

h_a das Teilgefälle von O.W. Sp. bis Mitte Laufrad-Austrittsquerschnitt.

$h_a - h_e$ die „hydraulische" Laufradhöhe.

$H - h_a$ das Sauggefälle.

y den Abstand irgend eines Flächenelements des wirklichen Saugrohr-Austrittsquerschnitts vom U.W. Sp.

$p_E\, p_A\, p_0\, p_e\, p_a$ die manometrischen Pressungen in den einzelnen Querschnitten in Meter Wassersäule.

$D_E\, D_A\, D_0\, D_e\, D_a$ die diesbezüglichen Durchmesser für die Querschnittsmittelpunkte.

$r_E\, r_A\, r_0\, r_e\, r_a$ die Radien in den Querschnittsmittelpunkten.

$\Delta_E\, \Delta_A\, \Delta_0\, \Delta_e\, \Delta_a$ die lichten Weiten gemessen in den Querschnittsmitten.

$l_E l_A l_0 \ldots$ die meßbaren Breiten der Kanalquerschnitte.
$b_E b_A \ldots$ die effektiven Breiten der Kanalquerschnitte.
$b_E \Delta_E,\ b_A \Delta_A \ldots$ demnach die effektiven Querschnitte selbst.
$\Sigma b_E \Delta_E,\ \Sigma b_A \Delta_A \ldots$ die totalen, effektiven Querschnitte pro 1 Rad.
c_O und c_U bzw. die Geschwindigkeiten im Ober- und Unterwasserkanal.
$c_E c_A c_0 c_e c_a$ die absoluten Geschwindigkeiten an den oben bezeichneten Stellen des Leit- bzw. Laufradkanales.
$v_0 v_e v_a$ die Umfangsgeschwindigkeit für den Radumfang, bzw. den Mittelpunkt des Eintrittsquerschnittes, bzw. den Mittelpunkt des Austrittsquerschnittes.
$w_0 w_e w_a$ die Relativgeschwindigkeit des Wasserteilchens beim Passieren der Laufrad-Eintrittskante bzw. der Mitte des Eintrittsquerschnitts, bzw. der Mitte des Austrittsquerschnitts.
$c_a'' c_a''' c_a^{IV} \ldots c_a^n$ Geschwindigkeiten im Saugrohr in Richtung von normalen Wasserfäden.
α den Leitradschaufel-Austrittswinkel = Winkel, den c_0 mit v_0 bildet, und der zwischen 0 und 45° liegt.
β den Laufradschaufel-Eintrittswinkel = Winkel, den w_0 mit v_0 bildet bei stoßfreiem Eintritt und $> 90^0$ für Schnellläufer und $< 90^0$ für Langsamläufer und Freistrahlturbinen.
γ den Laufradschaufel-Austrittswinkel = Winkel, den w_a mit v_a bildet; und der stets $< 90^0$ ist.
δ den absoluten Austrittswinkel = Winkel zwischen c_a und v_a, um 90° variierend und $< 90^0$, falls die Projektion von c_a auf v_a gleiche Richtung mit v_a besitzt.
m die Zahl der Teilturbinen.
Z die Schaufelzahl des Leitrades.
z „ „ des Laufrades.
T und t Teilung für Leit- und Laufrad.
s und s' Schaufeldicken.
r und r' Radien.
R und R' Kegelmantellinien.

B. Querschnittsbestimmungen an Turbinen.

1. Wasserfadenrotor und normale Niveauflächen.

Die in Textfigur 1 dargestellten Linien 00, 11, 22 usw. sind aufzufassen als Schnittlinien von Rotationsflächen mit der Bildebene; Rotationsachse ist hierbei, wie für alle späteren Untersuchungen, stets die Turbinenachse. Die Erzeugende 00 (äußere Rotationsfläche) sowie die Erzeugende 44 (innere Rotationsfläche) sei vorläufig beliebig gewählt. Zwischen diesen beiden begrenzenden Rotationsflächen denke man sich eine bestimmte Wassermenge Q durchgeleitet, derart, daß irgend ein Wasserteilchen in einer Diametralebene sich bewegt. Die Linien bzw. Rotationsflächen 11, 22 usw. seien nun so bestimmt, daß zwischen Fläche 1,1 und 0,0 gleichviel Wasser hindurchgeht, wie zwischen Fläche

2,2 und 1,1 usf. Nach Fig. 1 wäre diese Wassermenge $= \frac{Q}{4}$; allgemein $\frac{Q}{n}$. Die mittleren Rotationsflächen 01,01 12,12 usw. ihrerseits sind wiederum so gewählt, daß zwischen 01,01 und 1,1 gleichviel Wasser hindurchgeht wie zwischen 1,1 und 12,12. Für Fig. 1 wäre die Wassermenge $= \frac{Q}{8}$; allgemein $\frac{Q}{2n}$ usw. Nun repräsentieren die Linien 0,0, 01,01, 1,1 usw. gleichzeitig die Wasserwege, welche die Wasserteilchen einschlügen, vorausgesetzt, daß zwischen den Kränzen 00 und 44 keine Schaufeln eingebaut wären, d. h. die Räder der Turbine nur Radkränze besäßen.

Ein derartiger Wasserweg soll in der Folge als normaler Wasserfaden bezeichnet werden und dabei stets in einer Ebene durch die Drehachse gehend gedacht sein.

Die durch Rotation des normalen Wasserfadens um die Turbinenachse entstandene Fläche wollen wir einen normalen Wasserfadenrotor oder kurz Rotor nennen.

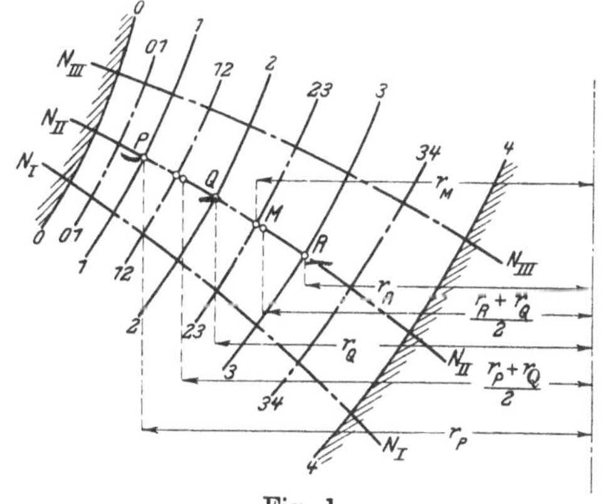

Fig. 1.

Die Linien $N_I\,N_I$, $N_{II}\,N_{II}$ usw. sind Schnittlinien der Bildebene mit Flächen, welche senkrecht zu den normalen Wasserfäden stehen; wir bezeichnen in der Folge die vorgenannten Linien als normale Niveaulinien, die resp. Flächen als normale Niveauflächen.

Der künftigen Rechnung wird die mögliche Annahme zugrunde gelegt, daß sämtliche Wasserteilchen, welche auf ein und derselben normalen Niveaufläche sich befinden, gleich große Geschwindigkeiten in Richtung der normalen Wasserfäden d. i. senkrecht zur Niveaufläche besitzen. Wir erzwingen diese Annahme sodann innerhalb der Turbine durch entsprechende Gestaltung der Schaufeln.[1])

Aus dieser Annahme in Verbindung mit der oben stehenden Forderung, daß zwischen zwei aufeinander folgenden Rotoren gleich große Wassermengen bewegt werden, ergibt sich nach Fig. 1 für die Rotoren 11, 22 und 33, welche die normale Niveaulinie $N_{II}N_{II}$ in den Punkten P, Q und R schneiden, die Beziehung:

$$\widehat{RQ} \cdot 2\pi \frac{r_R + r_Q}{2} = \widehat{PQ} \cdot 2\pi \frac{r_P + r_Q}{2}$$

oder

$$\widehat{RQ}\,(r_R + r_Q) = \widehat{PQ} \cdot (r_P + r_Q)$$

---

[1]) Vgl. diesbezüglich auch den Aufsatz: Über Flüssigkeitsbewegungen in Rotationshohlräumen von Prof. Dr. F. Präsil, Schweiz. Bauzeitg. Bd. XLI, Nr. 19, 21, 22, 25 u. 26 und Theorie und Berechnung der Vollturbinen und Kreiselpumpen von H. Lorenz, Z. d. V. d. Ing. 1905, Seite 1670.

Wenn weiter 23,23, der mittlere Rotor zwischen 2,2 und 3,3 gelegen ist, der die Niveaulinie $N_{II}N_{II}$ in M schneiden möge, so muß wiederum sein:

$$\widehat{MR}\cdot 2\pi\cdot\frac{r_R+r_M}{2}=\widehat{MQ}\,2\pi\frac{r_M+r_Q}{2}=\widehat{RQ}\cdot 2\pi\,\frac{r_R+r_Q}{4}$$

oder

$$\widehat{MR}\,(r_R+r_M)=\widehat{MQ}\,(r_M+r_Q)=\widehat{RQ}\,\frac{r_R+r_Q}{2}$$

usw.

Durch die Einbringung von Schaufeln zwischen die begrenzenden Schaufelkränze (0,0 und 4,4) werden aus den normalen Niveauflächen Flächenstreifen herausgeschnitten, welche je nach Schaufeldicke, Schaufelzahl und Schräglage der Schaufel einen mehr oder minder großen Prozentsatz der normalen Niveaufläche ausmachen. Denkt man sich die Summe dieser Flächenstreifen gebildet und subtrahiert, so überbleibt von der normalen Niveaufläche die *effektive normale Niveaufläche*. Wassermenge Q dividiert durch diese effektive normale Niveaufläche ergibt die Geschwindigkeitskomponente in Richtung der normalen Wasserfaden bei Anwesenheit von Schaufeln.

2. Kanal, wirkliche Niveaufläche und effektiver Kanalquerschnitt.

Das zwischen je zwei Schaufeln und den Radkränzen eingeschlossene Profil, das zur Wasserführung dient, heißt allgemein *Kanal*; für die ruhende Schaufelreihe: *Leitradkanal*, für die bewegte: *Laufradkanal*.

In einen Kanal der ruhenden oder bewegten Schaufelreihe kann der Lauf der Wasserteilchen wiederum durch Linien verzeichnet werden; die so entstehenden Wasserwege sollen als *wirkliche Wasserfäden* im Gegensatz zu den normalen bezeichnet werden. Speziell für den ruhenden Leitradkanal dürfte noch die Benennung *wirklich absoluter Wasserfaden* im Gegensatz zu *wirklich relativem Wasserfaden* des bewegten Laufradkanals am Platz sein.

Flächen, welche zu den wirklichen Wasserfäden und deshalb auch zu den Kanalbegrenzungen (Schaufel und Radkranz) senkrecht stehen, nennen wir *wirkliche Niveauflächen*. Zum Unterschiede der Niveauflächen von Leit- und Laufradkanal sollen die Bezeichnungen *wirklich absolute* und *wirklich relative Niveaufläche* Platz greifen.

Greift man irgend einen Punkt einer wirklichen Niveaufläche heraus, so können durch diesen unendlich viele Niveaulinien in der wirklichen Niveaufläche gezogen werden, die von Schaufel zu Schaufel reichen; unter ihnen ist eine die *kürzeste*, welche die Eigenschaft besitzt, in ihren Schnittpunkten mit den begrenzenden Schaufeln senkrecht zu diesen zu stehen. Die Länge dieser kürzesten Niveaulinie nennen wir die *lichte Weite* des Kanals für den betreffenden Punkt innerhalb des Kanals. Wir denken uns nun die so charakterisierten kürzesten Niveaulinien auf der ganzen Ausdehnung einer und derselben wirklichen Niveaufläche innerhalb eines Kanals gezogen und die Mitten der sich ergebenden lichten Weiten durch eine Linie verbunden, die von Rotor zu Rotor beziehungsweise von Schaufelkranz zu Schaufelkranz reicht. Die Länge dieser Mittellinie nennen wir allgemein die *Breite des Kanals*.

Eintrittskante
Mittelpunktskurve der Eintrittsquerschnitte
projizierte Mittelpunktskurve der meßbaren Querschnitte
Austrittskante
Schaufelkranz
Wasserlauf

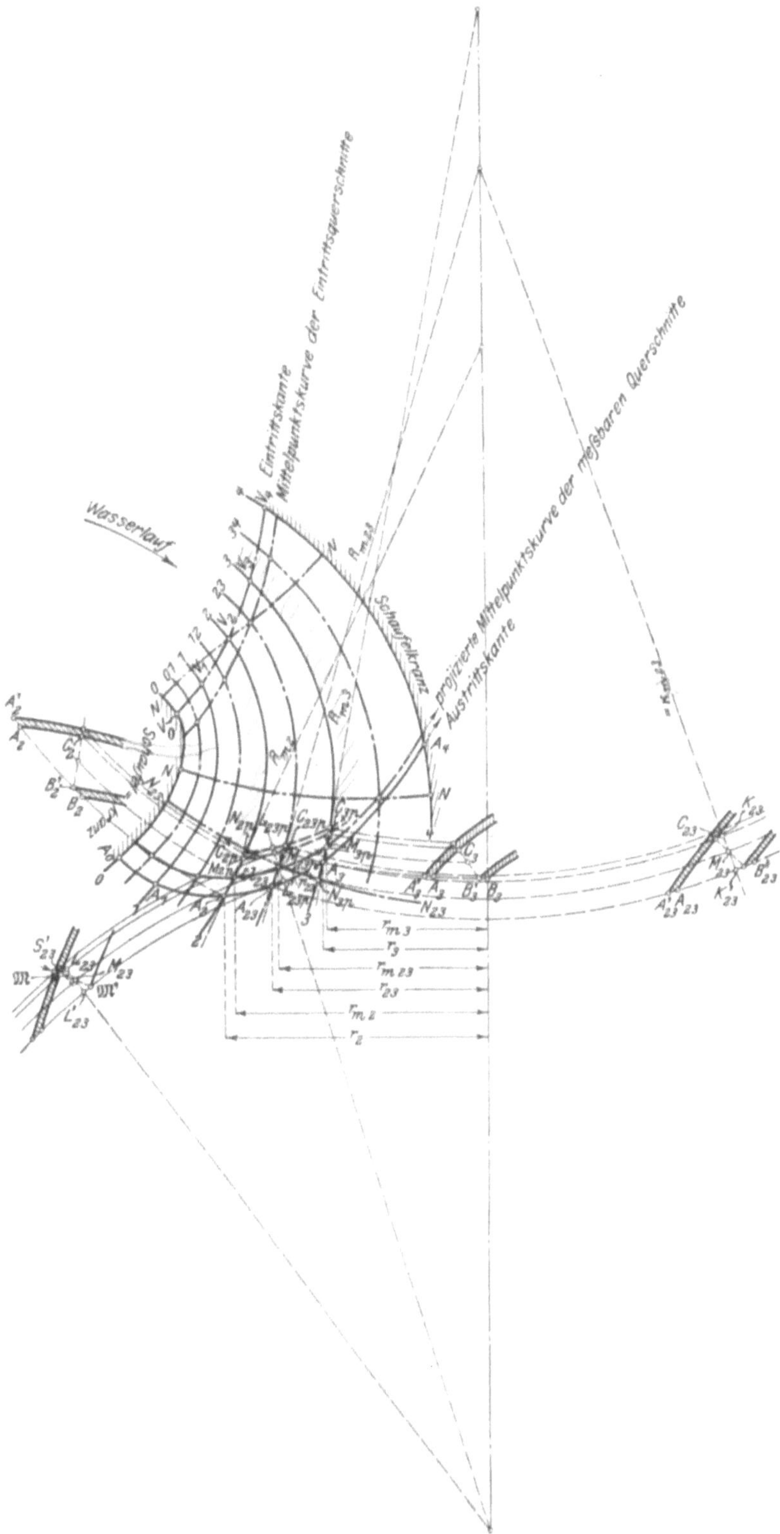

Fig. 2.

Den Flächeninhalt einer wirklichen Niveaufläche zwischen zwei Schaufeln und den beiden Schaufelkränzen gemessen bezeichnen wir als effektiven Kanalquerschnitt, der letztere liegt also stets in einer wirklichen Niveaufläche.

Durch Division des Kanalquerschnitts mit der Breite des Kanals erhält man die mittlere lichte Weite des Kanalquerschnitts. Sucht man auf der wirklichen Niveaufläche diejenige kürzeste Niveaulinie auf, welche gleiche Länge besitzt und halbiert dieselbe, so erhält man einen Punkt, den wir als Mittelpunkt des Kanalquerschnitts bezeichnen wollen. Verfährt man entsprechend für alle übrigen Querschnitte desselben Kanals, so erhält man eine Reihe solcher Mittelpunkte, welche verbunden die Linie des mittlern wirklichen Wasserfadens ergeben.

Die Größe der Wassergeschwindigkeit endlich ist für sämtliche Punkte eines effektiven Kanalquerschnittes oder einer wirklichen Niveaufläche als gleich groß anzusehen und bestimmt sich aus Wasserquantum dividiert durch Fläche des effektiven Kanalquerschnittes. Die Richtung der Geschwindigkeit steht stets senkrecht zum effektiven Kanalquerschnitt.

3. Meßbare Leit- und Laufradquerschnitte.

Es liege vor ein Kanal durch zwei Schaufeln und die Radkränze eingefaßt; die untereinander kongruenten Schaufeln seien in ihrer Ausdehnung durch zwei beliebig gekrümmte Linien begrenzt (s. Textfigur 2), die wir im Sinne der Wasserbewegung mit Ein- und Austrittskante bezeichnen wollen. Die Schaufeln denken wir uns stets materiell,

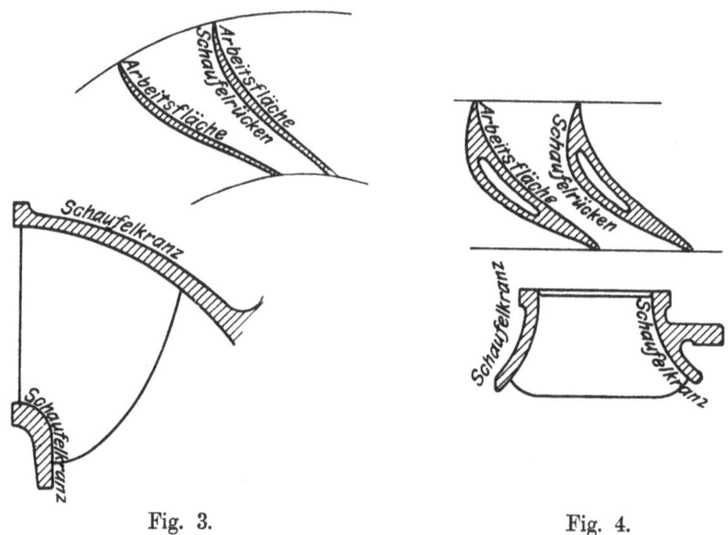

Fig. 3. Fig. 4.

also von endlicher Dicke. Wir messen diese Dicke stets in Richtung einer kürzesten Niveaulinie und bezeichnen dieselbe kurzweg als Schaufeldicke. An jeder Schaufel, der ruhenden wie der bewegten Schaufelreihe, unterscheiden wir die — meist konkav gekrümmte — Arbeitsfläche und den — meist konvex gekrümmten — Schaufelrücken (s. Textfigur 3 und 4).

Von den Punkten der Eintrittskante der einen Schaufel denke man sich kürzeste effektive Niveaulinien zur gegenüberliegenden Nachbarschaufel gezogen. Die Gesamtheit dieser Linien ergeben eine Fläche, welche wir als meßbaren Eintrittsquerschnitt des Kanals bezeichnen wollen; die gleiche Operation für Punkte der Austrittskante durchgeführt, ergibt den meßbaren Austrittsquerschnitt des Kanals.[1])

Die Summation dieser Querschnitte für sämtliche Kanäle eines Rades ergibt für das Leitrad:

den meßbaren Leitrad-Eintrittsquerschnitt
und „ „ Leitrad-Austrittsquerschnitt,

für das Laufrad:

den meßbaren Laufrad-Eintrittsquerschnitt
„ „ Laufrad-Austrittsquerschnitt.[2])

Im allgemeinen fällt die Fläche des meßbaren Querschnitts nicht zusammen mit einer effektiven Niveaufläche, also auch nicht mit dem effektiven Querschnitt des Kanals. In allen diesen Fällen erweist es sich notwendig, den effektiven Kanalquerschnitt aus dem meßbaren Querschnitt und den übrigen Kanalgrößen rechnerisch zu bestimmen (s. Textfigur 2).

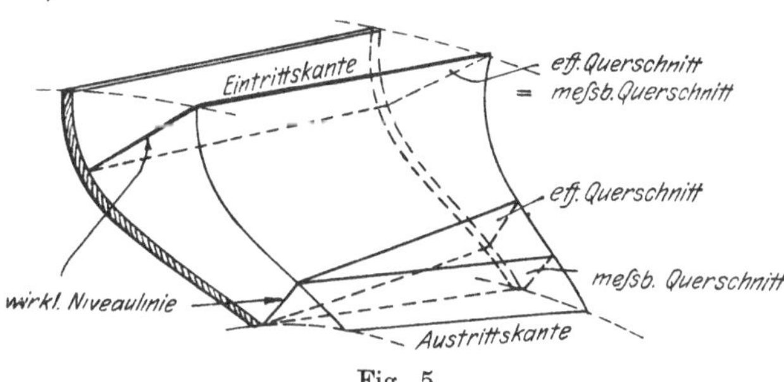

Fig. 5.

Nur in dem speziellen Fall, daß die wirklichen Wasserfäden den meßbaren Querschnitt senkrecht treffen, gehen effektiver und meßbarer Querschnitt in eins über und gestaltet sich die Rechnung dann auch besonders einfach; dies trifft beispielsweise zu beim Eintritt in Francis-Turbinen (s. Textfigur 5).

4. Zeichnerische Bestimmung des meßbaren Kanalquerschnitts.

(Siehe Textfigur 2, 6 und 7.)

Für die zeichnerische Darstellung eines Turbinenkanals in der Tafelebene bedienen wir uns der Kreisprojektionen, d. h. wir denken uns jeden außerhalb der Bildebene gelegenen Punkt durch Drehung um die xx-(Turbinen-) Achse in dieselbe projiziert. Die Drehachse selbst denken wir uns ebenfalls in der Bildebene gelegen.

[1]) Am ausgeführten Rade sind die so definierten Querschnitte der Messung ohne weiteres zugänglich, weshalb wir den Ausdruck „meßbar“ in Vorschlag bringen.

[2]) Falls der Kanal für sich durch normale Wasserfadenrotoren in beliebig viele Teilkanäle unterteilt war, muß die Summation naturgemäß zunächst über sämtliche Teilkanäle erstreckt werden.

Als gegeben zu betrachten sind die Schaufelkränze, d. h. der innerste Rotor 44 sowie der äußerste Rotor 00. Zwischen diese hinein denke man sich beliebig viele Rotoren, 1,1, 2,2 usw. in oben angegebener Weise gezogen, ebenso die Rotoren der mittleren normalen Wasserfaden 12,12, 23,23 usw.

Zwischen die Schaufelkränze seien zwei in Teilung stehende Schaufeln eingefügt. $A_0 A_1 A_2 \ldots.$ seien Punkte der Austrittskante des Schaufelrückens (s. Fig. 2); eine Schaufel dieser Austrittskante denken wir uns zunächst in einer Diametralebene und zwar in der Bildebene liegend. $A_0' A_1' A_2' \ldots.$ seien die korrespondierenden Punkte der Arbeitsschaufel, welche, wie die perspektivische Textfigur 6 zeigt, unter die Bildebene zu liegen kommen. $B_0 B_1 B_2 \ldots.$ und $B_0' B_1' B_2' \ldots.$ seien die korrespondierenden der durch Drehung um die xx-Achse um eine Teilung versetzten Schaufel. In Textfigur 2 fallen die vorbenannten Punkte beziehentlich zusammen mit der Punktreihe $A_0 A_1 A_2 \ldots.$ als Folge der angewandten Kreisprojektion. $V_0 V_1 V_2 \ldots.$ und $V_0' V_1' V_2' \ldots.$ seien in analoger Bezeichnung Punkte der Eintrittskante des Schaufelrückens bzw. der Arbeitsfläche der ersteren Schaufel, während $W_0 W_1 W_2 \ldots.$ und $W_0' W_1' W_2' \ldots.$ die analogen Punkte der um eine Teilung versetzten Schaufel darstellen.

Aus dem zwischen den beiden Schaufelkränzen und den beiden Schaufeln eingeschlossenen Kanal greifen wir heraus den beliebigen Teilkanal, der zwischen den beiden Rotoren 2,2 und 3,3 einerseits, und den beiden in Teilung gestellten Schaufeln andererseits liegt.

Durch Punkt B_2' der Schaufel-Austrittskante $B_2' B_3'$ (s. Fig. 7) ziehen wir die auf der Fläche des Rotors 2,2 gelegene Niveaulinie bis zum gegenüberliegenden Schaufelrücken, die in C_2 eintreffen möge. Analog erhalten wir, auf Rotor 3,3 gelegen, die Niveaulinie $\widehat{B_3' C_3}$ und den Durchstoßpunkt C_3 mit dem Schaufelrücken. Diese Operation für alle Punkte der Schaufelkante $B_2' B_3'$ wiederholt, ergibt auf dem gegenüberliegenden Schaufelrücken die Punktreihe $C_2 C_3$ sowie die trapezförmige Figur $B_2' C_2 C_3 B_3'$, welche die soeben konstruierten Niveaulinien enthält. Der Flächeninhalt von $B_2' C_2 C_3 B_3'$ stellt dar den meßbaren Austrittsquerschnitt des Teilkanals.

Der mittlere Wasserfadenrotor 23,23 schneidet aus dieser Fläche die Linie $\widehat{B_{23}' C_{23}}$ aus, welch letztere als Niveaulinie zwar senkrecht steht zu den auf dem Rotor 23,23 liegenden Schaufellinien (Schaufelschnitten), nicht aber zu den Schaufelflächen selbst.

Halbiert man noch sämtliche Niveaulinien $\widehat{B_2' C_2}$, $\widehat{B_{23}' C_{23}}$, $\widehat{B_3' C_3}$ usw. und verbindet die Halbierungspunkte $M_2 M_{23} M_3$ untereinander, so erhält man in $\widehat{M_2 M_{23} M_3}$ die Mittellinie des meßbaren Austrittsquerschnitts des Teilkanals, wobei Punkt M_{23} den Mittelpunkt dieses Querschnitts darstellt.

Ziehen wir weiter durch M_{23} in der Fläche des meßbaren Austrittsquerschnitts liegend die Linie $\widehat{\mathfrak{M}' M_{23} \mathfrak{M}}$ senkrecht sowohl zu $\widehat{B_2' B_3'}$ wie $\widehat{M_2 M_3}$ wie $\widehat{C_2 C_3}$, so erhalten wir in der Strecke $\widehat{\mathfrak{M}' \mathfrak{M}}$ die mittlere Weite der trapezförmigen Fläche $B_2' C_2 C_3 B_3'$, mithin im Produkt

$$\widehat{M_2 M_{23} M_3} \cdot \widehat{\mathfrak{M}' \mathfrak{M}}$$

z Schaufeln
normaler Wasserfaden
Schaufelrücken
Arbeitsfläche
normale Niveaulinie
Mittellinie
effektiver Querschnitt
meßbarer Querschnitt
Schaufelkante
Teilung = t_{m2}
Teilung = t_2
Kreisprojektion der Mittellinie d. meßb. Querschn.
Schaufelkante in XY-Ebene
normale Niveaulinie in XY-Ebene
normaler Wasserfaden in XY-Ebene
Turbinenachse
X
Z
O
normale Niveaulinie
Mittellinie des effektiven Querschnitts
Mittellinie des meßbaren Querschnitts

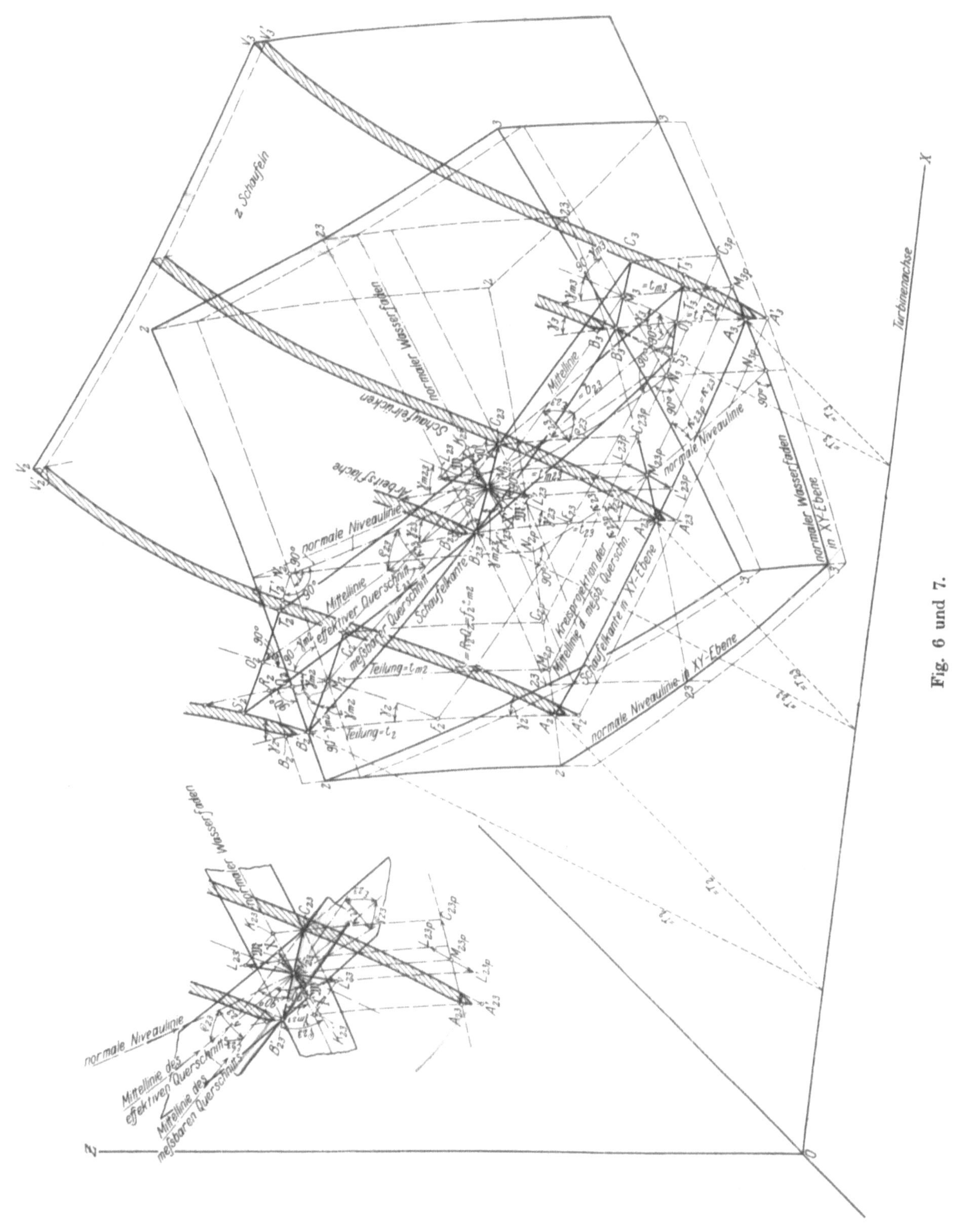

Fig. 6 und 7.

den Flächeninhalt des meßbaren Austrittsquerschnitts des Teilkanals.[1])

Die durch Drehung um die Turbinenachse (x-Achse) entstandenen Projektionen in der Tafelebene sind

$$\text{von } \overset{\frown}{M_2 M_{23} M_3} : \overset{\frown}{M_{2p} M_{23p} M_{3p}}$$
$$\text{von } \overset{\frown}{B_{23}' M_{23} C_{23}} : \overset{\frown}{A_{23} M_{23p} C_{23p}}$$
$$\text{von } \overset{\frown}{\mathfrak{M}' M_{23} \mathfrak{M}} : \overset{\frown}{L'_{23p} M_{23p} L_{23p}}.$$

Das sind diejenigen Linien, welche der direkten Messung in der Bildebene mit Maßstab zugänglich sind.

5. Übergang von meßbarem zu effektivem Kanalquerschnitt.

Die Betrachtung folgender Grenzfälle gestattet einen Überblick des Zusammenhangs zwischen meßbarem und effektivem Kanalquerschnitt.

1. Fall. Fällt die Austrittskante zusammen mit einer normalen Niveaulinie, so ist klar, daß dann der meßbare Querschnitt auch senkrecht steht zu sämtlichen wirklichen Wasserfäden, d. h. der meßbare Querschnitt wird identisch mit dem effektiven.

2. Fall. Ist die Austrittskante beliebig geneigt zu der normalen Niveaulinie, dazu aber der Austrittswinkel γ sehr klein, so wird wiederum der meßbare Querschnitt gleich dem effektiven; denn in diesem Grenzfalle kommt der meßbare Querschnitt wieder senkrecht zu stehen zu den, nahezu tangential an die Austrittskante-Rotationsfläche verlaufenden wirklichen Wasserfäden. Bezeichnen wir für diesen Grenzfall die sehr kleine lichte Weite des meßbaren Querschnitts d. i. $\mathfrak{M}'\mathfrak{M}$ mit Δh, so wird:

Meßbarer Querschnitt = Effektiver Querschnitt =

$$\overset{\frown}{B_2' B_{23}' B_3'} \cdot \Delta h = \overset{\frown}{A_2 A_{23} A_3} \cdot \Delta h.$$

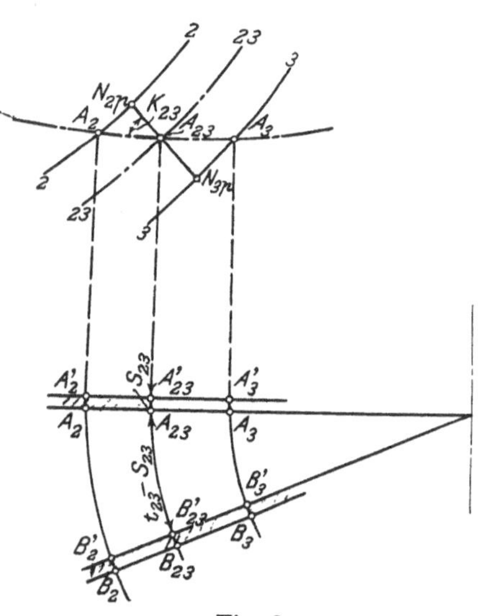

Fig. 8.

3. Fall. (Textfigur 8). Die Austrittskante sei beliebig geneigt zu den normalen Niveaulinien und der Austrittswinkel $\gamma = 90^0$. In diesem Falle werden die wirklichen Wasserfäden identisch mit den normalen und die wirklichen Niveauflächen gehen über in die normalen. Die Mittellinie des meßbaren Querschnitts fällt in der Projektion zusammen mit der Schaufelaustrittskante und der meßbare Querschnitt selbst bestimmt sich zu:

$$\overset{\frown}{M_2 M_{23} M_3} \cdot \overset{\frown}{\mathfrak{M}'\mathfrak{M}} = \overset{\frown}{A_2 A_{23} A_3}\,(t_{23} - s_{23})$$

[1]) Es ist wohl zu beachten, daß Linie $\overset{\frown}{\mathfrak{M}' M_{23} \mathfrak{M}}$ nicht die lichte Weite selbst des Teilkanals im Punkte M_{23} darstellt, weil ja der meßbare Querschnitt im allgemeinen nicht senkrecht steht zu den wirklichen Wasserfäden; daher kann auch Linie $\mathfrak{M}'\mathfrak{M}$ keine kürzeste Niveaulinie sein.

wenn t_{23} die Teilung im Punkte M_{23} und s_{23} die Schaufeldicke der in Richtung von Radien stehenden Schaufelenden bedeutet.

Der Inhalt des effektiven Querschnitts dagegen bestimmt sich zu:

$$\widehat{A_2 A_{23} A_3} \cdot \cos k_{23} \cdot (t_{23} - s_{23}) = \widehat{N_{2p} M_{23p} N_{3p}} (t_{23} - s_{23})$$

wenn k_{23} den Winkel bezeichnet, welchen die Austrittskante mit der normalen Niveaufläche durch M_{23} einschließt. Er ist also in diesem speziellen Fall identisch mit dem Inhalt der effektiven normalen Niveaufläche.

In diesem Grenzfall ist also allgemein:

Effektiver Querschnitt = Meßbarer Querschnitt · $\cos k$.

Aus Fall 2 und 3 geht hervor, daß, wenn γ alle Werte von 0^0 bis 90^0 durchläuft,

1. die Größe der lichten Weite des Kanals alle Werte von 0 bis $t_{23} - s_{23}$ annimmt;

2. die Länge der Mittellinie des effektiven Querschnitts des Kanals alle Werte von $\widehat{A_2 A_3}$ bis $\widehat{A_2 A_3} \cos k_{23}$ stetig durchläuft.

6. Rechnerische Bestimmung des meßbaren Querschnitts.

(Textfigur 2, 6 und 7.)

Außer den bereits angewendeten Bezeichnungen gelten noch die folgenden:

z Schaufelzahl.

$r_2 r_{23} r_3$ Abstände der Punkte $A_2 A_{23} A_3$ bzw. $A_2' A_{23}' A_3'$ bzw. $B_2 B_{23} B_3$ usw. von der Drehachse.

$r_{m2} r_{m23} r_{m3}$ diejenigen der Mittelpunkte $M_2 M_{23} M_3$.

$t_2 t_{23} t_3$ die Teilung für die Punkte $A_2 A_{23} A_3$ die auch ersetzt werden kann durch $\frac{2\pi r_2}{z}$ $\frac{2\pi r_{23}}{z}$ $\frac{2\pi r_3}{z}$.

$t_{m2} t_{m23} t_{m3}$ diejenige für die Punkte $M_2 M_{23} M_3$, wobei:

$$t_{m2} = \frac{2\pi r_{m2}}{z} \qquad t_{m23} = \frac{2\pi r_{m23}}{z} \qquad t_{m3} = \frac{2\pi r_{m3}}{z}$$

gesetzt werden darf.

$\gamma_2 \gamma_{23} \gamma_3$ die Austrittswinkel an den Punkten $A_2 A_{23} A_3$

$\gamma_{m2} \gamma_{m23} \gamma_{m3}$ die Austrittswinkel an den Punkten $M_2 M_{23} M_3$ beziehentlich auf den Rotoren 2,2, 23,23, 3,3 gemessen.

$R_{m2} R_{m23} R_{m3}$ endlich seien die Längen von Mantellinien derjenigen Kegelflächen, welche in $M_2 M_{23} M_3$ oder $M_{2p} M_{23p} M_{3p}$ die normalen Wasserfadenrotoren berühren.

a) Bestimmung der wahren Länge der Mittellinie $M_2 M_{23} M_3$ aus der gegebenen Kreisprojektion $M_{2p} M_{23p} M_{3p}$ und den Austrittswinkeln γ.

Es sei wiederum angenommen, daß die Austrittskante $A_2 A_{23} A_3$ in einer Diametralebene liegt.

Läge $\widehat{M_2 M_{23} M_3}$ ebenfalls in einer Diametralebene, wenn $\widehat{M_{2p} M_{23p} M_{3p}}$ in einer solchen liegt, so müßte sein:

$$\widehat{M_2 M_{2p}} = \varphi \frac{2\pi r_{m2}}{z}$$

$$\widehat{M_{23} M_{23p}} = \varphi \frac{2\pi r_{m23}}{z}$$

$$\widehat{M_3 M_{3p}} = \varphi \frac{2\pi r_{m3}}{z}$$

wobei φ irgend ein konstanter Faktor ist, und es würde $\widehat{M_2 M_{23} M_3}$ der Länge nach gleich mit $\widehat{M_{2p} M_{23p} M_{3p}}$.

Nun setzt sich aber $\widehat{M_2 M_{2p}}$ beispielsweise zusammen aus den Strecken $\widehat{M_{2p} R_2} - \widehat{R_2 Q_2} - \widehat{Q_2 M_2}$, wobei

$$\widehat{M_{2p} R_2} = t_{m2} = \frac{2\pi r_{m2}}{z}$$

$\widehat{R_2 Q_2} = f_2 \cdot t_{m2} = f_2 \frac{2\pi r_{m2}}{z}$ (eine Größe, die von der Schaufeldicke abhängig ist)

$$\widehat{Q_2 M_2} = \frac{(t_{m2} - f_2 t_{m2})}{2} \sin\gamma_{m2} \cos(90 - \gamma_{m2}) = \frac{1}{2} \frac{2\pi r_{m2}}{z} \sin^2\gamma_{m2} (1 - f_2)$$

ist, d. h. es wird:

$$\widehat{M_{2p} M_2} = \frac{2\pi r_{m2}}{z} \left(1 - \frac{1}{2} \sin^2\gamma_{m2}\right)(1 - f_2)$$

analog $$\widehat{M_{23p} M_{23}} = \frac{2\pi r_{m23}}{z} \left(1 - \frac{1}{2} \sin^2\gamma_{m23}\right)(1 - f_{23})$$

„ $$\widehat{M_{3p} M_3} = \frac{2\pi r_{m3}}{z} \left(1 - \frac{1}{2} \sin^2\gamma_{m3}\right)(1 - f_3)$$

Was den Faktor f anbetrifft, der auf die Schaufeldicke Rücksicht nimmt, so darf ohne praktischen Fehler gesetzt werden

$$f_2 = f_{23} = f_3 = f$$

Dagegen sind die Winkel γ_{m2}, γ_{m23}, γ_{m3} im allgemeinen von verschiedener Größe und verhindern also, daß die Faktoren von $\frac{2\pi r_m}{z}$ konstante Werte besitzen, was notwendig wäre, damit $\widehat{M_2 M_{23} M_3}$ in eine Diametralebene fällt.

Wird nun durch M_{23} eine Diametralebene gelegt, so ergibt die Rechnung bis auf einen Fehler zweiter Ordnung, daß Punkt M_2 um den Betrag

$$\frac{2\pi r_{m2}}{z} \cdot \frac{1}{2} (\sin^2\gamma_{m23} - \sin^2\gamma_{m2})$$

überhalb dieser Diametralebene liegt, sobald Punkt M_3 um den Wert

$$\frac{2\pi r_{m3}}{z} \cdot \frac{1}{2} (\sin^2\gamma_{m3} - \sin^2\gamma_{m23})$$

unterhalb derselben liegt und die wahre Länge von $\widehat{M_2 M_{23} M_3}$ ergibt sich demnach zu:

$$\widehat{M_2 M_{23} M_3} = \sqrt{\widehat{M_{2p} M_{23p}}^2 + \left[\frac{2\pi r_{m2}}{z} \cdot \frac{1}{2} (\sin^2\gamma_{m23} - \sin^2\gamma_{m2})\right]^2}$$

$$+ \sqrt{\widehat{M_{3p} M_{23p}}^2 + \left[\frac{2\pi r_{m3}}{z} \cdot \frac{1}{2} (\sin^2\gamma_{m3} - \sin^2\gamma_{m23})\right]^2} \quad . \quad (1)$$

wobei die Strecken $\widehat{M_{2p} M_{23p}}$ $\widehat{M_{3p} M_{23p}}$ sowie r_{m2} und r_{m3} in der Bildebene direkt gemessen werden können und die Austrittswinkel durch Rechnung bestimmt worden sind.

Für praktische Fälle darf nun aber ohne wesentlichen Fehler

$$\widehat{M_2 M_{23} M_3} \simeq \widehat{M_{2p} M_{23p} M_{3p}} \quad . \quad . \quad . \quad . \quad . \quad . \quad (2)$$

gesetzt werden, was z. B. an folgendem aus der Praxis gegriffenen Zahlenbeispiel nachgewiesen werden mag:

Zahlenbeispiel: Es ist gemessen

$$\widehat{M_{2p} M_{23p}} = 121 \qquad \frac{2\pi r_{m2}}{z} = 195$$

$$\gamma_{m23} = 31^0 \qquad \gamma_{m2} = 27^0\,30'$$

damit wird genau:

$$\widehat{M_2 M_{23}} = \sqrt{121^2 + 195^2 \cdot \frac{1}{4} (0{,}2652 - 0{,}2134)^2}$$

$$= 121\sqrt{1 + 0{,}001742} = 121 \cdot 1{,}0084$$

oder $\widehat{M_2 M_{23}} = \widehat{M_{2p} M_{23p}} \cdot 1{,}0084,$

was einem zulässigen Fehler von nicht ganz $1^0/_0$ entspricht.

b) Bestimmung der Weite $\mathfrak{M}'\mathfrak{M}$ im Punkte M_{23} des meßbaren Querschnitts.

(Siehe Textfigur 6 und 7.)

Durch den Punkt M_{23} denke man sich die normale Niveaulinie $\widehat{N_2 M_{23} N_3}$ gezogen, die in den Punkten N_2 und N_3 die Rotoren 2,2 und 3,3 senkrecht durchdringt und in M_{23} zum Rotor 23, 23 senkrecht steht. Infolgedessen steht $\widehat{N_2 M_{23} N_3}$ auch senkrecht zu jeder durch die Punkte N_2, M_{23} oder N_3 gezogenen Linie, sofern diese nur auf einem der vorgenannten Rotoren liegt. Eine solche Linie ist beispielsweise $\widehat{B_{23}' M_{23} C_{23}}$ auf dem Rotor 23, 23, ferner der mittlere wirkliche Wasserfaden daselbst und endlich auch die Kegelmantellinie, welche im Punkte M_{23} den Rotor berührt und deren Länge wir oben mit R_{m23} bezeichnet haben. Durch $\widehat{N_2 M_{23} N_3}$ einerseits, $\widehat{M_2 M_{23} M_3}$ andererseits denken wir uns die Diametralebene gezogen, wozu man berechtigt ist, weil $\widehat{N_2 M_{23} N_3}$ ohne weiteres in einer solchen und $\widehat{M_2 M_{23} M_3}$ bis auf die oben erwähnte kleine Abweichung in derselben liegen muß.

Die Kreisprojektionen von B_{23}' und C_{23} auf diese Ebene ergeben die Punkte K_{23}' und K_{23}.

Die Länge der Linie $\widehat{K_{23}' M_{23} K_{23}}$ ist gleich mit der durch Projektion auf die Tafelebene bestimmten und daselbst meßbaren Linie $\widehat{A_{23}\, M_{23p}\, C_{23p}}$. Da ferner $\sphericalangle B_{23}' M_{23} K_{23}' = \gamma_{m23}$ ist, so ergibt sich auch durch Rechnung

$$\widehat{K_{23}' M_{23} K_{23}} = (1-f)\cdot t_{m23} \sin\gamma_{m23} \cos\gamma_{m23} = (1-f)\frac{2\pi r_{m23}}{z} \sin\gamma_{m23} \cos\gamma_{m23} \quad (3)$$

wobei die Schaufeldicke durch den Faktor f, wie oben, berücksichtigt ist.

Das Linienkreuz $\widehat{K_{23}' M_{23} K_{23}}$ und $\widehat{N_2 M_{23} N_3}$ werde nun um den Schnittpunkt M_{23} in der Diametralebene so lange gedreht, bis $\widehat{N_2 M_{23} N_3}$ in die Lage der. Querschnitts-Mittellinie $\widehat{M_2 M_{23} M_3}$ gekommen ist. Der Drehwinkel $\sphericalangle N_2 M_{23} M_2$ oder auch $\sphericalangle N_3 M_{23} M_3$ sei $= k_{23}$; derselbe ist gleich dem Winkel, welchen die Projektionen $\widehat{N_{2p} M_{23p} N_{3p}}$ mit $\widehat{M_{2p} M_{23p} M_{3p}}$ in der Tafelebene einschließen und kann als solcher direkt gemessen werden.

Eine durch den Punkt M_{23} gehende und senkrecht zur Mittellinie $\widehat{M_2 M_{23} M_3}$ stehende Rotationsfläche (Kegelfläche) mit der Turbinenachse (xx-Achse) als Drehachse schneidet in der Fläche des meßbaren Querschnitts die gesuchte kürzeste Linie $\widehat{\mathfrak{M}' M_{23} \mathfrak{M}}$ und in der Diametralebene durch M_{23} gehend -die Linie $\widehat{L'_{23} M_{23} L_{23}}$- und in der Tafelebene durch M_{23p} gehend, die Linie $\widehat{L'_{23p} M_{23p} L_{23p}}$ aus. Die beiden letzteren sind — weil in Diametralebenen liegend — einander gleich und kann jede für sich als Projektion der kürzesten Linie $\widehat{\mathfrak{M}' M_{23} \mathfrak{M}}$ aufgefaßt und in der Tafelebene gemessen werden.

Die Länge von $\widehat{L_{23}' M_{23} L_{23}}$ wird demnach bestimmt durch Konstruktion zu:

$$\widehat{L_{23}' M_{23} L_{23}} = \widehat{L_{23p}' M_{23p} L_{23p}} \quad \ldots\ldots \quad (4)$$

oder durch Rechnung zu:

$$\widehat{L_{23}' M_{23} L_{23}} = K_{23}' M_{23} K_{23} \cos k_{23}$$

und mit Hilfe von Gleichung (3) zu:

$$\widehat{L_{23}' M_{23} L_{23}} = (1-f)\frac{2\pi r_{m23}}{z} \sin\gamma_{m23} \cos\gamma_{m23} \cos k_{23} \quad \ldots \quad (5)$$

Aus den rechtwinkligen Dreiecken $\mathfrak{M}' L'_{23} M_{23}$ mit rechtem Winkel bei L'_{23} und $\mathfrak{M} L_{23} M_{23}$ mit rechtem Winkel bei L_{23}, in welchen

$$\widehat{\mathfrak{M}' M_{23}} \simeq \widehat{M_{23} \mathfrak{M}} \text{ und } \widehat{L'_{23} \mathfrak{M}'} \simeq \widehat{L_{23} \mathfrak{M}}$$

gesetzt werden darf, ergibt sich endlich:

$$\widehat{\mathfrak{M}' \mathfrak{M}} = \sqrt{\widehat{L'_{23} M_{23} L_{23}}^2 + (\widehat{\mathfrak{M}' L'_{23}} + \widehat{\mathfrak{M} L_{23}})^2} \quad \ldots\ldots \quad (6)$$

Ersetzt man $\widehat{L'_{23} M_{23} L_{23}}$ durch den oben bestimmten Wert nach Gleichung (5) und berücksichtigt, daß nach Textfigur 6:

$$\widehat{\mathfrak{M}'L'}_{23} + \widehat{\mathfrak{M}L}_{23} = \widehat{B'_{23}K'}_{23} + \widehat{C_{23}K}_{23} = \widehat{B'_{23}C}_{23} \sin\gamma_{m23}$$

$$= (1-f)\, t_{m23} \sin^2\gamma_{m23} = (1-f)\cdot\frac{2\pi r_{m23}}{z}\sin^2\gamma_{m23} \quad . \quad . \quad . \quad (7)$$

ist, so ergibt sich schließlich:

$$\widehat{\mathfrak{M}'\mathfrak{M}} = (1-f)\sqrt{\left(\frac{2\pi r_{m23}}{z}\sin\gamma_{m23}\cos\gamma_{m23}\cos k_{23}\right)^2 + \left(\frac{2\pi r_{m23}}{z}\sin^2\gamma_{m23}\right)^2} \quad (8)$$

Setzt man in dieser Gleichung den Betrag, der auf die Schaufeldicke entfällt, nämlich:

$$f\cdot\frac{2\pi r_{m23}}{z}\sin\gamma_{m23}\sqrt{\cos^2\gamma_{m23}\cos^2 k_{23} + \sin^2\gamma_{m23}} = s'_{23} \quad . \quad (9)$$

so erhält man:

$$\widehat{\mathfrak{M}'\mathfrak{M}} = \frac{2\pi r_{m23}}{z}\sin\gamma_{m23}\sqrt{\cos^2\gamma_{m23}\cos^2 k_{23} + \sin^2\gamma_{m23}} - s'_{23} \quad . \quad (10)$$

worin s'_{23} die Schaufeldicke in Richtung $\mathfrak{M}'\mathfrak{M}$ gemessen bedeutet, oder allgemein

$$\widehat{\mathfrak{M}'\mathfrak{M}} = \frac{2\pi r}{z}\sin\gamma\sqrt{\cos^2\gamma\cos^2 k + \sin^2\gamma} - s' \quad . \quad . \quad . \quad . \quad . \quad . \quad . \quad (11)$$

Anmerkung. Die Schaufeldicke s' in Richtung $\mathfrak{M}'\mathfrak{M}$ gemessen, bestimmt sich aus der effektiven Schaufeldicke s, die in Richtung $X'X$ (s. S. 21) zu messen ist, durch die Gleichung:

$$s' = s\,\frac{\sqrt{1-\sin^2 k\sin^2\gamma}}{\cos k}\cdot\sqrt{\cos^2\gamma\cos^2 k + \sin^2\gamma} \quad . \quad . \quad . \quad (12)$$

woraus sich allgemein folgender Zusammenhang zwischen der Schaufeldicke s und dem Faktor f ergibt:

$$f = s\,\frac{\sqrt{1-\sin^2 k\sin^2\gamma}}{\sin\gamma\cos k}\cdot\frac{z}{2\pi r} \quad . \quad . \quad . \quad . \quad . \quad . \quad (13)$$

c) Fläche des meßbaren Querschnitts.

Der Inhalt dieser Fläche berechnet sich wie folgt:

$$\text{Fläche} = \widehat{M_2 M_{23} M_3}\cdot\widehat{\mathfrak{M}'\mathfrak{M}} \quad . \quad . \quad . \quad . \quad . \quad . \quad (14)$$

wobei für $\widehat{M_2 M_{23} M_3}$ der genaue Wert nach Gleichung (1) oder der angenäherte und direkt meßbare Wert nach Gleichung (2), für $\widehat{\mathfrak{M}'\mathfrak{M}}$ dagegen der Wert nach Gleichung (11) eingesetzt werden muß.

Spezialfälle: 1. $k = 0$ d. h. Schaufelkante mit einer normalen Niveaulinie zusammenfallend; dann wird nach Gleichung (11):

$$\widehat{\mathfrak{M}'\mathfrak{M}} = \frac{2\pi r}{z}\sin\gamma - s' \quad . \quad . \quad . \quad . \quad . \quad . \quad . \quad . \quad . \quad (15)$$

2. γ sehr klein; dann wird

$$\widehat{\mathfrak{M}'\mathfrak{M}} = \frac{2\pi r}{z}\sin\gamma\cos k - s' \quad . \quad . \quad . \quad . \quad . \quad . \quad . \quad (16)$$

3. $\gamma = 90^0$; dann wird

$$\widehat{\mathfrak{M}'\mathfrak{M}} = \frac{2\pi r}{z} - s' = t - s' \qquad (17)$$

und in allen 3 Fällen nach Gleichung (12) $s' = s$.

7. Rechnerische Bestimmung des effektiven Querschnitts.

a) Allgemeines.

Die Mittellinie dieses Querschnitts ist identisch mit derjenigen kürzesten Linie, die, durch M_{23} gehend, die mittleren wirklichen Wasserfäden der Kanalquerschnitte auf den Rotoren 2,2 23,23 3,3 und allen dazwischen gelegenen Rotoren verbindet. Als kürzeste Linie liegt sie in der wirklichen Niveaufläche, die durch M_{23} im Teilkanal gezogen werden kann und steht senkrecht auf den mittleren wirklichen Wasserfäden $\widehat{M_2F_2}$ $\widehat{M_{23}F_{23}}$ $\widehat{M_3F_3}$, die auf den Rotoren 2,2 23,23 3,3 verzeichnet sind. Die wirkliche Niveaufläche durch M_{23} erhält man aber, indem durch sämtliche Punkte der normalen Niveaulinie $\widehat{N_2M_{23}N_3}$ (s. Textfigur 6) wirkliche Niveaulinien senkrecht zu den Schaufelschnitten auf den Rotoren 2,2 23,23 3,3 und allen dazwischen liegenden gezogen werden.

Für den auf Rotor 2,2 gelegenen Kanalschnitt erhält man beispielsweise durch Ziehen der wirklichen Niveaulinie aus N_2 die Schnittpunkte $S_2'T_2$ und T_2'; O_2 sei der Mittelpunkt der Linie $\widehat{S_2'T_2}$; für den Kanalschnitt auf Rotor 23,23 sind die analogen Punkte $B_{23}'C_{23}$ und C_{23}', sowie Mittelpunkt M_{23}; für den Kanalschnitt auf Rotor 3,3 ergeben sich die Punkte $S_3'T_3$ und T_3' sowie Mittelpunkt O_3, wobei der letztere Kanalschnitt über die Schaufelkanten hinaus verlängert gedacht werden muß.

Die Fläche, welche durch sämtliche so gezogene wirkliche Niveaulinien gelegt werden kann, und welche auch laut Konstruktion die normale Niveaulinie $\widehat{N_2M_{23}M_3}$ in sich enthalten muß, stellt dar die wirkliche Niveaufläche durch M_{23}; sie schneidet aus der Arbeitsfläche der oberen Schaufel die Linie $\widehat{S_2'B_{23}'S_3'}$ und auf dem Schaufelrücken der unteren Schaufel die Linie $\widehat{T_2C_{23}T_3}$ aus. $\widehat{O_2M_{23}O_3}$ ist die gesuchte Mittellinie des Querschnitts $S_2'T_2T_3S_3'$, welcher Querschnitt, weil in der wirklichen Niveaufläche liegend, den effektiven Querschnitt des Teilkanals repräsentiert. Die Länge der Mittellinie $\widehat{O_2M_{23}O_3}$ nennen wir die effektive Breite des Teilkanals und wollen dieselbe abkürzungsweise für den vorliegenden Teilkanal mit b_{23} bezeichnen. Auf der wirklichen Niveaufläche $S_2'T_2T_3S_3'$ können nun die kürzesten, wirklichen Niveaulinien eingetragen werden; sie sind charakterisiert dadurch, daß sie sämtlich senkrecht stehen sowohl zur Mittellinie $\widehat{O_2M_{23}O_3}$ wie auch zu den Schaufelflächen in den Durchstoßpunkten. Unter ihnen ist die wichtigste diejenige, welche durch M_{23} geht und mit $\widehat{X'M_{23}X}$ bezeichnet werden mag. $\widehat{X'M_{23}X}$ ist die effektive mittlere lichte Weite des Teilkanals, deren Länge wir abkürzungshalber mit $\triangle_{23}$ bezeichnen wollen; $b_{23} \cdot \triangle_{23}$ ist demnach der Flächeninhalt des effektiven Querschnitts des Teilkanals.

b) Beziehungen zwischen den Winkeln $\varrho\ \varepsilon\ k$ einerseits und dem Austrittswinkel γ andererseits.

Die kürzeste wirkliche Niveaulinie durch M_{23} d. i. $\widehat{X' M_{23} X}$ schließe mit der wirklichen Niveaulinie $\widehat{B_{23}' M_{23} C_{23}}$ auf Rotor 23,23 den Winkel ϱ_{23} ein; den gleichen Winkel bilden dann auch die Linien $\widehat{N_2 M_{23} N_3}$ und $\widehat{O_2 M_{23} O_3}$ miteinander, da die letzteren mit den vorigen in der Fläche von $S_2' T_2 T_3 S_3'$ liegen und bzw. senkrecht zu $\widehat{B_{23}' M_{23} C_{23}}$ und $\widehat{X' M_{23} X}$ stehen; daraus folgt:

$$\cos \varrho_{23} = \frac{\widehat{N_2 M_{23} N_3}}{\widehat{O_2 M_{23} O_3}} = \frac{\widehat{X' M_{23} X}}{\widehat{B'_{23} M_{23} C_{23}}} \quad . \quad . \quad . \quad . \quad . \quad (18)$$

Bezeichnet man ferner den Winkel, welchen die Mittellinie $\widehat{O_2 M_{23} O_3}$ des effektiven Querschnitts mit der Mittellinie $\widehat{M_2 M_{23} M_3}$ des meßbaren Quer chnitts einschließt, mit ε_{23}, so ist

$$\cos \varepsilon_{23} = \frac{\widehat{O_2 M_{23} O_3}}{\widehat{M_2 M_{23} M_3}} \quad . \quad . \quad . \quad . \quad . \quad . \quad . \quad . \quad (19)$$

denn $\widehat{O_2 M_{23} O_3}$ steht bzw. senkrecht zu den Linien $\widehat{O_2 F_2}$ $\widehat{M_{23} F_{23}}$ und $\widehat{O_3 F_3}$ laut Konstruktion der wirklichen Niveaufläche.

Wenn endlich k_{23} den Winkel bedeutet, welchen die normale Niveaulinie $\widehat{N_2 M_{23} N_3}$ mit $\widehat{M_2 M_{23} M_3}$ bildet, so muß sein

$$\cos k_{23} = \frac{\widehat{N_2 M_{23} N_3}}{\widehat{M_2 M_{23} M_3}} \quad . \quad . \quad . \quad . \quad . \quad . \quad . \quad . \quad (20)$$

weil $\widehat{N_2 M_{23} N_3}$ in N_2 bzw. N_3 senkrecht steht zu den Rotoren 2,2 bzw. 3,3, also auch zu jeder Linie auf denselben, die durch die vorbenannten Fußpunkte geht.

In bezug auf letzteren Winkel ist es notwendig darauf hinzuweisen, daß derselbe bis auf einen praktisch zu vernachlässigenden Fehler direkt in der Tafelebene gemessen werden kann und zwar entweder als Winkel gebildet durch die projizierte Mittellinie $\widehat{M_{2p} M_{23p} M_{3p}}$ mit der normalen Niveaulinie $\widehat{N_{2p} N_{23p} N_{3p}}$ oder auch angenähert als Winkel, welchen die Schaufelaustrittskante mit der normalen Niveaulinie bildet.

Die angenäherte Gleichheit des Winkels k_{23} im Raume und k_{23p} in der Tafelebene ist dadurch begründet, daß die Linien $\widehat{N_2 M_{23} N_2}$ (normale Niveaulinie) und $\widehat{M_2 M_{23} M_3}$ wie wir oben gesehen haben, nahezu in einer Diametralebene verlaufen, also auch nahezu kongruent sind mit dem Bild in der Tafelebene.

Zwischen den Winkeln ϱ_{23}, ε_{23} und k_{23} einerseits und dem Austrittswinkel γ_{23} auf Rotor 23,23 gemessen, andererseits, bestehen nun gewisse fundamentale Beziehungen, die wir hier ableiten wollen:

Aus dem rechtwinkligen Dreieck $M_2 O_2 N_2$ mit rechtem Winkel bei O_2 folgt:

$$\overset{\frown}{M_2 O_2} = \overset{\frown}{M_2 N_2} \cos(90 - \gamma_{m2}) = \overset{\frown}{M_2 N_2} \sin \gamma_{m2} \quad . \quad . \quad . \quad . \quad (21)$$

hierbei ist γ_{m2} der Austrittswinkel auf Rotor 2,2 gemessen, den der mittlere wirkliche Wasserfaden $\overset{\frown}{M_2 O_2}$ mit der Kreistangente bzw. mit der Richtung der Umfangsgeschwindigkeit in M_2 bildet.

Ebenso folgt aus Dreieck $M_3 O_3 N_3$

$$\overset{\frown}{M_3 O_3} = \overset{\frown}{M_3 N_3} \cos(90 - \gamma_{m3}) = \overset{\frown}{M_3 N_3} \sin \gamma_{m3} \quad . \quad . \quad . \quad (22)$$

Durch Summation erhalten wir:

$$\overset{\frown}{M_2 O_2} + \overset{\frown}{M_3 O_3} = \overset{\frown}{M_2 N_2} \sin \gamma_{m2} + \overset{\frown}{M_3 N_3} \sin \gamma_{m3}$$

wofür wir setzen dürfen, falls nur die Teilturbine genügend klein gewählt wurde:

$$\overset{\frown}{M_2 O_2} + \overset{\frown}{M_3 O_3} = (\overset{\frown}{M_2 N_2} + \overset{\frown}{M_3 N_3}) \sin \gamma_{m23} \quad . \quad . \quad . \quad (23)$$

wobei γ_{m23} den mittleren Austrittswinkel auf dem mittleren Rotor gemessen darstellt.

Aus den rechtwinkligen Dreiecken $M_2 O_2 M_{23}$ und $M_3 O_3 M_{23}$ mit rechten Winkeln bei O_2 bzw. O_3 folgt analog:

$$\overset{\frown}{M_2 O_2} + \overset{\frown}{M_3 O_3} = \overset{\frown}{M_2 M_{23} M_3} \sin \varepsilon_{23} \quad . \quad . \quad . \quad . \quad (24)$$

Endlich aus den rechtwinkligen Dreiecken $M_2 N_2 M_{23}$ und $M_3 N_3 M_{23}$ mit rechten Winkeln bei N_2 und N_3 ergibt sich:

$$\overset{\frown}{M_2 N_2} + \overset{\frown}{M_3 N_3} = \overset{\frown}{M_2 M_{23} M_3} \sin k_{23} \quad . \quad . \quad . \quad . \quad (25)$$

Durch Elimination der Werte $\overset{\frown}{M_2 N_2}$ und $\overset{\frown}{M_3 N_3}$, sowie $\overset{\frown}{M_2 O_2}$ und $\overset{\frown}{M_3 O_3}$ aus den Gleichungen (23), (24), (25) resultiert die Fundamentalgleichung:

$$\sin \varepsilon_{23} = \sin k_{23} \sin \gamma_{23} \quad . \quad . \quad . \quad . \quad . \quad . \quad . \quad . \quad (26)$$

oder auch

$$\cos \varepsilon_{23} = \sqrt{1 - \sin^2 k_{23} \sin^2 \gamma_{23}} \quad . \quad . \quad . \quad . \quad . \quad . \quad (27)$$

und allgemein bei Unterdrückung der Indices:

$$\underline{\sin \varepsilon = \sin k \sin \gamma} \quad . \quad . \quad . \quad . \quad . \quad . \quad . \quad . \quad . \quad (28)$$

und

$$\underline{\cos \varepsilon = \sqrt{1 - \sin^2 k \sin^2 \gamma}} \quad . \quad . \quad . \quad . \quad . \quad . \quad (29)$$

In ähnlicher Weise findet sich für Winkel ϱ_{23} die Beziehung

$$\cos \varrho_{23} = \frac{\cos k_{23}}{\cos \varepsilon_{23}} \quad . \quad . \quad . \quad . \quad . \quad . \quad . \quad . \quad (30)$$

oder auch nach Gleichung (27)

$$\cos \varrho_{23} = \frac{\cos k_{23}}{\sqrt{1 - \sin^2 k_{23} \sin^2 \gamma_{23}}} \quad . \quad . \quad . \quad . \quad . \quad . \quad . \quad (31)$$

wofür allgemein geschrieben werden darf:

$$\underline{\cos \varrho = \frac{\cos k}{\sqrt{1 - \sin^2 k \sin^2 \gamma}}} \quad . \quad . \quad . \quad . \quad . \quad . \quad . \quad . \quad (32)$$

Gleichungen (28), (29), (32) bilden, wie wir gleich sehen werden, die Grundlagen für die Berechnung des effektiven Kanalquerschnitts für den Fall, daß die Schaufelaustrittskante ganz beliebig — immerhin in einer Diametralebene — gewählt wurde; denn, da die Winkel k in der Tafelebene direkt gemessen, die Winkel γ aber aus dem Austrittsdiagramm oder durch Rechnung bestimmt werden können, ist man in der Lage, die unbekannten Winkel ε und ϱ zu finden.

c) Bestimmung der effektiven Breite und Weite irgend eines Teilkanals.

Die effektive Breite $\widehat{O_2 M_{23} O_3}$ des Teilkanals für den Punkt M_{23}, die wir mit b_{23} bezeichnet haben, ergibt sich aus Betrachtung der rechtwinkligen Dreiecke $M_2 O_2 M_{23}$ und $M_3 O_3 M_{23}$ zu:

$$b_{23} = \widehat{O_2 M_{23} O_3} = \widehat{M_2 M_{23} M_3} \cdot \cos \varepsilon_{23} \quad . \quad . \quad . \quad . \quad (33)$$

und nach Gleichung (27) zu:

$$b_{23} = \widehat{M_2 M_{23} M_3} \sqrt{1 - \sin^2 k_{23} \sin^2 \gamma_{23}} = l_{23} \sqrt{1 - \sin^2 k_{23} \sin^2 \gamma_{23}} \quad (34)$$

sofern an Stelle von $\widehat{M_2 M_{23} M_3}$ d. i. der Mittellinie des meßbaren Querschnitts oder der ungefähr gleich langen, in der Tafelebene gemessenen Strecke $\widehat{M_{2p} M_{23p} M_{3p}}$ die abgekürzte Bezeichnung l_{23} tritt. Allgemein gilt demnach:

$$\underline{b = l \sqrt{1 - \sin^2 k \sin^2 \gamma}} \quad . \quad . \quad . \quad . \quad . \quad . \quad . \quad (35)$$

Die effektive mittlere lichte Weite $\widehat{X' M_{23} X}$ des Teilkanals im Punkte M_{23}, die wir mit Δ_{23} bezeichneten, wird wie folgt gefunden:

Da, abgesehen von der Schaufeldicke, die Strecke $\widehat{B'_{23} M_{23} C_{23}}$, d. i. die lichte Weite des Kanalschnitts auf Rotor 23,23 gelegen = Teilung $\cdot \sin \gamma_{m23}$ ist, da weiter $\widehat{B_{23}' M_{23} C_{23}}$ mit $\widehat{X' M_{23} X}$ den Winkel ϱ_{23} einschließt, und letztere Linie senkrecht zu $\widehat{O_2 M_{23} O_3}$ steht, so ergibt sich unter Berücksichtigung der Schaufeldicke:

$$\Delta_{23} = \widehat{X' M_{23} X} = t_{23} \sin \gamma_{m23} \cos \varrho_{23} - s_{23} \quad . \quad . \quad . \quad . \quad . \quad (36)$$

$$= \left(\frac{2\pi r_{m23}}{z}\right) \sin \gamma_{m23} \cos \varrho_{23} - s_{23} \quad . \quad . \quad . \quad (37)$$

wobei s_{23} die Schaufeldicke in Richtung $\widehat{X' M_{23} X}$ gemessen bedeutet, d. i. senkrecht zur Schaufelfläche selbst. Durch Einsetzung des Wertes von ϱ_{23} nach Gleichung (32) findet sich weiter:

$$\Delta_{23} = \frac{2\pi r_{m23}}{z} \sin \gamma_{m23} \frac{\cos k_{23}}{\sqrt{1 - \sin^2 k_{23} \sin^2 \gamma_{23}}} - s_{23} \quad . \quad . \quad (38)$$

oder allgemein

$$\underline{\Delta = \frac{2\pi r}{z} \cdot \sin \gamma \frac{\cos k}{\sqrt{1 - \sin^2 k \sin^2 \gamma}} - s} \quad . \quad . \quad . \quad . \quad . \quad (39)$$

wobei die Teilung $t = \frac{2\pi r}{z}$ jeweilen für den betreffenden Querschnittsmittelpunkt zu berechnen ist.

Der effektive Querschnitt irgend eines Teilkanals mit beliebig gewählter Austrittskante ist demnach unter Zuhilfenahme von Gleichung (35) allgemein:

$$b_t \Delta = l \frac{2\pi r}{z} \sin\gamma \cos k - l s \sqrt{1 - \sin^2 k \sin^2 \gamma} \quad . \quad . \quad . \quad . \quad (40)^{1)}$$

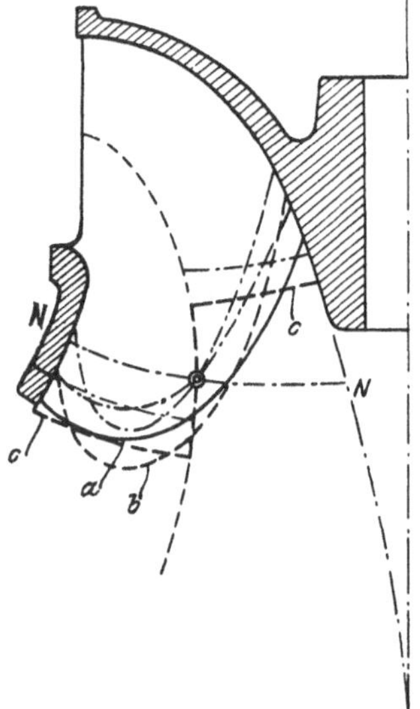

Fig. 9.

Bedenkt man nun, daß $l \cos k$ die Länge der normalen Niveaulinie darstellt, die in der Zeichnungsebene direkt abgemessen werden kann (= Strecke $\widehat{N_{2p} M_{23p} N_{3p}}$ in Textfigur 2), und sieht man ab von dem nicht unwesentlichen Betrag, der auf die Schaufeldicke entfällt, so ergibt sich der einfache Satz:

S a t z. Der effektive Querschnitt eines Teilkanals ist gleich der Länge der normalen Niveaulinie, gezogen durch den Querschnittsmittelpunkt, multipliziert mit der Weite des Kanalschnittes, der auf dem mittleren Wasserfadenrotor[2]) liegt.

Demgemäß ist es in theoretischer Beziehung für die Größe des Querschnittes und somit der durchfließenden Wassermenge ziemlich gleichgültig, ob die Schaufelbegrenzungskante des Kanals nach der ausgezogenen (a) oder punktierten Kurve (b) oder der Zickzacklinie (c) der Textfigur 9 gewählt wird, sofern nur die m i t t l e r e normale Niveaulinie NN des gesamten Austrittsquerschnitts in allen Fällen dieselbe ist.

d) Zeichnerische Darstellung des effektiven Querschnitts.

Für die zeichnerische Darstellung des effektiven Querschnitts stehen zwei Wege offen:

1. Entweder trage man den halben Wert von $\frac{2\pi r}{z} \sin\gamma$ beidseitig zu den normalen Niveaulinien auf, welche durch die Querschnittsmitten sich ziehen lassen; dadurch ergeben sich die schraffierten Flächen der Textfigur 10, deren Summation den effektiven Querschnitt ergibt.

2. Oder man berechne den wahren Wert von Δ und trage je die Hälfte desselben zu beiden Seiten der Querschnittsmittelpunktslinie auf s. Textfigur 11 und vgl. Tafel XVI, XVII und XVIII, wodurch sich die schraffierte Fläche der Textfigur 11 ergibt, deren Inhalt allerdings $\Sigma l \cdot \Delta$

[1]) Um aus dem effektiven Querschnitt den meßbaren zu finden ist ersterer mit dem Faktor:

$$\sqrt{\cos^2\gamma + \frac{\sin^2\gamma}{\cos^2 k}}$$

zu multiplizieren; dieser Faktor wird $= 1$ wenn $k = 0$, d. h. wenn die Schaufelkante die Wasserfäden senkrecht schneidet.

[2]) In der zeichnerischen Darstellung erscheint diese Weite auf einem Kegelschnitt, der in M_{23p} den Rotor berührt und dessen Mantellinie die Länge R_{m23} besitzt; s. Textfigur 2.

darstellt; um nun von diesem Werte auf den Inhalt des effektiven Querschnitts $= \Sigma l \cos \varepsilon \cdot \Delta$ schließen zu können, ist jeder direkt meßbare Teilbetrag l mit dem zugehörigen $\cos \varepsilon$ (bestimmt nach Gleichung 29) zu multiplizieren und die Summation vorzunehmen; oder aber: man trage statt Δ den Betrag $\Delta \cos \varepsilon$ in vorerwähnter Weise auf; alsdann stellt die schraffierte Fläche direkt den Inhalt des effektiven Querschnitts dar.

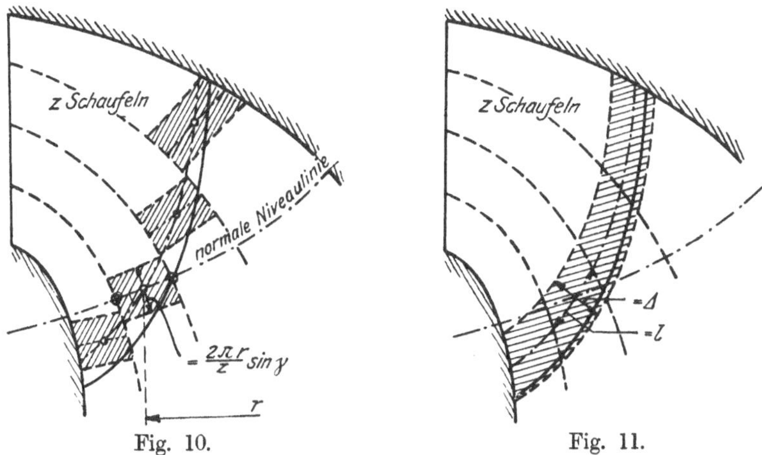

Fig. 10. Fig. 11.

Die Abweichung zwischen den Werten $\Sigma l \cos \varepsilon \cdot \Delta$ und $\Sigma l \Delta$ macht sich um so bemerkbarer, je schräger die Austrittskante zur normalen Niveaulinie geneigt ist und je größer der Austrittswinkel γ selbst ist.

In der Praxis wird manchmal der Fehler begangen, daß $\Sigma l \cdot \Delta$ (d. i. die schraffierte Fläche der Fig. 11) direkt als effektiver Querschnitt des Kanals angesehen wird, während in Wirklichkeit der effektive Querschnitt bis 20% kleiner als $\Sigma l \cdot \Delta$ sein kann, insbesondere bei den Schnellläufertypen.

8. Aufsuchen der lichten Weite und der Schaufeldicke in einem beliebigen Kanalschnitt.

In Übereinstimmung mit Textfigur 12 seien Δ und s bzw. lichte Weite und Schaufeldicke für den effektiven Querschnitt, gemessen auf einer Kegelfläche mit der Erzeugenden R, die senkrecht steht zur Mittelpunktslinie in der Bildebene. Nach Gleichung (39) wissen wir, daß

$$\Delta + s = \frac{2\pi r}{z} \sin \gamma \frac{\cos k}{\sqrt{1 - \sin^2 k \sin^2 \gamma}}$$

sein muß; nach der gleichen Figur seien Δ'' und s'' Weite und Schaufeldicke für den Querschnitt auf dem mittleren Wasserfadenrotor oder was dasselbe auf einer Kegelfläche mit der Erzeugenden R'' gelegen, für welche gilt:

$$\Delta'' + s'' = \frac{2\pi r}{z} \sin \gamma$$

Diesen letzteren Wert $\Delta'' + s''$ können wir uns nun aber aus Gleichung (39) berechnet denken, indem ja auch:

$$\Delta'' + s'' = \frac{2\pi r}{z} \sin\gamma = \frac{(\Delta + s)\sqrt{1 - \sin^2 k \sin^2\gamma}}{\cos k} \quad . \quad . \quad (41)$$

sein muß, oder für sich

$$\Delta'' = \Delta \frac{\sqrt{1 - \sin^2 k \sin^2\gamma}}{\cos k} = \frac{\Delta}{\cos\varrho} \quad . \quad . \quad . \quad . \quad (42)$$

und

$$s'' = s \frac{\sqrt{1 - \sin^2 k \sin^2\gamma}}{\cos k} = \frac{s}{\cos\varrho} \quad . \quad . \quad . \quad . \quad . \quad (43)$$

Führen wir nun einen beliebigen Kanalschnitt nach einer Kegelfläche, deren Erzeugende $= R^x$ ist und welch letztere mit R den Winkel k^x einschließen mag, so ergibt die gleiche Rechnungsweise bei analoger Bezeichnung wie vorher

$$\Delta^x + s^x = \frac{(\Delta + s)\sqrt{1 - \sin^2 k^x \sin^2\gamma}}{\cos k^x} \quad (44)$$

oder für sich:

$$\Delta^x = \frac{\Delta\sqrt{1 - \sin^2 k^x \sin^2\gamma}}{\cos k^x} \quad (45)$$

und

$$s^x = \frac{s\sqrt{1 - \sin^2 k^x \sin^2\gamma}}{\cos k^x} \quad . \quad (46)$$

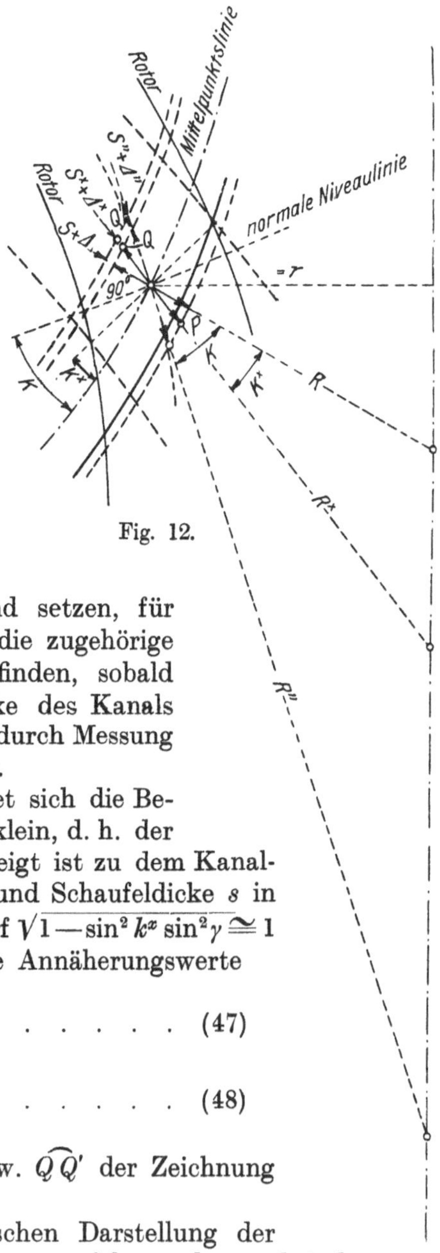

Fig. 12.

welche Gleichungen uns in den Stand setzen, für irgend einen beliebigen Kanalschnitt die zugehörige lichte Weite und Schaufeldicke zu finden, sobald die effektive Weite und Schaufeldicke des Kanals berechnet bzw. gegeben sind und k^x durch Messung in der Zeichenebene gefunden wurde.

Ganz besonders einfach gestaltet sich die Bestimmung von Δ^x und s^x, sobald k^x klein, d. h. der beliebige Kanalschnitt nur wenig geneigt ist zu dem Kanalschnitt, welcher die effektive Weite und Schaufeldicke s in sich enthält; denn für diesen Fall darf $\sqrt{1 - \sin^2 k^x \sin^2\gamma} \cong 1$ gesetzt werden, und wir erhalten die Annäherungswerte

$$\Delta^x = \frac{\Delta}{\cos k^x} \quad . \quad . \quad . \quad . \quad . \quad . \quad (47)$$

und

$$s^x = \frac{s}{\cos k^x} \quad . \quad . \quad . \quad . \quad . \quad . \quad (48)$$

welche Beträge als Strecken $\widehat{PQ}$ bzw. $\widehat{QQ'}$ der Zeichnung direkt entnommen werden können.

Wir werden bei der zeichnerischen Darstellung der Schaufelflächen von diesem Annäherungsverfahren, das praktisch genau genug ist, mit Vorteil Gebrauch machen.

9. Zahlenbeispiele.

Aufgabe I. Wie groß ist in einem bestimmten Fall, für welchen $r = 414\,\text{mm}$ $\quad z = 15$ $\quad \gamma = 31^0\,0'$ $\quad s = 8\,\text{mm}$ (Blechschaufel)

$t = \frac{2\pi r}{z} = 173{,}4$ sein mag:

1. die mittlere lichte Weite im meßbaren Querschnitt des Teilkanals d. i. $\widehat{\mathfrak{M}'\mathfrak{M}}$?
2. die mittlere lichte Weite im effektiven Querschnitt des Teilkanals $X'X$?

und zwar für folgende Werte von k:

a) $k = 58^0$ $\quad$ b) $k = 30^0$ $\quad$ c) $k = 0^0$.

Zu 1a und 2a) Gleichungen (11) und (12) ergeben mit $k = 58^0$:

$$\mathfrak{M}'\mathfrak{M} = 173{,}4 \cdot 0{,}515\sqrt{0{,}2063 + 0{,}2652} - 8 \cdot \frac{\sqrt{1 - 0{,}7191 \cdot 0{,}2652}}{0{,}53}\sqrt{0{,}2063 + 0{,}2652}$$

$$= 60{,}7 - 9{,}3 = \underline{51{,}4}\,\text{mm};$$

hierbei ist 9,3 mm der Betrag, welcher auf die Schaufeldicke s' in Richtung $\mathfrak{M}'\mathfrak{M}$ entfällt; dagegen wird nach Gleichung (39)

$$\Delta = \widehat{X'X} = 173{,}4 \cdot 0{,}515 \frac{0{,}530}{\sqrt{1 - 0{,}7191 \cdot 0{,}2652}} - 8 = 52{,}6 - 8 = \underline{44{,}6}\,\text{mm};$$

hierbei ist 8 mm die wahre Schaufeldicke, welche in Richtung von $X'X$ zu messen ist.

Aus diesem Beispiel ersieht man ziffernmäßig, daß bei beträchtlich großem k die Weiten und Schaufeldicken von meßbarem und effektivem Querschnitt wesentlich voneinander verschieden sind, was oben schon angedeutet wurde.

Zu 1b) und 2b) Nach denselben Gleichungen ergibt sich mit $k = 30^0$

$$\mathfrak{M}'\mathfrak{M} = 173{,}4 \cdot 0{,}515\sqrt{0{,}5508 + 0{,}2652} - 8 \cdot \frac{\sqrt{1 - 0{,}25 \cdot 0{,}2652}}{0{,}866} \cdot \sqrt{0{,}5508 + 0{,}2652}$$

$$= 80{,}6 - 8{,}1 = \underline{72{,}5}\,\text{mm}.$$

$$X'X = 173{,}4 \cdot 0{,}515 \frac{0{,}866}{\sqrt{1 - 0{,}25 \cdot 0{,}2652}} - 8 = 80{,}1 - 8{,}0 = 72{,}1\,\text{mm}.$$

Aus diesem Beispiel ist ersichtlich, daß bei einer Schräge von 30^0 der Austrittskante zur normalen Niveaulinie die Weiten in meßbarem und effektivem Querschnitt bereits nahezu einander gleich werden.

Zu 1c) und 2c) Für diesen Fall, wo Schaufelkante und normale Niveaulinie zusammenfallen, d. h. $k = 0$ ist, wird:

$$\mathfrak{M}'\mathfrak{M} = 173{,}4 \cdot 0{,}515 - 8 \cdot \frac{\sqrt{1 - 0}}{1} \cdot \sqrt{1} = 89{,}3 - 8 = \underline{81{,}3}\,\text{mm}$$

$$X'X = 173{,}4 \cdot 0{,}515 \frac{1}{\sqrt{1 - 0}} - 8 = 89{,}3 - 8 = \underline{81{,}3}\,\text{mm}$$

d. h. meßbarer und effektiver Querschnitt fallen ebenfalls in eins zusammen.

Aus allen drei Beispielen zusammen erkennt man, daß bei gleichem Winkel γ die effektiven Weiten um so rascher abnehmen, je schräger die normalen Wasserfäden zur Austrittskante verlaufen.

Aufgabe II. Im effektiven Querschnitt eines Teilkanals betrage die lichte Weite $\Delta = 56$ mm; die Schaufeldicke $s = 8$ mm; der Austrittswinkel auf dem mittleren Rotor gemessen sei $\gamma = 31^0$.

a) Es werde nun ein Schnitt unter Winkel $k^x = 15^0$ zur Normalen im Mittelpunkt geführt; wie groß ist dann die lichte Weite Δ^x und s^x im neuen Schnitt?

b) Die gleiche Aufgabe, wenn $k^x = 30^0$ beträgt?

Zu a) Nach den Gleichungen (45) und (46) ergibt sich:

$$\Delta^x = \frac{56\sqrt{1 - \sin^2 15 \sin^2 31}}{\cos 15} = 0{,}991 \frac{56}{\cos 15} = 57{,}5 \text{ mm}$$

und
$$s^x = \frac{8\sqrt{1 - \sin^2 15 \cdot \sin^2 31}}{\cos 15} = 0{,}991 \frac{8}{\cos 15} = 8{,}21 \text{ mm}$$

Nach den Annäherungsgleichungen (47) und (48) wäre:

$$\Delta^x = \frac{56}{\cos 15} = 1{,}000 \frac{56}{\cos 15} = 58{,}0 \text{ mm}$$

und
$$s^x = \frac{8}{\cos 15} = 8{,}28 \text{ mm}$$

In diesem Beispiel beträgt der Fehler zwischen Annäherungs- und genauer Formel nicht ganz $1^0/_0$, was praktisch noch zulässig wäre.

Zu b) Die genauen Werte sind:

$$\Delta^x = \frac{56\sqrt{1 - \sin^2 30 \sin^2 31}}{\cos 30} = 62{,}7 \text{ mm}$$

$$s^x = \frac{8\sqrt{1 - \sin^2 30 \sin^2 31}}{\cos 30} = 8{,}96 \text{ mm}$$

Die angenäherten dagegen:

$$\Delta^x = \frac{56}{\cos 30} = 64{,}7 \text{ mm}$$

$$s^x = \frac{8}{\cos 30} = 9{,}24 \text{ mm}$$

Der begangene Fehler betrüge demnach bei Anwendung der Annäherungsrechnung für dieses Beispiel ca. $3^0/_0$, und es dürfte sich daher nicht mehr empfehlen, bei derartig schrägen Schnitten die Annäherungsgleichung zu benützen.

Aufgabe III. Bestimmung des effektiven und meßbaren Querschnitts eines Teilkanals, bei welchem die Länge der projizierten Querschnittsmittelpunktslinie zwischen zwei aufeinanderfolgenden Rotoren

$$l = \widehat{M_{2p} M_{23p} M_{3p}} = \widehat{M_2 M_{23} M_3} = 218 \text{ mm}$$

beträgt und für welchen die Daten

$$r = 414 \quad z = 15 \quad \gamma = 31^0\,0' \quad s = 8\,\text{mm} \quad \text{und} \quad k = 58^0$$

gemessen werden?

a) Größe des meßbaren Querschnitts. Die Länge der Mittellinie dieses Querschnitts beträgt nach Messung in der Bildebene 218 mm. Für die lichte Weite im meßbaren Querschnitt fanden wir gemäß Aufgabe I $\mathfrak{M}'\mathfrak{M} = 51{,}4$ mm; demnach ist die gesuchte Fläche des meßbaren Querschnitts

$$= 2{,}18 \cdot 0{,}514 = \underline{1{,}12\,\text{dm}^2}$$

b) Größe des effektiven Querschnitts. Die Länge der Mittellinie ergibt sich nach Gleichung (35) zu

$$b = 218\sqrt{1 - 0{,}7191 \cdot 0{,}2652} = 218 \cdot 0{,}900 = 196{,}2\,\text{mm}$$

und die lichte Weite $\varDelta$ haben wir bereits gefunden zu (s. Aufgabe I):

$$\varDelta = 44{,}6,$$

demnach beträgt der Flächeninhalt des effektiven Querschnitts

$$b\varDelta = 1{,}962 \cdot 0{,}446 = \underline{0{,}875\,\text{dm}^2}.$$

Das gleiche Resultat erhält man, wenn zunächst die Länge der normalen Niveaulinie $\widehat{N_{2p}M_{23p}N_{3p}} = l \cdot \cos k = 115{,}5$ bestimmt wird, dazu die lichte Weite des Kanalschnittes, der auf dem mittleren Wasserfadenrotor liegt; diese beträgt mit unseren früheren Bezeichnungen:

$$\widehat{B_{23}'C_{23}} = \frac{2\pi r}{z}\sin\gamma - s'' = 173{,}4 \cdot 0{,}515 - 13{,}6 = 75{,}7\,\text{mm};$$

hierbei ist s'', d. i. die Schaufeldicke in der Richtung von $\widehat{B_{23}'C_{23}}$ gemessen, bestimmt nach Gleichung (43) durch:

$$s'' = s\,\frac{\sqrt{1 - \sin^2\gamma\,\sin^2 k}}{\cos k} = 8\,\frac{\sqrt{1 - 0{,}1907}}{0{,}53} = 13{,}6\,\text{mm}.$$

Der gesuchte effektive Teilkanalquerschnitt ergibt sich mit diesen Werten andererseits zu:

$$\widehat{N_{2p}M_{23p}N_{3p}} \cdot \widehat{B_{23}'C_{23}} = 1{,}155 \cdot 0{,}757 = 0{,}874\,\text{dm}^2,$$

was mit dem vorigen Resultat in Übereinstimmung steht.

Anmerkung. An dem fertigen Rade wird vielfach die Mittellinie $\widehat{M_2M_{23}M_3}$ des meßbaren Querschnitts, dazu der kürzeste Abstand $\widehat{X'X}$, welcher dem effektiven Querschnitt angehört, gemessen und das Produkt beider als Querschnitt des Teilkanals bezeichnet; auf den vorliegenden Fall ausgerechnet, ist dieser so gemessene Querschnitt $= 2{,}18 \cdot 0{,}446 = 0{,}972\,\text{dm}^2$ und wäre also ein Mittelding zwischen meßbarem und effektivem Querschnitt, das um $13\,^0/_0$ von ersterem und um $11\,^0/_0$ von letzterem abweicht, also eigentlich gar keinen Sinn besitzt.

10. Flächeninhalt der normalen Niveaufläche unter Berücksichtigung der Schaufeldicke.

Die Länge der normalen Niveaulinie durch M_{23} werde für die Teilturbine zwischen den Rotoren 2,2 und 3,3 mit p_{23} bezeichnet, so daß also

$$\widehat{N_2 M_{23} N_3} = p_{23}$$

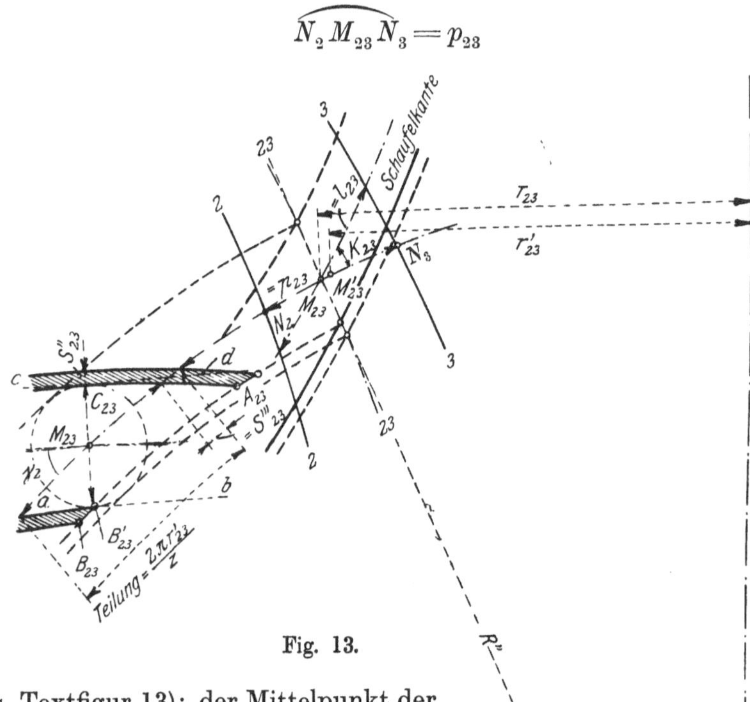

Fig. 13.

ist (s. Textfigur 13); der Mittelpunkt der Strecke $\widehat{N_2 M_{23} N_3}$ fällt nun im allgemeinen nicht zusammen mit Punkt M_{23}, dessen Abstand von der Drehachse wir mit r_{23} bezeichnet haben, vielmehr ergibt sich als Mittelpunkt der Strecke p_{23} der Punkt M_{23}', dessen Abstand von der Drehachse wir mit r_{23}' bezeichnen wollen. Angenähert darf für Teilturbinen, welche nicht allzu nahe der Achse liegen, in praktischen Fällen

$$r_{23}' \sim r_{23} \quad . \quad . \quad . \quad . \quad . \quad . \quad (49)$$

gesetzt werden. Mit diesen Bezeichnungen und den früheren ergibt sich der Inhalt N_{theor} der normalen Niveaufläche durch M_{23} zwischen den Rotoren 2,2 und 3,3 gelegen pro Kanal und ohne Rücksicht auf Schaufeldicke:

$$\text{Fläche } N_{23\,theor} = \frac{2\pi r_{23}'}{z} \cdot p_{23} = \frac{2\pi r_{23}'}{z} \cdot l_{23} \cos k_{23} \quad (50)$$

oder allgemein

$$\text{Fläche } N_{theor} = \frac{2\pi r'}{z} \cdot p = \frac{2\pi r'}{z} \cdot l \cos k \quad . \quad . \quad . \quad . \quad . \quad (51)$$

Dieser Querschnitt steht nun für das in Richtung der normalen Wasserfäden strömende Wasser nicht vollständig zur Verfügung, vielmehr ein der Verengung durch die Schaufeldicke entsprechender kleinerer Wert.

Nun betrug die Schaufeldicke s_{23}'' des auf Rotor 23,23 gelegenen Schaufelschnitts gemäß Gleichung (43):

$$s_{23}'' = s_{23} \frac{\sqrt{1 - \sin^2 k_{23} \sin^2 \gamma_{23}}}{\cos k_{23}},$$

demzufolge die auf der normalen durch M_{23} gehende Niveaufläche gemessene Schaufeldicke (s. Textfigur 13)

$$s_{23}''' = s_{23} \frac{\sqrt{1 - \sin^2 k_{23} \sin^2 \gamma_{23}}}{\sin \gamma_{23} \cos k_{23}} \quad . \quad . \quad . \quad . \quad . \quad . \quad (52)$$

Damit ergibt sich der wahre Inhalt N_{eff} der normalen Niveaufläche für den gleichen Teilkanal wie oben, aber unter Rücksichtnahme auf Schaufeldicke zu:

$$N_{23\,eff} = \left(\frac{2\pi r_{23}'}{z} - s_{23}'''\right) p_{23} = \left(\frac{2\pi r_{23}'}{z} - s_{23}'''\right) l_{23} \cos k_{23} \quad . \quad . \quad (53)$$

wofür mit Einsetzung des Wertes von s_{23}''' gemäß Gleichung (52) sich allgemein pro Teilkanal ergibt:

$$N_{eff} = \left(\frac{2\pi r'}{z} - s \frac{\sqrt{1 - \sin^2 k \sin^2 \gamma}}{\sin \gamma \cos k}\right) p \quad . \quad . \quad . \quad . \quad (54)$$

$$N_{eff} = \left(\frac{2\pi r'}{z} - s \frac{\sqrt{1 - \sin^2 k \sin^2 \gamma}}{\sin \gamma \cos k}\right) l \cos k \quad . \quad . \quad . \quad (55)$$

Ist also an Hand der Zeichnung N_{eff}, d. h. der durch die Schaufeldicke verminderte Inhalt der normalen Niveaufläche pro Teilkanal bestimmt, so kommt man nunmehr in die Lage, aus der Wassermenge ΔQ, welche der Teilkanal zu führen hat, die Geschwindigkeit c_a'' in Richtung der normalen Wasserfäden bestimmen zu können und zwar nach der Gleichung:

$$c_a'' = \frac{\Delta Q}{N_{eff}} \quad . \quad . \quad . \quad . \quad . \quad . \quad . \quad . \quad . \quad . \quad (56)$$

Die Kenntnis dieser Größe c_a'' ist zum Entwurf des Austrittsdiagramms unerläßlich.

11. Zahlenbeispiele.

I. Wie groß ist die normale Niveaufläche für einen zeichnerisch festgelegten Kanal:

a) bei Vernachlässigung der Schaufeldicke bzw. bei unendlich dünnen Schaufeln?

b) mit Berücksichtigung der Schaufeldicke bei Anwendung von 8 mm dicken Blechschaufeln?

c) desgl. bei Anwendung von 16 mm dicken Gußschaufeln?

Der Zeichnung ist entnommen:

$$r' = 412\,\text{mm} \qquad \gamma = 31^0 \qquad k = 58^0 \qquad z = 15$$

$$p = l \cos k = 115{,}5\,\text{mm} \qquad \text{Teilung} = \frac{2\pi r'}{z} = 172{,}6.$$

Zu a) $N_{theor} = 1{,}155 \cdot 1{,}726 = 1{,}994\,\text{dm}^2;$

zu b) $N_{eff} = 1{,}994 - \frac{0{,}08 \cdot 0{,}90}{0{,}515 \cdot 0{,}53} \cdot 1{,}155$

$= 1{,}994 - 0{,}305 = 1{,}689\,\text{dm}^2;$

zu c) $N_{eff} = 1{,}994 - 0{,}610 = 1{,}384\,\text{dm}^2.$

Daraus geht hervor, daß Blechschaufeln von üblicher Dicke die normale Niveaufläche um 15,3%, Gußschaufeln von der doppelten Stärke wie die vorigen dieselbe sogar um 30,6% verringern, so daß im Falle b) noch 84,7%, im Falle c) nur noch 69,4% der theoretischen normalen Niveaufläche übrigbleiben.

Wäre nun beispielsweise in allen drei Fällen die Austrittsgeschwindigkeit in Richtung der normalen Wasserfäden (d. i. senkrechter Austritt) gleich groß, entsprechend gleichen Austrittsverlusten, so könnten beispielsweise im Falle a) Q Liter, im Falle b) nur 0,847 Q Liter, im Falle c) sogar nur 0,694 Q Liter durch das im übrigen gleiche Rad verarbeitet werden.

Dies Beispiel lehrt, daß bei Rädern von hohem Wasserverbrauch unbedingt Blechschaufeln angewendet werden sollen, die überdies so dünn zu halten sind, wie es eben die Festigkeit gerade erlaubt.

Aus dem gleichen Grunde wird auch ein kleines Rad einem ähnlich konstruierten großen Rade hinsichtlich hydraulischem Nutzeffekt unterlegen sein, weil für jenes die Schaufeldicke sich ungleich schädlicher bemerkbar macht.

II. Gleiche Aufgabe wie in I, jedoch $k = 0$ statt 58°, d. h. Schaufelaustrittskante fällt in eine normale Niveaulinie.

Zu a) $N_{theor} = 1{,}994\,\text{dm}^2,$

zu b) $N_{eff} = 1{,}994 - 0{,}180 = 1{,}814,$

zu c) $N_{eff} = 1{,}994 - 0{,}360 = 1{,}634.$

Aus diesem Beispiel, im Vergleich zum vorigen, erkennt man, daß der unbedingt schädliche Einfluß der Schaufeldicke auf den effektiven Inhalt der normalen Niveaufläche um so weniger sich geltend macht, je kleiner Winkel k wird, d. h. je eher die Schaufelkante mit einer normalen Niveaulinie zusammenfällt. Im Grenzfalle $k = 0$ wird die normale Niveaufläche im Falle b) nur noch um 9%, im Falle c) nur noch um 18% verringert. Die Schaufelaustrittskante, welche frei gewählt werden kann, ist also von diesem Gesichtspunkte aus stets so zu legen, daß die normalen Wasserfäden unter einem Winkel getroffen werden, der so wenig als möglich von 90° abweicht; auf der andern Seite darf aber diese Forderung die einer guten Schaufelform nicht beeinträchtigen.

12. Parallelität der wirklichen Wasserfäden beim Austritt aus einem Teilkanal.

Damit beim Austritt des Wassers aus einem von Schaufeln und Rotorflächen begrenzten Kanal einer Turbine keine Kontraktion eintritt, ist es notwendig, daß die Schaufelenden in Richtung des fließenden

Wassers parallel verlaufen. Wird diese Forderung nicht eingehalten, so wäre eben nicht der Austrittsquerschnitt, sondern der Kontraktionsquerschnitt für die Rechnung maßgebend, welch letzterer aber nicht genau genug bestimmbar ist; dazu würden durch Konvergenz oder Divergenz der Wasserfäden noch Vorgänge in Erscheinung treten, die sich rechnerisch überhaupt nicht genau verfolgen lassen. Da die Bewegung der Wasserteilchen auf Rotorflächen sich vollzieht, so haben wir zunächst nur die Schaufelenden von Kanalquerschnitten zu betrachten, welche auf Rotorflächen liegen. Greifen wir also wiederum den beliebigen Teilkanal, der zwischen den Rotoren 2,2 und 3,3 gelegen ist heraus und legen durch M_{23} die tangierende Kegelfläche an den Rotor (mit R_{m23} als Mantellinie), so muß auf dieser abwickelbaren Kegelfläche der Kanalschnitt mit parallelen Schaufelbegrenzungen erscheinen, d. h. es muß in Textfigur 13, Linie $\widehat{ab} \parallel \widehat{cd}$ und parallel der Tangente im Punkte M_{23} an den mittlern wirklichen Wasserfaden sein. Dieser Forderung kann beispielsweise dadurch Genüge geleistet werden, daß die Schaufelenden nach Evolventen gekrümmt werden, was aber durchaus nicht ausschließt, daß mit irgend einer anderen Kurvenart, Kreis, Parabel usw., praktisch genau genug derselbe Zweck erreicht wird. Die Richtung der Tangente selbst wird bestimmt durch den Austrittswinkel γ_{23}, der als gegeben zu betrachten ist.

Für irgend einen andern Kanalschnitt, der nicht nach einer Rotorfläche geführt wird, steht zu erwarten, daß die Parallelität der Schaufelenden deshalb verschwindet, weil die Größe des Winkels γ von Rotor zu Rotor sich ändert. Von Interesse ist nun die Betrachtung eines Schnittes senkrecht zur Mittelpunktslinie der Austrittsquerschnitte bzw. zur Schaufelaustrittskante angenähert. In diesem Kanalschnitt erscheint sowohl die wahre Schaufeldicke $= s$, wie auch die kürzeste wirkliche Niveaulinie $\Delta = \overline{FG}$; die letztere Strecke als lichte Weite des Teilkanals.

Der Neigungswinkel ω des mittleren Wasserfadens auf diesem Schaufelschnitte bestimmt sich zu

$$\sin\omega = \frac{\Delta + s}{\frac{2\pi r}{z}} \qquad \ldots \ldots \ldots \quad (57)$$

Denken wir uns wieder wie oben für alle Punkte der Mittellinie Textfigur 14 den zugehörigen Wert von Δ bestimmt und den Betrag $\frac{\Delta}{2}$ nach beiden Seiten der durch Kreisprojektion bestimmten Mittellinie in der Papierebene aufgetragen, so gibt der zwischen den Linienzügen $\widehat{S_2 S_3}$ und $\widehat{T_2 T_3}$ gelegene Flächenstreifen ein in Richtung der Mittellinie verzerrtes Bild des umgeklappten effektiven Kanalquerschnitts. Des weitern stelle die durch die Linienzüge $\widehat{C_2 C_3}$ und $\widehat{B_2 B_3}$ begrenzte Fläche den projizierten meßbaren Querschnitt dar. Linie $\widehat{B_2 B_3}$ ist hierbei identisch mit der Schaufelkante und $\widehat{C_2 C_3}$ wird aus der Forderung gewonnen, daß Strecke $\widehat{B_2 M_2} = \widehat{M_2 C_2}$ und $\widehat{B_3 M_3} = \widehat{M_3 C_3}$ sein muß. Das Lot in M_{23} zur Mittellinie schneide $\widehat{C_2 C_3}$ im Punkte F_p, $\widehat{B_2 B_3}$ im Punkte G_p; durch

F_p und G_p denken wir uns wiederum normale Wasserfäden bzw. Rotoren gelegt, die in F_{mp} und G_{mp} die Mittellinie schneiden mögen.

Nun muß nach der aufgestellten Forderung auf dem Rotor bzw. Kanalschnitt $F_p F_{mp}$ ebenso auf dem Rotor bzw. Kanalschnitt $G_p G_{mp}$ an der Austrittsstelle Parallelität der Wasserfäden herrschen, d. h. es müssen

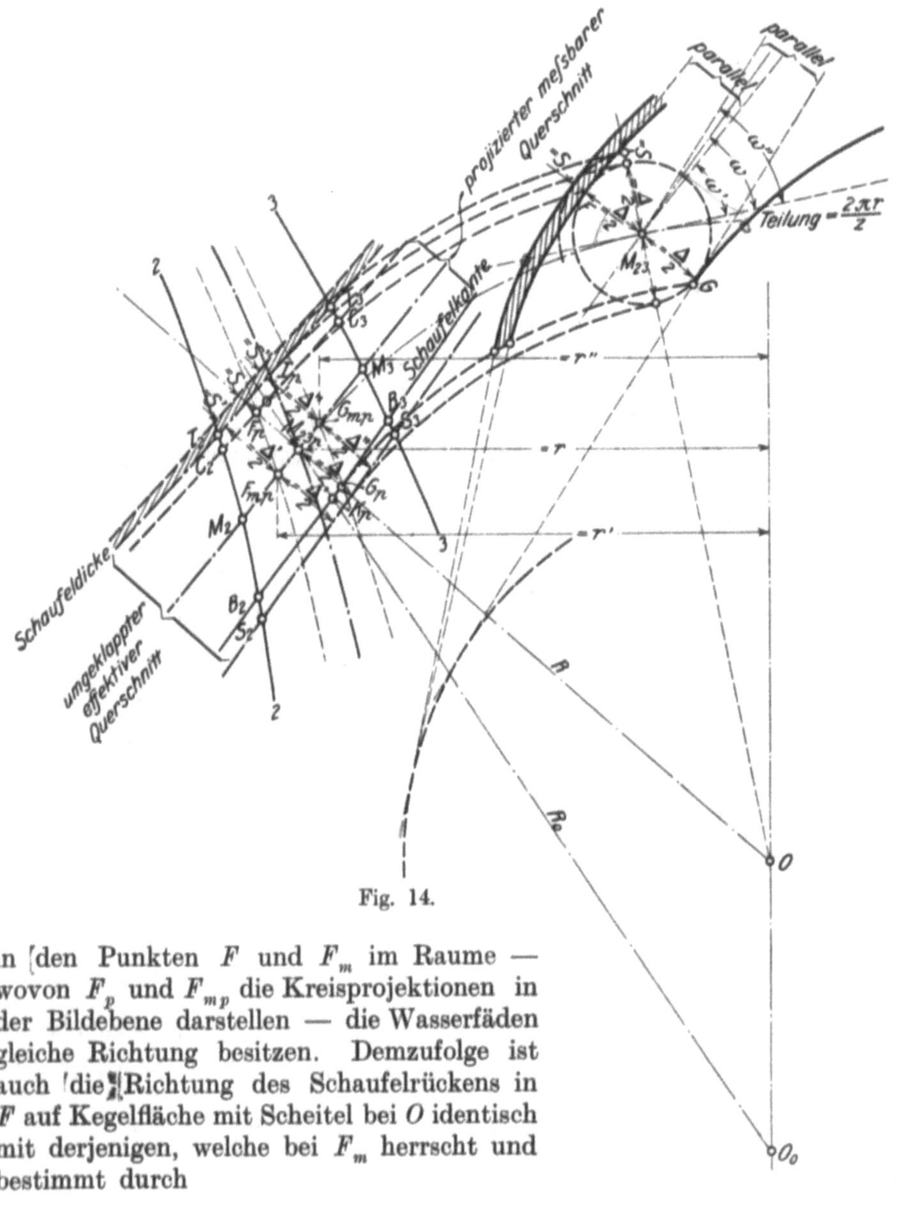

Fig. 14.

in den Punkten F und F_m im Raume — wovon F_p und F_{mp} die Kreisprojektionen in der Bildebene darstellen — die Wasserfäden gleiche Richtung besitzen. Demzufolge ist auch die Richtung des Schaufelrückens in F auf Kegelfläche mit Scheitel bei O identisch mit derjenigen, welche bei F_m herrscht und bestimmt durch

$$\sin \omega' = \frac{\Delta' + s'}{\frac{2 \pi r'}{z}} \quad . \quad . \quad . \quad . \quad . \quad . \quad . \quad . \quad . \quad (58)$$

sofern Δ' die lichte Weite für den Mittelpunkt F_m, s' die Schaufeldicke daselbst und r' den Abstand von F_{mp} zur Drehachse bedeutet, $(\Delta' + s')$ ist hierbei gemäß Gleichung (39) zu bestimmen. In gleicher Weise ist die Richtung des Schaufelprofils in G auf Kegelfläche mit Scheitel bei O gegeben durch

$$\sin \omega'' = \frac{\Delta'' + s''}{\frac{2\pi r''}{z}} \quad \ldots \ldots \ldots \quad (59)$$

Wird nun die durch $F M_{23} G$ gehende Kegelfläche, deren Scheitel in O liegt, abgewickelt, so ist der darauf liegende Schaufelschnitt, soweit es sich um die Schaufelenden handelt, mit Hilfe der Winkel ω, ω' und ω'' festgelegt (s. Textfigur 14).

Für einen beliebig schrägen Schnitt, beispielsweise mittels Kegelfläche $J M_{23} K$, deren Scheitel in O_0 liegt (s. Textfigur 14), können in ähnlicher Weise die Richtungen der Schaufelenden gefunden werden, indem hier an Stelle von Δ und s des normalen Schnitts sinngemäß die Werte Δ^x und s^x des schrägen Schnitts, die sich nach den Gleichungen (45) und (46) oder (47) und (48) bestimmen lassen, substituiert werden.

Da Winkel γ von Rotor zu Rotor sich nur wenig ändert, darf auch für einen schrägen Schnitt angenähert Parallelität der Schaufelenden erwartet werden, sofern die beliebige Kegelschnittfläche nicht allzuviel geneigt ist zu derjenigen, welche den Rotor tangiert, wodurch dann die Konstruktion des Schaufelschnitts noch innerhalb der praktischen Genauigkeitsgrenzen etwas einfacher sich gestaltet.

13. Wahl der Schaufel-Ein- oder Austrittskante in einer beliebigen Ebene.

Bisher haben wir angenommen, die Schaufel-Austrittskante liege in einer Diametralebene; nun ist es in einigen Fällen (zur Erzielung schöner Schaufel- und Kanalformen) angezeigt, die Schaufelkante zwar in einer Ebene parallel zur Drehachse zu belassen, diese Ebene aber unter einem Winkel (Schräge) φ zur Diametralebene zu neigen (siehe Textfigur 15). Die Gleichungen (35), (39) und (40) behalten ihre Gültigkeit in diesem Falle nur dann, wenn an Stelle von l_{23} $(= \overset{\frown}{M_{2p} M_{23p} M_{3p}})$, welches die Kreisprojektion von l_{23}' darstellt, die wahre Länge l_{23}' $(= \overset{\frown}{M_2 M_{23} M_3})$ selbst und ebenso an Stelle des in der Projektion erscheinenden Winkels k_{23} der wahre Winkel k_{23}' im Raume eingesetzt wird.

Ist r_{23} der Abstand des Mittelpunktes M_{23} von der Achse, ψ_{23} der Winkel, den das Linienelement l_{23} mit der Richtung der Drehungsachse in der Tafelebene einschließt, so ergibt sich die wahre Länge von l_{23}' im meßbaren Querschnitte zu:

$$l_{23}' = l_{23} \sqrt{1 + \sin^2 \psi_{23} \operatorname{tg}^2 \varphi \left(1 + \frac{1}{\frac{4r^2}{l^2 \sin^2 \psi_{23}} - 1}\right)} \quad . \quad (60)$$

und allgemein:

$$l' = l \sqrt{1 + \sin^2 \psi \operatorname{tg}^2 \varphi \left(1 + \frac{1}{\frac{4r^2}{l^2 \sin^2 \psi} - 1}\right)} \quad . \quad . \quad (61)$$

wofür in den praktisch vorkommenden Fällen genau genug gesetzt werden darf:

$$l' = l\sqrt{1+\sin^2\psi\,\mathrm{tg}^2\varphi} \quad (62)$$

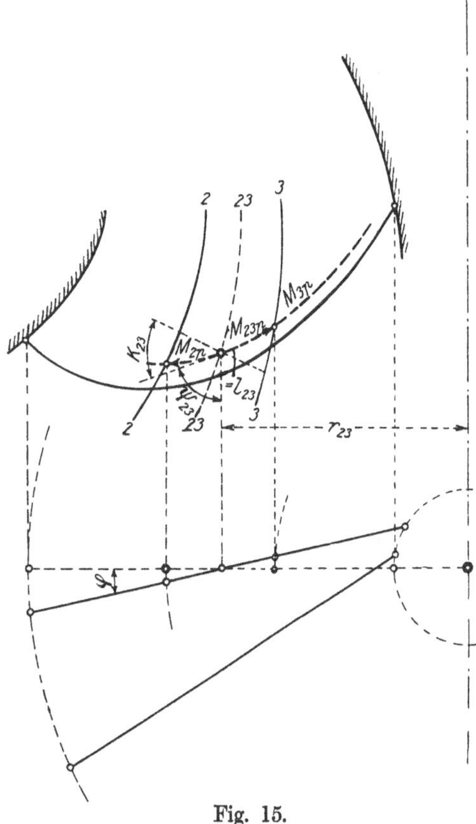

Fig. 15.

Ferner bestimmt sich der Winkel k_{23}', den die Mittellinie l_{23}' im Raume mit der normalen in der Tafelebene liegenden Niveaulinie durch M_{23} einschließt, deren Länge $= l_{23}\cos k_{23}$ beträgt, allgemein durch:

$$\cos k' = \frac{l\cos k}{l'} \quad . \quad (63)$$

worin für l' der genaue Wert nach Gleichung (61) oder in praktischen Fällen auch ausreichend genau der Annäherungswert nach Gleichung (62) gesetzt werden kann.

Unter Substituierung des letzteren wird:

$$\cos k' = \frac{\cos k}{\sqrt{1+\sin^2\psi\,\mathrm{tg}^2\varphi}} \quad (64)$$

Übrigens ist der begangene Fehler praktisch noch nicht wesentlich, wenn an Stelle von l' und k' direkt l und k gesetzt werden, vorausgesetzt, daß $\varphi = 18^0$ bis 20^0 nicht überschreitet.

Mit Hilfe der Gleichungen (35) und (39) ist man weiter imstande, die Breite b' und die Weite Δ' des effektiven Querschnitts zu bestimmen unter Substitution von l durch l' und k durch k'.

Für den effektiven Querschnitt als Ganzes ergibt sich endlich:

$$b'\Delta' = l'\frac{2\pi r}{z}\sin\gamma\cos k' = l\frac{2\pi r}{z}\sin\gamma\cos k = b\Delta \quad . \quad . \quad (65)$$

vorausgesetzt, daß man die Schaufeldicke vernachlässigen darf und

$$b'\Delta' = l'\frac{2\pi r}{z}\sin\gamma\cos k - l's\sqrt{1-\sin^2 k'\sin^2\gamma} \quad . \quad . \quad . \quad (66)$$

falls die Schaufeldicke berücksichtigt werden muß.

Aus den Gleichungen (65) und (66) erkennt man, daß es, abgesehen von der Schaufeldicke, für die Größe des effektiven Querschnitts gleichgültig ist, ob die Austrittskante in einer Diametralebene oder in einer beliebigen Ebene liegt, vorausgesetzt nur, daß in beiden Fällen die Austrittswinkel gleich groß sind und die Schaufelkanten einerlei Kreisprojektion besitzen, d. h. auf der gleichen Rotationsfläche liegen.

Spezialfälle. a) $\psi = 0^0$, d. h. Kreisprojektion von l fällt in Richtung der Drehachse; in diesem Falle wird $l' = l$, was ohne weiteres einleuchtet.

b) $\psi = 90^0$, d. h. Kreisprojektion l steht senkrecht zur Richtung der Drehachse; dann wird

$$l' = l\sqrt{1 + \mathrm{tg}^2\varphi\left(1 + \frac{l^2}{4r^2 - l^2}\right)}$$

oder angenähert

$$l' \simeq l\sqrt{1 + \mathrm{tg}^2\varphi} = \frac{l}{\cos\varphi}$$

Mit dem speziellen Werte von $\varphi_{max} = 18^0$ ergibt sich nach der letzten Formel

$$l' = 1{,}051\, l$$

und

$$\cos k' = 0{,}951 \cos k.$$

Würde also l' direkt durch das in der Zeichnung abgemessene l ersetzt, so wäre der größte Fehler, der begangen werden könnte, höchstens zirka $5^0/_0$, da alle übrigen Fälle zwischen den beiden vorigen: $\psi = 0$ und $\psi = 90^0$ eingeschlossen sind und φ praktisch nicht viel über 18^0 hinaus angenommen wird.

14. Zahlenbeispiel.

Die Schaufelkante liege in einer Ebene parallel zur Drehachse. Die Ebene sei um $\varphi = 18^0$ zu derjenigen Diametralebene geneigt, die durch den Querschnittsmittelpunkt M gelegt werden kann. Die Kreisprojektion der Mittelpunktslinie schließe in der Tafelebene einen Winkel $\psi = 20^0$ mit der Richtung der Drehachse ein. Die übrigen bekannten Größen sind:

$$r = 414 \quad l = 218\,\mathrm{mm} \quad k = 58^0 \quad \gamma = 31^0 \quad t = \frac{2\pi r}{z} = 173{,}4 \quad s = 8\,\mathrm{mm}$$

Gesucht sind:

a) Die wahre Länge l' der Mittelpunktslinie des meßbaren Querschnitts.

b) Der Neigungswinkel k', den diese mit der normalen Niveaulinie durch M einschließt.

c) Breite, Weite und Inhalt des effektiven Querschnitts.

Zu a) Nach der genauen Formel (61) erhält man:

$$l' = 218\sqrt{1 + 0{,}117 \cdot 0{,}1056\,(1 + 0{,}0082)}$$

$$= 218\sqrt{1 + 0{,}01236 \cdot 1{,}0082} = 1{,}0062 \cdot 218 = 219{,}3\ \mathrm{mm}$$

Zu b) Nach Gleichung (63) wird

$$\cos k' = \frac{218 \cdot \cos 58}{219{,}3} = 0{,}527$$

$$k' = 58^0\, 12'$$

Zu c) Nach den Gleichungen (35) und (39) ergibt sich:

$$b' = 219{,}3\sqrt{1 - 0{,}7225 \cdot 0{,}2652} = 219{,}3 \cdot 0{,}899 = 197{,}2\ \mathrm{mm}$$

$$\Delta' = 173{,}4 \cdot 0{,}515 \frac{0{,}527}{\sqrt{1 - 0{,}7225 \cdot 0{,}2652}} - 8 = 52{,}3 - 8 = 44{,}3\ \mathrm{mm}$$

somit der effektive Querschnitt:

$b'\Delta' = 0{,}874\ \mathrm{dm}^2$, wie oben Seite 27.

Vergleicht man die einzelnen Werte von b' und Δ' mit den oben gefundenen b und Δ, so erkennt man, daß die Differenzen zirka $^1/_2\,^0/_0$ betragen; man kann also in diesen oder ähnlichen Fällen zur Bestimmung des effektiven Querschnitts die Neigung von $\varphi = 18^0$ der Ebene, in welcher die Schaufelkante liegt, ganz außer acht lassen.

C. Druck und Geschwindigkeitsverhältnisse in Turbinen.

1. Stoß des Wassers gegen eine bewegte Ebene.[1])

Trifft, wie in Textfigur 16 dargestellt, ein Wasserteilchen im Punkte A nach Richtung und Größe mit der Geschwindigkeit c auf eine bewegte Ebene, die nach Richtung und Größe mit der Geschwindigkeit v fortschreitet, wobei c mit v den Winkel α und die Ebene mit v den Winkel β' einschließen möge, so tritt folgendes ein:

Da das Wasserteilchen die Geschwindigkeit v annehmen muß und die Geschwindigkeit c besitzt, so hat es zunächst das Bestreben, in Richtung und mit der Geschwindigkeitsgröße w_0 weiterzuströmen. Nun gestattet aber die Ebene nicht das Fortschreiten des Wasserteilchens in Richtung w_0, vielmehr ist eine weitere Zerlegung der Geschwindigkeit w_0 in Richtung der Ebene und senkrecht dazu notwendig, was die beiden Komponenten w_0' und c_n ergibt. Die Geschwindigkeit c_n nennt man die Stoßkomponente der absoluten Geschwindigkeit c und ist als verloren zu betrachten; die entsprechende (durch Wirbel) verloren gegangene Druckhöhe ist $\frac{c_n^2}{2g}$; als nutzbare Geschwindigkeiten bleiben demgemäß noch übrig w_0' und v; strömt das Wasserteilchen im Punkte B von der Ebene frei ab, so tritt daselbst, abgesehen von der Reibung längs der Ebene, ein weiterer Verlust ein, nämlich die Geschwindigkeitshöhe, welche der Resultanten der Geschwindigkeiten von w_0' und v entspricht; diese Resultante sei bezeichnet mit c_a und die entsprechende Geschwindigkeitshöhe mit $\frac{c_a^2}{2g}$.

Es bestimmt sich nun an Hand der Textfigur 16

$$c_n = c \sin(\beta' - \alpha) - v \sin\beta' \quad \ldots\ldots \quad (67)$$

$$w_0' = c \cos(\beta' - \alpha) - v \cos\beta' \quad \ldots\ldots \quad (68)$$

und endlich

$$c_a = \sqrt{v^2 + w_0'^2 + 2 v w_0' \cos\beta'} \quad \ldots\ldots \quad (69)$$

worin w_0' durch den Wert nach Gleichung (68) zu ersetzen wäre.

Die an die Ebene abgegebene Arbeit A ist hierbei pro 1 Liter Wasser

$$A = \frac{c^2}{2g} - \frac{c_a^2}{2g} - \frac{c_n^2}{2g} = \frac{2 v c_n \sin\beta'}{2g} = \frac{2 v \sin\beta' \,[c \sin(\beta' - \alpha) - v \sin\beta']}{2g} \quad (70)$$

Dieser Wert wird zu einem Maximum, wenn $(\beta' - \alpha) = 90^0$ ist, d. h. wenn das Wasserteilchen senkrecht auf die Ebene aufschlägt, und wenn

[1]) Vgl. Bach, Die Wasserräder.

außerdem die Geschwindigkeit der Ebene eine solche ist, daß sie der Bedingung $v = \frac{c}{2 \sin \beta'}$ genügt; A nimmt alsdann den Wert:

$$A_{max} = \frac{1}{2} \frac{c^2}{2g} \quad . \quad (71)$$

an und gleichzeitig wird:

$$\frac{c_n^2}{2g} = \frac{1}{4} \frac{c^2}{2g} \quad . \quad (72)$$

und

$$\frac{c_a^2}{2g} = \frac{1}{4} \frac{c^2}{2g} \quad . \quad (73)$$

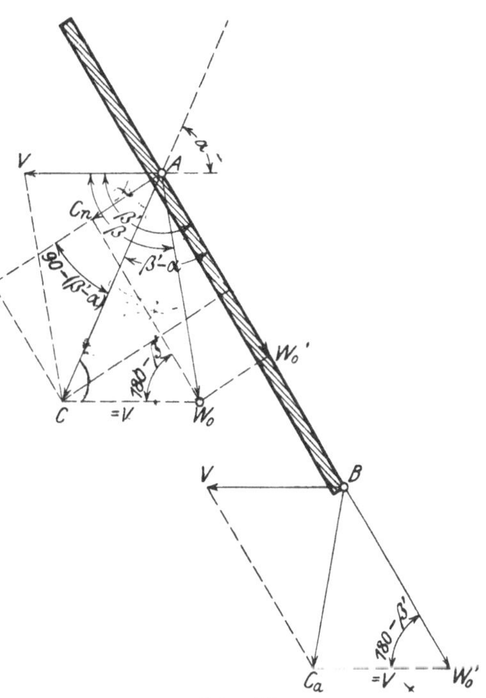

Fig. 16.

Der Druckhöhenverlust $\frac{c_n^2}{2g}$ durch Stoß ist nun im allgemeinen nicht so beträchtlich, wie es auf den ersten Anblick scheinen möchte, und es bedarf schon ziemlicher Abweichung in den Richtungen von w_0 und w_0', bevor derselbe sich erheblich bemerkbar macht; auf Turbinen angewendet, besagt das: es darf der Schaufeleintrittswinkel β' des Laufrades schon erheblich von dem theoretischen und für stoßfreien Wassereintritt bestimmten Winkel β abweichen, bevor eine merkliche Nutzeffektsabnahme eintritt.

Bezeichnen wir in Textfigur 16 noch den Schaufelwinkel für stoßfreien Eintritt mit β, so ist derselbe zu bestimmen aus der Gleichung:

$$\sin(\beta - \alpha) = \frac{v \sin \alpha}{\sqrt{v^2 + c^2 - 2vc \cos \alpha}} \quad . \quad . \quad . \quad . \quad (74)$$

An Hand folgender praktischer Beispiele soll die Größe des Stoßverlustes untersucht werden:

Beispiel. Gegeben sind für die Bestimmung der Eintrittsverhältnisse an einer Laufradschaufel:

$$\alpha = 30^0 \qquad v = 0{,}65 \sqrt{2gH} \qquad c = 0{,}71 \sqrt{2gH}$$

Wie groß ist: 1. Der Schaufelwinkel für stoßfreien Eintritt?

2. Der Stoßverlust, wenn statt des richtigen Winkels ein solcher von 120^0 gewählt wird?

3. Wenn ein solcher von 110^0 gewählt wird?

Zu 1) Gleichung (74) ergibt:

$$\sin(\beta - 30^0) = \frac{0{,}65 \sqrt{2gH} \cdot 0{,}500}{\sqrt{2gH} \sqrt{0{,}65^2 + 0{,}71^2 - 2 \cdot 0{,}65 \cdot 0{,}71 \cdot 0{,}866}} = 0{,}910$$

$$\beta - 30 = 65^0\,30' \qquad \beta = 95^0\,30'$$

Der Schaufelwinkel für stoßfreien Eintritt beträgt demnach $95^0\,30'$.

Zu 2) Die Wahl von $\beta' = 120^0$ statt $\beta = 95^0\,30'$ entspricht einer Abweichung von $24^0\,30'$; die Stoßgeschwindigkeit c_n bestimmt sich nach Gleichung (67) zu:

$$c_n = 0{,}71\sqrt{2gH}\sin(120 - 90) - 0{,}65\sqrt{2gH}\cdot\sin 120$$

$$= 0{,}15\sqrt{2gH}, \text{ also}$$

$$\frac{c_n^2}{2g} = 0{,}0225\,H$$

was also einem Verluste von $2{,}25\,^0/_0$ gleichkäme.

Zu 3) Die Wahl von $\beta' = 110^0$ entspricht einer Abweichung von $14^0\,30'$; die entsprechende Stoßkomponente ergibt sich zu:

$$c_n = (0{,}71\cdot 0{,}985 - 0{,}65\cdot 0{,}940)\sqrt{2gH}$$

$$= 0{,}0883\sqrt{2gH}$$

Demnach:

$$\frac{c_n^2}{2g} = 0{,}0078\,H$$

was einem Verluste durch Stoß von nur $0{,}78\,^0/_0$ entspricht.

2. Pressungsverhältnisse in einer Turbine. Ableitung der Hauptgleichung.[1])

Bei Durchgang eines Wasserteilchens durch eine Turbine legt dasselbe folgende Einzelstrecken zurück:

I. Strecke. Vom Zulauforgan (unmittelbar vor der Turbine) sei es Absperrschieber, Drosselklappe oder Einlauffalle bis zum ersten meßbaren Eintrittsquerschnitt des Leitapparats, woselbst die Pressung p_E und die Geschwindigkeit c_E herrscht.

II. Strecke. Vom Eintrittsquerschnitt des Leitapparats bis zum letzten meßbaren Austrittsquerschnitt desselben, wo Pressung p_A und Geschwindigkeit c_A herrschen möge.

III. Strecke. Vom Austrittsquerschnitt des Leitapparats unter Passieren des Spalts bis zur Eintrittsschaufelkante des Laufrades, an welcher Stelle der Druck p_0 und die Geschwindigkeit c_0 sich einstellen möge.

IV. Strecke. Von der Eintrittskante des Laufrades bis zum ersten meßbaren Querschnitt oder Eintrittsquerschnitt des Laufradkanals mit Pressung p_e und Geschwindigkeit w_e.

V. Strecke. Vom Eintrittsquerschnitt des Laufradkanals bis zum letzten angebbaren Austrittsquerschnitt des Laufradkanals, an welcher Stelle Pressung p_a und Geschwindigkeit w_a eingetreten sei und von wo das Wasser mit der absoluten Geschwindigkeit c_a in das Saugrohr eintritt.

VI. Strecke. Vom Austrittsquerschnitt des Laufradkanals bis zum Ablauf im Unterwasserkanal, d. i. die Strecke, welche in den weitaus meisten Fällen vermittelst Saugrohrführung zurückgelegt wird; das Wasserteilchen verlasse das Saugrohr in einer Tiefe von y Meter unter dem

[1]) Vgl. Bach, Die Wasserräder.

Unterwasserspiegel und besitze daselbst die Geschwindigkeit c_y senkrecht gerichtet zum wirklichen Austrittsquerschnitt des Saugrohrs.

Auf jeder dieser Strecken wird von dem Nutzgefälle durch Reibung, Krümmungswiderstand und Unregelmäßigkeiten in der Wasserbewegung ein Teil verloren gehen, welche Druckhöhenverluste der Reihe nach mit $\tau_1 H$, $\tau_2 H$ usw. bezeichnet werden mögen, wobei H das Totalgefälle darstellt.

Unter Berücksichtigung dieser Verluste ergeben sich dann zwischen den absoluten Pressungen, den Druckhöhen, welche den Wassergeschwindigkeiten entsprechen, und den Drücken, welche durch Rotation des Laufrades in Form von Zentrifugalkräften entstehen, die folgenden, fundamentalen Beziehungen.

I. Strecke:

$$p_E + \frac{c_E^2}{2g} = h_E - \tau_1 H \quad \ldots \ldots \ldots \ldots \quad (75)$$

II. Strecke:

$$p_A + \frac{c_A^2}{2g} = p_E + \frac{c_E^2}{2g} + (h_A - h_E) - \tau_2 H \quad \ldots \ldots \quad (76)$$

III. Strecke:

$$p_0 + \frac{c_0^2}{2g} = p_A + \frac{c_A^2}{2g} + h_0 - h_A - \tau_3 H \quad \ldots \ldots \quad (77)$$

IV. Strecke:

$$p_e + \frac{w_e^2}{2g} = p_0 + \frac{w_0^2}{2g} - \frac{v_0^2 - v_e^2}{2g} + h_e - h_0 - \tau_4 H \quad \ldots \quad (78)$$

V. Strecke:

$$p_a + \frac{w_a^2}{2g} = p_e + \frac{w_e^2}{2g} - \frac{v_e^2 - v_a^2}{2g} + h_a - h_e - \tau_5 H \quad \ldots \quad (79)$$

VI. Strecke:

$$y + \frac{c_y^2}{2g} = p_a + \frac{c_a^2}{2g} + (H - h_a) + y - \tau_6 H \quad \ldots \ldots \quad (80)$$

Durch Addition von (75) bis (77) ergibt sich:

$$p_0 + \frac{c_0^2}{2g} = h_0 - (\tau_1 + \tau_2 + \tau_3) H \quad \ldots \ldots \ldots \quad (81)$$

Aus dieser Gleichung ist die Pressung berechenbar, die am Umfang des Laufrades herrscht.

Aus (78) und (79) ergibt sich

$$p_a + \frac{w_a^2}{2g} = p_0 + \frac{w_0^2}{2g} + h_a - h_0 - \frac{v_0^2 - v_a^2}{2g} - (\tau_4 + \tau_5) H \qquad (82)$$

Diese Gleichung dient zur Berechnung des Druckes im Austrittsquerschnitt des Laufradkanals.

Setzt man in Gleichung (80) noch $\frac{c_y^2}{2g}$, welcher Betrag — wenigstens bei Saugröhren mit zum Unterwasserspiegel senkrecht stehender Achse — als Stoßverlust aufzufassen ist $= \tau_7 H$ und weiter:

$$1 - (\tau_1 + \tau_2 + \tau_3 + \ldots \ldots + \tau_7) = \varepsilon \quad \ldots \ldots \quad (83)$$

wobei ε den hydraulischen Wirkungsgrad der Turbine von Eintritt des Wassers bis Austritt darstellt, so erhält man durch Addition der Gleichungen (80), (81) und (82) und unter Berücksichtigung von (83) die Fundamentalgleichung in bezug auf Pressungsverhältnisse innerhalb einer Turbine:

$$\frac{c_0^2 - c_a^2}{2g} + \frac{w_a^2 - w_0^2}{2g} + \frac{v_0^2 - v_a^2}{2g} = \varepsilon H \quad . \quad . \quad . \quad . \quad (84)$$

3. Druckverluste in der Turbine und Beschränkung derselben.

Es ist Aufgabe des Konstrukteurs, die einzelnen Teilverluste, soweit es möglich ist, ganz zu vermeiden, und wo dieselben unvermeidlich sind, doch wenigstens so klein als möglich zu halten; dies kann geschehen:

I.

Bei $\tau_1 H$. a) Durch Verminderung der Wassergeschwindigkeit, sofern die Wasserführung keine gesicherte ist, d. h. plötzliche Richtungs- und Querschnittsänderungen eintreten. Es darf gewählt werden als Zuströmungsgeschwindigkeit c des Wassers zum Leitapparat:

$c \leqq 0{,}10\sqrt{2gH}$ in offener Wasserkammer aus Beton oder Eisen mit rechteckigem Querschnitt bei Turbinen mit horizontaler oder vertikaler Achse;

$c \leqq 0{,}14\sqrt{2gH}$ in offener Wasserkammer mit halbkreisförmigem Grundriß bei vertikaler Anordnung der Turbinen oder in zentralem Blechkessel oder Gußgehäuse bei horizontaler oder vertikaler Turbinenanordnung, in allen Fällen mit zentral eingebauten Turbinen;

$c \leqq 0{,}17\sqrt{2gH}$ bei halbrunden Betonkammern oder Blechkesseln oder Gußgehäusen mit derart exzentrisch eingesetzten Turbinen, daß die durchströmten Querschnitte mit dem Wasserverbrauch im Leitapparat abnehmen.

b) Durch gesetzmäßige Überführung der Geschwindigkeit des Wassers aus dem Zulaufkanal oder Rohr bis zu den ersten meßbaren Querschnitten der Leitapparate mittelst spiralförmigen Betonkammern, oder Spiralgehäusen aus Blech oder Gußeisen mit rundem oder rechteckigem Querschnitt. In diesen Fällen darf gewählt werden:

$$c \leqq 0{,}20\sqrt{2gH} \text{ bis maximal } \leqq 0{,}25\sqrt{2gH}$$

Die Größe von $\tau_1 H$ soll 3% der Druckhöhe nicht überschreiten.

II.

Bei $\tau_2 H$. a) Durch Stellung der Leitschaufeln derart zum Zulauforgan, daß das zufließende Wasser ohne Stoß oder plötzliche Geschwindigkeitsänderung in die Leitkanäle eintreten kann. Die Seitenwände des Leitapparats sollen vor allem so ausgebildet sein, daß keine Kontraktionen nach Eintritt des Wassers in das Leitrad stattfinden können oder daß außerhalb des Leitapparats „tote Räume“ entstehen können, die Anlaß zur Wirbelbildung geben.

b) Durch Zuschärfung der Schaufeln an der Einlaufseite.

c) Durch möglichst glatte und dünne Schaufeln, sowie durch möglichst sanft geschwungene Schaufeln zur Vermeidung des Druckverlustes durch Krümmung.

d) Durch Verringerung der Zahl der Schaufeln, immerhin in dem Rahmen, daß die Wasserführung zwischen dem meßbaren Ein- und Austrittsquerschnitt eine gesicherte bleibt; dies letztere ist der Fall, wenn die Länge des mittlern Wasserfadens zwischen beiden genannten Querschnitten noch ungefähr das 1,2fache der lichten Weite im Austrittsquerschnitt beträgt.

$\tau_2 H$ soll 2,5 % der Druckhöhe H nicht erreichen.

III.

Bei $\tau_3 H$. a) Durch Wahl der Schaufelformen derart, daß Parallelität der wirklichen Wasserfäden im Austrittsquerschnitt herrscht.

b) Durch Konstruktion der Schaufelenden in der Weise, daß sowohl Rücken wie Arbeitsfläche unter gleichem Winkel zur Fläche angestellt sind, welche die Schaufelaustrittskanten des Leitapparates enthält. Forderung a) und b) läßt sich beispielsweise durch Krümmung der Schaufelenden nach Evolventen bei Radialturbinen vereinigen.

c) Durch Zuschärfung und Abrundung der Schaufelenden an der Austrittskante.

d) Durch möglichst gesicherte Führung des Wassers vom meßbaren Leitradaustrittsquerschnitt bis zum Eintritt ins Laufrad, was mit II d) durch Anbringen von kurzen dünnen und unter Winkel α angestellten Zwischenschaufeln von Fischform sich in einigen Konstruktionsfällen vereinigen ließe, s. Textfigur 17.

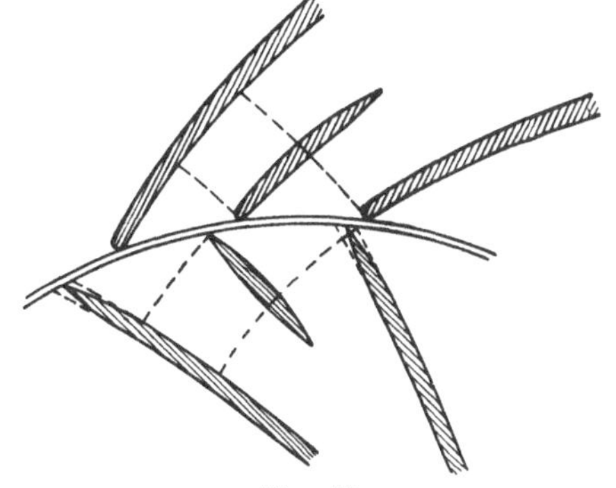

Fig. 17.

e) Durch Beschränkung des Spaltverlustes, d. h. Behinderung des Wasseraustritts durch den Zwischenraum zwischen Leitrad- und Laufradkränzen; was geschehen kann:

1. Durch möglichste Verringerung des Zwischenraums selbst bei vorzüglichster Ausbalancierung und exaktem Abdrehen der Laufräder, sowie genauem Ausbohren der Leiträder.

2. Durch gegenseitige treppenförmige Eindrehungen der Lauf- und Leitradkränze oder dgl.[1])

Ist f die Größe der Spaltringfläche in m², p der Überdruck in Meter Wassersäule, μ der Kontraktionskoeffizient, der $\sim = 0{,}5$, gesetzt werden darf, so ist der Wasserverlust q in m³ bekanntlich angenähert:

$$q = \mu f \sqrt{2gp} \quad \ldots \ldots \ldots \quad (85)^{2)}$$

$\tau_3 H$ soll insgesamt nicht mehr als 2 % der Druckhöhe betragen.

[1]) Siehe z. B. Tafel XXX, Fig. 9.

[2]) Die strenge Rechnung zeigt den Undichtigkeitsverlust in Abhängigkeit von der Länge der Dichtungsfuge und μ veränderlich mit dem Spiel zwischen den dichtenden Ringen.

IV.

Bei $\tau_4 H$. a) Durch möglichst dünne Schaufeln.

b) Durch gute und weit ausholende Zuschärfung des Schaufelendes an der Eintrittskante.

c) Durch Anstellung des Schaufelrückens und der Arbeitsfläche unter gleichem Schaufelwinkel β.

d) Durch gesicherte Führung des Wassers von der Eintrittskarte bis zum 1. meßbaren Querschnitt im Laufradkanal, was wiederum nach Textfigur 17 mit Forderung V b) sich verwirklichen ließe; sobald diese Führung keine gesicherte ist, erscheint es überhaupt fragwürdig, ob die Zentrifugalkraft $\frac{v_0^2 - v_e^2}{2g}$, deren Existenz wir der Rechnung zugrunde legen, auch wirklich in vollem Maße entsteht.

Den Verlust $\tau_4 H$ bewerten wir zu $1{,}5\,\%$ der Druckhöhe.

V.

Bei $\tau_5 H$. a) Durch möglichst dünne und weich gekrümmte Schaufeln.

b) Durch möglichst wenig Schaufeln.

c) Durch Wahl der Schaufelbegrenzungen und der Schaufelkränze für den Laufradkanal derart, daß eine stetige Wasserführung in relativer wie absoluter Beziehung durch alle Querschnitte gesichert erscheint und daß der absolute Wasserweg kontinuierlich an denjenigen vom Leitradkanal sich anschließt.

d) Durch Parallelität der wirklichen Wasserfäden beim Passieren des letzten meßbaren Querschnitts des Laufrads zur Vermeidung der Kontraktion hinter dem Rade.

e) Durch Parallelität von Schaufelrücken und Arbeitsfläche einer Schaufel am Schaufelende.

f) Durch Zuschärfen der Enden von Blechschaufeln und Abrunden derjenigen bei Gußschaufeln.

Verlust $\tau_5 H$ beträgt bei guten Konstruktionen maximal $2{,}5\,\%$.

VI.

Bei $\tau_6 H$. a) Durch Anschluß des Saugrohres derart, daß dasselbe die natürliche Verlängerung des äußern Schaufelkranzes bzw. bei Axialturbinen beider Schaufelkränze bildet.

Die Geschwindigkeit in Richtung der Saugrohrachse bzw. der normalen Wasserfaden variiert an der Übergangsstelle zwischen $0{,}10\sqrt{2gH}$ bis $0{,}33\sqrt{2gH}$ im Mittel $0{,}22\sqrt{2gH}$ je nach Länge des Saugrohrs und vor allem je nach dem Charakter der Turbine hinsichtlich des Wasserverbrauchs.

b) Durch Wahl der Saugrohrform derart, daß die Wasserführung sich gesetzmäßig an diejenige durch das Laufrad anschließt; beim Übergang von Laufrad zu Saugrohr also keine plötzliche Geschwindigkeitsänderungen der Größe und Richtung nach stattfinden.

c) Durch genügend großen Abstand der Saugrohrmündung vom Boden bei senkrecht zum Unterwasserspiegel eintauchendem Rohr, damit kein Rückstau des Wassers durch erschwerten Abfluß eintreten kann; dieser Abstand soll ca. 0,6 bis 1mal dem Saugrohrdiameter an dem untern Ende genommen werden; außerdem ist dafür Sorge zu tragen, daß das Wasser vom Saugrohr weg ungehindert dem Unterwasserkanal zuströmen kann unter Vermeidung von plötzlichen Querschnittsänderungen. Austrittsgeschwindigkeit aus dem vertikal mündenden Saugrohr ca. $0{,}1\sqrt{2gH}$ $\tau_6 H$ ist $\sim$ $3\,^0/_0$ bis $5\,^0/_0$ von H je nach Länge und Form des Saugrohrs.

VII.

Bei $\tau_7 H$. Dieser Verlust kann ganz aufgehoben werden, wenn die Form des Saugrohrs so gewählt wird, daß die Geschwindigkeit des aus dem Laufrad austretenden Wassers der Größe und Richtung nach allmählich in diejenige im Unterwasserkanal übergeführt wird; dies kann geschehen durch Beton-, Guß- und auch Blechsaugröhren mit geeigneter Abkrümmung.[1] [2]

4. Totaler Nutzeffekt.

Für die praktische Berechnung der Turbinen, speziell derjenigen mit einstellbarem Reaktionsgrad, genügt es, den hydraulischen Nutzeffekt als Ganzes zu kennen; im weiteren werden wir bei der Berechnung der Querschnittsverhältnisse der Turbine so vorgehen, daß wir ein für allemal die Verluste

$$(\tau_1 + \tau_2 + \tau_3 + \tau_4 + \tau_5)\,H$$

das sind diejenigen bis Austritt aus dem Laufrad vom Totalgefälle in Abzug bringen und die Turbine alsdann als „ideelle“ Turbine ohne weitere Verluste berechnen.

Vom totalen hydraulischen Verlust

$$(\tau_1 + \tau_2 + \tau_3 + \tau_4 + \tau_5 + \tau_6 + \tau_7)\,H = \varepsilon H$$

unterscheidet sich derselbe um den Betrag von

$$(\tau_6 + \tau_7)\,H$$

d. i. dem Verluste im Saugrohr bis zum Übergang in den Unterwasserkanal, der, um sicher zu gehen, für künftige Rechnungen mit durchschnittlich $5\,^0/_0$ d. h.

$$(\tau_6 + \tau_7)\,H = 0{,}05\,H$$

bewertet werden soll.

Strenggenommen müßte auch hier ein Unterschied zwischen großen und kleinen Turbineneinheiten getroffen werden.

---

[1]) Da es sich bei VI und VII um Geschwindigkeitsverzögerungen handelt, wäre es von großem Interesse festzustellen, welches Minimum von Saugrohrlänge notwendig ist, um eine Geschwindigkeit c_a' in eine solche von c_a'' überzuführen, welche Aufgabe zunächst jedenfalls nur auf dem Wege des Versuches lösbar ist. Vgl. diesbezüglich den neuerdings erschienenen Aufsatz in Z. f. d. ges. Turbinenwesen, 1906, S. 12 von E. Bänninger: Studien und Versuche über Umsetzung von Geschwindigkeit in Druck bei Flüssigkeiten usw.

[2]) Bezüglich der rechnerischen Bestimmung der einzelnen Koeffizienten vgl. Bach, Die Wasserräder.

Wir setzen den Wert von ε als Funktion der Größeneinheit bzw. der Pferdestärkenzahl der Maschine erfahrungsgemäß zu:

$\varepsilon \cong 78\,\%$ bei einer Maschine von 30 PS
$\varepsilon \cong 87\,\%$ " " " " 10000 PS

wobei die Zwischenwerte aus beistehender Kurventabelle Textfigur 18 zu entnehmen sind, beispielsweise

$\cong 84\,\%$ bei einer Maschine von 1000 PS
$\cong 81\,\%$ " " " " 100 PS

usw.; dabei ist aber noch speziell darauf aufmerksam zu machen, daß diese Werte nur dann gelten, wenn der Austritt des Wassers aus dem Laufrad nach normalen Wasserfaden also senkrecht und der Eintritt ins Laufrad stoßfrei erfolgt. Für Spurzapfen- und Lagerreibung sowie

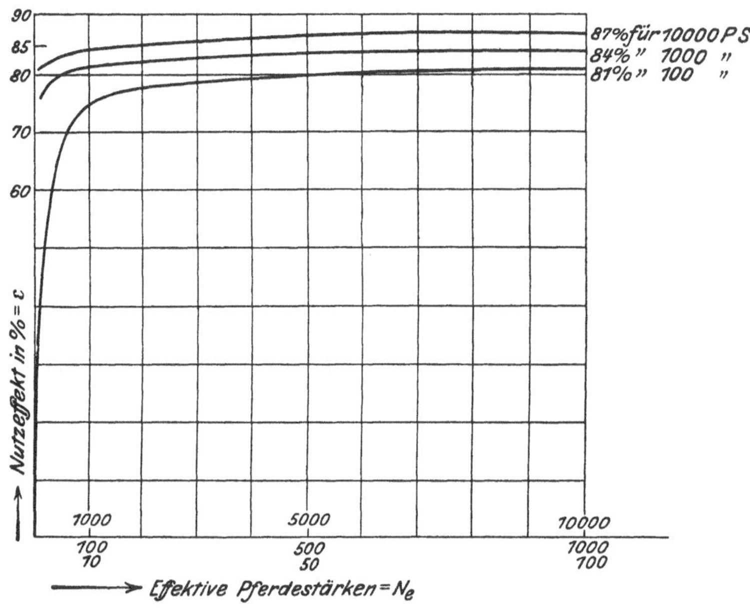

Fig. 18.

für hydraulische Entlastungen und Kühlvorrichtungen, soweit dieselben für die Turbine allein notwendig sind, ziehen wir im ersten Fall (30 PS) ab einen Verlust von $3\,\%$, im letzten Fall (10000 PS) einen solchen von $1\frac{1}{2}\,\%$ und erhalten damit die ähnlich verlaufende Kurve der garantierbaren, mechanischen Nutzeffekte bei Regulierung der Turbine von Hand durch ein mechanisches Getriebe mit Handrad.

Wird die Turbine automatisch und zwar durch Verwendung von Betriebswasser reguliert, so ist für die aufzuwendende Regulierkraft bzw. für den Verbrauch an Betriebswasser bei der Einheit von 30 PS noch $1\,\%$, bei der Einheit von 10000 PS $\frac{1}{2}\,\%$ in Abzug zu bringen, um die garantierbaren, mechanischen Nutzeffekte der Einheit bei Selbst- oder Autoregulierung zu erhalten.

5. Hauptgleichung unter Hinzunahme der Bedingung des stoßfreien Eintritts.

Mit den Bezeichnungen der Textfigur 19 gilt gemäß Eintrittsdiagramm für stoßfreien Eintritt die Beziehung

$$w_0^2 = c_0^2 + v_0^2 - 2 v_0 c_0 \cos\alpha \quad . \quad . \quad . \quad . \quad . \quad (86)$$

und gemäß Austrittsdiagramm:

$$w_a^2 = c_a^2 + v_a^2 - 2 v_a c_a \cos\delta \quad . \quad . \quad . \quad . \quad . \quad (87)$$

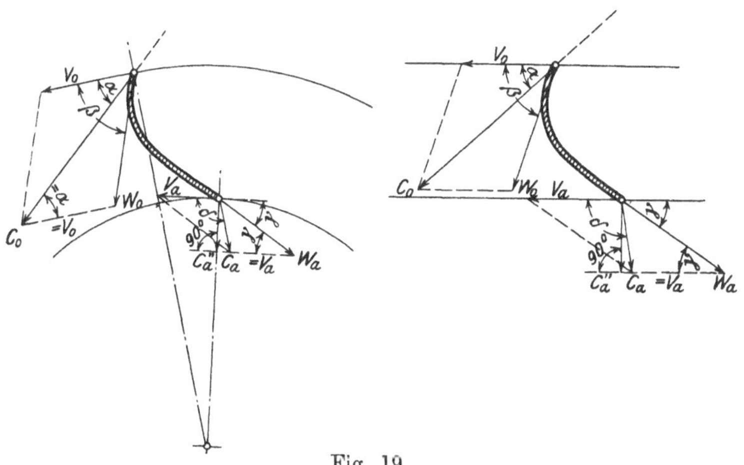

Fig. 19.

Bildet man aus diesen beiden Gleichungen die Differenz $w_a^2 - w_0^2$ und setzt dieselbe in die Hauptgleichung (84) ein, so erhält man:

$$c_0^2 - c_a^2 + c_a^2 + v_a^2 - 2 v_a c_a \cos\delta - c_0^2 - v_0^2 + 2 v_0 c_0 \cos\alpha + v_0^2 - v_a^2 = 2 g \varepsilon H$$

woraus sich ergibt:

$$\underline{v_0 c_0 \cos\alpha - v_a c_a \cos\delta = g \varepsilon H} \quad . \quad . \quad . \quad . \quad . \quad (88)^{1)}$$

---

[1]) In dieser bei Verfolgung eines Wasserfadens gewonnenen Hauptgleichung bedeuten nun $c_o \cos\alpha$ bzw. $c_a \cos\delta$ die Komponenten der absoluten Geschwindigkeiten eines Wasserteilchens, welche ausschließlich auf Drehung wirken und zwar gemessen beim Ein- bzw. Austritt aus dem gleichförmig rotierenden Kanal. Ein- und Austrittsstelle sind hierbei dadurch präzisiert, daß in ihnen neben den andern auch die Zentrifugalkräfte das Wasserelement erfassen bzw. freigeben oder was dasselbe, auch dadurch, daß in ihnen das mit Energie begabte Wasserelement anfängt bzw. aufhört eine drehende Wirkung auf das Rad auszuüben.

Setzen wir diese Geschwindigkeitskomponenten $c_o \cos\alpha$ und $c_a \cos\delta$ bzw. gleich w_{no} und w_{na}, multiplizieren ferner die ganze Gleichung mit dQ und dividieren dieselbe durch die Konstante $\omega = \frac{\pi n}{30}$, so schreibt sich unsere Hauptgleichung in der Form:

$$dQ\,(r_o w_{no} - r_a w_{na}) = \frac{dQ \cdot H \cdot \varepsilon \cdot g}{\omega}$$

oder auch

$$\frac{dQ}{g}\,(r_o w_{no} - r_a w_{na}) = \varepsilon\,\frac{dQ \cdot H}{\omega},$$

sofern r_o und r_a die Abstände der Ein- bzw. Austrittsstelle des Wasserelements von der Drehachse bedeuten.

Bedenkt man nun, daß

$$\frac{dQ}{g} = dm$$

das Differential der Masse,

und dies ist die Hauptgleichung für Turbinen unter der Bedingung stoßfreien Eintritts.

Zur praktischen Anwendung dieser Gleichung kann α und δ vorbehaltlich späterer Korrektur gewählt werden, ebenso sind die Anfangsgeschwindigkeiten v_0 und v_a als bekannt zu betrachten; endlich ist als gegeben anzusehen die Geschwindigkeit c_a'' in Richtung der normalen Wasserfaden beim Austritt des Wassers aus dem Laufrad und Über-

---

$$dQ \cdot H = dN_{th}$$

das Differential des theoretischen Arbeitsvermögens des Wasserelements und

$$\frac{dN_{th}}{\omega} = d\mathfrak{M}_{th}$$

das entsprechende Differential des theoretischen Drehmoments (d. h. desjenigen Drehmoments, welches abgegeben würde, wenn innerhalb der Turbine keine Verluste aufträten) darstellt, so läßt sich unsere Hauptgleichung in die Form bringen:

$$dm\,(r_o w_{no} - r_a w_{na})\,\omega = \varepsilon\, dN_{th}$$

oder

$$dm\,(r_o w_{no} - r_a w_{na}) = \varepsilon\, d\mathfrak{M}_{th},$$

in welcher Form der Zusammenhang zwischen Leistung bzw. Drehmoment einerseits und den Geschwindigkeitsverhältnissen innerhalb der Turbine klar zum Ausdruck kommt. (Vgl. diesbezüglich auch den Bericht: „Vergleichende Untersuchungen an Reaktions-Niederdruckturbinen" von Prof. Dr. Präsil, Schweiz. Bauzeitg. 1905, Band XLV Nr. 7, 8, 10, 12 und 13, sowie Stodola, Dampfturbinen, 3. Auflage, S. 17.)

Auf Zentrifugalpumpen mit gesicherter Wasserführung sind diese Gleichungen ohne weiteres übertragbar, sofern an Stelle von ε der reziproke Wert $\frac{1}{\varepsilon}$ gesetzt wird.

Von den beiden Teilbeträgen der linken Seite unserer Gleichung gibt der erstere den bei der Tourenzahl n wirklich abgegebenen Betrag des Drehmoments, welcher an der Eintrittsstelle direkt antreibend auf das Rad wirkt; der zweite dagegen den analogen Betrag, welcher indirekt (durch Rückdruck) an der Austrittsstelle auf das Rad entfällt.

Sofern c_0 und c_a mit ihren Richtungen innerhalb desselben Quadranten fallen, so ist der Drehsinn dieser beiden Teildrehmomente gegenläufig, was durch das Minuszeichen klar zum Ausdruck kommt.

Unter der Voraussetzung nun, daß jedes Wasserelement dQ einen gleich großen Betrag $r_o w_{no} - r_a w_{na}$ an die Drehachse abliefert (was unter anderm z. B. auch eintritt bei senkrechtem Austritt hinter dem Rad und bei Eintritt des Wassers auf einer Zylinderfläche, also bei normal gebauten Francisturbinen; denn in diesem Fall ist ja $w_{na} = 0$ und r_o und w_{no} jedes für sich konstant), so läßt sich die Summation für die ganze Turbine ohne weiteres durchführen und es schreibt sich unsere Hauptgleichung dann in der Form:

$$\frac{Q}{g}\,(r_o w_{no} - r_a w_{na}) = \varepsilon\,\mathfrak{M}_{th}.$$

Auf die im eben angedeuteten Sinne beschränkte Gültigkeit dieser Gleichung hat Lorenz in seinem bedeutungsvollen Aufsatz: Theorie und Berechnung der Vollturbinen und Kreiselpumpen, Z. d. V. D. Ing. 1905, S. 1672, aufmerksam gemacht und wird ebendaselbst ein Weg gezeigt, wie durch passende Lage der Ein- und Austrittskante eine Gleichheit der Beträge $r_o w_{no} - r_a w_{na}$ erzielt werden kann; dieses Verfahren dürfte jedoch für die jetzt meist gebräuchlichen Drehschaufelregulierungen, soweit es die Lage der Eintrittskante betrifft, deshalb nicht am Platze sein, weil ja der Leitapparat aus konstruktiven Gründen das Laufrad zylindrisch konzentrisch zu umschließen hat. Daß übrigens die Ungleichheiten der Beträge $r_o w_{no} - r_a w_{na}$ ausgerechnet für einzelne Teilturbinen desselben Rades auch bei stark vorspringendem Austrittsdiagramm und für moderne Ausführungen ganz minimale sind (kaum 1%), ist in der Fußnote zu Beispiel 3, S. 94 klargestellt. Damit ist also auch rechnerisch der Beweis erbracht, daß zwischen Theorie und Praxis voller Einklang herrscht, wodurch dann weiter die tatsächlich erreichten hohen Nutzeffekte an ausgeführten Rädern in um so glaubwürdigerm Lichte erscheinen.

tritt ins Saugrohr gemäß Gleichung (56); c_a bestimmt sich aber aus c_a'' durch:

$$c_a = \frac{c_a''}{\sin\delta} \quad \text{. . . . . (89)}$$

und mit Einsetzung dieses Wertes läßt sich die Hauptgleichung auch schreiben

$$v_0 c_0 \cos\alpha - v_a c_a'' \operatorname{ctg}\delta = g\varepsilon H \quad \text{. . . . . (90)}$$

Substituiert man endlich in Gleichung (90), um unabhängig von der absoluten Größe des Gefälles zu sein:

$$v_0 = k_{v_0}\sqrt{2gH} \quad \text{. . . . . (91)}$$

$$c_0 = k_{c_0}\sqrt{2gH} \quad \text{. . . . . (92)}$$

$$v_a = k_{v_a}\sqrt{2gH} \quad \text{. . . . . (93)}$$

$$c_a'' = k_{c_a''}\sqrt{2gH} \quad \text{. . . . . (94)}$$

so erhält man die Hauptgleichung in der Form:

$$k_{v_0} k_{c_0} \cos\alpha - k_{v_a} k_{c_a''} \operatorname{ctg}\delta = \frac{\varepsilon}{2} \quad \text{. . . . . (95)}$$

und diese Gleichung ermöglicht uns k_{c_0} d. h. c_0 d. i. die Austrittsgeschwindigkeit aus dem Leitapparat und also auch den Reaktionsgrad zu bestimmen (siehe Zahlenbeispiele Seite 51).

Für ε ist hierbei streng genommen ein etwas kleinerer Wert einzusetzen als die Kurventabelle anzeigt, weil infolge nicht mehr senkrechten Wasseraustritts ein weiterer Druckverlust durch Rotation des Wassers unter dem Laufrade von der Größe

$$\frac{c_a^2 \cos^2\delta}{2g}$$

auftritt, der prozentual in Abzug zu bringen wäre.

6. Hauptgleichung unter der Bedingung stoßfreien Eintritts und senkrechten Austritts.

Von besonderer Wichtigkeit erscheint der Fall, wenn c_a'' und c_a in eine Richtung d. h. die absolute Austrittsgeschwindigkeit in Richtung des normalen Wasserfadens fällt; in diesem Fall wird $\delta = 90^0$ und $c_a'' = c_a$ und die Hauptgleichung schreibt sich in der Form:

$$v_0 c_0 \cos\alpha = g\varepsilon H \quad \text{. . . . . (96)}$$

oder auch in der praktischeren:

$$k_{v_0} k_{c_0} \cos\alpha = \frac{\varepsilon}{2} \quad \text{. . . . . (97)}$$

Um die praktische Anwendbarkeit dieser Gleichung zu ermöglichen, ist die Kurventabelle der ε (Textfigur 18) aufgestellt worden. Mit dieser sind wir in der Lage, für eine Maschine von bestimmter Pferde- und Umdrehungszahl bei Wahl des Eintrittswinkels α die Größe von k_{c_0} bzw. c_0 zu rechnen (vgl. Zahlenbeispiele Seite 51 u. folg.).

Was nun den Wert von k_{v_0} anbelangt, so kann derselbe nach dem heutigen Stande des Turbinenbaues alle Werte von 0,48 bis 0,95 durchlaufen, wobei sich je nach der Größe dieses Wertes gewisse Turbinenkategorien ergeben und zwar:

mit $k_{v_0} = 0{,}48$ bis 0,51 Freistrahlturbinen bei kleinster Tourenzahl,
$k_{v_0} = 0{,}51$ bis 0,56 Grenzturbinen bzw. Turbinen mit schwachem Überdruck,
$k_{v_0} = 0{,}56$ bis 0,68 Turbinen mit normalem bzw. mittlerem Überdruck und Schaufelwinkel β um 90^0 variierend,
$k_{v_0} = 0{,}68$ bis 0,95 Turbinen mit hohem Überdruck bei größter Tourenzahl (Schnellläufer).

7. Tabellarische Zusammenstellung der Werte von k_{c_0} und k_{v_0} bei den gebräuchlichsten Eintrittswinkeln.

Nach Gleichung (97) sind in beistehender Tabelle I rechnerisch und in Textfigur 20 bis 23 graphisch unter Zugrundelegung bestimmter Werte von ε

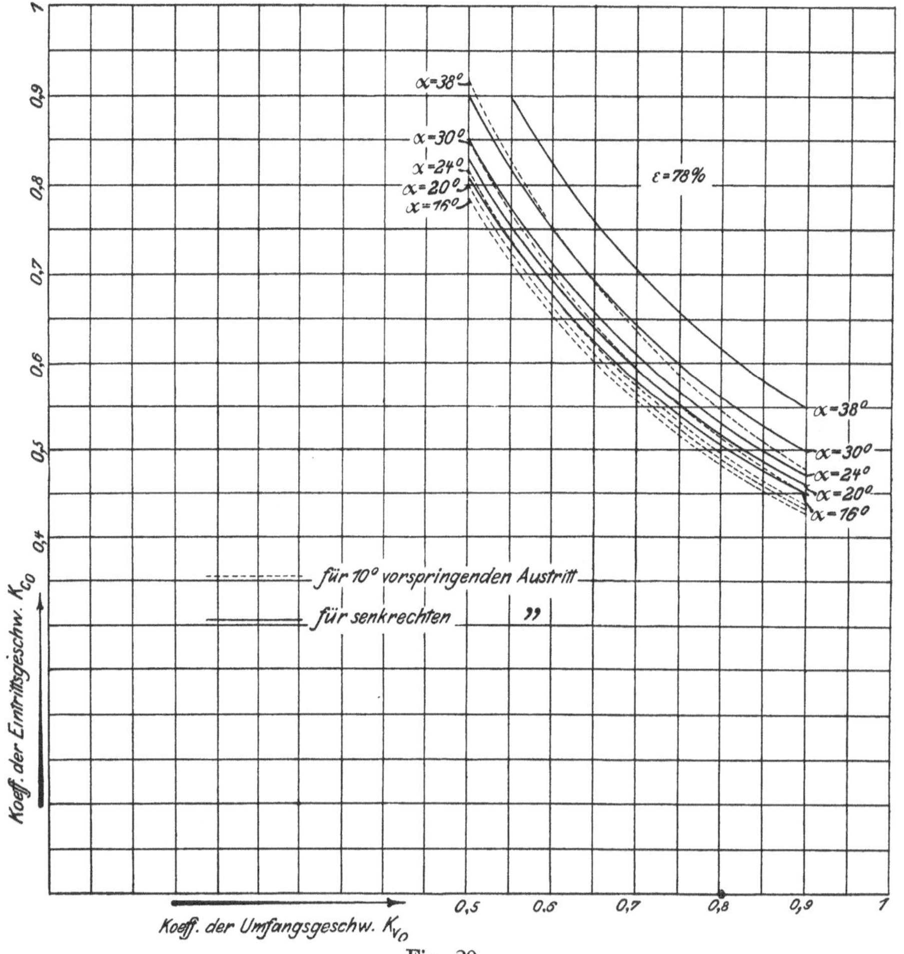

Fig. 20.

Tabelle I für Berechnung der k_{c_0}.

$\varepsilon = 0{,}78$ (obere Werte: Austritt senkr.; untere Werte: 10 % vorspr.)

$k_{v_0} =$	0,5	0,55	0,6	0,65	0,7	0,75	0,8	0,85	0,9
$\alpha = 16^0$	0,811 0,789	0,738	0,676 0,654	0,624	0,580 0,558	0,541	0,507 0,485	0,478	0,451 0,429
$\alpha = 20^0$	0,831 0,803	0,755	0,692 0,664	0,639	0,594 0,566	0,553	0,519 0,491	0,488	0,462 0,434
$\alpha = 24^0$	0,854 0,819	0,776	0,711 0,676	0,656	0,610 0,575	0,570	0,534 0,499	0,502	0,474 0,439
$\alpha = 30^0$	0,901 0,854	0,819	0,750 0,703	0,694	0,643 0,596	0,600	0,563 0,516	0,530	0,500 0,453
$\alpha = 38^0$	 0,920	0,900 0,830	0,825 0,755	0,761	0,707 0,637	0,659	0,618 0,548	0,582	0,550 0,480

$\varepsilon = 0{,}82$

$k_{v_0} =$	0,5	0,55	0,6	0,65	0,7	0,75	0,8	0,85	0,9
$\alpha = 16^0$	0,854 0,832	0,776	0,710 0,688	0,657	0,610 0,588	0,569	0,533 0,511	0,502	0,474 0,452
$\alpha = 20^0$	0,874 0,846	0,794	0,728 0,700	0,672	0,622 0,594	0,582	0,545 0,517	0,514	0,485 0,457
$\alpha = 24^0$	0,900 0,865	0,818	0,750 0,715	0,692	0,642 0,607	0,600	0,562 0,527	0,529	0,500 0,465
$\alpha = 30^0$	0,948 0,901	0,861	0,790 0,743	0,728	0,676 0,629	0,631	0,592 0,545	0,558	0,527 0,480
$\alpha = 38^0$		0,945 0,875	0,867 0,797	0,800	0,743 0,673	0,694	0,650 0,580	0,612	0,578 0,508

$\varepsilon = 0{,}80$ (obere Werte: Austritt senkr.; untere Werte: 10 % vorspr.)

$k_{v_0} =$	0,5	0,55	0,6	0,65	0,7	0,75	0,8	0,85	0,9
$\alpha = 16^0$	0,833 0,811	0,756	0,695 0,673	0,641	0,595 0,573	0,555	0,520 0,498	0,490	0,463 0,441
$\alpha = 20^0$	0,850 0,822	0,773	0,708 0,680	0,654	0,608 0,580	0,568	0,532 0,504	0,501	0,472 0,444
$\alpha = 24^0$	0,878 0,843	0,798	0,732 0,697	0,675	0,626 0,591	0,585	0,548 0,513	0,517	0,487 0,452
$\alpha = 30^0$	0,925 0,878	0,840	0,770 0,723	0,710	0,660 0,613	0,617	0,578 0,531	0,544	0,514 0,467
$\alpha = 38^0$		0,921 0,851	0,846 0,776	0,779	0,725 0,655	0,676	0,635 0,565	0,596	0,564 0,494

$\varepsilon = 0{,}84$

$k_{v_0} =$	0,5	0,55	0,6	0,65	0,7	0,75	0,8	0,85	0,9
$\alpha = 16^0$	0,875 0,853	0,795	0,729 0,707	0,672	0,625 0,603	0,583	0,546 0,524	0,514	0,485 0,463
$\alpha = 20^0$	0,895 0,867	0,814	0,745 0,717	0,688	0,638 0,610	0,597	0,558 0,530	0,527	0,497 0,469
$\alpha = 24^0$	0,920 0,885	0,836	0,767 0,732	0,708	0,657 0,622	0,612	0,575 0,540	0,541	0,512 0,477
$\alpha = 30^0$		0,880 0,833	0,808 0,761	0,746	0,692 0,645	0,647	0,606 0,559	0,571	0,539 0,492
$\alpha = 38^0$		0,970 0,900	0,889 0,819	0,820	0,762 0,692	0,710	0,666 0,596	0,628	0,592 0,522

Formel 1. $k_{c_0} = \dfrac{\varepsilon}{2\cos\alpha \cdot k_{v_0}}$ für senkrechten Austritt.

Formel 2. $k_{c_0} = \dfrac{\varepsilon}{2\cos\alpha \cdot k_{v_0}} + \underbrace{\dfrac{k_{v_a} \cdot k_{c_a''} \cdot \operatorname{cotg}\delta}{k_{v_0} \cdot \cos\alpha}}_{\text{Korrektionsglied}}$ für vorspr. Diagramm.

k_{c_0} = Koeffizient von $\sqrt{2gh}$ der absoluten Austrittsgeschw. aus d. Leitrad.
k_{v_0} = Koeffizient von $\sqrt{2gh}$ der Umfangsgeschwindigkeit am Laufrad.

α = Eintrittswinkel, δ = Austrittswinkel.

Wenn $\delta = 90^0 + 10^0$ d. h. $\operatorname{cotg}\delta = \operatorname{tg} 10^0 = -0{,}17633$

	$\alpha = 16^0$	$\alpha = 20^0$	$\alpha = 24^0$	$\alpha = 30^0$	$\alpha = 38^0$
$k_{v_a} =$	$0{,}655 \cdot k_{v_0}$	$0{,}69 \cdot k_{v_0}$	$0{,}725 \cdot k_{v_0}$	$0{,}78 \cdot k_{v_0}$	$0{,}89 \cdot k_{v_0}$
$k_{c_a''} =$	0,18	0,215	0,25	0,295	0,35
ist Korrektionsgl. $=$	0,022	0,028	0,035	0,047	0,070

$k_{c_a''}$ = Koeffizient von $\sqrt{2gh}$ der absoluten Austrittsgeschwindigkeit gemessen senkrecht zur Umfangsgeschwindigkeit.

k_{v_a} = Koeffizient von $\sqrt{2gh}$ der Umfangsgeschwindigkeit am Austritt aus dem Laufrad.

(gemäß Textfigur 18) die zusammengehörigen Werte von k_{c_0} und k_{v_0} zusammengestellt worden; die ausgezogenen Kurven gelten unter der Annahme senkrechten Austritts und stoßfreien Eintritts bei ganz geöffneter Turbine; als Abszissen sind aufgetragen die Werte von k_{v_0}; als Ordinaten die zugehörigen Werte von k_{c_0}.

Da nun aber in vielen Fällen der beste Nutzeffekt der Turbine bei $^3/_4$ Öffnung verlangt wird, was bei ganz geöffneter Turbine einem um

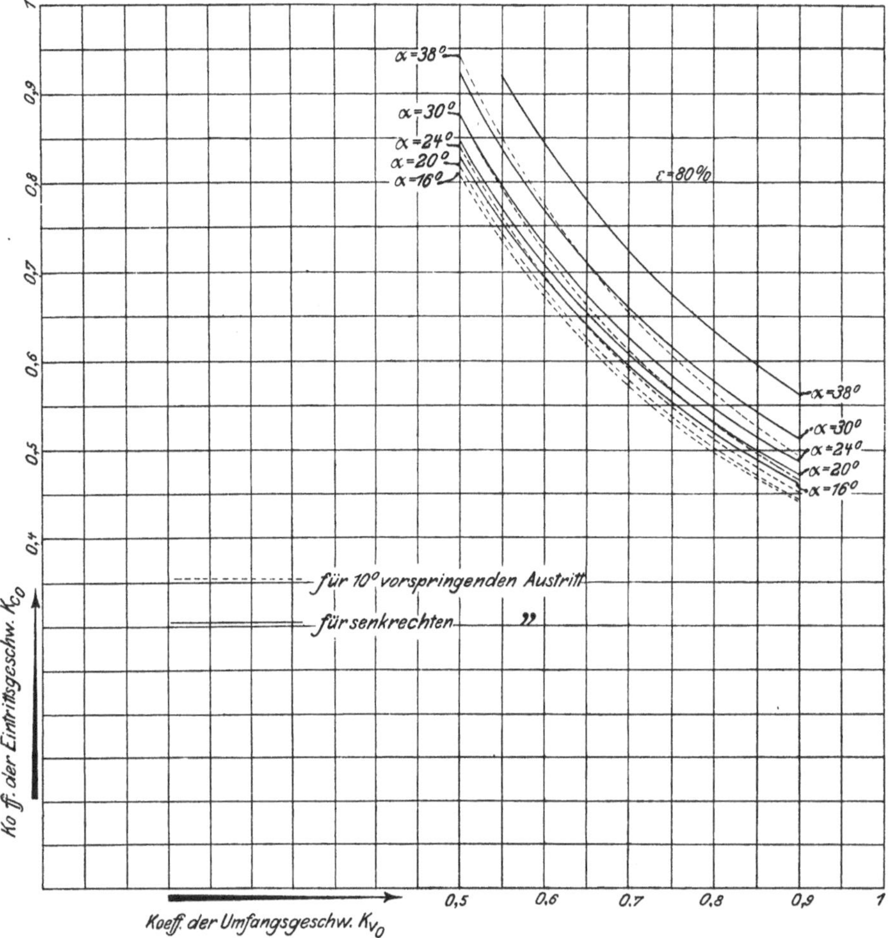

Fig. 21.

etwa 10° vorspringenden Austrittsdiagramm entspricht, so sind speziell für Francis-Turbinen auch nach Gleichung (95) zusammengehörige Werte von k_{c_0} und k_{v_0} ausgerechnet und in derselben Tabelle als punktierte Linien eingetragen worden; diese letztern Kurven ergeben sich also nach Gleichung (95) unter Zugrundelegung des Wertes $\delta = 100^0$ und des Verhältnisses $\frac{k_{v_a}}{k_{v_0}}$ so wie dasselbe normalen und praktisch ausgeführten Francis-Turbinen entspricht.

8. Zahlenbeispiele.

a) Für eine langsam laufende Francis-Turbine von 500 PS ist gegeben

$\varepsilon = 0{,}83 \quad \alpha = 14^0 \quad k_{v_0} = 0{,}54 \quad k_{v_a} = 0{,}346 = 0{,}64\, k_{v_0}$ und $k_{c_a''} = 0{,}15$;

gesucht:

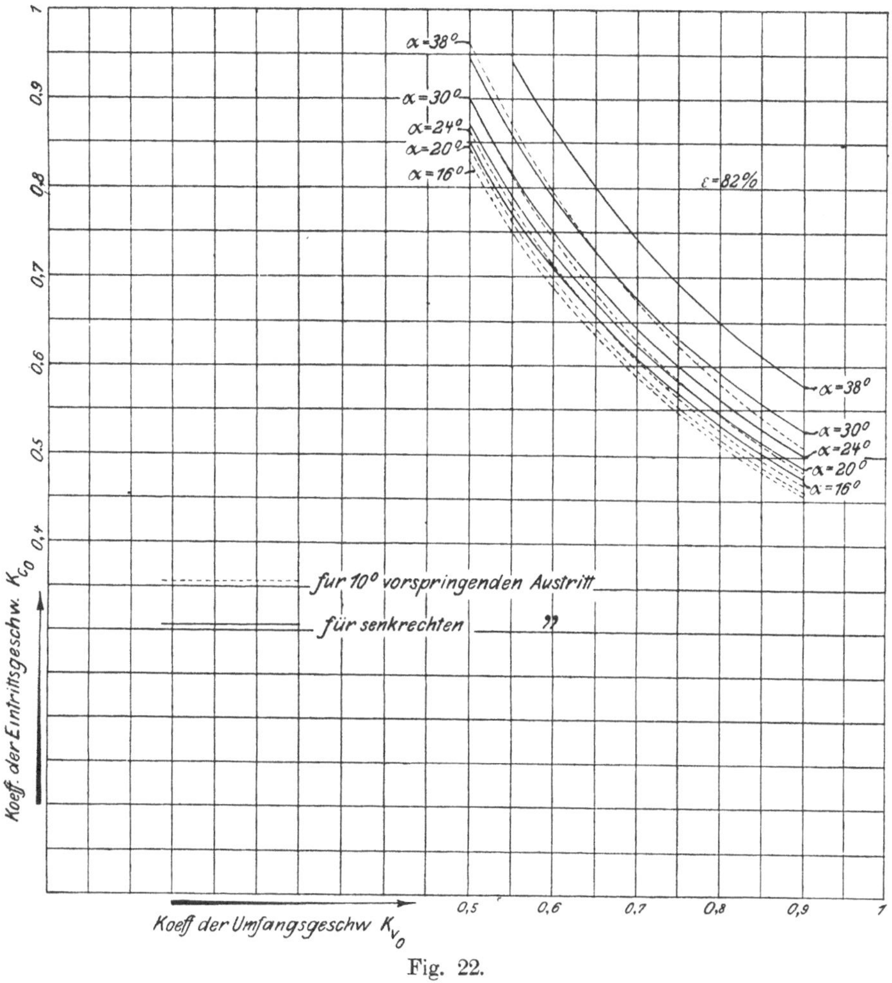

Fig. 22.

1. k_{c_0} für senkrechten Austritt $\delta = 90^0$,
2. $\bar{k}_{c_0}$ für 10^0 vorspringendes Diagramm, d. h. für $\delta = 100^0$.

Zu 1) Gleichung (97) ergibt:

$$k_{c_0} = \frac{0{,}83}{2 \cdot 0{,}970 \cdot 0{,}54} = 0{,}792$$

Zu 2) Wird abgesehen von der Verringerung von ε infolge nicht mehr senkrechten Wasseraustritts (welcher Verlust, beiläufig gesagt, bei 10^0 vorspringendem Diagramm vernachlässigt werden darf und für dieses Beispiel nur $0{,}0007\, H$ beträgt), so ergibt Gleichung (95):

$$k_{c_0} = \frac{\frac{0,83}{2} - 0,346 \cdot 0,15 \cdot 0,176}{0,54 \cdot 0,970} = 0,775$$

d. i. 2,1 % kleiner als für senkrechten Austritt.

b) Für eine normal laufende Francis-Turbine von gleicher Stärke ist gegeben:

$\varepsilon = 0,83 \quad \alpha = 24^0 \quad k_{v_0} = 0,70 \quad k_{v_a} = 0,725 \cdot k_{v_0} = 0,508$ und $k_{c_a''} = 0,25$;

gesucht:

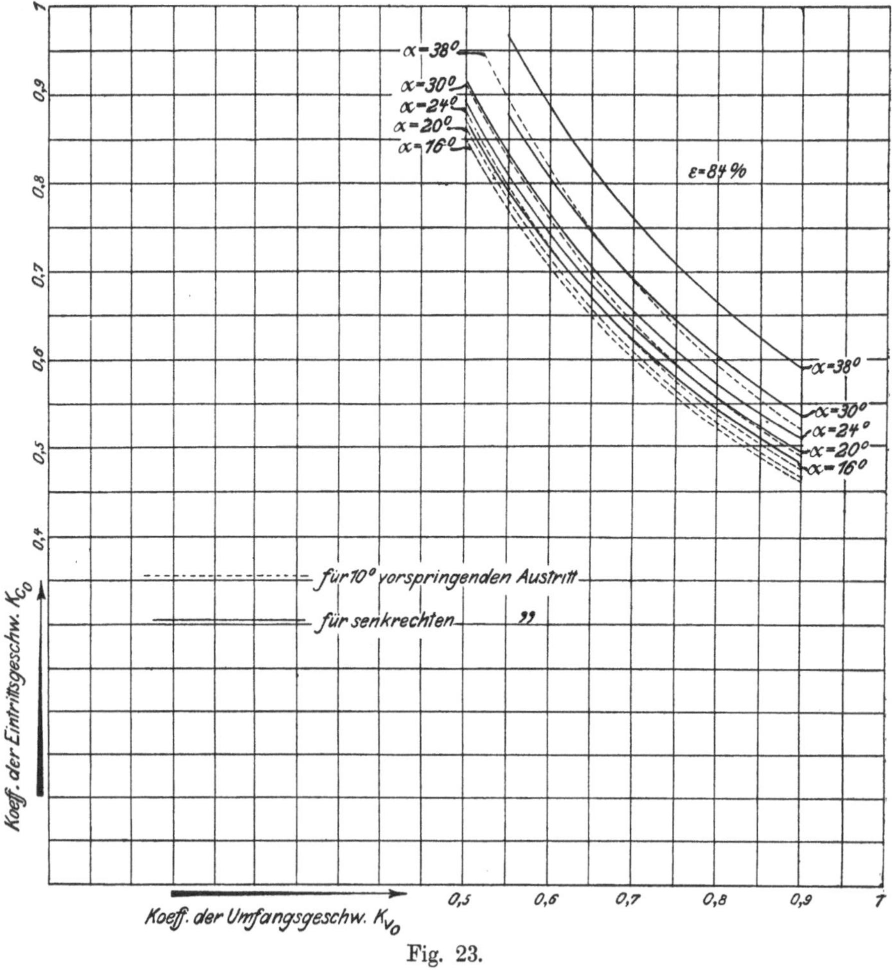

Fig. 23.

1. k_{c_0} für senkrechten Austritt $\delta = 90^0$,
2. k_{c_0} für 10^0 vorspringendes Diagramm, d. h. für $\delta = 100^0$.

Zu 1) Gleichung (97) ergibt:

$$k_{c_0} = \frac{0,83}{2 \cdot 0,914 \cdot 0,70} = 0,648$$

Zu 2) Der Wirbelverlust hinter dem Rad betrüge bei 10^0 vorspringendes Diagramm $= 0,0019\,H$, darf also noch vernachlässigt werden; demnach ist ε unverändert mit 0,83 in Rechnung zu stellen; Gleichung (95) ergibt:

$$k_{c_0} = \frac{\frac{0,83}{2} - 0,508 \cdot 0,25 \cdot 0,176}{0,70 \cdot 0,914} = 0,614$$

d. i. 5,2 % kleiner als für senkrechten Austritt.

c) Für eine schnell laufende Francis-Turbine von gleicher Pferdestärkenzahl ist gegeben:

$\varepsilon = 0,83 \qquad \alpha = 33^0$

$k_{v_0} = 0,82$

$k_{v_a} = 0,81 \cdot k_{v_0} = 0,664$

und $k_{c_a''} = 0,315$;

gesucht

1. k_{c_0} für $\delta = 90^0$,
2. k_{c_0} für $\delta = 100^0$.

Zu 1) Wie oben ergibt sich:

$$k_{c_0} = \frac{0,83}{2 \cdot 0,839 \cdot 0,82} = 0,603$$

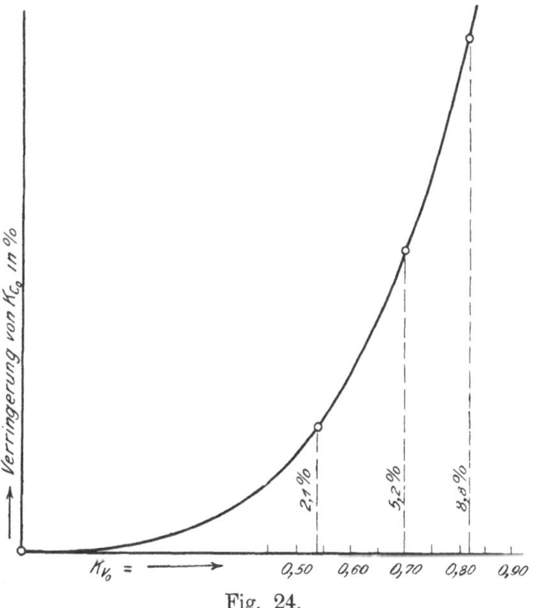

Fig. 24.

Zu 2) Der Wirbelverlust hinter dem Rade beträgt bei 10^0 vorspringendem Diagramm nur 0,003 H und wird aus diesem Grunde wiederum vernachlässigt:

$$k_{c_0} = \frac{\frac{0,83}{2} - 0,664 \cdot 0,315 \cdot 0,176}{0,82 \cdot 0,839} = 0,550$$

d. i. 8,8 % kleiner als für senkrechten Austritt.

Diese 3 Zahlenbeispiele lehren insbesondere, daß zur Erzielung des gleichen absoluten Austrittswinkels von 100^0 im Laufrad die Austrittsgeschwindigkeit aus dem Leitapparat

bei	der	langsam	laufenden	Turbine	um	2,1 %
„	„	normal	„	„	„	5,2 %
„	„	schnell	„	„	„	8,8 %

verkleinert werden muß im Vergleich zu derjenigen Austrittsgeschwindigkeit c_0, welche zur Erzielung senkrechten Austritts aus dem Laufrad notwendig war.

In Textfigur 24 ist diese prozentuale Zunahme mit wachsender Umfangsgeschwindigkeit graphisch zum Ausdruck gebracht.

9. Bestimmung des Leitradquerschnittes.

Ist $c_0 = k_{c_0} \sqrt{2gH}$ aus der Hauptgleichung für senkrechten Austritt oder ein um $\delta - 90^0$ vorspringendes Austrittsdiagramm bestimmt worden, so berechnet sich bei Radialturbinen der Querschnitt eines der Z Leitradkanäle für diejenige Stelle wo der mittlere Wasserfaden die Peripherie des Laufrades trifft, in m^2 zu:

$$\frac{Q}{Z}\cdot\frac{1}{c_0}$$

Der mittlere Wasserfaden ist hiebei, wie auch zur Bestimmung des Winkels α als Äquidistante zum evolventenförmig gekrümmten Rücken der Leitradschaufel zu konstruieren; vgl. Tafel XVIII, Schnitt der Leitradschaufeln.

Unter der Voraussetzung, daß

$$c_A = c_0$$

ist, welche Annahme bei richtiger Krümmung der Schaufelenden der Leitradkanäle angenähert richtig scheint (vgl. Tafel XVIII, Diagramm der absoluten Geschwindigkeiten), folgt, daß der so gefundene Querschnitt gleich ist demjenigen im letzten meßbaren Querschnitt des Leitradkanals.

Für Axialturbinen ist es erforderlich, jeden einzelnen Leitradkanal in m Teilkanäle zu zerlegen, von denen jeder $\frac{Q}{mZ}$ m³ Wasser führt; ist b_A die effektive Breite irgend eines Teilkanals im letzten Austrittsquerschnitt, Δ_A die lichte, also kleinste Weite daselbst, so ergibt sich der effektive Teilkanalquerschnitt in m² wie oben zu

$$b_A \Delta_A = \frac{Q}{mZ}\cdot\frac{1}{c_0} \quad . \quad . \quad . \quad . \quad . \quad . \quad . \quad . \quad (98)$$

Da Winkel α bereits angenommen wurde und damit Δ_A festgelegt ist, dient diese Gleichung zur Breitenbestimmung des Teilkanals.

Es ist ratsam, den durch Rechnung gefundenen Leitradquerschnitt, speziell bei Turbinen mit Drehschaufel- oder Spaltschieberregulierung, um einige Prozent — sagen wir 10% — zu vergrößern, dagegen den berechneten Laufradquerschnitt streng einzuhalten. Die Zugabe dient:

1. um mit Sicherheit die volle Leistung bei geöffneter Turbine zu erzielen, für den Fall, daß Herstellungsfehler sich einschleichen sollten;
2. um dem Umstande Rechnung zu tragen, daß in Wirklichkeit c_A stets etwas kleiner als c_0 ist;
3. um den Spaltverlust zu berücksichtigen (s. S. 40);
4. um die begangene Vernachlässigung des Pressungsunterschiedes $h_0 - h_A$ bei Axialturbinen wieder aufzuheben.

Ein nachteiliger Einfluß auf den Nutzeffekt erwächst durch diese Vergrößerung des Leitradquerschnittes wenigstens bei Drehschaufelregulierung überhaupt nicht.

10. Pressungsverhältnisse im Spalt.

Unter Überdruck im Spalt einer Turbine, welche mit normaler Tourenzahl umläuft, verstehen wir die Differenz der Pressung, welche die dem Laufradkranz nächst gelegene Flüssigkeit im Innern der Turbine gegenüber derjenigen außerhalb der Turbine besitzt; beide Pressungen in Spalthöhe gemessen. Die Pressung außerhalb des Rades kann hierbei gegenüber dem Atmosphärendruck einen negativen oder auch positiven Wert besitzen, je nachdem die Turbine über oder unter dem Unterwasserspiegel aufgestellt ist und mit Saugrohr arbeitet. Die Bezeichnung Saugrohr sollte allerdings in diesem letztern Falle, weil nicht zutreffend, etwa durch Überführungsrohr ersetzt werden.

Da die Pressung an den einzelnen Punkten der Laufradschaufeleintrittskante, wenigstens bei Axialturbinen, auf Grund der Hauptgleichung keinen konstanten Wert besitzen kann, so wird der Spaltüberdruck an den beiden Laufradkränzen im allgemeinen auch verschiedene Werte besitzen, und zwar wird derselbe am innern Kranz zu einem Minimum, am äußern zu einem Maximum werden.

Durch Zerlegung in genügend viele Teilturbinen hat man auch hier wieder das Mittel in der Hand, die absolute Pressung der Flüssigkeit in der Nähe der Radkränze und beim Eintritt in das Laufrad zu bestimmen.

Ist c_0 die durch die Hauptgleichung festgelegte und zu v_0 koordinierte Eintrittsgeschwindigkeit, so ergibt sich der zugehörige Wert der absoluten Pressung p_0 in demjenigen Punkte der Schaufelkante, wo die Umfangsgeschwindigkeit v_0 herrscht, zu:

a) Für Saugturbinen

$$p_0 = (\varepsilon + \tau_4 + \tau_5 + \tau_6 + \tau_7) H - \frac{c_0^2}{2g} \quad . \quad . \quad . \quad . \quad (99)$$

hierbei sind $(\tau_4 + \tau_5) H$ die Verluste im Laufrad, $(\tau_6 + \tau_7) H$ diejenigen im Saugrohr.

b) Für Turbinen im Unterwasser ohne Saug- oder Überführungsrohr arbeitend:

$$p_0 = (\varepsilon + \tau_4 + \tau_5) H + \frac{c_a^2}{2g} - \frac{c_0^2}{2g} \quad . \quad . \quad . \quad . \quad (100)$$

worin $\frac{c_a^2}{2g}$ die der Austrittsgeschwindigkeit c_a entsprechende und verlorene Druckhöhe darstellt, die in der Regel $> (\tau_6 + \tau_7) H$ ausfällt.

Überdruckturbinen, bei welchen ein Teil des disponibeln Gefälles durch „Freihängen“ d. h. Aufstellung der Turbine über dem Unterwasserspiegel ohne Saugrohr verloren geht, werden nicht mehr gebaut und fallen außerhalb des Rahmens dieser Berechnung.

c) Für die vereinzelten Fälle der Freistrahl-Saugturbinen oder Grenzturbinen mit Saugrohr:

$$p_0 = 0 \qquad \text{weil} \qquad \frac{c_0^2}{2g} = (\varepsilon + \tau_4 + \tau_5 + \tau_6 + \tau_7) H \quad . \quad (101)$$

d) Bei Freistrahl-Turbinen ohne Saugrohr (Pelton-, Löffel- und Girard-Turbinen) ist ebenfalls wie bei c)

$$p_0 = 0 \qquad \text{dagegen} \qquad \frac{c_0^2}{2g} = \varepsilon H_0 \quad . \quad . \quad . \quad . \quad (102)$$

wobei H_0 die manometrische Druckhöhe an der Turbine gemessen bedeutet, und welche um die Rohrreibungswiderstände ζH plus dem Betrag x, um welchen die Turbine über dem Unterwasserspiegel aufgestellt ist, kleiner als H ist, d. h.

$$H_0 = H - \zeta H - x \quad . \quad . \quad . \quad . \quad . \quad . \quad . \quad (103)$$

Wird Gleichung (102) in der Form

$$c_0 = \sqrt{\varepsilon}\sqrt{2gH_0}$$

geschrieben, so darf, je nach Form und Glätte des Leitradkanals, der Ausflußkoeffizient

$$\sqrt{\varepsilon} = 0{,}94 \text{ bis } 0{,}98$$

gesetzt werden. Bei Messung der Druckhöhe durch Manometer ist zur Ablesung diejenige Druckhöhe zu addieren, welche der Geschwindigkeit des Wassers im Meßquerschnitt entspricht.

11. Bestimmung des Schaufelwinkels β, der Relativgeschwindigkeit w_0 und des ersten meßbaren Laufradkanalquerschnitts.

Damit die Laufradschaufel keinen Stoß oder Rückschlag erfährt, ist dieselbe unter Winkel β gegen die Richtung der Umfangsgeschwindigkeit v_0 auszustellen; dieser Winkel ist bestimmt für Punkte der Schaufeleintrittskante gemäß Textfigur 25 durch

$$\sin\beta = \frac{c_0 \sin\alpha}{\sqrt{v_0^2 + c_0^2 - 2v_0c_0\cos\alpha}} \quad (104^1)$$

wobei $v_0\, c_0$ und α als bekannt zu betrachten sind.

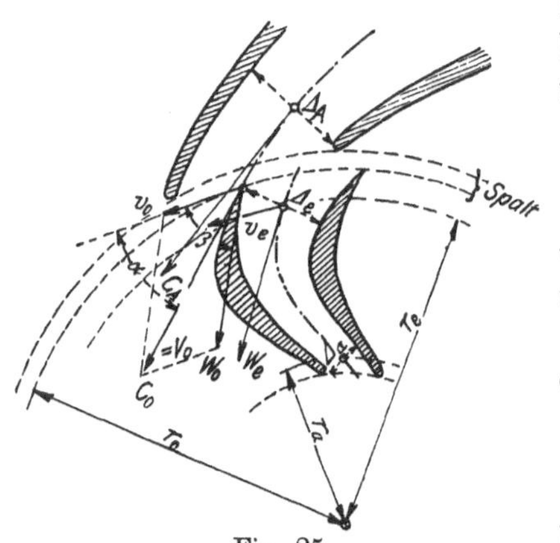

Fig. 25.

Die Relativgeschwindigkeit w_0 an diesen Punkten ist bestimmt durch

$$w_0 = \sqrt{v_0^2 + c_0^2 - 2v_0c_0\cos\alpha} \quad (105)$$

Für den Fall, daß der Schaufelkonstruktion ein anderer Winkel als der so berechnete zugrunde gelegt wird, z. B. β' an Stelle von β, so verringert sich w_0 auf w_0' und zwar ist:

$$w_0' = c_0\cos(\beta' - \alpha) - v_0\cos\beta' \quad . \; . \; . \; . \quad (106)^2)$$

ferner beträgt die Geschwindigkeit, welche durch Stoß verloren geht:

$$c_n = c_0\sin(\beta' - \alpha) - v_0\sin\beta' \quad . \; . \; . \; . \; . \; . \quad (107)$$

der Stoßverlust selbst ist $\frac{c_n^2}{2g}$, welcher Betrag für die weitere Berechnung der Schaufelquerschnitte von der noch disponibeln Druckhöhe

$$\varepsilon H + (\tau_6 + \tau_7)H$$

abzuziehen ist.

Die Geschwindigkeit w_e im 1. meßbaren Eintrittsquerschnitt des Laufradkanals darf in erster Annäherung $= w_0$ gesetzt werden; womit dieser Querschnitt dann vorläufig bestimmbar ist. Nach Entwurf der

[1]) An Stelle von c_0 und v_0 können in dieser Gleichung selbstverständlich auch die Koeffizienten k_{c_0} und k_{v_0} substituiert werden, so daß sich dieselbe schreiben läßt:

$$\sin\beta = \frac{k_{v_0}\sin\alpha}{\sqrt{k_{v_0}^2 + k_{c_0}^2 - 2k_{v_0}k_{c_0}\cos\alpha}} \quad . \; . \; . \; . \; . \; . \quad (104\text{a})$$

[2]) s. auch Textfigur 16, sowie Gleichungen (67) und (68).

gesamten Kanalform ist jedoch dieser Querschnitt nochmals in der folgenden Weise auf seine Richtigkeit zu prüfen: Für die einzelnen Querschnitte des Kanals berechne man zunächst die zugehörige Relativgeschwindigkeit und aus dieser mit Hilfe der Umfangsgeschwindigkeit die absolute Geschwindigkeit und zeichne auf den absoluten Wasserweg. Wählt man nun noch die absoluten Wasserwege als Abszissen, die absoluten Geschwindigkeiten als Ordinaten, so ergibt sich eine Kurve (siehe Tafel XVIII, Diagramm der absoluten Geschwindigkeiten), deren Verlauf auch für den Leitradkanal, ebenso für das Saugrohr, ermittelt werden kann. Aus der Forderung nun, daß an den Übergangsstellen von Leit- zu Laufrad und von Laufrad zu Saugrohr die Stetigkeit der Kurve erhalten bleibt, läßt sich dann w_e die Resultante von c_e und v_e nochmals kontrollieren, worauf gegebenenfalls die Richtigstellung zu erfolgen hat unter gleichzeitiger Abänderung des 1. meßbaren Eintrittsquerschnitts und der Kanalform (siehe Tafel XVIII, Diagramm der relativen Geschwindigkeiten); das gleiche gilt für den Übergang zum Saugrohr (siehe Punkte VI, VII, VIII des Diagramms der absoluten Geschwindigkeiten).

12. Einfluß der Zentrifugalkräfte in Überdruck- und Freistrahlturbinen.

Auf dem Wege e bis a der Textfiguren 26 und 27, d. h. zwischen dem effektiven Eintritts- und Austrittsquerschnitt des Kanals, ist bei Überdruckturbinen die Flüssigkeit allseitig eingeschlossen und muß infolgedessen an der Rotationsbewegung des Kanals teilnehmen; sie erfährt dementsprechend auch die Einwirkung der Zentrifugalkräfte, hervorgerufen durch Drehung um die Turbinenachse.[1])

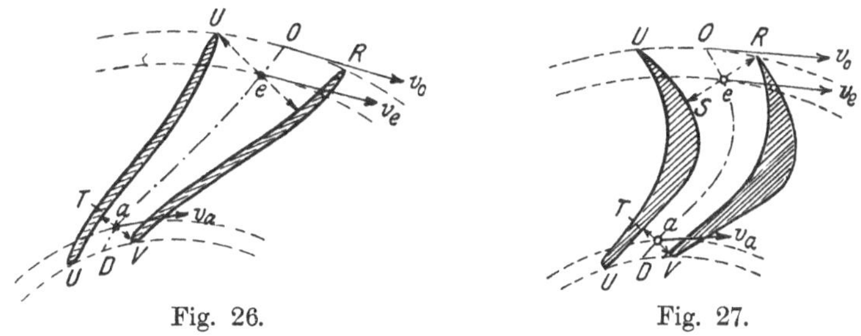

Fig. 26. Fig. 27.

Auf den Strecken 0 bis e und a bis D ist dagegen diese Einwirkung in vollem Maße nicht so streng erwiesen, weil die Flüssigkeit nur einseitig entweder durch die Arbeitsschaufelfläche oder durch den Schaufelrücken geführt wird; wir setzen nun zur spätern Bestimmung des Querschnittes bei a den Betrag $\frac{v_0^2 - v_a^2}{2g}$ der Zentrifugalkraft von 0 bis a in Rechnung, und denken uns also die Arbeitsabgabe an den ganzen Kanal auf dem Wege 0 bis a vollzogen.

Bei Freistrahlturbinen, wo der Strahl überhaupt nur auf die Arbeitsschaufel $\widehat{VR}$ (s. Textfigur 28) drückt, könnte in gleicher Weise eine

[1]) Von den Zentrifugalkräften, welche dadurch wachgerufen werden, daß die Flüssigkeit einem gekrümmten Kanal folgt, soll hierorts abgesehen werden.

Einwirkung der Zentrifugalkräfte durch Drehung um die Achse fraglich erscheinen und eventuell ganz verneint werden.[1])

Verfasser neigt nun zu der Ansicht, daß der Einfluß der Zentrifugalkräfte auch bei Freistrahlturbinen sich geltend macht, sobald nur der Wasserstrahl auf die Schaufel Arbeit verrichtend wirkt, und zwar auf Grund folgender Betrachtung: Ein Wasserteilchen, das beim Eintritt in den rotierenden Kanal im Punkte R infolge der Schaufelstellung gezwungen ist, die relative Geschwindigkeit w_0 anzunehmen, muß notwendigerweise die Umfangsgeschwindigkeit v_0 der Größe und Richtung nach besitzen, denn v_0 ist nur die Resultante der beiden erzwungenen Geschwindigkeiten c_0 und w_0. Beim weiteren Durchströmen des Kanals wird das nämliche Wasserteilchen die Geschwindigkeitsänderungen sämtlicher Punkte der Schaufel $\widehat{RV}$ deshalb mitmachen müssen, weil es stetig auf die Arbeitsschaufel drückt und zur Arbeitsabgabe drücken muß; es wird also auch beim Austritt im Punkte V neben der relativen Geschwindigkeit die daselbst herrschende Umfangsgeschwindigkeit der Größe und Richtung nach besitzen; im Augenblicke aber, wo das Wasserelement die Umfangsgeschwindigkeit angenommen hat und wie auch die Hauptgleichung lehrt, zur Arbeitsabgabe annehmen mußte, ist die Ursache zur Entstehung der Zentrifugalkraft gegeben; das der Arbeitsschaufel am meisten abgelegene Wasserteilchen, das im Punkte U auf das Rad strömt, wird dagegen erst im Punkte S der Einwirkung der Zentrifugalkraft unterworfen sein und wird die letztere bereits imPunkte T zu wirken aufhören; die Linien $\widehat{RS}$ und $\widehat{VT}$ stellen hierbei wirkliche Niveaulinien dar und stehen senkrecht zum mittlern Wasserfaden $\widehat{ea}$.

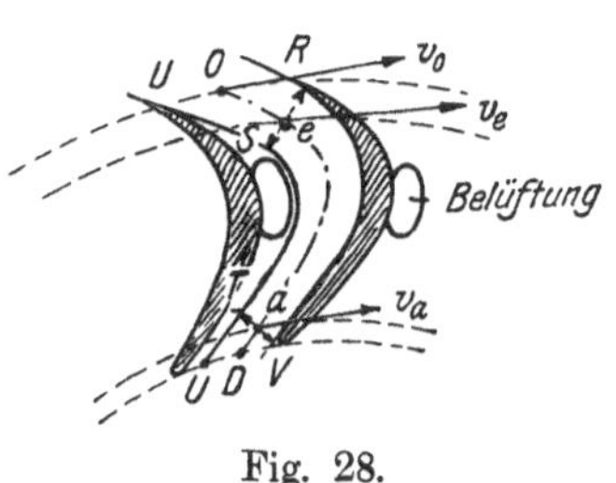

Fig. 28.

Ein Wasserteilchen also, das auf dem mittlern Wasserfaden sich bewegt, erfährt demzufolge die Einwirkung der Zentrifugalkraft nur auf der Strecke ea und zwar von der Größe

$$\frac{v_e^2 - v_a^2}{2g}$$

welcher Mittelwert der Berechnung von Freistrahlturbinen an Stelle von $\frac{v_0^2 - v_a^2}{2g}$ zugrunde gelegt werden sollte.

13. Einfluß des Saugrohrs.

Bevor wir zur Bestimmung des Austrittsquerschnitts des Laufrads übergehen können, muß zuvor die Einwirkung des Saugrohrs festgestellt werden.

Man denke sich in den Textfiguren 29, 30 und 31 die Saugrohrwandungen als natürliche Fortsetzung der Schaufelkränze eines Laufrades und in der bereits beschriebenen Weise zwischen den Laufradkränzen und den Saugrohrwandungen beliebig viele Rotorflächen gelegt, mit der Bedingung, daß zwischen je zwei aufeinanderfolgenden Rotoren gleich

[1]) Vgl. Hütte 1902, S. 794.

viel Wasser fließe. Senkrecht zu diesen Rotorflächen seien im Laufrad wie im Saugrohr beliebig viele normale Niveauflächen eingelegt. Für das Saugrohr sind diese normalen Niveauflächen gleichzeitig auch wirkliche Niveauflächen. Wir nehmen nun an, sämtliche Wasserteilchen einer und derselben Niveaufläche haben senkrecht zur Niveaufläche, d. h. in Richtung der normalen Wasserfaden, welch letztere in Diametralebenen verlaufen, angenähert gleiche Geschwindigkeit; die Größe dieser Geschwindigkeit in Metern an irgend einer Stelle ist demnach gegeben durch den Quotienten:

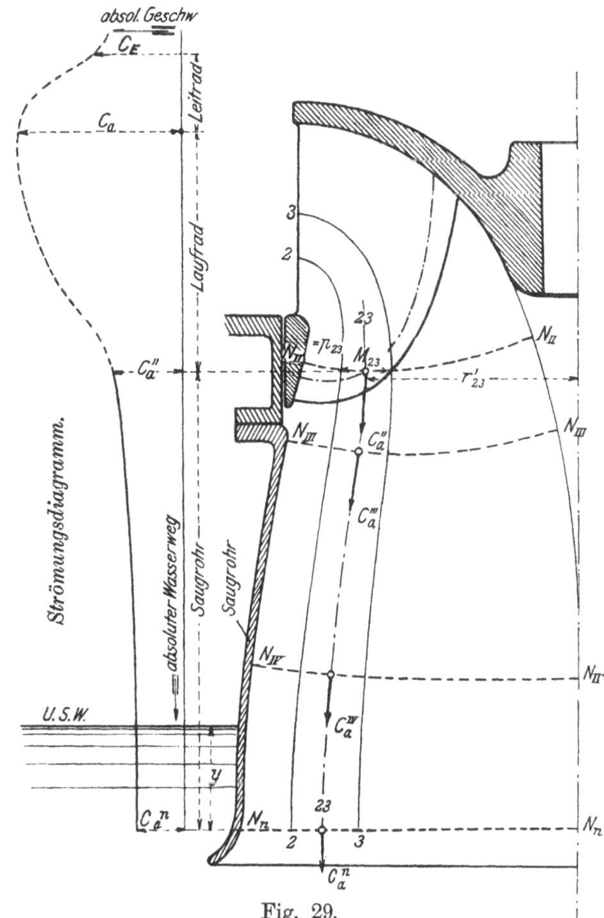

Fig. 29.

$$\frac{\text{Wassermenge in Kubikmetern}}{\text{Inhalt der Niveaufläche in Quadratmetern}}.^{1)}$$

Beim Eintritt in das Saugrohr sei diese Geschwindigkeit

$$c_a''' = \frac{Q}{\text{Niveaufläche } N_{III} N_{III}} \quad . \quad . \quad . \quad . \quad (108)$$

Beim Austritt aus dem Saugrohr

$$c_a^n = \frac{Q}{\text{Niveaufläche } N_n N_n} \quad . \quad . \quad . \quad . \quad . \quad (109)$$

Betrachte ich wiederum diejenige der m-Teilturbinen, welche zwischen den Rotoren 2,2 und 3,3 eingeschlossen ist, so wird das bei M_{23} aus dem Laufrad austretende Wasserteilchen bei Nichtberücksichtigung der Schaufeldicke gemäß Gleichung (50) die Geschwindigkeit $\dfrac{\frac{Q}{m}}{2\pi r_{23}' \cdot p_{23}}$ haben, wogegen mit Berücksichtigung der Schaufeldicke bei z Laufradschaufeln die Geschwindigkeit in Richtung der normalen Wasserfaden nach Gleichung (54) den Wert

[1]) Prof. Dr. Präsil weist in seinem oben zitierten Aufsatze zwar nach, daß für Strömung in einem Rotationshohlraum ohne Schaufeln die vorstehend charakterisierten Niveauflächen streng genommen nur Flächen gleichen Potentials darstellen, und daß die Flächen gleicher Geschwindigkeit etwas abweichend von diesen verlaufen. Für die praktische Berechnung ist aber unsere Annahme durchaus zulässig.

$$c_{a23}'' = \frac{\frac{Q}{m\,z}}{\left(\frac{2\pi r_{23}'}{z} - s_{23}\frac{\sqrt{1-\sin^2 k_{23}\sin^2\gamma_{23}}}{\sin\gamma_{23}\cos k_{23}}\right)p_{23}} \quad . \quad . \quad (110)$$

oder allgemein den Wert

$$c_a'' = \frac{\frac{Q}{m\,z}}{\left(\frac{2\pi r'}{z} - s\frac{\sqrt{1-\sin^2 k\sin^2\gamma}}{\sin\gamma\cos k}\right)p} \quad . \quad . \quad . \quad . \quad . \quad (111)$$

besitzt.

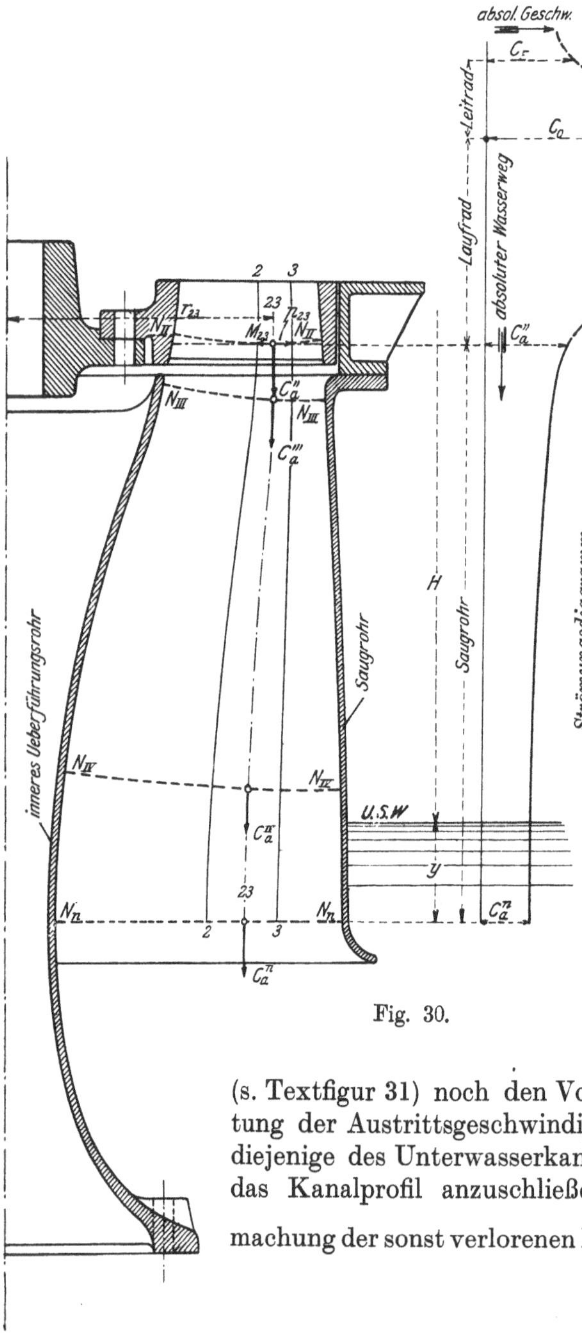

Die Wahl der Schaufelkranzform einerseits und diejenige der Saugrohrwandungen andererseits ermöglicht nun stets einen stetigen Übergang von c_a'' in c_a''' und schließlich in c_a^n zu finden, so daß Druckverluste beim Übergang von Laufrad zu Saugrohr und im Saugrohr selbst infolge plötzlicher Querschnittsänderungen vermieden werden können. Das Gesetz der Geschwindigkeitsänderung darf hierbei frei gewählt werden; vgl. Diagramme der Textfiguren 29 bis 31. Um in dieser Hinsicht vollkommen unabhängig zu sein, ist es empfehlenswert Saugröhren aus Beton oder Gußeisen mit frei bestimmbarer Profilform anzuwenden, wobei speziell die ersteren (s. Textfigur 31) noch den Vorteil gewähren, die Richtung der Austrittsgeschwindigkeit c_a'' vom Laufrad in diejenige des Unterwasserkanals überzuführen und an das Kanalprofil anzuschließen, was einer Nutzbarmachung der sonst verlorenen Druckhöhe $\frac{c_a^{n\,2}}{2g}$ entspricht.

Fig. 30.

Bei Blechsaugröhren, die wegen Herstellungsgründen konische Form besitzen müssen, ist das Gesetz der Geschwindigkeitsänderung durch die Konusform bereits mehr oder weniger festgelegt.

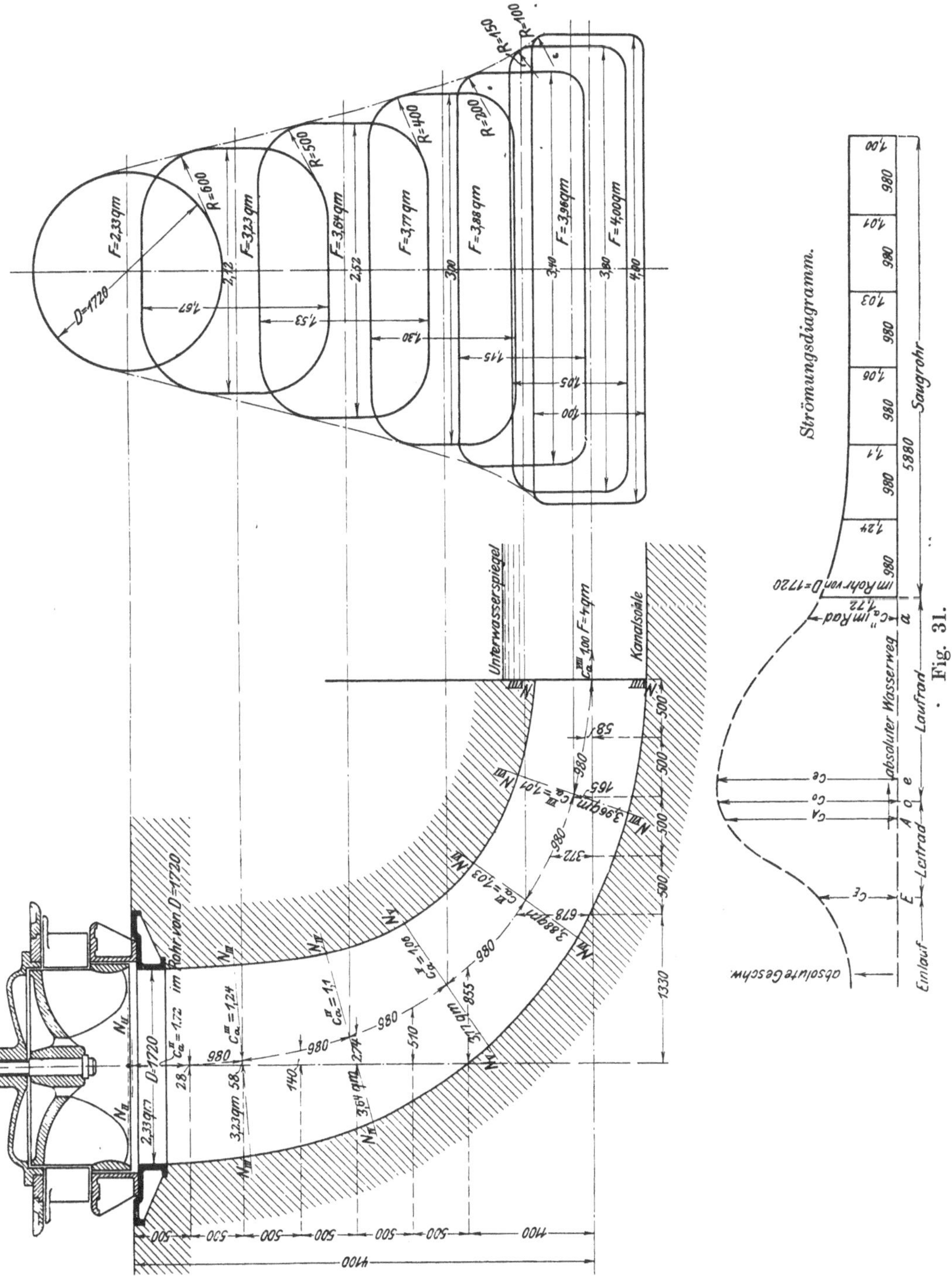

Fig. 31.

Beim Übergang der Geschwindigkeit c_a'' in c_a^n steht zur Überwindung der Widerstände im Saugrohr zur Verfügung die Druckhöhe $\frac{c_a''^2 - c_a^{n\,2}}{2g}$, von welcher aber nur ein Teil nämlich $(\tau_6+\tau_7)H$, d. i. ca. 3 bis 5 % des Totalgefälles im Saugrohr vernichtet wird bzw. bei zweckmäßig gewählter Saugrohrform vernichtet werden kann. Die Differenz

$$\frac{c_a''^2-c_a^{n\,2}}{2g}-(\tau_6+\tau_7)H$$

welche in den meisten Fällen einen positiven Wert besitzt, muß nun irgendwie arbeitverrichtend wirken. Wir denken uns dieselbe nach Art eines Injektors die Saugwirkung erhöhend und bezeichnen die vorstehende Größe als den Betrag der Unterevakuierung.[1]) Nach dieser Auffassung tritt beispielsweise im Punkte M_{23}, der um h_{23} unter dem Oberwasserspiegel liegt, nicht nur eine Saugwirkung von $H-h_{23}$, sondern eine solche vom Betrage

$$H-h_{23}+\left(\frac{c_{a23}''^2-c_a^{n\,2}}{2g}-(\tau_6+\tau_7)H\right)$$

auf; die Austrittsgeschwindigkeit w_{a23} im Punkte M_{23} wird demnach um denjenigen Betrag größer werden, welcher dieser Unterevakuierung entspricht.

Der Betrag y, um welchen das Saugrohr in das Unterwasser eintaucht, übt hierauf keinen Einfluß aus.

14. Relative Austrittsgeschwindigkeit im Laufradkanal; Austrittsquerschnitt.

Die Druckhöhe, welche der relativen Austrittsgeschwindigkeit w_a entspricht, kann durch folgende Betrachtung gefunden werden. Bei stoßfreiem Eintritt ins Laufrad ist zur Verfügung die Druckhöhe:

$$\varepsilon H+(\tau_6+\tau_7)H-\frac{c_0^2}{2g}+\frac{w_0^2}{2g}$$

oder wenn wir zur Abkürzung

$$\varepsilon_0=\varepsilon+\tau_6+\tau_7=1-(\tau_1+\tau_2+\tau_3+\tau_4)\quad . \quad . \quad . \quad (112)$$

setzen, die Druckhöhe:

$$\varepsilon_0 H-\frac{c_0^2}{2g}+\frac{w_0^2}{2g}$$

Infolge der Einwirkung der Zentrifugalkräfte vermindert sich diese Größe bis zum Austritt aus dem Laufrad um den Betrag

$$\frac{v_0^2-v_a^2}{2g}$$

$$\left(\text{bei Freistrahlturbinen um } \frac{v_e^2-v_a^2}{2g}\right)$$

dazu kommt der Betrag der Unterevakuierung in der Höhe von:

$$\frac{c_a''^2-c_a^{n\,2}}{2g}-(\tau_6+\tau_7)H,$$

so daß also die gesuchte Druckhöhe sein muß für Überdruckturbinen mit Saugrohr:

$$\frac{w_a^2}{2g}=\varepsilon_0 H-\frac{c_0^2}{2g}+\frac{w_0^2}{2g}-\frac{v_0^2-v_a^2}{2g}+\frac{c_a''^2-c_a^{n\,2}}{2g}-(\tau_6+\tau_7)H \quad (113)$$

[1]) Siehe diesbezüglich auch den Aufsatz von Bänninger, Z. f. d. ges. Turbinenw. 1906, S. 12.

oder wegen Gleichung (112):

$$\frac{w_a^2}{2g} = \varepsilon H - \frac{c_0^2}{2g} + \frac{w_0^2}{2g} - \frac{v_0^2 - v_a^2}{2g} + \frac{c_a''^2 - c_a^{n\,2}}{2g} \quad . \quad . \quad (114)^{1)}$$

Dieser Wert stimmt überein mit der Fundamentalgleichung (84), sobald an Stelle der Austritts-Geschwindigkeitshöhe $\frac{c_a^2}{2g}$ der etwas kleinere Betrag $\frac{c_a''^2 - c_a^{n\,2}}{2g}$ eingesetzt wird.

Gleichung (114) dient zur Berechnung der wirklichen Austrittsgeschwindigkeit w_a für irgend einen effektiven Teilkanalaustrittsquerschnitt; der Inhalt des letzteren ergibt sich bei z Schaufeln im Laufrad und m Teilturbinen zu:

$$\text{Austrittsquerschnitt des Teilkanals} = \frac{\frac{Q}{m\,z}}{w_a} \quad . \quad . \quad . \quad (115)$$

Da durch Zugrundelegung der Form der Austrittskante der Schaufel die effektive Breite des Querschnitts nach Gleichung (35) bekannt ist, gegebenenfalls unter Berücksichtigung der Gleichung (62) und (64), so läßt sich die effektive Weite des Kanals nunmehr leicht berechnen.

Spezialfälle. a) Überdruckturbinen, bei denen der Betrag der Unterevakuierung = 0 ist, d. h.

$$\frac{c_a''^2 - c_a^{n\,2}}{2g} = (\tau_6 + \tau_7) H$$

Für diese bestimmt sich:

$$\frac{w_a^2}{2g} = \varepsilon_0 H - \frac{c_0^2}{2g} + \frac{w_0^2}{2g} - \frac{v_0^2 - v_a^2}{2g} \quad . \quad . \quad . \quad . \quad (116)$$

wobei

$$\varepsilon_0 H = \varepsilon H + (\tau_6 + \tau_7) H \quad . \quad . \quad . \quad . \quad . \quad (117)$$

zu setzen und praktisch ca. 5 % größer als εH anzunehmen ist, entsprechend $(\tau_6 + \tau_7) H = 0{,}05\, H$.

b) Überdruckturbinen im Unterwasser laufend ohne Überführungsrohr.

Für diese wird

$$\frac{w_a^2}{2g} = \varepsilon_0 H - \frac{c_0^2}{2g} + \frac{w_0^2}{2g} - \frac{v_0^2 - v_a^2}{2g} \quad . \quad . \quad . \quad . \quad (118)$$

wobei

$$\varepsilon_0 H = \varepsilon H + \frac{c_a^2}{2g} \quad . \quad . \quad . \quad . \quad . \quad . \quad . \quad (119)$$

zu setzen ist.

c) Freistrahlturbinen mit Saugrohr.

Für diese ist wegen Substitution von v_0 durch v_e und wegen:

$$\frac{c_0^2}{2g} = \varepsilon_0 H \quad . \quad . \quad . \quad . \quad . \quad . \quad . \quad . \quad . \quad (120)$$

---

[1]) Bei nicht stoßfreiem Eintritt verringert sich das Gefälle εH noch um den Betrag $\frac{c_n^2}{2g}$, welcher der Stoßverlustkomponente c_n korrespondiert; siehe Gl. (107).

$$\frac{w_a^2}{2g} = \frac{w_0^2}{2g} - \frac{v_e^2 - v_a^2}{2g} + \frac{c_a''^2 - c_a^{n2}}{2g} - (\tau_6 + \tau_7) H \quad . \quad (121)$$

Im speziellen Falle, wo wiederum

$$\frac{c_a''^2 - c_a^{n2}}{2g} = (\tau_6 + \tau_7) H$$

ist, folgt dann weiter

$$\frac{w_a^2}{2g} = \frac{w_0^2}{2g} - \frac{v_e^2 - v_a^2}{2g} \quad \ldots\ldots \quad (122)$$

d) Freistrahlturbinen ohne Saugrohr.

Für diese gilt:

$$\frac{w_a^2}{2g} = \frac{w_0^2}{2g} - \frac{v_e^2 - v_a^2}{2g}.$$

Die Verluste im Laufrad sind in allen diesen Fällen von vornherein in den Größen ε_0, $\frac{c_0^2}{2g}$ und $\frac{w_0^2}{2g}$ berücksichtigt; des weitern wäre aber noch bei Axialturbinen mit vertikaler Achse der Betrag der Laufradhöhe in Rechnung zu bringen.

15. Bestimmung des Austrittswinkels γ und der Austrittsgeschwindigkeit c_a.

Die Geschwindigkeit c_a'' in Richtung der normalen Wasserfaden beim Austritt aus dem Laufrad ist bestimmt gemäß Gleichung (111) zu:

$$c_a'' = \frac{\frac{Q}{m\,z}}{\left(\frac{2\pi r'}{z} - s\,\frac{\sqrt{1 - \sin^2 k \sin^2 \gamma}}{\sin \gamma \cos k}\right) p}$$

Nach Textfigur 19 ergibt sich aber:

$$\sin \gamma = \frac{c_a''}{w_a} = \frac{\frac{Q}{m\,z}}{w_a \left(\frac{2\pi r'}{z} - s\,\frac{\sqrt{1 - \sin^2 k \sin^2 \gamma}}{\sin \gamma \cos k}\right) p} \quad . \quad . \quad (123)$$

aus welcher Gleichung γ als einzige Unbekannte durch probeweises Einsetzen zu bestimmen ist; alle übrigen Größe sind durch Zeichnung und Wahl gegeben, und w_a nach Gleichung (114) bestimmt worden.

Als erste Annäherung für die Bestimmung von γ dient selbstverständlich die Gleichung:

$$\sin \gamma = \frac{\frac{Q}{m}}{2\pi r' \cdot w_a \cdot p} \quad \ldots\ldots \quad (124)$$

sobald γ genau genug gefunden, ergibt sich dann weiter (siehe Textfigur 19):

$$c_a = \sqrt{v_a^2 + w_a^2 - 2\, v_a\, w_a \cos \gamma} \quad \ldots \quad (125)$$

und endlich als letzte Unbekannte

$$\cos(\delta - 90^0) = \frac{c_a''}{c_a} \quad . \quad . \quad . \quad . \quad . \quad . \quad . \quad (126)$$

welcher Wert von δ übrigens mit dem bei Anwendung der Hauptgleichung zugrunde gelegten übereinstimmen muß.

Graphisch löst sich die Aufgabe in der Weise, daß (siehe Austrittsdiagramme der Tafel XVI, XVII und XVIII) im Abstande c_a'' von v_a eine Parallele zu dieser gezogen wird. [Der Wert von c_a'' wird hierbei rechnerisch aus Gleichung (111) ermittelt unter der vorläufigen Annahme des Winkels γ nach Gleichung (124).] Schlägt man dann mit w_a, das nach Gleichung (114) berechnet wurde, einen Kreis von M, so findet sich Punkt B. $\widehat{AMB}$ ist nunmehr der berichtigte Winkel γ, mit welchem c_a'' aufs neue und genauer bestimmt werden kann usf. c_a und δ ergeben sich aus dem entstandenen Geschwindigkeitsdreieck jeweilen durch direkte Messung.

D. Anleitung zur Aufzeichnung der normalen Niveaulinien und Wasserfadenrotoren.

Als gegeben zu betrachten sind die Schaufelkränze von Leitapparat, Laufrad und die Wandungen des Saugrohrs, die so gewählt werden sollen, daß beim Übergang vom einen zum andern Stetigkeit in bezug auf den Inhalt der normalen Niveauflächen herrscht (siehe Textfiguren 29, 30 und 31).

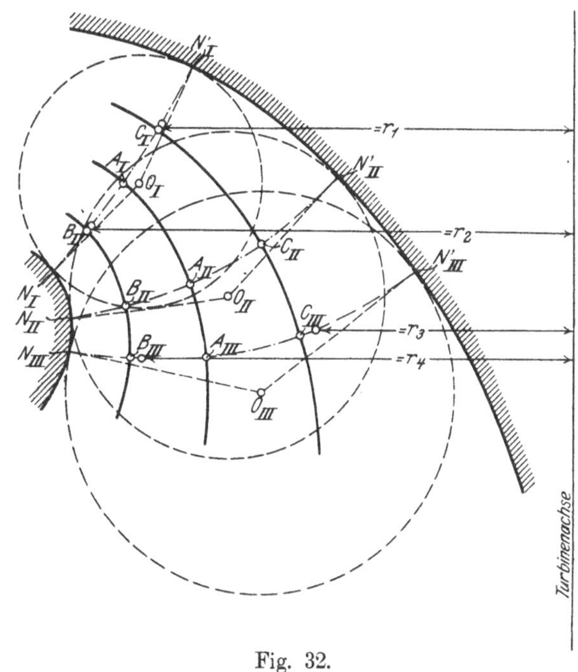

Fig. 32.

In Textfigur 32 sind die Laufradschaufelkränze eine Strecke weit dargestellt. Um nun irgend eine normale Niveaulinie zu finden, wähle man den Mittelpunkt O_I eines Kreises so, daß derselbe in den Punkten N_I und N_I' die beiden Kränze berühren möge. Die Verbindungslinien von O_I mit N_I und N_I' bilden alsdann Tangenten an die gesuchte normale Niveaulinie; man ziehe nun diese normale Niveaulinie $N_I N_I'$ vorbehaltlich späterer Korrektur freihändig; auf gleiche Weise bestimme man angenähert die normalen Niveaulinien $\widehat{N_{II} N_{II}'}$ und $\widehat{N_{III} N_{III}'}$.

Linie $N_I N_I'$ teile man durch Punkt A_I so ab, daß

$$\text{Fläche } \widehat{N_I A_I} \cdot 2\pi r_2 = \widehat{N_I' A_I} \cdot 2\pi r_1 \quad . \quad . \quad . \quad . \quad (127)$$

oder einfacher:

$$\widehat{N_I A_I} \cdot r_2 = \widehat{N_I' A_I} \cdot r_1 \quad . \quad . \quad . \quad . \quad . \quad . \quad (128)$$

ist, wobei r_1 und r_2 die Abstände der Mittelpunkte der Strecken $\widehat{N_I A}$ und $\widehat{N_I' A}$ von der Turbinenachse bezeichnen. A ist dann ein Punkt desjenigen Rotors, der den ganzen Ringraum zwischen den Schaufelkränzen so in zwei Hälften abteilt, daß zwischen dieser und jener gleich viel Wasser fließt. Auf gleiche Weise ergeben sich die Punkte A_{II} und A_{III}; die Verbindungslinie $\widehat{A_I A_{II} A_{III}}$ gibt dann die Erzeugende der mittleren Rotorfläche. Nun sind gegebenenfalls die Linien $N_I N_I'$ usw. nach der eingangs erwähnten Konstruktion zu berichtigen, da $\widehat{A_I A_{II} A_{III}}$ einen neuen Schaufelkranz darstellt, auf welchem Linie $N_I N_I'$ und die übrigen ebenfalls senkrecht stehen müssen.

Die Flächen $\widehat{N_I A_I} \cdot 2\pi r_2$ ebenso $\widehat{N_I' A_I} \cdot 2\pi r_1$ teile man in ähnlicher Weise wieder in Hälften, wodurch die Punkte B_I und C_I gewonnen werden. Ebenso findet man auf den Niveauflächen $N_{II} N_{II}'$ und $N_{III} N_{III}'$ bzw. die Punkte B_{II}, C_{II} und B_{III}, C_{III} und damit die neuen Rotoren $\widehat{B_I B_{II} B_{III}}$ und $\widehat{C_I C_{II} C_{III}}$, worauf im Notfalle eine nochmalige Korrektur der gewählten normalen Niveaulinien zu erfolgen hat.

Dies Verfahren kann so oft wiederholt werden, bis eine genügend große Unterteilung der Turbine erzielt ist; die Zahl m der Teilturbinen beträgt nach diesem Verfahren, das praktisch überaus einfach ist, entweder 2, 4, 8, 16 . . . . oder

$$m = 2^n$$

wo n eine ganze Zahl ist.

Bei einiger Übung ist man imstande, schon beim erstmaligen Anwenden der vorbeschriebenen Konstruktion die normale Niveaulinie so genau zu finden, daß eine weitere Korrektur überhaupt nicht mehr notwendig wird.

Anwendungsbeispiele siehe Tafeln XVI, XVII, XVIII und XXIV, XXV, XXVI. Besonderes Interesse bietet für Francis-Turbinen nach Tafel XVI und XVII die Aufsuchung der kleinsten normalen Niveaufläche, woselbst die Geschwindigkeitskomponenten in Richtung der normalen Wasserfäden ihren Größtwert erreichen.

Konstruktion von Turbinenrädern.

Normalkonstruktionen.

1. Radialvollturbinen mit äußerer Beaufschlagung. Francis-Turbinen.[1])

a) Maß für die Beanspruchung hinsichtlich des Wasserverbrauchs. Praktische Werte.

Die Größe der ersten normalen Niveaufläche (siehe Textfigur 33) für das Laufrad beträgt $\pi D \cdot b$, wobei D den Laufraddiameter und b die Breite des Leitapparates bedeutet, beide in Metern gemessen. Würde das Wasser senkrecht zu dieser Fläche eintreten, also radial einströmen, was der Fall wäre wenn keine Schaufeln in Leit- und Laufrad sich befänden, so betrüge die Geschwindigkeit c_p in Metern bei Q Kubikmeter Wasser und H Meter Nutzgefälle:

$$c_p = \frac{Q}{\pi D \cdot B} = k_{cp} \sqrt{2gH} \quad . \quad . \quad . \quad . \quad . \quad (129)$$

k_{cp} bezeichnen wir als Beanspruchungsfaktor der Turbine; derselbe bildet gleichzeitig ein Maß für den Eintrittswinkel α, denn da wir nach Gl. (92)

$$c_0 = k_{c_0} \sqrt{2gH}$$

gesetzt haben, so berechnet sich nach Textfigur 33 wegen

$$c_p = c_0 \sin \alpha \quad . \quad . \quad . \quad . \quad . \quad . \quad . \quad . \quad . \quad . \quad . \quad (130)$$

$$k_{cp} = k_{c_0} \sin \alpha \quad \text{oder} \quad \sin \alpha = \frac{k_{cp}}{k_{c_0}} \quad . \quad . \quad . \quad . \quad (131)^{2})$$

---

[1]) Hinsichtlich der historischen Berechtigung der Bezeichnung Francis-Turbine s. die Mitteilung von R. Camerer in Z. f. d. ges. Turbinenw. 1906, S. 17.

[2]) Diese Beziehungen erleiden strenggenommen eine Änderung durch den Einfluß der Leitschaufeldicke; wogegen der Einfluß der Laufradschaufeln bei guter und weit ausholender Zuschärfung (siehe Textfigur 33) ohne weiteres vernachlässigt werden darf. Mit Rücksichtnahme auf die Leitschaufeldicke S von Z Leitschaufeln bestimmt sich mit den Bezeichnungen der Textfigur 33, der genauere Eintrittswinkel α' aus

$$c_p' = \frac{Q}{B \pi D - B Z \frac{S}{\sin \alpha'}} \quad . \quad . \quad . \quad . \quad . \quad . \quad . \quad . \quad . \quad (132)$$

und

$$\sin \alpha' = \frac{c_p'}{c_0} \quad . \quad . \quad . \quad . \quad . \quad . \quad . \quad . \quad . \quad . \quad (133)$$

Durch Elimination von c_p' und Einführung des Beaufschlagungsfaktors k_{cp}, dessen Wert gemäß Gleichung (129) bestimmt ist durch:

$$k_{cp} = \frac{Q}{B \pi D \sqrt{2gH}}$$

erhält man schließlich:

$$\sin \alpha' = \frac{k_{cp}}{k_{c_0}} + \frac{Z S}{\pi D} \quad . \quad . \quad . \quad . \quad . \quad . \quad . \quad . \quad . \quad . \quad (134)$$

5*

Bei Voraussetzung senkrechten Austritts hinter dem Rad folgt weiter gemäß Gleichung (97) sowie (131):

$$\operatorname{tg} \alpha = \frac{2 k_{cp} k_{v_0}}{\varepsilon} \quad \ldots\ldots\ldots \quad (135)^{1)}$$

Nun ist klar, daß bei einer Turbine, die viel Wasser zu schlucken hat, dieser Faktor k_{cp} sehr groß sein muß, das ist der Fall bei den sog. Schnellläufern; umgekehrt wird k_{cp} klein sein bei langsam laufenden Turbinen, d. i. bei Turbinen für hohes Gefälle und niederen Reaktionsgrad.

Erfahrungsgemäß wählen wir diesen Faktor k_{cp} als Funktion der Umfangsgeschwindigkeit k_{v_0} nach der gestrichelten Kurve der Textfigur 34. Hierbei ergeben sich für die weiter unten näher zu definierenden 8 Normalfälle die folgenden zusammengehörigen Werte:

Typ	VIII	VII	VI	V	IV	III	II	I
für $k_{v_0} =$	0,505	0,52	0,545	0,58	0,63	0,70	0,79	0,90
$k_{cp} =$	0,11	0,12	0,14	0,17	0,205	0,25	0,295	0,325

Mit dem Mittelwert $\varepsilon = 0,80$ und ohne Berücksichtigung der Leitschaufeldicke sind dann nach Gleichung (135) die Eintrittswinkel α bestimmbar zu:

Typ	VIII	VII	VI	V	IV	III	II	I
$\alpha =$	8°	8° 50′	10° 50′	13° 50′	18°	23° 40′	29° 30′	36° 20′
und $\cos \alpha =$	0,990	0,988	0,982	0,971	0,951	0,916	0,870	0,806

Bei senkrechtem Austritt hinter dem Laufrade nimmt endlich nach Hauptgleichung (97) die folgenden Werte an:

Typ	VIII	VII	VI	V	IV	III	II	I
$k_{c_0} =$	0,80	0,78	0,75	0,71	0,67	0,62	0,58	0,55

was für stoßfreien Eintritt die Schaufelwinkel β:

Typ	VIII	VII	VI	V	IV	III	II	I
$\beta =$	21°	25° 30′	36° 20′	57° 20′	88° 0′	117° 50′	134° 0′	144° 30′

verlangt, hierbei kann β statt nach Gleichung (104a) auch nach der einfacheren Formel

$$\operatorname{tg}(\beta - 90) = \frac{k_{v_0} - k_{c_0} \cos \alpha}{k_{cp}} \quad \ldots\ldots \quad (137)$$

gerechnet werden, deren Richtigkeit ohne weiteres aus der Textfigur 33 hervorgeht.

---

[1]) Bei Berücksichtigung der Leitschaufeldicke lautet die analoge Gleichung:

$$\operatorname{tg} \alpha' = \frac{2 k_{v_0} k_{c_0}}{\varepsilon} \left(\frac{k_{cp}}{k_{c_0}} + \frac{Z S}{\pi D} \right) \quad \ldots\ldots\ldots \quad (136)$$

Ebenso ließe sich α aus der einfacheren Gleichung

$$\operatorname{ctg} \alpha = \frac{k_{c_0} \cos \alpha}{k_{cp}} \quad . \quad . \quad . \quad . \quad . \quad . \quad . \quad . \quad (138)$$

bestimmen, indem in beiden Fällen der Wert $k_{c_0} \cos \alpha$ als Ganzes aus Gleichung (97) leicht zu ermitteln ist.

Die so errechneten Werte von α und β finden sich in Textfigur 35 als Funktion der Radbreiten eingetragen (gestrichelte Kurve).

Auf die Werte, welche α, k_{c_0} und β bei nicht senkrechtem Austritt annehmen, werden wir später zurückkommen.

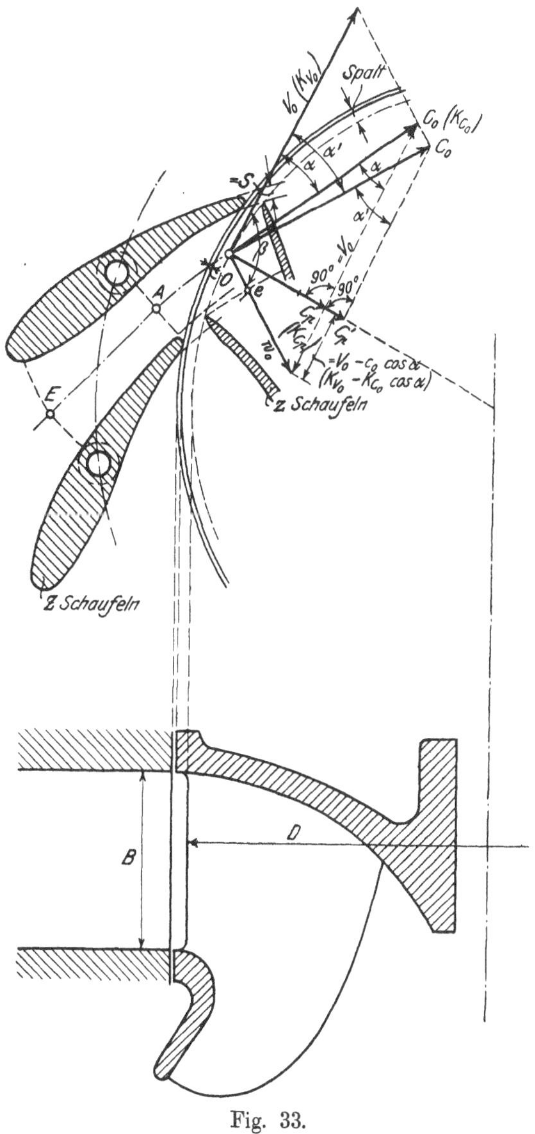

Fig. 33.

b) Wahl der Breite der Räder.

Zur Bestimmung des Raddurchmessers muß eine Annahme über die Radbreite B im Verhältnis zum Durchmesser D getroffen werden; dieses Verhältnis ist aus praktischen Gründen wiederum derart zu bestimmen, daß bei hohen Umfangsgeschwindigkeiten viel, bei kleinen wenig Wasser verarbeitet wird. Setzen wir also

$$B = f_B \cdot D \quad . \quad (139)$$

so wird f_B im oben angegebenen Sinne als Funktion von k_{v_0} zu wählen sein. Das Abhängigkeitsverhältnis dieser beiden Größen ist nun durch die ausgezogene Kurve der Textfigur 34 zum Ausdruck gebracht und zwar ist dasselbe so gewählt, wie es praktischen Bedürfnissen am besten entspricht.

Für die Herstellung von Turbinen wäre es nun aber unrationell, für jede Umfangsgeschwindigkeit bzw. für jeden Reaktionsgrad eine neue Radbreite zugrunde zu legen und ein neues Modell anzufertigen, vielmehr ist es angezeigt, für gewisse Intervalle des Reaktionsgrades ein und dieselbe Radbreite zu wählen und so die zu einem bestimmten Raddurchmesser gehörigen Modelle auf eine Mindestzahl zu beschränken; außerdem scheint es zweckmäßig, den Faktor f_B so zu bestimmen, daß die Radbreiten möglichst abgerundete Werte ergeben.

Von diesem Gesichtspunkt ausgehend, wählen wir für jeden Raddurchmesser die folgenden Radbreiten, die wir als Typen I bis VIII bezeichnen, und die wir in Textfigur 34 besonders vorgemerkt haben:

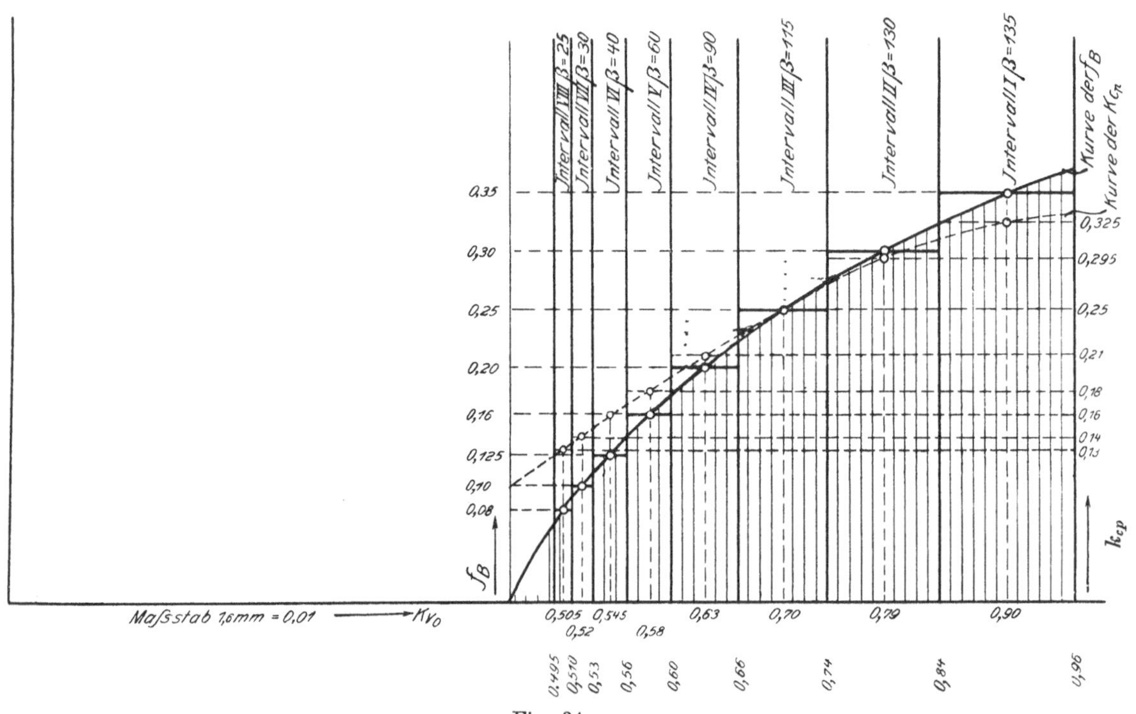

Fig. 34.

Typ	$B = f_B \cdot D$	$f_B =$	Geschwindigkeits-Bereich	Kategorie der
VIII	$B = 0{,}08\,D$	0,08	$k_{v_0} = 0{,}495$ bis 0,51	Freistrahl- und Grenzturbinen
VII	$= 0{,}100\,D$	0,10	$= 0{,}51$ bis 0,53	kleinster Langsamläufer
VI	$= 0{,}125\,D$	0,125	$= 0{,}53$ „ 0,56	Langsamläufer
V	$= 0{,}16\,D$	0,16	$= 0{,}56$ „ 0,60	langsam laufenden Normalturbinen
IV	$= 0{,}20\,D$	0,20	$= 0{,}60$ „ 0,66	Normalturbinen
III	$= 0{,}25\,D$	0.25	$= 0{,}66$ „ 0,74	schnell laufenden Normalturbinen
II	$= 0{,}30\,D$	0,30	$= 0{,}74$ „ 0,84	Schnellläufer
I	$= 0{,}35\,D$	0,35	$= 0{,}84$ „ 0,96	größten Schnellläufer

Mit diesen 8 Typen, die wir Normaltypen nennen wollen, ist man imstande allen Anforderungen hinsichtlich Wassermengen, Druckhöhen und Tourenzahlen gerecht zu werden, welche in der Praxis vorkommen können und dies um so mehr, als man durch Verteilung der zu verarbeitenden Wassermenge auf 2, 3, 4 und mehr Laufräder, die auf derselben Welle sitzen, die Mannigfaltigkeit noch bedeutend steigern kann.

Sollte man trotzdem vorziehen, abnormale Räder zu bauen, so bietet zwar die Rechnung und Herstellung derselben keine Schwierigkeit, dagegen ist stets zu bedenken, daß abnormale Modelle wirtschaftlich unökonomisch sind und die Fabrikation hinsichtlich Arbeits- und Zeitaufwand bedeutend erschweren.

Von den 8 Normaltypen sind Typ II, III, IV und vielleicht noch V die bevorzugten und können dieselben für niedrige und mittlere Gefälle am meisten Verwendung finden; Typ I eignet sich als größter Schnell-

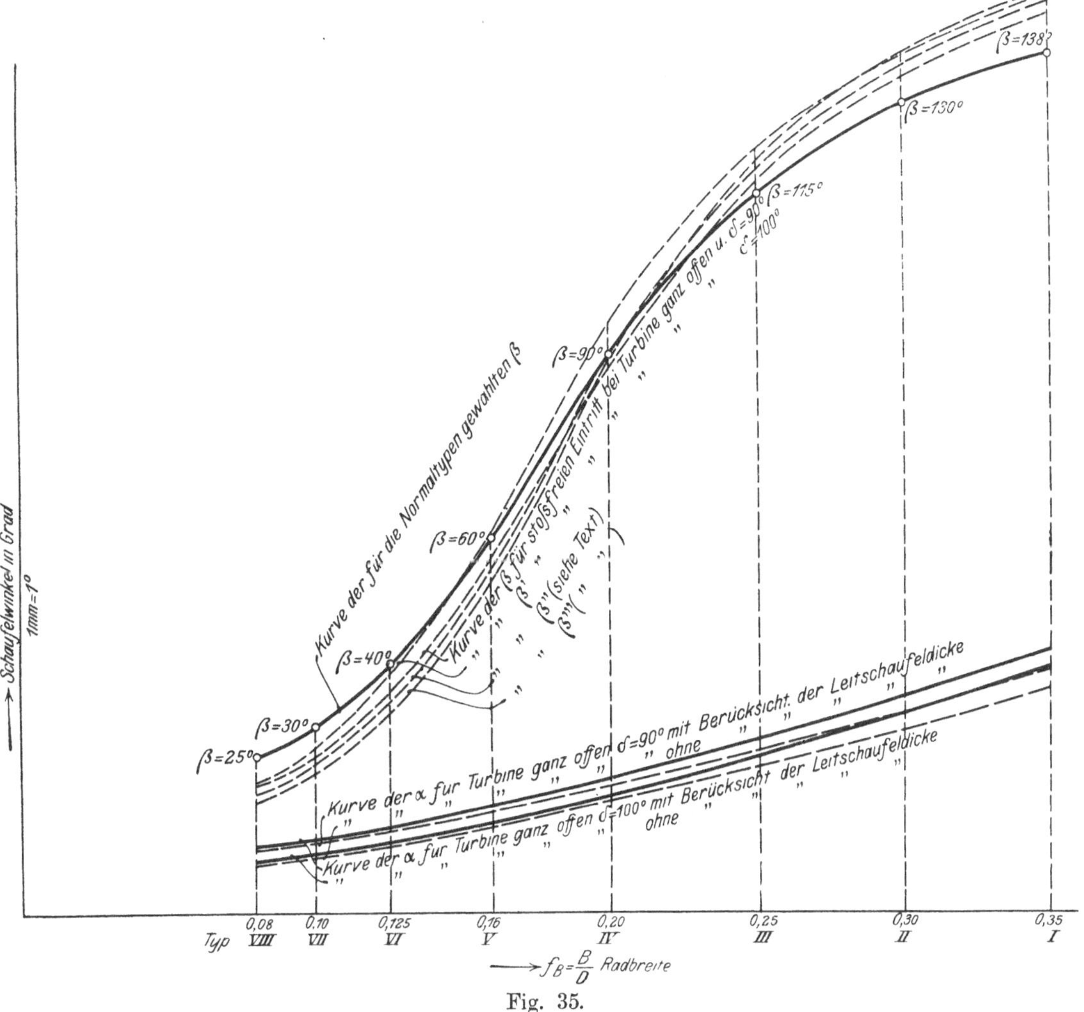

Fig. 35.

läufertyp für niedrige Gefälle; hinsichtlich Wasserverbrauch und Tourenzahl wird derselbe von den amerikanischen Schnellläufertypen nicht übertroffen.

Typ VI, VII und VIII sind bestimmt für hohe Gefälle und kleine Wassermengen; in welchen Fällen in der Regel kleine Tourenzahlen gewünscht werden, wie dies auch vorgesehen ist.

c) Wasserverbrauch der Normaltypen.

Die durch ein Rad zu verarbeitende Wassermenge auf ein Meter Gefälle umgerechnet betrage in Kubikmetern:

$$Q_1 = \frac{Q}{\sqrt{H}} \quad \ldots \ldots \ldots \quad (140)$$

Das Rad vom Durchmesser D und der Breite $B = f_B \cdot D$, beide in Metern gemessen, wird dann schlucken können:

$$Q_1 = \pi D^2 \cdot k_{cp} \cdot f_B \cdot \sqrt{2g} = 13{,}92 k_{cp} f_B D^2 \quad . \; . \; . \quad (141)$$

wobei, falls kein Normaltyp gewählt werden soll, k_{cp} und f_B jedes für sich beliebig, immerhin möglichst in Anlehnung an die Kurven der Textfigur 34 angenommen werden muß. Speziell für unsere Normaltypen, bei welchen zusammengehörige Werte von k_{cp} und f_B hier nochmals zusammengestellt sind, ergeben sich die folgenden Wassermengen in Litern pro 1 m:

Typ =	VIII	VII	VI	V	IV	III	II	I
k_{cp} =	0,11	0,12	0,14	0,17	0,205	0,25	0,295	0,325
f_B =	0,08	0,10	0,125	0,16	0,20	0,25	0,30	0,35
Q_1 =	0,122 D^2	0,167 D^2	0,247 D^2	0,378 D^2	0,571 D^2	0,870 D^2	1,23 D^2	1,58 D^2

Tabelle der Wassermengen Q_1 in Litern für $H = 1$ m pro 1 Rad.

D in mm	Typ VIII	VII	VI	V	IV	III	II	I
250	7,63	10,4	15,3	23,6	35,7	54,4	76,9	98,8
300	11,0	15,0	22,0	34,0	51,4	78,3	111	142
350	14,9	20,5	29,9	46,3	69,9	107	151	194
400	19,5	26,7	39,0	60,5	91,4	139	197	253
450	24,8	33,9	49,5	76,7	116	177	250	321
500	30,5	41,8	61,0	94,5	143	218	308	395
600	43,9	60,1	87,8	136	206	313	443	569
700	59,8	81,8	120	185	280	426	603	776
800	78,1	107	156	242	365	557	787	1010
900	99,1	136	198	307	464	706	999	1280
1000	122	167	244	378	571	870	1230	1580
1200	176	240	351	544	822	1250	1770	2280
1400	239	327	478	741	1120	1710	2410	3100
1600	312	428	625	968	1460	2230	3150	4050
1800	396	542	793	1230	1850	2830	4000	5130
2000	488	668	976	1510	2280	3480	4920	6320
2500	763	1040	1530	2360	3570	5440	7690	9880
3000	1100	1500	2200	3400	5140	7830	11100	14200
3500	1490	2050	2990	4630	6990	10700	15100	19400
4000	1950	2670	3900	6050	9140	13900	19700	25300

d) Umdrehungszahlen der Normaltypen.

Die Umdrehungszahl n einer Radialturbine vom Durchmesser D in Metern bestimmt sich zu:

$$n = \frac{60}{\pi} \frac{k_{v_0} \sqrt{2gH}}{D} = 19{,}1 \frac{k_{v_0} \sqrt{2gH}}{D} \quad . \; . \; . \quad (142)$$

und diejenige auf 1 m Gefälle ausgerechnet zu:

$$n_1 = 84{,}6 \frac{k_{v_0}}{D} \quad . \; . \; . \; . \; . \; . \; . \; . \; . \; . \; . \quad (143)$$

Sofern hinsichtlich der Tourenzahl keine Beschränkung vorliegt, wird man im allgemeinen danach zu trachten suchen, k_{v_0} im Bereiche von

0,66 zu wählen, um eine Turbinenkonstruktion vom Typ III oder IV zu erhalten, die so ziemlich den günstigsten Verhältnissen entsprechen dürfte. Indessen ist man gerade bei hohen oder niederen Gefällen wegen der abnormalen Wassermengen vielfach genötigt von dieser Regel abzuweichen. Die Normaltypen tragen diesem Umstande dadurch Rechnung, daß die Räder für hohes Gefälle und kleinster Wassermenge als Langsamläufer, also mit kleinster Tourenzahl, diejenigen für niedriges Gefälle und großer Wassermenge als Schnellläufer, also mit größter Tourenzahl gedacht sind, und zwar besitzt:

Typ	eine Umfangsgeschwindigkeit von	im Mittel zu	entsprechend einer Tourenzahl von	im Mittel zu
VIII	$k_{v_0} = 0{,}495$ bis $0{,}51$	$k_{v_0} = 0{,}502$	$n_1 = \frac{41{,}9}{D}$ bis $\frac{43{,}1}{D}$	$n_1 = \frac{42{,}5}{D}$
VII	$= 0{,}51$ „ $0{,}53$	$= 0{,}52$	$= \frac{43{,}1}{D}$ „ $\frac{44{,}8}{D}$	$= \frac{44{,}0}{D}$
VI	$= 0{,}53$ „ $0{,}56$	$= 0{,}545$	$= \frac{44{,}8}{D}$ „ $\frac{47{,}4}{D}$	$= \frac{46{,}1}{D}$
V	$= 0{,}56$ „ $0{,}60$	$= 0{,}580$	$= \frac{47{,}4}{D}$ „ $\frac{50{,}8}{D}$	$= \frac{49{,}1}{D}$
IV	$= 0{,}60$ „ $0{,}66$	$= 0{,}630$	$= \frac{50{,}8}{D}$ „ $\frac{55{,}8}{D}$	$= \frac{53{,}3}{D}$
III	$= 0{,}66$ „ $0{,}74$	$= 0{,}70$	$= \frac{55{,}8}{D}$ „ $\frac{62{,}6}{D}$	$= \frac{59{,}2}{D}$
II	$= 0{,}74$ „ $0{,}84$	$= 0{,}79$	$= \frac{62{,}6}{D}$ „ $\frac{71{,}1}{D}$	$= \frac{66{,}8}{D}$
I	$= 0{,}84$ „ $0{,}96$	$= 0{,}90$	$= \frac{71{,}1}{D}$ „ $\frac{81{,}2}{D}$	$= \frac{76{,}1}{D}$

Dies ergibt, für verschiedene Diameter ausgerechnet, die folgende

Tabelle der Tourenzahlen n_1 für $H = 1$ m.

D in mm	Typ VIII	VII	VI	V	IV	III	II	I
250	170	176	184	196	213	237	267	304
300	142	147	154	164	178	197	223	254
350	121	126	132	140	152	169	191	217
400	106	110	115	123	133	148	167	190
450	94,4	97,8	102	109	118	132	148	169
500	85,0	88,0	92,2	98,2	107	118	134	152
600	70,8	73,3	76,8	81,8	88,8	98,7	111	127
700	60,7	62,9	65,9	70,1	76,1	84,6	95,4	109
800	53,1	55,0	57,6	61,4	66,6	74,0	83,5	95,1
900	47,2	48,9	51,2	54,6	59,2	65,8	74,2	84,6
1000	42,5	44,0	46,1	49,1	53,3	59,2	66,8	76,1
1200	35,4	36,6	38,4	40,9	44,4	49,3	55,7	63,4
1400	30,3	31,4	32,9	35,0	38,0	42,3	47,7	54,4
1600	26,5	27,5	28,8	30,7	33,3	37,0	41,7	47,5
1800	23,6	24,4	25,6	27,3	29,6	32,9	37,1	42,3
2000	21,3	22,0	23,1	24,6	26,7	29,6	33,4	38,1
2500	17,0	17,6	18,4	19,6	21,3	23,7	26,7	30,4
3000	14,2	14,7	15,4	16,4	17,8	19,7	22,3	25,4
3500	12,1	12,6	13,2	14,0	15,2	16,9	19,1	21,7
4000	10,6	11,0	11,5	12,3	13,3	14,8	16,7	19,0

Ist, wie das gewöhnlich vorkommt, außer der Wassermenge Q und dem Gefälle H die Tourenzahl n gegeben, so bestimme man sich zunächst die Werte n_1 und Q_1 und suche in den Tabellen über Wassermengen und Tourenzahlen denjenigen Raddurchmesser heraus, welcher gleichzeitig beiden Forderungen genügt; hierbei wird es sich zeigen, ob die Wassermenge durch ein einziges Rad verarbeitet werden kann oder ob zwei oder mehr Normalräder auf einer Welle sitzend notwendig sind, um das Wasser schlucken zu können. Damit ist dann der Übergang zu den doppelten, drei- und mehrfachen Turbinen gegeben.

e) Berechnung einer beliebigen Radialturbine.

Für den Fall, daß man von den vorstehenden Tabellen keinen Gebrauch machen will und unter der Annahme, daß außer H und Q noch n, also auch Q_1 und n_1 gegeben ist, verfahre man wie folgt:

Man wähle k_{v_0} und bestimme den Raddurchmesser in Metern aus:

$$D = \frac{k_{v_0}\sqrt{2gH}}{\frac{\pi n}{60}} = 84{,}6\frac{k_{v_0}}{n_1} \quad \ldots \ldots (144)$$

Dann ist die Radbreite B in Metern gegeben durch:

$$B = f_B \cdot D = \frac{Q}{\pi D \cdot k_{cp}\sqrt{2gH}} \quad \ldots . (145)$$

Über das Verhältnis $f_B : k_{cp}$ kann nun eine willkürliche Annahme getroffen werden; brauchbare Resultate ergibt die Wahl von

$$f_B \cong k_{cp} \quad \ldots \ldots \ldots (146)$$

(siehe Textfigur 34) damit bestimmt sich:

$$k_{cp} = \sqrt{\frac{Q}{\pi D^2 \cdot \sqrt{2gH}}} = \frac{0{,}268\sqrt{Q_1}}{D} \quad \ldots . (147)$$

und nach Gleichung (145):

$$B = f_B D = k_{cp} D = 0{,}268\sqrt{Q_1} \quad \ldots \ldots (148)$$

wobei B und D in Metern, Q und Q_1 in Kubikmetern einzusetzen sind.

Unter Zugrundelegung von ε ergibt sich sodann der Eintrittswinkel α bei Annahme senkrechten Austritts aus dem Laufrad und ohne Berücksichtigung der Leitschaufeldicke aus der Gleichung:

$$\operatorname{tg}\alpha = \frac{2k_{cp}\cdot k_{v_0}}{\varepsilon}$$

und

$$k_{c_0} = \frac{\varepsilon}{2k_{v_0}\cos\alpha}$$

ferner

$$\operatorname{tg}(\beta - 90) = \frac{k_{v_0} - k_{c_0}\cos\alpha}{k_{cp}}$$

wie wir bereits gesehen haben.

f) Berechnung der Schaufelwinkel α und β für die Normaltypen unter Zugrundelegung eines vorspringenden Austrittsdiagramms. Definitive Wahl dieser Winkel.

Wie die Winkelverhältnisse bei senkrechtem Austritt, d. h. $\delta = 90^0$, aus dem Laufrad sich gestalten, das ist für unsere Normaltypen bereits eingangs des Kapitels über Normalkonstruktionen behandelt worden.

Es erübrigt uns noch die Rechnung für den Fall anzustellen, daß das Austrittsdiagramm bei ganz geöffneter Turbine ein vorspringendes ist, d. h. $\delta > 90^0$ ist.

Es können nun in diesem Falle die Winkel α und β erstens so bestimmt werden, daß ein stoßfreier Eintritt bei ganz geöffneter Turbine statt hat, oder zweitens so bestimmt werden, daß ein stoßfreier Eintritt in dem Augenblicke erfolgt, wo das Wasser senkrecht von der Turbine abströmt, d. i. also bei nicht ganz geöffneter Turbine; im letztern Falle, welcher praktisch genommen der bedeutungsvollere ist, wird also auch der beste Nutzeffekt der Turbine erreicht, bevor dieselbe ganz geöffnet ist; man pflegt diesen besten Nutzeffekt für eine Leitschaufelstellung anzustreben, welche ungefähr $^3/_4$ der totalen Turbinenleistung entspricht.

Fig. 36.

Zur Anwendung der Hauptgleichung (95) für nicht senkrechten Austritt sind für unsere Normaltypen noch spezielle Annahmen hinsichtlich der Größen k_{v_a}, d. i. der Umfangsgeschwindigkeit beim Austritt und k_{c_a}'', d. i. der Geschwindigkeit in Richtung der normalen Wasserfäden beim Austritt zu machen.

Wir setzen nach Ausführungen, die in ihrer Gesamtheit ungefähr der Textfigur 38 entsprechen, die Austritts-Umfangsgeschwindigkeit k_{v_a} für den mittleren Wasserfaden wie folgt als Funktion der Eintritts-Umfangsgeschwindigkeit:

Typ	VIII	VII	VI	V	IV	III	II	I
$k_{v_a} =$	$0{,}61\,k_{v_0}$	$0{,}615\,k_{v_0}$	$0{,}625\,k_{v_0}$	$0{,}64\,k_{v_0}$	$0{,}67\,k_{v_0}$	$0{,}72\,k_{v_0}$	$0{,}79\,k_{v_0}$	$0{,}88\,k_{v_0}$

Diese Werte sind als Funktion der Radbreiten in Textfigur 36 dargestellt.

Hinsichtlich k_{c_a}'' machen wir die ungefähr zutreffende Annahme, daß

$$k_{c_a}'' \simeq k_{c_p} \quad . \quad . \quad . \quad . \quad . \quad . \quad . \quad . \quad . \quad (149)^{1)}$$

[1]) Über einen genauen Wert von k_{c_a}'' s. die der Fig. 38 beigegebene Tabelle auf S. 79; jedoch sind auch schon mit dieser Annahme die Winkel α und β genau genug bestimmbar.

d. h. die Größe der radialen Zuströmung gleich der Abströmung vom Rade in Richtung der normalen Wasserfaden ist; wir setzen also:

Typ	VIII	VII	VI	V	IV	III	II	I
$k_{c_a''} =$	0,11	0,12	0,14	0,17	0,205	0,25	0,295	0,325

Mit diesen Werten bestimmen sich nun mittelst der Gleichungen (95) und (104a) resp. (137) und (138) die Winkel α und β unter Hinzunahme der Bedingung:

1. Stoßfreier Eintritt bei ganz geöffneter Turbine, d. h. für den Augenblick, wo das vorspringende Diagramm tatsächlich erreicht wird, wie folgt:

$$k_{c_0} \cos \alpha = \frac{\frac{\varepsilon}{2} + k_{v_a} k_{c_a''} \operatorname{ctg} \delta}{k_{v_0}}$$

und nach Textfigur 33 ohne Berücksichtigung der Leitschaufeldicke:

$$\operatorname{tg}(\beta - 90) = \frac{k_{v_0} - k_{c_0} \cos \alpha}{k_{cp}} \quad \text{und} \quad \operatorname{ctg} \alpha = \frac{k_{c_0} \cos \alpha}{k_{cp}}$$

das gibt mit $\varepsilon = 0{,}80$ und $\delta = 90^0 + 10^0 = 100^0$

für Typ	VIII	VII	VI	V	IV	III	II	I
mit $k_{v_0} =$	0,502	0,52	0,545	0,580	0,630	0,70	0,79	0,90
$k_{v_a} =$	0,306	0,320	0,341	0,371	0,422	0,504	0,624	0,792
und $k_{c_a''} = k_{cp} =$	0,11	0,12	0,14	0,17	0,205	0,25	0,295	0,325
$k_{c_0} \cos \alpha =$	0,785	0,756	0,719	0,671	0,610	0,539	0,465	0,394
$\beta =$	21° 10′	27° 0′	38° 50′	61° 50′	95° 40′	122° 50′	137° 50′	147° 20′
$\alpha =$	8° 10′	9° 0′	11° 0′	14° 10′	18° 30′	24° 50′	32° 20′	39° 30′

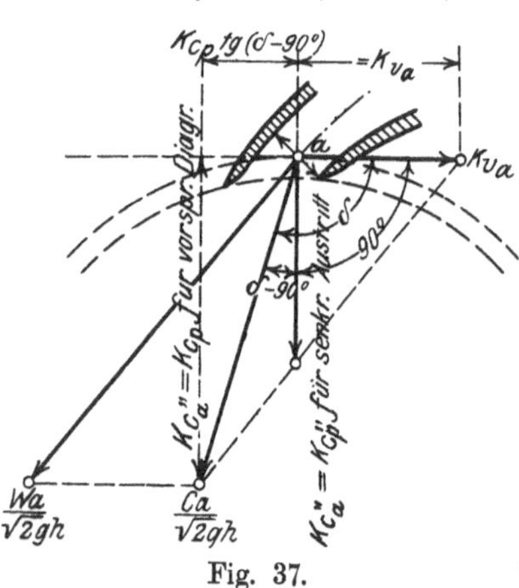

Fig. 37.

oder unter Hinzunahme der Bedingung:

2. Stoßfreier Eintritt bei der gleichen, aber durch Drehschaufeln so weit geöffneten Turbine, daß senkrechter Austritt (in Richtung der normalen Wasserfaden) erzielt wird, wie folgt:

Sobald durch Schließen der Leitradöffnungen c_a'' der vollgeöffneten Turbine bei vorspringendem Diagramm auf c_a'' der teilweise geöffneten Turbine bei senkrechtem Austritt (vgl. Textfigur 37) gesunken ist, so wird auch der Beaufschlagungsfaktor c_p auf den kleinern Wert c_p'' zurückgegangen sein. Unter Beibehaltung der in Gleichung (149) festgelegten Annahme bestimmt sich das neue $k_{c_a''}$ bzw. das gleichwertige k_{cp}'' zu:

$$k_{cp}'' = k_{cp} \frac{k_{va}}{k_{va} + k_{cp} \operatorname{tg}(\delta - 90)} \quad \ldots \quad (150)$$

wobei k_{cp} den Beaufschlagungsfaktor und δ den gewählten Austrittswinkel der ganz geöffneten Turbine bedeutet.

Mit beispielsweise $\delta = 100^0$ erhält man für unsere 8 Normaltypen folgende Werte von k_{cp}'':

für Typ	VIII	VII	VI	V	IV	III	II	I
wird $k_{cp}'' =$	0,104	0,113	0,131	0,157	0,189	0,230	0,272	0,303

Unter der Annahme des gleichen $\varepsilon = 0,80$ ergibt sich — für die auf senkrechten Austritt eingestellte Turbine — nach Hauptgleichung (97) die Größe $k_{c_0} \cos \alpha$, die wir des Unterschiedes halber mit $k_{c_0}'' \cos \alpha''$ bezeichnen wollen, zu:

$$k_{c_0}'' \cos \alpha'' = \frac{\varepsilon}{2 k_{v_0}}.$$

und endlich finden sich α'' und β'' unter Anwendung der Gleichung (137) und (138), sofern darin die Werte von k_{cp}'' an Stelle von k_{cp} und $k_{c_0}'' \cos \alpha''$ an Stelle von $k_{c_0} \cos \alpha$ substituiert werden.

Man erhält:

für Typ	VIII	VII	VI	V	IV	III	II	I
$k_{c_0}'' \cos \alpha'' =$	0,797	0,769	0,734	0,690	0,635	0,571	0,506	0,444
$\beta'' =$	19° 30′	24° 30′	34° 40′	55° 0′	88° 30′	119° 30′	136° 10′	146° 20′
$\alpha'' =$	7° 20′	8° 20′	10° 10′	12° 50′	16° 40′	22° 0′	28° 20′	34° 20′

Mit $\delta = 110^0$ ergibt die gleiche Rechnung folgende tabellarische Zusammenstellung:

für Typ	VIII	VII	VI	V	IV	III	II	I
$k_{cp}''' =$	0,0973	0,106	0,122	0,146	0,174	0,212	0,252	0,283
$\beta''' =$	18° 20′	23° 0′	32° 50′	53° 0′	88° 20′	121° 20′	138° 20′	148° 10′
$\alpha''' =$	7° 0′	7° 50′	9° 30′	12° 00′	15° 20′	20° 20′	26° 30′	32° 30′

Die Rechnungswerte, welche wir für die Winkel β, stoßfreien Eintritt vorausgesetzt, gefunden haben, sind in Textfigur 35 als Funktion der Radbreiten aufgetragen. Mit Rücksicht darauf, daß für die Eintrittsquerschnitte in den Laufradkanälen die Schaufeldicke sich um so nachteiliger bemerkbar macht, je näher β 0^0 oder 180^0 liegt, und in Erwägung, daß ein geringer Stoßverlust praktisch ohne Bedeutung ist, sind für unsere Normaltypen endgültig die folgenden abgerundeten Werte von β gewählt worden, die ebenfalls in Textfigur 35 eingetragen sind:

für Typ	VIII	VII	VI	V	IV	III	II	I
$\beta =$	25°	30°	40°	60°	90°	115°	130°	138°

Was den Winkel α anbetrifft, so sind die Rechnungswerte, welche für die ganz geöffnete Turbine bei senkrechtem Austritt und diejenigen, welche für 10^0 vorspringendes Diagramm sich ergaben, in Textfigur 35 zusammengestellt; dieselben bedürfen jedoch noch der Korrektur gemäß Gl. (134), weil die Leitschaufeldicke nicht berücksichtigt ist. Die korrigierten Werte von α $\left(\text{mit Annahme } Z = 16 \text{ und } S = \frac{D}{125}\right)$ sind ebenfalls in Textfigur 35 verzeichnet. — Nach erfolgter direkter Berechnung des Winkels α ist es für den Konstrukteur unerläßlich, auch den Leitradquerschnitt $= \frac{\text{Wassermenge}}{\text{Eintrittsgeschwindigkeit}}$ zu kontrollieren. Hierbei verfährt man am besten in der Weise, daß die Eintrittsgeschwindigkeit nach Hauptgleichung (95) oder (97) mit dem vorläufig bestimmten Werte von α ausgerechnet wird. Aus dem Leitradquerschnitt ergibt sich durch Wahl der Leitradbreite die Kanalweite und nach Annahme der Leitschaufeldicke durch Aufzeichnung ein korrigierter Wert des Winkels α, mit welchem dann die Eintrittsgeschwindigkeit genauer bestimmt wird usf.

Damit sodann die maximale Wassermenge mit Sicherheit verarbeitet wird, ist es empfehlenswert, den Leitapparat mit um etwa $10^0/_0$ größerem Leitradquerschnitt, als ihn die Rechnung verlangt, auszuführen. Dagegen sind die Laufradquerschnitte streng der Rechnung entsprechend einzuhalten (s. S. 54).

g) Zeichnerische Darstellung der Normaltypen.

Um hinsichtlich der Wahl der Austrittskante einen Anhalt zu haben, sind in Textfigur 38 unter Zugrundelegung eines bestimmten Raddurchmessers die 8 Normaltypen verzeichnet worden. Hierbei zeigt sich, daß, wenn für den Beaufschlagungsfaktor k_{cp} die nachstehenden Werte zugrunde gelegt werden, für k_{c_a}'' dicht hinter der Austrittskante des Rades gemessen, ungefähr die darunter gesetzten Werte resultieren:

für Typ	VIII	VII	VI	V	IV	III	II	I
wenn $k_{cp} =$	0,11	0,12	0,14	0,17	0,205	0,25	0,295	0,325
wird $k_{c_a''} \cong$	0,13	0,14	0,16	0,19	0,23	0,26	0,28	0,29

Man erkennt aus dieser Tabelle, daß bei Typ VIII die Geschwindigkeit in Richtung der normalen Wasserfaden beim Austritt aus dem Rad etwas größer, bei Typ I dagegen etwas kleiner ist als diejenige beim Eintritt in das Rad. Bei den Typen IV, III, II und I erfährt diese Geschwindigkeitskomponente ungefähr auf halbem Wege durch das Rad eine beträchtliche Steigerung, weil daselbst der Inhalt der normalen Niveaufläche ein Minimum erreicht; damit diese nicht zu groß wird, erscheint es angezeigt, wenigstens bei den Typen II und I eine Ausweitung des Rades eintreten zu lassen, derart, daß der kleinste innere Durchmesser des äußeren Schaufelkranzes größer wird als der Raddurchmesser selbst. Diese Ausweitung findet sich bei amerikanischen Konstruktionen häufig vor und scheint daselbst auf experimentellem Wege gefunden worden zu sein.

Endlich mag noch darauf hingewiesen werden, daß Typ VIII bis und mit II für Drehschaufelregulierung verwendet werden können, dagegen Typ I sich vorzugsweise für Spaltschieberregulierung eignet, was natürlich nicht ausschließt, daß auch für Typ I bis VIII Spaltschieber oder andere Regulierungssysteme zur Anwendung gelangen können.

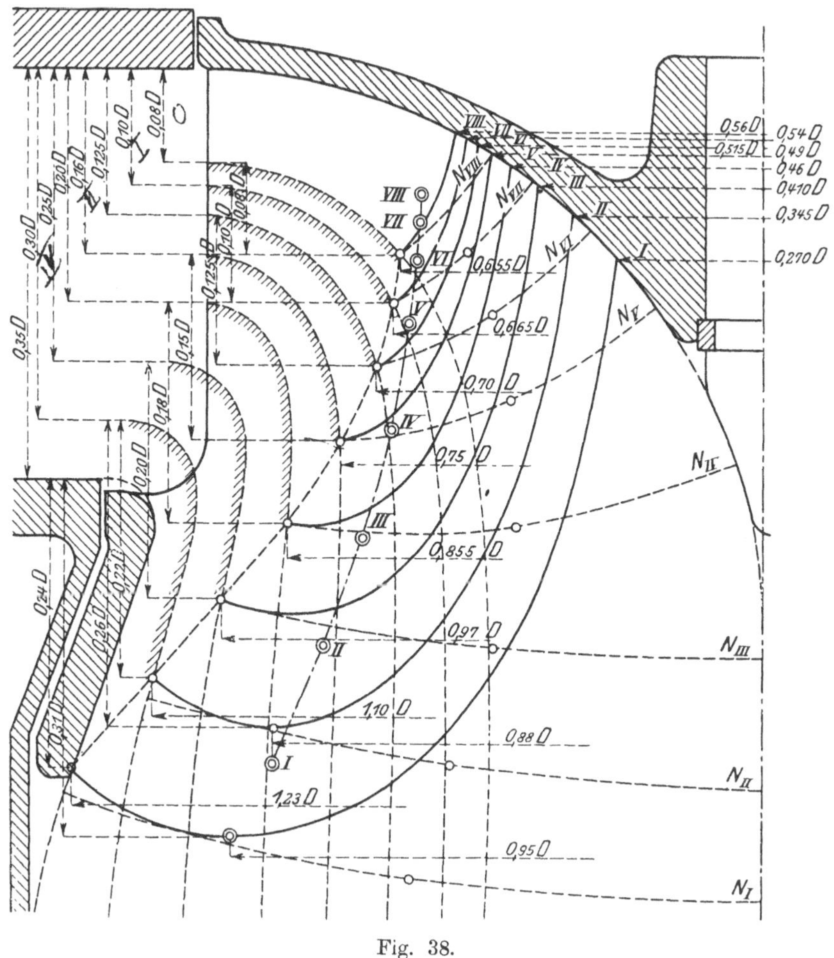

Fig. 38.

	Radeintritts-Querschn. =	Radeintr.-Geschw. c_p =	Inhalt der normalen Niveauflächen N =	Austrittsgeschw. senkrecht dazu c_a'' =
VIII	$0{,}08\,\pi D^2$	$0{,}11\sqrt{2gH}$	$0{,}067\,\pi D^2$	$\sim 0{,}13\sqrt{2gH}$
VII	$0{,}10\,\pi D^2$	$0{,}12\sqrt{2gH}$	$0{,}086\,\pi D^2$	$\sim 0{,}14\sqrt{2gH}$
VI	$0{,}125\,\pi D^2$	$0{,}14\sqrt{2gH}$	$0{,}110\,\pi D^2$	$\sim 0{,}16\sqrt{2gH}$
V	$0{,}16\,\pi D^2$	$0{,}17\sqrt{2gH}$	$0{,}140\,\pi D^2$	$\sim 0{,}19\sqrt{2gH}$
IV	$0{,}20\,\pi D^2$	$0{,}205\sqrt{2gH}$	$0{,}180\,\pi D^2$	$\sim 0{,}23\sqrt{2gH}$
III	$0{,}25\,\pi D^2$	$0{,}25\sqrt{2gH}$	$0{,}240\,\pi D^2$	$\sim 0{,}26\sqrt{2gH}$
II	$0.30\,\pi D^2$	$0{,}295\sqrt{2gH}$	$0{,}320\,\pi D^2$	$\sim 0{,}28\sqrt{2gH}$
I	$0{,}35\,\pi D^2$	$0{,}325\sqrt{2gH}$	$0{,}390\,\pi D^2$	$\sim 0{,}29\sqrt{2gH}$

h) Schaufelzahlen für Radialturbinen.

Die Zahl der Schaufeln richtet sich einmal nach der Größe des Durchmessers, andererseits nach der Größe der Schaufelwinkel α für das Leitrad und β für das Laufrad.

Speziell für das Leitrad scheint es bei Verwendung von Drehschaufeln wünschenswert, daß die Schaufelzahl durch 4 teilbar sei, während für das Laufrad meist Primzahlen gewählt werden.

Wir setzen für das Leitrad erfahrungsgemäß:

	Typ VIII bis IV $\alpha \leqq 20^0$	Typ IV bis II $\alpha \lesseqgtr {33^0 \atop 20^0}$	Typ II bis I $\alpha > 33^0$
$D = 200$ bis 600	10	12	16
$= 650$ „ 950	12	16	20
$= 1000$ „ 1400	16	20	24
$= 1500$ „ 2100	20	24	28
$= 2200$ „ 2900	24	28	32
$\geqq 3000$	—	32	36

Für das Laufrad dagegen in Abhängigkeit vom Schaufelwinkel β

	Typ VIII bis VI $\beta \leqq 40^0$	Typ V $\beta \cong 60^0$	Typ IV $\beta \lesseqgtr 90^0$	Typ III $\beta \lesseqgtr 115^0$	Typ II und I $\beta \lesseqgtr 130^0$
$D = 200$ bis 600	15 bis 17	15	13	11	9
$= 650$ „ 950	19 „ 21	19	15	13	9
$= 1000$ „ 1400	23 „ 25	21	17	15	11
$= 1500$ „ 2100	27 „ 29	25	19	15	11
$= 2200$ „ 2900	31 „ 33	29	23	17	13
$= \geqq 3000$	—	—	25	19	13

i) Material der Schaufeln und Schaufelkränze.

Für das Leitrad mit festen Schaufeln wird bei kleinen und mittleren Gefällen Gußeisen verwendet; bei höheren Gefällen empfiehlt es sich mit Rücksicht auf Auswaschungen, welche bei hohen Wassergeschwindigkeiten, insbesondere bei sandhaltigem Betriebswasser sich zeigen, Stahlguß oder Bronze zu verwenden.

Bei drehbaren Schaufeln gehe man schon bei kleinen Gefällen (mehr als 4 m) zu Stahlgußschaufeln über, da bei der Beanspruchung der drehbaren Leitradschaufeln nicht sowohl der Wasserdruck für die Festigkeit in Frage kommt, als vielmehr die Tatsache, daß die einzelne Drehschaufel durch die Handregulierung oder automatische Regulierung außergewöhnlich stark beansprucht werden kann, sobald ein Fremdkörper zwischen zwei benachbarte Schaufeln sich eingeklemmt hat.

Bei den Laufrädern kommen für Typ VIII bis und mit V nur Guß-, Bronze- oder Stahlgußschaufeln in Betracht; dabei ist bei allen diesen 4 Typen streng darauf zu achten, daß die Veränderung der relativen bzw. der absoluten Geschwindigkeit gesetzmäßig vor sich gehe, was bei genannten Typen kräftig geschwungene Schaufelrücken (vgl. Tafel XVIII) und eventuell auch noch seitliche Einschnürung der Schaufelkränze erfordert (s. Radprofil Fig. 2 Tafel XIII).

Für die Laufräder Typ IV bis und mit I werden mit Vorteil Blechschaufeln verwendet, die über einer Matrize gehämmert oder zwischen Matrize und Gegenmatrize hydraulisch gepreßt werden. Dies schließt natürlich nicht aus, daß zur Erhöhung der Festigkeit die Schaufelkränze samt Schaufeln aus Gußeisen, Bronze oder Stahlguß als ein Stück gegossen werden können.

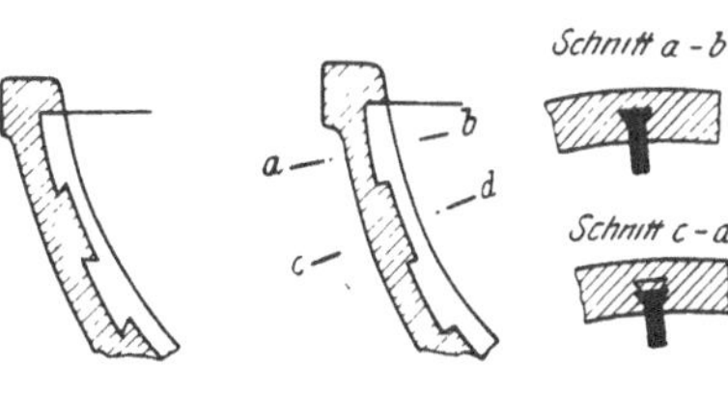

Fig. 37a. Fig. 39a.

Blechschaufeln müssen tief genug in die Schaufelkränze eingreifen (mindestens 15 mm) und mit Schwalbenschwänzen oder gestauchten Rändern versehen sein, um ein Losreißen aus den Kränzen sicher zu verhindern. Verfasser zieht Befestigung nach Textfigur 39a derjenigen nach Textfigur 37a vor.

Die Schaufelkränze für Lauf- und Leitrad sollen aus einem ebenso widerstandsfähigen Material wie die Schaufeln bestehen, insbesondere wenn hohes Nutzgefälle in Frage kommt. Spezielles Augenmerk ist in letzterem Falle auch auf die Spaltringräume zwischen Leit- und Laufrad zu richten, indem hier ganz besonders leicht Auswaschungen auftreten können. Abgesehen davon, daß man an diesen Stellen durch wiederholte Eindrehungen dem Wasser den Austritt möglichst erschwert, sind dieselben noch durch Anbringen von auswechselbaren Futterringen aus zähestem Material (Flußeisen) besonders widerstandsfähig zu machen, welch letztere dann nach eingetretener Abnutzung leicht ersetzt werden können, ohne größere Reparaturen und Umbauten an der Turbine selbst vornehmen zu müssen. In dieser Weise sollen vorzugsweise die Kränze des Leitrades geschützt sein (siehe Tafel XVIII und Tafel XXX).

k) Zeichnerische Darstellung der Schaufelschnitte; Schaufellängen.

Ist Durchmesser und Breite des Rades festgelegt, so wähle man zunächst den inneren Schaufelkranz (siehe Tafel XVII), derart, daß die verlängerte Bogenlinie AB entweder (bei einfachen, vertikal aufgestellten und aufgehängten Turbinen) die Mittellinie der Achse oder (bei Turbinen mit durchgehender Welle, d. i. bei Doppel- und mehrfachen Turbinen) die Mantelfläche der Welle tangiert; der äußere Schaufelkranz EF dagegen, werde so bestimmt, daß der Inhalt der normalen Niveaufläche FH bzw. die Geschwindigkeit senkrecht zu dieser, d. i. in Richtung der normalen Wasserfäden eine vorgeschriebene Größe nicht überschreitet, welch letztere sich wiederum nach der Größe des radialen Beaufschlagungsfaktors k_{cp} richtet. Anhalt gewährt die Tabelle auf S. 78. Alsdann ziehe man zwischen die Schaufelkränze nach Anleitung (s. S. 65) die Rotoren 0,0 1,1 usw. und die dazwischen gelegenen 01,01 12,12 usw.; ferner senkrecht zu diesen die normalen Niveaulinien bzw. die Niveauflächen $N_I\, N_{II}\;\; N_I'N_{II}'$ usf. Nach Rechnung des Inhaltes dieser normalen Niveauflächen wird man darauf bedacht sein, daß die Änderung in der Größe derselben vom Ein- bis zum Austritt aus dem Rad möglichst stetig vor sich gehe, wobei nötigenfalls Bogenlinie $\widehat{EF}$ aufs neue zu wählen ist. Bei Turbinen nach den Normaltypen I und II, wo der Inhalt der normalen Niveaufläche zwischen Ein- und Austritt, d. h. zwischen $N_I N_I'$ und $N_{IX} N_{IX}'$ zu einem Minimum wird, ist darauf zu achten, daß dieses Minimum nicht zu klein ausfällt, weil sonst die Geschwindigkeit in Richtung der normalen Wasserfäden und damit die absolute Geschwindigkeit innerhalb des Laufradkanals unzulässig groß würde. Das hätte dann weiter zur Folge, daß der Austrittsquerschnitt des Laufradteilkanals nicht vollständig erfüllt wäre und also weniger Wasser, als wie gewünscht, verarbeitet würde. Weiter wähle man die Schaufelaustrittskante zur Erzielung schöner Schaufelschnitte in Anlehnung an die für unsere Normaltypen aufgestellten Schaufelbegrenzungslinien nach Textfigur 38 gegebenenfalls auch ganz freihändig.

Sodann nehme man an vorbehaltlich späterer Richtigstellung die Kreisprojektion der Mittelpunktskurve für den Austrittsquerschnitt. Aus dieser Mittellinie werden ausgeschieden die Punkte $M_1\, M_2$ usw., welche auf den Rotoren 1,1 2,2 usw. liegen und gleichzeitig die Mittelpunkte der Austrittsquerschnitte der Teilkanäle 12,12 23,23 usw. darstellen; ferner die Mittelpunkte $M_{12}\, M_{23}$ usw., welche auf den Rotoren 12,12 23,23 usw. gelegen sind und die entsprechenden Mittelpunkte für die Teilkanäle 11, 22 usw. repräsentieren.

Nun ist gemäß Gleichung (114) die Austrittsgeschwindigkeit w_a in irgend einem dieser Mittelpunkte M berechnet worden, der notwendige effektive Querschnitt des betreffenden Teilkanals in m² bestimmt sich beispielsweise für Teilkanal 2,2 und 3,3 zu

$$b_{23} \cdot \Delta_{23} = \frac{\frac{Q}{m z}}{w_{a\,23}}$$

bei z Schaufeln und m Teilkanälen; ferner ist gemäß Gleichung (35) die Größe von b_{23} bestimmt aus der abmeßbaren Strecke $l_{23} = \widehat{M_2 M_3}$ aus dem abmeßbaren Winkel k_{23} und dem durch Rechnung aus Gleichung (123) bzw. (124) oder auch durch Konstruktion gefundenen Winkel γ_{23} unter Zuhilfenahme des Wertes von c_{a23}''. Mit dem gefundenen Werte von b_{23} läßt sich sodann durch Division in den Teilkanalquerschnitt die lichte Weite Δ_{23} desselben bestimmen, in gleicher Weise alle übrigen Werte von Δ, das ist Δ_{01}, Δ_1, Δ_{12} usw. Trägt man diese Werte nunmehr je zur Hälfte links und rechts von der gewählten Mittellinie auf, so erhält man den umgeklappten Querschnitt, allerdings in einer in Richtung der Mittellinie verzerrten Darstellung (vgl. das unter „Zeichnerische Darstellung des effektiven Querschnitts“, S. 22, Gesagte).

Zur zeichnerischen Darstellung der Schaufelschnitte wählen wir in der Ebene abwickelbare Flächen, und zwar Kegelflächen mit der Turbinenachse als Drehachse, die in beliebiger Zahl durch die Schaufelfläche hindurchgelegt werden können. Eine solche sei durch die Punkte C, D geführt. Der auf dieser Kegelfläche liegende Schaufel- bzw. Kanalquerschnitt ist bestimmt durch die Teilung und die lichte Weite am Austritt (Punkt D) sowie die Teilung für den Punkt C und die lichte Weite am Eintrittsquerschnitt (dieser mit Hilfe von w_e bestimmt); statt der letzteren kann auch zur Konstruktion dienen der Eintrittswinkel β, der jedoch für den schräg geführten Schnitt entweder durch Hilfskonstruktion oder durch Rechnung aus

$$\operatorname{tg}(\beta_\Theta - 90) = \operatorname{tg}(\beta - 90 \cdot \cos(90 - \Theta)$$

oder $$\operatorname{ctg}\beta_\Theta = \operatorname{ctg}\beta \sin\Theta \quad . \; . \; . \; . \; . \; . \quad (151)$$

zu bestimmen ist; hierbei bedeutet β_Θ den neuen Schaufelwinkel, der auf dem Kegelschnitt erscheint, und Θ den Winkel, den die Erzeugende CO des Kegelmantels mit der Drehachse bildet.

Die eben angeführten Größen bestimmen den Turbinenkanal auf der abwickelbaren Kegelfläche ausreichend; selbstverständlich wird noch darauf zu achten sein, daß die Änderung der Weiten vom Ein- bis Austrittsquerschnitt kontinuierlich vor sich gehe, und weiter wolle man daran denken, daß die Wasserfäden bei Passieren des Austrittsquerschnitts auf den Rotoren parallel verlaufen sollen, was für unsere Schaufelabwicklung auf einer Kegelfläche nach den Gleichungen (58) und (59) streng berücksichtigt werden könnte.

Zieht man auf der in der Ebene ausgebreiteten Kegelfläche durch die Endpunkte der Schaufelkanten Radien (das sind Kegelmantellinien), so erhält man im Bogen CV ein Maß für die Länge der Schaufel, weswegen die Strecke CV als S c h a u f e l l ä n g e für den betreffenden Schnitt bezeichnet werden soll.

Falls sowohl Schaufel-Ein- wie Austrittskante jede für sich in einer Diametralebene liegt, so sind die Schaufellängen für irgend einen nach einer Kegelfläche geführten Schaufelschnitt gleich groß; liegt aber die Aus- oder Eintrittskante in einer beliebigen Ebene, so ist die Schaufellänge von Schnitt zu Schnitt veränderlich, kann aber nach den Regeln der darstellenden Geometrie leicht von Fall zu Fall bestimmt werden (siehe Tafel XVII, woselbst die Schaufelaustrittskante in einer Ebene liegt, die um 25^0 zur Bildebene geneigt ist). Für die praktische Herstellung des Schaufelklotzes genügen in der Regel drei solcher Schaufelschnitte, wovon zwei an den Enden der Schaufel und zwar an den Verbindungsstellen mit den Schaufelkränzen und einer möglichst durch die Mitte der Schaufel zu führen sind; ausnahmsweise können auch vier, höchstens aber fünf Schaufelschnitte gelegt werden, um den Schaufelklotz ausreichend zu bestimmen; ein weiterer Anhalt für die Bearbeitung des Schaufelklotzes ist durch Angabe der lichten Weiten an verschiedenen Stellen des Austrittsquerschnittes geschaffen; zu diesem Zwecke ist gemäß Textfigur 6 nur die Austrittskante $\widehat{B_2' B_3'}$ (die man sich in Form einer Holz- oder Blechschablone materiell hergestellt denken kann) der Nachbarschaufel in Teilung zu rücken, um dann bequem von Punkten dieser Kante bzw. Schablone bis zur Fläche des Schaufelklotzes messen zu können.

Falls die Schaufelschnitte zeichnerisch festgelegt sind, ist die Lage der ursprünglich beliebig gewählten Querschnittsmittellinie auf ihre Richtigkeit zu prüfen, und bei großer Abweichung ist Rechnung und Konstruktion nochmals mit größerer Schärfe anzustellen usf.

Von Interesse scheint es, darauf hinzuweisen, daß der Austrittsquerschnitt als Ganzes betrachtet, stets dort eine Einschnürung erleidet, wo k seinen kleinsten Wert erreicht, d. i. dort, wo das Wasser am schrägsten über die Schaufelfläche hinweggleitet.

Bei den Typen III und IV liegt diese Einschnürung ungefähr in der Mitte des Austrittsquerschnitts (siehe Tafel XVI).

Das hier angegebene zeichnerische Verfahren kann für jede Schaufelfläche, sei es für schnell oder langsam laufende Turbinen und mit Schaufelkanten in Diametral- oder beliebigen Ebenen liegend, mit Vorteil angewendet werden.

Die praktische Herstellung des Schaufelklotzes ist ebenfalls leicht, da die fraglichen Kegelflächen von jedem Modelltischler mittelst Bandsäge bzw. Hobelarbeit hergestellt und sodann die vom Konstrukteur auf Papier verzeichneten Schaufelschnitte darauf glatt abgerollt werden können.

l) Zahlenbeispiele.

Beispiel 1. (Hierzu Tafel XVIII.) Aufgabe: Für 90 m Nutzgefälle und 2035 Sekundenliter entsprechend 2000 PS Nutzleistung ist eine Francis-Turbine zu konstruieren; der garantierte höchste Nutzeffekt betrage 82% und soll bei Volllast erreicht werden. Die Turbine ist direkt mit einer Dynamo von 500 Umdrehungen per Minute zu kuppeln.

Lösung: Um den Axialschub von vornherein aufzuheben, entschließt man sich, eine Doppelturbine zu bauen; die Konstruktionsdaten sind demnach pro Rad:[1])

$$H = 90\text{ m} \qquad Q = 1017{,}5\text{ l} = 1{,}0175\text{ m}^3 \qquad n = 500 \qquad \omega = \frac{\pi n}{30} = 52{,}4$$

oder auf 1 m Gefälle umgerechnet:

$$H = 1\text{ m} \qquad Q_1 = 107{,}2\text{ l} \qquad n_1 = 52{,}7 \quad \omega_1 = \frac{\pi n_1}{30} = 5{,}52$$

Zur Erzielung eines höheren Reaktionsgrades und damit verbunden eines größeren Winkels β bzw. einer möglichst weichen Schaufelform entschließt man sich, ein Rad mit $D = 950$ mm zu wählen mit einer Umfangsgeschwindigkeit:

$$v_0 = r_0\omega = 0{,}475 \cdot 5{,}52 = 2{,}62\text{ m} = 0{,}592\sqrt{2\text{g} \cdot 1}$$

entsprechend

$$k_{v_0} = 0{,}592$$

Gewählt wird ferner die Radbreite mit $B = 50$ mm, entsprechend:

$$f_B = 0{,}0526$$

damit berechnet sich die radiale Einströmgeschwindigkeit zu

$$c_p = \frac{0{,}1072}{0{,}05\pi \cdot 0{,}950} = 0{,}719\text{ m}$$

entsprechend einem Beanspruchungsfaktor der Turbine von

$$k_{cp} = \frac{0{,}719}{\sqrt{2\text{g} \cdot 1}} = 0{,}163$$

[1]) Als Normaltyp würde passen ein Doppelrad mit $D = 850$, wovon jedes eine Breite von 85 mm entsprechend einem Breitenfaktor $f_B = 0{,}100$ besäße; die bezügliche Umfangsgeschwindigkeit des Rades wäre hierbei gegeben durch den Faktor $k_{v_0} = 0{,}53$ (entsprechend $v_0 = 0{,}53\sqrt{2gH}$) und der Beaufschlagungsfaktor betrüge $k_{cp} = 0{,}107$ statt wie normal $k_{cp} = 0{,}12$, was besagt, daß betreffender Normaltyp um den zulässigen Betrag von 10% zu groß wäre.

Ohne Berücksichtigung der Leitschaufeldicke berechnet sich — unter Bedingung senkrechten Austritts aus dem Rad bei Volllast — der Leitradwinkel α aus Gleichung (135)

$$\operatorname{tg} \alpha = \frac{2 \cdot 0{,}163 \cdot 0{,}592}{0{,}82} = 0{,}235$$

Dies entspricht:

$$\alpha_{theor} = 13^0 10'$$

Wegen einer Leitschaufeldicke von $S \simeq 5$ mm am Schaufelende und einer Leitschaufelzahl $Z = 20$ erhöht sich gemäß Gleichungen (134) und (131):

$$\sin \alpha_{eff} = \sin \alpha_{theor} + \frac{Z S}{\pi D} = 0{,}228 + \frac{0{,}005 \cdot 20}{\pi \cdot 0{,}95} = 0{,}260$$

dieser Winkel auf:

$$\alpha_{eff} \simeq 15^0$$

Mit letzterem Werte berechnet sich der Koeffizient der Eintrittsgeschwindigkeit k_{c_0} nach Gleichung (97) zu

$$k_{c_0} = \frac{\varepsilon}{2 k_{v_0} \cos \alpha_{eff}} = \frac{0{,}82}{2 \cdot 0{,}592 \cdot 0{,}966} = 0{,}716$$

entsprechend einer Eintrittsgeschwindigkeit

$$c_0 = 0{,}716 \sqrt{2 g \cdot 1} = 3{,}17 \text{ m}$$

Der effektiv notwendige Leitradquerschnitt ergibt sich damit pro Rad zu:

$$\textbf{Leitradquerschnitt} = \frac{0{,}1072}{3{,}17} = \mathbf{0{,}0338\ m^2 = 3{,}38\ dm^2}.$$

Bei 20 Leitradschaufeln (Material Stahlguß) resultiert damit eine lichte Weite pro Kanal von:

$$\Delta = \frac{0{,}0338}{20 \cdot 0{,}05} = 0{,}0338 \text{ m} \simeq 34 \text{ mm}$$

welche aus Sicherheitsgründeen um $15^0/_0$ vergrößert wird; d. h. die Arretierungen des Leitschaufelsystems werden so eingestellt, daß sie eine maximale Öffnung von

$$\Delta_{max} = 39 \text{ mm}$$

gestatten, entsprechend einem maximalen Leitradquerschnitt von $0{,}039 \text{ m}^2$.

Aus dem Eintrittsdiagramm ergibt sich — stoßfreier Eintritt vorausgesetzt — ein Schaufelwinkel des Laufrades von $61^0 40'$. Dieser wird abgerundet auf

$$\beta = 60^0$$

Die Relativgeschwindigkeit w_0 beträgt dabei

$$w_0 = 0{,}21 \sqrt{2 g \cdot 1}$$

Der Stoßverlust, welcher durch Änderung von $61^0 40'$ in 60^0 entsteht, ist praktisch genommen $= 0$ (genau $= 0{,}00005^0/_0$).

Mit einem angenommenen Saugrohrverlust von $4^0/_0$ beläuft sich bei Eintritt ins Laufrad die zur Verfügung stehende Druckhöhe auf:

$$\varepsilon + 0{,}04 - \frac{c_0^2}{2g} + \frac{w_0^2}{2g} = 0{,}860 - 0{,}516 + 0{,}044 = 0{,}388 \text{ m}$$

Der Verlust im Laufrad selbst wird hierbei nicht extra berücksichtigt (vgl. das unter „Totaler Nutzeffekt“, S. 43, Gesagte).

Die Größe des umschließenden Saugrohrs ergibt sich aus der Forderung, daß die daselbst herrschende Geschwindigkeit etwas kleiner sein soll, als die radiale Einströmgeschwindigkeit; wir wählen ein Saugrohr, das in der oberen Mündungsebene 500 mm lichte Weite besitzt, entsprechend einer Geschwindigkeit von:

$$c_a^{VI} = \frac{0{,}1072}{0{,}159} = 0{,}674 \text{ m} = 0{,}152\sqrt{2g \cdot 1}$$

Hierbei ist berücksichtigt, daß der freie Querschnitt des Saugrohrs

$$\frac{\pi \cdot 0{,}5^2}{4} = 0{,}196 \text{ m}^2$$

durch eine Welle von 215 mm Durchmesser auf $0{,}196 - 0{,}0037 = 0{,}159 \text{ m}^2$ verringert wird.

Das zu wählende Radprofil muß den Übergang zwischen dem Leitrad von 500 mm Breite und dem Saugrohr vermitteln; unmittelbar hinter den Schaufelenden des Laufrades beträgt der Inhalt der normalen Niveaufläche $= 0{,}1535 \text{ m}^2$, so daß die Geschwindigkeit senkrecht zu dieser, d. i. in Richtung der normalen Wasserfäden im Mittel auf

$$c_a''' = \frac{0{,}1072}{0{,}1535} = 0{,}698 \text{ m} = 0{,}158\sqrt{2g \cdot 1}$$

sich beläuft (ohne Rücksicht auf die Verengung dieses Querschnitts durch die Schaufelenden). Die zwischen Ein- und Austritt gelegenen Niveauflächen sind durch das Kanalprofil so zu begrenzen, daß die Geschwindigkeit senkrecht zu ihnen allmählich vom Werte $0{,}163\sqrt{2g \cdot 1}$ (Eintritt) in $0{,}158\sqrt{2g \cdot 1}$ (Austritt) übergeführt wird.

Nunmehr erfolgt die Zerlegung des ganzen Kanals in Teilturbinen gemäß dem unter „Anleitung zur Verzeichnung der normalen Niveaulinien usw.“, S. 43, Gesagten. Sodann wird angenommen die Schaufelzahl für das Laufrad mit

$$z = 19$$

sowie die Schaufelaustrittskante; endlich wird eingezeichnet — vorbehaltlich Korrektur — die Projektion der Mittellinie der Austrittsquerschnitte.

Die Ausrechnung der lichten Weiten des Austrittsquerschnittes kann an Hand folgenden Schemas erfolgen:

Teilturbine	r_a*)	$v_a = r_a\,\omega$	$\frac{v_a^2}{2g}$	$v_0 = r_0\,\omega$	$\frac{v_0^2}{2g}$	$\frac{v_0^2 - v_a^2}{2g}$	$\frac{w_a^2}{2g} = 0{,}388 - \frac{v_0^2 - v_a^2}{2g}$	w_a
01	0,277	1,53	0,119	2,62	0,350	0,231	0,157	1,75
1	0,292	1,61	0,132	2,62	0,350	0,218	0,170	1,82
12	0,304	1,68	0,144	2,62	0,350	0,206	0,182	1,89

*) r_a = Abstand des Mittelpunkts des betreffenden Austrittsquerschnitts von der Achse.

Teil-turbine	Wassermenge pro Teilkanal $Q = 0{,}1072 : 2 \cdot 19 =$	$b\,\Delta$ pro Teilturbine $= \frac{Q}{w_a}$	Längen $l =$	$\cos\varepsilon$	Breiten $b = l\cos\varepsilon$	lichte Weiten $\Delta =$
01	0,00282 m^3	0,00161 m^2	45	1	45 mm	35,8 mm
1	0,00282 „	0,00155 „	42,5	1	42,5 „	36,5 „
12	0,00282 „	0,00149 „	40,0	1	40,0 „	37,2 „

$b\,\Delta$ pro Schaufel $= 0{,}00310\ m^2$
$b\,\Delta$ pro Rad $= 0{,}00310 \cdot 19 =$
Laufradquerschnitt $= 0{,}0589\ m^2 = 5{,}89\ dm^2$

Teilturbine	*) Niveaufläche theoretisch $2\pi\, r' p = N_{theor}$	Einfluß der Schaufeldicke = Schaufelzahl × Dicke × Breite =	in %	Effektive Niveaufläche $N_{eff} =$	eff. $c_a'' = \frac{\Delta Q}{N_{eff}}$ mit Berücks. d. Sch.-D.	theor. $c_a'' = \frac{\Delta Q}{N_{theor}}$ ohne Berücks. d. Sch.-D.	**) $c_a''^2 : 2g$
01	$2\pi\, 0{,}279 \cdot 0{,}045 = 0{,}0789$	$19 \cdot 0{,}02 \cdot 0{,}045 = 0{,}0171$	22	$0{,}0789 - 0{,}0171 = 0{,}0618$	0,867	0,679	0,0384
1	$2\pi\, 0{,}292 \cdot 0{,}0425 = 0{,}0778$	$19 \cdot 0{,}02 \cdot 0{,}0425 = 0{,}0162$	21	$0{,}0778 - 0{,}0162 = 0{,}0616$	0,870	0,689	0,0387
12	$2\pi\, 0{,}305 \cdot 0{,}0400 = 0{,}0766$	$19 \cdot 0{,}02 \cdot 0{,}040 = 0{,}0152$	20	$0{,}0766 - 0{,}0152 = 0{,}0614$	0,873	0,700	0,0389

*) Durch die Mittelpunkte der Austrittsquerschnitte gehend ohne Rücksicht auf Schaufeldicke.

**) Dieser Betrag ∼ 4% von H wird, wie angenommen, als Saugrohrverlust aufgebraucht.

Bezüglich Konstruktion der Schaufelform gilt das unter „Zeichnerische Darstellung der Schaufelschnitte", S. 81, Gesagte; insbesondere ist darauf zu achten, daß das Diagramm der absoluten Geschwindigkeiten als Funktion des absoluten Wasserweges durch die ganze Turbine hindurch einen stetigen und ruhigen Verlauf nimmt, was durch geeignete Schaufelform stets erzwungen werden kann. Um ein korrektes Bild des absoluten Wasserwegs für den mittleren Wasserfaden zu erhalten, sind die Kegelflächen 0—*I*, *I*—*II*, *II*—*III* . . . . usw. in der Tafelebene derart abgerollt worden, daß die einzelnen Kegel-Flächenstreifen in den Punkten *I*, *II*, *III* . . . . usw. sich berühren.

Beispiel 2. (Hierzu Tafel XVI.) Das mittlere Gefälle an einer Turbinenanlage beträgt 7,7 m. Aufzustellen sind mehrere Einheiten, jede zu 1500 PS. Der Wasserverbrauch pro Einheit ist demnach rund $Q = 19000$ l. Mit Rücksicht auf die vorgeschriebene Umdrehungszahl des mit der Turbine direkt gekuppelten Generators, welche $n = 150$ beträgt, ist man genötigt, die Wassermenge auf vier Räder zu verteilen, also eine vierfache Turbine zu bauen. Die Konstruktionsdaten pro Rad sind demnach:

$$H = 7{,}7\text{ m} \qquad Q = \frac{19000}{4} = 4750\text{ l} \qquad n = 150 \qquad \omega = \frac{\pi n}{30} = 15{,}7$$

oder auf 1 m Gefälle umgerechnet:

$$H = 1\text{ m} \qquad Q_1 = 1715\text{ l} \qquad n_1 = 54{,}1 \quad \omega_1 = \frac{\pi n_1}{30} = 5{,}67$$

ε ist auf $= 0{,}80$ festgesetzt.

Gewählt wird ein Rad vom Durchmesser $D = 1300$ mm und einer Radbreite $B = 0{,}25\,D = 325$ mm; der Breitenfaktor ist also:

$$f_B = 0{,}25$$

d. h. in Übereinstimmung mit unserem Normaltyp III. Nicht übereinstimmend mit Typ III sind dagegen der Koeffizient der Umfangsgeschwindigkeit

$$k_{v_0} = \frac{0{,}650 \cdot 5{,}67}{\sqrt{2g \cdot 1}} = 0{,}832$$

(der zwischen 0,66 und 0,74 liegen sollte) und der Beanspruchungsfaktor

$$k_{cp} = \frac{1{,}715}{\pi \cdot 1{,}3 \cdot 0{,}325} : \sqrt{2g \cdot 1} = 0{,}292$$

der für das Normalrad 0,25 betragen sollte.

Das einschlägige Rad unserer Normalserie müßte vom Typ II sein und hätte die Abmessungen $D = 1200$ mm, $B = 0{,}3\,D = 360$ mm mit einem Wasserverbrauch $Q = 1770$ l und einer Umdrehungszahl $n_1 = 55{,}7$ (siehe Tabelle S. 73); dabei betrüge $k_{v_0} = 0{,}79$ und $k_{cp} = 0{,}295$.

Ohne Rücksicht auf die Dicke der Leitschaufeln, deren Zahl

$$Z = 20$$

betrage und deren Dicke am Ende mit

$$S = 10 \text{ mm}$$

gemessen worden ist, ergibt sich der theoretische Winkel α bei senkrechtem Austritt hinter dem Rad aus:

$$\operatorname{tg} \alpha = \frac{2 \cdot 0{,}292 \cdot 0{,}832}{0{,}80} = 0{,}607$$

woraus $\alpha_{theor} = 31^0\,20'$

Weil der beste Nutzeffekt der Turbine bei einer Leitschaufelöffnung, die zwischen „$^3/_4$" und „ganz offen" liegt, verlangt wird, soll ein um $5^0 30'$ vorspringendes Austrittsdiagramm erzielt werden, d. h.

$$\delta = 95^0 30'$$

Mit Rücksicht hierauf und wegen der Leitschaufeldicke legen wir vorbehaltlich späterer Korrektur, den etwas größeren Winkel

$$\alpha_{eff} \cong 35^0$$

der Rechnung zugrunde.

Nach Wahl des Radprofils der Schaufelaustrittskante und der Projektion der Querschnittsmittellinie (siehe Tafel XVI), resultiert die Umfangsgeschwindigkeit des Mittelpunktes des Austrittsquerschnittes:

$$v_a \cong 0{,}715\, v_0 = 0{,}715 \cdot 0{,}832 \sqrt{2g \cdot 1}$$

also $k_{v_a} = 0{,}595$

(vgl. auch Textfigur 36) und die Abströmgeschwindigkeit in Richtung des normalen Wasserfadens daselbst:

$$c_a'' \cong 0{,}33 \sqrt{2g \cdot 1}$$

d. h. $k_{c_a}'' = 0{,}33$

(vgl. Tabelle für Berechnung der k_{c_0} S. 49).

Mit diesen Werten ergibt sich nach Gleichung (95)

$$k_{c_0} = \frac{0,80}{2\cos 35^0 \cdot 0,832} + \frac{0,595 \cdot 0,33 \operatorname{ctg} 95^0\,30'}{\cos 35 \cdot 0,832} = 0,588 - 0,033 = 0,555$$

womit c_0 und $\frac{c_0^2}{2g}$ die folgenden Werte annehmen:

$$c_0 = 2,46 \qquad \frac{c_0^2}{2g} = 0,308$$

Der korrigierte Wert von α würde sich nunmehr berechnen gemäß Gleichung (134) zu

$$\sin \alpha_{eff} = \frac{0,292}{0,555} + \frac{20 \cdot 10}{\pi \cdot 1300} = 0,575$$

womit sich $\alpha_{eff} \cong 35^0\,5'$

also wie angenommen bestimmt.

Der effektiv notwendige Leitradquerschnitt ergibt sich pro Rad zu

$$\textbf{Leitradquerschnitt} = \frac{1,715}{2,46} = 0,697 \text{ m}^2 = 69,7 \text{ dm}^2$$

was bei 20 Schaufeln und 325 mm Radbreite eine lichte Weite von

$$\Delta = \frac{0,697}{20 \cdot 0,325} = 0,108 \text{ m} = 108 \text{ mm}$$

verlangt. In der Ausführung wird dieser Wert erhöht auf

$$\Delta_{max} = 115 \text{ mm}$$

entsprechend einem maximalen Leitradquerschnitt von 74,75 dm² und einer Zugabe von 6,5 %.

Durch Aufzeichnen des Eintrittsdiagramms erhält man

$$w_0 = 0,495 \sqrt{2g \cdot 1} \qquad \frac{w_0^2}{2g} = 0,245$$

Ferner findet sich für stoßfreien Eintritt durch Rechnung nach Gleichung (137) oder nach Digramm:

$$\operatorname{tg}(\beta - 90) = \frac{0,832 - 0,555 \cos 35^0}{0,292} = 1,291$$

$$\beta = 142^0\,10'$$

Statt dessen wird — für Verbesserung des Nutzeffektes bei ³/₄ geöffneter Turbine und unter Zulassung eines Stoßverlustes bei ganz geöffneter Turbine — gewählt:

$$\beta' = 125^0$$

was einer Stoßverlustkomponente [gemäß Gleichung (107)] von

$$c_n = 2,46 \sin(125 - 35) - 3,69 \sin 125 = -0,560 = -0,126 \sqrt{2g \cdot 1}$$

oder einem Stoßverlust von

$$\frac{c_n^2}{2g} = 0,016 \text{ m, d. i. } 1,6\,\%$$

bei Turbine „ganz offen“ entspricht.

Längs der Laufradschaufel strömt das Wasser beim Eintritt mit der Geschwindigkeit:

$$w_0' = 2,46 \cos(125 - 35) - 3,69 \cos 125 = 2,12 = 0,479 \sqrt{2g \cdot 1}$$

Nach Tabelle wählen wir die Schaufelzahl:

$$z = 15$$

und setzen weiter eine Schaufeldicke voraus von:

$$s = 8 \text{ mm (Blechschaufel)}.$$

Den totalen Saugrohrverlust für das zur Verwendung kommende, in das Unterwasser senkrecht eintauchende Blechsaugrohr bewerten wir mit 5%, d. i. 0,05 m; demnach steht für die Relativbewegung des Wassers im bewegten Laufrad an Gefälle zur Verfügung:

$$(\varepsilon + 0{,}05) - \frac{c_n^2}{2g} + \frac{w_0^2}{2g} - \frac{c_0^2}{2g} = 0{,}80 + 0{,}05 - 0{,}016 + 0{,}245 - 0{,}308 = 0{,}771$$

Die Berechnung der Austrittsquerschnitte des Laufrades gestaltet sich, nachdem noch die normalen Niveaulinien gezogen wurden, wie folgt:

Teilturbine	r_a m	v_a	$\frac{v_a^2}{2g}$	v_0	$\frac{v_0^2}{2g}$	$\frac{v_0^2 - v_a^2}{2g}$	$\frac{w_a^2}{2g}$ o.B.d.U.-E.*) $= 0{,}771 - \frac{v_0^2 - v_a^2}{2g}$	γ**) vorläufig	$\sin\gamma$
01	0,376	2,13	0,232	3,69	0,695	0,463	0,318	33° 30′	0,552
1	0,389	2,21	0,249	3,69	0,695	0,446	0,335	32° 30′	0,537
12	0,414	2,35	0,282	3,69	0,695	0,413	0,368	31° 0′	0,515
2	0,465	2,64	0,355	3,69	0,695	0,340	0,441	27° 30′	0,462
23	0,535	3,03	0,468	3,69	0,695	0,227	0,554	23° 30′	0,399
3	0,592	3,36	0,576	3,69	0,695	0,119	0,662	20° 30′	0,350
34	0,639	3,62	0,668	3,69	0,695	0,027	0,754	19° 20′	0,331

*) o. B. d. U.-E. = ohne Berücksichtigung der Unter-Evakuierung.

**) Die Werte von γ sind einem ersten Entwurfe des Austrittsdiagramms entnommen worden, vorbehaltlich späterer Korrektur.

Teilturbine	k*)	$\sin k$	$\cos k$	p**) m	$\frac{\sqrt{1-\sin^2\gamma\sin^2 k}}{\sin\gamma\cos k}$***)	$z p s \frac{\sqrt{1-\sin^2\gamma\sin^2 k}}{\sin\gamma\cos k}$†) m²	In % der theoret. Niveaufläche %		Inhalt der theor. Niveaufl. $N_{theor} = 2\pi r' p$ m²	N_{eff}
01	37° 30′	0,609	0,793	0,127	2,15	0,0327	11,0	Mittel 12,6	$2\pi \cdot 0{,}374 \cdot 0{,}127 = 0{,}2998$	0,2671
1	47° 30′	0,737	0,676	0,123	2,53	0,0374	12,5		$2\pi \cdot 0{,}386 \cdot 0{,}123 = 0{,}3004$	0,2630
12	58° 0′	0,848	0,530	0,116	3,29	0,0457	15,1		$2\pi \cdot 0{,}412 \cdot 0{,}116 = 0{,}3015$	0,2558
2	65° 0′	0,906	0,423	0,108	4,66	0,0606	19,2		$2\pi \cdot 0{,}463 \cdot 0{,}108 = 0{,}3154$	0,2548
23	43° 0′	0,682	0,731	0,102	3,29	0,0401	11,7		$2\pi \cdot 0{,}533 \cdot 0{,}102 = 0{,}3425$	0,3024
3	20° 30′	0,350	0,937	0,097	3,03	0,0351	9,7		$2\pi \cdot 0{,}590 \cdot 0{,}097 = 0{,}3640$	0,3289
34	0	0	1,000	0,092	3,02	0,0332	9,0		$2\pi \cdot 0{,}637 \cdot 0{,}092 = 0{,}3693$	0,3361

*) Die Werte von k sind der Zeichnung entnommen.

**) Die Werte von p sind ebenfalls direkt in der Zeichnung abgemessen worden; vgl. das unter: „Flächeninhalt der normalen Niveaufläche usw.“, S. 28, Gesagte.

***) vgl. Gleichung (52).

†) vgl. Gleichung (54). Diese Größe repräsentiert den Betrag, welcher von der theoretischen normalen Niveaufläche abzuziehen ist, um die effektive zu erhalten, und rührt her von der Schaufeldicke.

Teilturbine	c_a'' *)	$c_a''^2:2g$	Unter-Evakuierung $= \frac{c_a''^2}{2g} - 0{,}05$	$\frac{w_a^2}{2g}$ m. B. d. U.-E.**)	w_a	γ_{corr}***)	$\sin\gamma$	$\sin\varepsilon = \sin\gamma \sin k$	ε	$\cos\varepsilon$	$1-\cos\varepsilon$ in %
01	1,605	0,131	0,081	0,399	2,80	35° 10′	0,576	0,351	20° 30′	0,937	6,3
1	1,630	0,136	0,086	0,421	2,88	34° 40′	0,569	0,419	24° 50′	0,908	9,2
12	1,675	0,143	0,093	0,461	3,01	34° 0′	0,559	0,474	28° 20′	0,880	12,0
2	1,680	0,144	0,094	0,535	3,24	31° 20′	0,520	0,471	28° 05′	0,882	11,8
23	1,420	0,103	0,053	0,607	3,45	24° 20′	0,412	0,281	16° 20′	0,960	4,0
3	1,303	0,087	0,037	0,699	3,70	20° 40′	0,353	0,124	7° 10′	0,992	0,8
34	1,275	0,083	0,033	0,787	—	19° 0′	0,326	0,000	0′	1,000	0

*) siehe Gleichung (56).

**) siehe Gleichungen (113) und (114); m. B. d. U. E. = mit Berücksichtigung der Unter-Evakuierung.

***) Die korrigierten Werte von γ ergeben sich durch Konstruktion des punktierten Austrittsdiagramms mittels der Größen v_a, w_a und c_a'', siehe Tafel XVI; strenggenommen müßten mit diesen neuen Werten von γ die Inhalte der effektiven Niveauflächen berichtigt werden; die sich ergebende Korrektur ist jedoch zu unbedeutend und fällt daher ganz weg.

Teilturbine	Längen *) l in m	$b = l\cos\varepsilon$ **)	Q pro Teilkanal $= 1{,}715:4\cdot 15 =$ m³	$b\,\Delta = \frac{Q}{w_a}$ m²	Δ berechnet mm	Δ ausgeführt ***) mm
01	0,1595	0,149	0,0286	0,01021	68,5	68,5
1	0,1805	0,164	0,0286	0,00993	60,5	60,5
12	0,220	0,194	0,0286	0,00950	49,0	49,0
2	0,216	0,189	0,0286	0,00830	46,8	46,8
23	0,152	0,146	0,0286	0,00829	56,8	60,0
3	0,106	0,105	0,0286	0,00773	73,6	72,0
34	0,0925	0,0925	0,0286	0,00728	78,7	76,0

0,03528 m² pro Schaufel

$15\cdot 0{,}03528$ m² = **0,5292** m² = **52,92** dm²

= **Laufradquerschnitt.**

*) In Zeichnung abgemessen.

**) siehe Gleichungen (29) und (35).

***) Zur Erzielung schöner Schaufelform ist diese unwesentliche Änderung in der Querschnittsverteilung vorgenommen worden.

Um den Einfluß der Schaufeldicke auf das Austrittsdiagramm feststellen zu können, folgt nachstehend die analoge Rechnung mit

$$s = 0$$

Teilturbine	c_a'' für $s=0$	$\frac{c_a''^2}{2g}$	Unter-Evakuierung $\frac{c_a''^2}{2g} - 0{,}05$	$\frac{w_a^2}{2g}$ m. B. d. U.-E.	w_a
01	1,43	0,1043	0,0543	0,372	2,70
1	1,428	0,1040	0,054	0,389	2,76
12	1,42	0,103	0,053	0,421	2,88
2	1,36	0,094	0,044	0,485	3,08
2—3	1,25	0,080	0,030	0,584	3,38
3	1,18	0,071	0,021	0,683	3,66
3—4	1,16	0,069	0,019	0,773	3,89

Mit diesen Werten von c_a'' und w_a sowie den ursprünglichen Werten von v_a ist das ausgezogene Diagramm auf Tafel XVI gewonnen worden; man erkennt deutlich den nachteiligen und erheblichen Einfluß der Schaufeldicke.

Bei Entwurf der Schauflung ist in früher beschriebener Weise vorgegangen worden; die Schaufelaustrittskante denke man sich zur Erzielung schöner Schaufelformen in einer unter 25° (Schräge) gegen die Horizontalebene ansteigenden Ebene liegend; die daraus resultierenden verschiedenen Schaufellängen sowie die Konstruktion derselben sind zeichnerisch augedeutet.

Beispiel 3 (hierzu Tafel XVII). Die Daten einer Doppelturbine vom Schnellläufertyp lauten:

$$H = 7{,}5 \text{ m} \qquad Q = 4940 \text{ Lit/Sec.} \qquad n = 220 \qquad N \cong 400\, PS$$

Das gibt pro Rad und auf 1 m Gefälle umgerechnet:

$$H = 1 \qquad Q_1 = 903 \text{ Lit/Sec.} \qquad n_1 = 80{,}4 \qquad \omega_1 = \frac{\pi n_1}{30} = 84{,}2$$

Ferner ist

$$\varepsilon = 0{,}80$$

Wir wählen einen Typ, der zwischen unsern Normaltypen I und II liegt, und finden passend[1]):

$$D = 800 \text{ mm} \qquad B = 270$$

entsprechend den Faktoren:

$$f_B = 0{,}337 \cong \frac{1}{3}; \quad k_{v_0} = \frac{0{,}4 \cdot 84{,}2}{\sqrt{2g \cdot 1}} = 0{,}76; \quad k_{cp} = \frac{0{,}903}{\pi \cdot 0{,}8 \cdot 0{,}27} : \sqrt{2g \cdot 1} = 0{,}300$$

und:

$$v_0 = 3{,}37 \text{ m} \qquad c_p = 1{,}33 \text{ m}$$

Für senkrechten Austritt hinter dem Rad und einer Leitschaufeldicke $= 0$ wäre α bestimmt aus:

$$\operatorname{tg} \alpha = \frac{2 \cdot 0{,}300 \cdot 0{,}76}{0{,}80} = 0{,}570$$

woraus für diesen Fall:

$$\alpha_{theor} = 29^0\ 40'$$

Nun soll aber der beste Nutzeffekt der Turbine bei „$^3/_4$ offen" erzielt werden; dies verlangt ein um 15° vorspringendes Austrittsdiagramm für die Stellung der Turbine „ganz offen". Wir wählen also

$$\delta = 90^0 + 15^0 = 105^0$$

Diese Forderung, ebenso die endliche Leitschaufeldicke, bedingen, daß α_{eff} größer ausfällt. Wir setzen vorbehaltlich Korrektur:

$$\alpha_{eff} = 33^0$$

---

[1]) Bei Anwendung von Normaltypen kämen in Frage, entweder:

$$\text{Typ I} \quad D = 800 \quad \text{mit} \quad Q_1 = 1010 \quad n_1 = 95{,}1$$

oder

$$\text{Typ II} \quad D = 900 \quad \text{mit} \quad Q_1 = 999 \quad n_1 = 74{,}2$$

Mit dem Besteller müßte jedoch zuvor die Zulässigkeit der Änderung der Umdrehungszahl im einen oder andern Sinne geregelt werden.

Radprofil, Schaufelaustrittskante und Projektion der Querschnittsmittellinie werden wiederum gewählt; in ungefährer Übereinstimmung mit der Zeichnung und gemäß unseren früheren Angaben wird geschätzt:

$$k_{v_a} = 0{,}78\, k_{v_0} = 0{,}583$$

$$k_{c_a}'' = 0{,}295$$

(ein kleiner Fehler in der Wahl von k_{v_a} und k_{c_a}'' würde übrigens den zu bestimmenden Wert von k_{c_0} wenig beeinflussen). Es bestimmt sich k_{c_0} zu:

$$k_{c_0} = \frac{0{,}80}{2 \cdot \cos 33^0\, 0{,}76} + \frac{0{,}583 \cdot 0{,}295 \cdot \operatorname{ctg} 105^0}{\cos 33 \cdot 0{,}76} = 0{,}627 - 0{,}074 = 0{,}553$$

Mit $Z = 16$ Leitschaufeln (Material Stahlguß), wovon jede am Ende die Dicke $S = 6$ mm besitzt, ergäbe sich nunmehr ein korrigierter Wert von α aus:

$$\sin \alpha_{eff} = \frac{0{,}295}{0{,}553} + \frac{16 \cdot 6}{\pi \cdot 800} = 0{,}533 + 0{,}038 = 0{,}571$$

somit

$$\text{corr. } \alpha_{eff} = 34^0\, 50'$$

Eine Neubestimmung von k_{c_0} mit dem korrigierten Werte von α ergibt endgültig:

$$k_{c_0} = 0{,}561 \qquad c_0 = 2{,}48 \qquad \frac{c_0^2}{2g} = 0{,}314$$

womit der zugehörige Wert von α endgültig lautet:

$$\alpha_{eff} = 34^0\, 10'$$

Der effektiv notwendige Leitradquerschnitt berechnet sich pro Rad zu

$$\textbf{Leitradquerschnitt} = \frac{0{,}903}{2{,}48} = 0{,}364\ \text{m}^2 = 36{,}4\ \text{dm}^2$$

Bei 16 Leitschaufeln und 270 Radbreite entspricht dieser Wert einer lichten Weite von

$$\Delta = \frac{0{,}364}{0{,}27 \cdot 16} = 0{,}0843\ \text{m} = 84{,}3\ \text{mm}$$

In der Ausführung wird dieser Wert zur Sicherheit erhöht auf

$$\Delta_{max} = 90\ \text{mm}$$

entsprechend einem maximalen Leitradquerschnitt von 38,88 dm² bzw. einer Zugabe von 6,8 %.

Durch Berechnung findet sich:

$$w_0 = \sqrt{2g \cdot 1} \cdot \sqrt{0{,}76^2 + 0{,}561^2 - 2 \cdot 0{,}76 \cdot 0{,}561 \cos 34^0\, 10'} = 0{,}434 \sqrt{2g \cdot 1}$$

$$\frac{w_0^2}{2g} = 0{,}188$$

Ferner nach Gl. (104a):

$$\sin \beta = \frac{0{,}561 \sin 34^0\, 10'}{0{,}434} = 0{,}726$$

$$\beta = 90^0 + 46^0\, 30' = 136^0\, 30'$$

Zur Erzielung des besten Nutzeffekts bei Stellung „$^3/_4$ offen" wird gewählt der Schaufelwinkel:

$$\beta' = 120^0$$

Die Stoßverlustkomponente bei ganz geöffneter Turbine beträgt:

$$c_n = 2{,}48 \sin(120^0 - 34^0\,10') - 3{,}37 \sin 120^0 = -0{,}445\,\text{m} = -0{,}100\,\sqrt{2g \cdot 1}$$

$$\frac{c_n^2}{2g} = 0{,}01 \text{ d. i. } 1\,^0/_0$$

Längs der bewegten Laufradschaufel tritt das Wasser mit einer Geschwindigkeit von:

$$w_0' = 2{,}48 \cos(120^0 - 34^0\,10') - 3{,}37 \cos 120^0 = 1{,}865\,\text{m} = 0{,}421\,\sqrt{2g \cdot 1}$$

Nach Tabelle S. 80 wählen wir die Schaufelzahl für das Laufrad

$$z = 11$$

ferner die Dicke der Stahlblechschaufel zu

$$s = 7\,\text{mm}$$

Den totalen Saugrohrverlust stellen wir für das gewählte Betonüberführungsrohr mit $4\,^0/_0$ d. i. 0,04 m in Rechnung.

Zur Relativbewegung im Laufrad ist an Druckhöhe vorhanden

$$(\varepsilon + 0{,}04) - \frac{c_n^2}{2g} + \frac{w_0^2}{2g} - \frac{c_0^2}{2g} = 0{,}80 + 0{,}04 - 0{,}01 + 0{,}188 - 0{,}314 \cong 0{,}71\,\text{m}$$

Nachdem noch die normalen Niveaulinien in den Radquerschnitt eingetragen wurden, kann die Berechnung der Austrittsquerschnitte wie folgt vorgenommen werden:

Teilturbine	r_a m	v_a m	$\frac{v_a^2}{2g}$	v_0 m	$\frac{v_0^2}{2g}$	$\frac{v_0^2 - v_a^2}{2g}$	$w_a^2 : 2g$ *) o. B. d. U.-E.	p **)	Theor. Niveaufläche***) $N_{theor} = 2\pi r' \cdot p$ m²	Vorläufiger prozentualer Abzug †) für Schaufeldicke	Eff. Niveaufl. N_{eff} ††)
34	0,155	1,31	0,088	3,37	0,578	0,490	0,220	0,122	$2\pi \cdot 0{,}142 \cdot 0{,}122 = 0{,}1087$	$13\,^0/_0 = 0{,}0141$	0,0946
3	0,218	1,84	0,173	3,37	0,578	0,405	0,305	0,101	$2\pi \cdot 0{,}212 \cdot 0{,}101 = 0{,}1345$	$13\,^0/_0 = 0{,}0175$	0,1170
23	0,284	2,39	0,291	3,37	0,578	0,287	0,423	0,092	$2\pi \cdot 0{,}281 \cdot 0{,}092 = 0{,}1624$	$13\,^0/_0 = 0{,}0211$	0,1413
2	0,337	2,84	0,412	3,37	0,578	0,166	0,544	0,083	$2\pi \cdot 0{,}335 \cdot 0{,}083 = 0{,}1747$	$13\,^0/_0 = 0{,}0227$	0,1520
12	0,377	3,17	0,513	3,37	0,578	0,065	0,645	0,0755	$2\pi \cdot 0{,}376 \cdot 0{,}0755 = 0{,}1816$	$13\,^0/_0 = 0{,}0236$	0,1580
1	0,411	3,46	0,610	3,37	0,578	0,032	0,742	0,071	$2\pi \cdot 0{,}410 \cdot 0{,}071 = 0{,}1828$	$13\,^0/_0 = 0{,}0238$	0,1590
01	0,438	3,69	0,694	3,37	0,578	0,116	0,826	0,0665	$2\pi \cdot 0{,}438 \cdot 0{,}0665 = 0{,}1828$	$13\,^0/_0 = 0{,}0238$	0,1590

*) o. B. d. U.-E. = ohne Berücksichtigung der Unter-Evakuierung; $\frac{w_a^2}{2g} = 0{,}71 - \frac{v_0^2 - v_a^2}{2g}$.

**) Der Tafel XVII entnommen.

***) Die Werte von r' sind in Zeichnung abzumessen.

†) Vorbehaltlich späterer Korrektur geschätzt.

††) Korrektur vorbehalten.

Teilturbine	c_a'' Korr. vorb. m	$c_a''^2:2g$ Korr. vorb.	Saugrohrverlust	Unter-Evakuierung $\frac{c_a''^2}{2g}-0{,}04$	Eff. $w_a^2:2g$ *) m. B. d. U.-E. vorbeh. Korr.	Eff. w_a m. B. d. U.-E. vorbeh. Korr.	γ **) vorbeh. Korr.	k***)	$\frac{\sqrt{1-\sin^2\gamma\sin^2 k}}{\sin\gamma\cos k}$	†) $zps\frac{\sqrt{1-\sin^2\gamma\sin^2 k}}{\sin\gamma\cos k}$ m²	In % von N_{theor} %
34	2,39	0,291	0,04	0,251	0,471	3,04	51° 50′	66° 30′	2,21	0,0208	18,8
3	1,93	0,190	0,04	0,150	0,455	2,99	40° 20′	64° 10′	2,86	0,0222	16,3
23	1,60	0,131	0,04	0,091	0,514	3,18	30° 20′	43° 30′	2,54	0,0180	10,9
2	1,49	0,113	0,04	0,073	0,617	3.48	25° 40′	26° 30′	2,53	0,0160	9,0
12	1,43	0,104	0,04	0,064	0,709	3,73	22° 30′	12° 10′	2,62	0,0152	8,3
1	1,42	0,103	0,04	0,063	0,805	3,87	21° 10′	0	2,74	0,0149	8,1
01	1,42	0,103	0,04	0,063	0,889	4,18	20° 20′	−6° 0′	2,90	0,0148	8,0

Mittel 11,3%

für 7 mm dicke Blechschaufel

*) m. B. d. U.-E. = mit Berücksichtigung der Unter-Evakuierung; $eff.\ \frac{w_a^2}{2g}=\frac{w_a^2}{2g}+$ Unter-Evakuierung.

**) Aus erstem Entwurf des Austrittsdiagramms, siehe Tafel XVII, gefunden, für welches v_a, c_a'' und $eff.\ w_a$ als gegeben zu betrachten sind.

***) Der Zeichnung entnommen.

†) Endgültiger Betrag, der durch die Schaufeldicke von der theoretischen Niveaufläche weggenommen wird.

Teilturbine	Effekt. Ringfläche *) N_{eff}	c_a''	$c_a''^2:2g$	Saugrohrverlust	Unter-Evakuierung endgültig	Eff. $w_a^2:2g$	Eff. w_a	γ **)	$\sin\gamma$	$\sin\varepsilon$***)	ε	$\cos\varepsilon$	$1-\cos\varepsilon$ in %
34	0,0880	2,56	0,334	0,04	0,294	0,514	3,18	54° 0′	0,809	0,742	47° 50′	0,671	32,9
3	0,1123	2,01	0,206	0,04	0,166	0,471	3,04	41° 30′	0,663	0,597	36° 40′	0,802	19,8
23	0,1444	1,56	0,124	0,04	0,084	0,507	3,15	30° 0′	0,500	0,344	20° 10′	0,939	6,1
2	0,1587	1,42	0,103	0,04	0,063	0,607	3,45	24° 30′	0,415	0,185	10° 40′	0,983	1,7
12	0,1664	1,36	0,094	0,04	0,054	0,699	3,70	22° 0′	0,375	0,0791	4° 30′	0,997	0,3
1	0,1679	1,34	0,092	0,04	0,052	0,794	3,95	20° 20′	0,347	0,000	0	1,000	0
01	0,1680	1,34	0,092	0,04	0,052	0,878	4,15	19° 0′	0,326	−0,034	−2° 0′	0,999	0,1

*) Die folgenden Werte sind endgültige.

**) Das mit den neuen Werten von c_a'' und w_a sich ergebende Diagramm ist ebenfalls in Tafel XVII eingetragen.

***) $\sin\varepsilon = \sin\gamma \sin k$.

Teilturbine	Längen l *) m	Breiten $b = l\cos\varepsilon$ m	$b\Delta = \frac{Q:44}{eff\ w_a}$ **) m²		Δ berechnet mm	Δ ausgeführt mm	$b\Delta$ ausgeführt ***)	
34	0,265	0,178	0,00645	ber. Δ pro Schaufel = 2,346 dm². ber. Δ pro Rad = 25,81 dm² = Laufradquerschnitt	36,2	36,3	0,00646	ausgef. Δ pro Schaufel = 2,364 dm². ausgef. Δ pro Rad = 26,0 dm², d. i. um 0,8% größer als berechnet
3	0,208	0,167	0,00675		40,4	40,4	—	
23	0,138	0,130	0,00652		50,2	52,2	0,00679	
2	0,094	0,0924	0,00595		64,2	63,7	—	
12	0,0775	0,0773	0,00555		71,8	71,1	0,00550	
1	0,0715	0,0715	0,00520		72,7	73,0	—	
01	0,0675	0,0674	0,00494		73,2	72,5	0,00489	

*) In Zeichnung abgemessen.

**) $Q:44$ = Wassermenge pro Teilkanal und pro Schaufel; $b\Delta$ demnach pro Teilkanal.

***) Um den Nachweis zu geben, daß die Hauptgleichung für die so konstruierte Turbine nicht nur für den mittleren Wasserfaden der ganzen Turbine, sondern auch für irgend eine Teilturbine hinreichend genau erfüllt ist, bilden wir gemäß Note [1]) zu Gleichung 88, Seite 45 die Größen $v_0 c_0 \cos \alpha - v_a c_a \cos \delta =$ Konst. $(r_0 w_{no} - r_a w_{na})$ und erhalten für

Teil-turbine	$v_0 c_0 \cos \alpha =$	$v_a c_a \cos \delta =$	$v_0 c_0 \cos \alpha - v_a c_a \cos \delta =$ $(r_0 w_{no} - r_a w_{na})$ Konst. $=$	Größte Abweichung
34	$+6{,}91$	$-0{,}76$	$+7{,}67$	$= \frac{7{,}74 - 7{,}67}{7{,}74} = 0{,}009$
23	$+6{,}91$	$-0{,}83$	$+7{,}74$	
12	$+6{,}91$	$-0{,}85$	$+7{,}76$	also 0,9%
01	$+6{,}91$	$-0{,}89$	$+7{,}80$	
			Mittel $= 7{,}74$	

Beispiel 4 (hierzu Tafel XXXI). Bestimmung der Wassermengen und Schaufeldrehmomente für eine teilweise beaufschlagte Turbine.

α) Wassermengen.

Vorausgesetzt wird konstante Umdrehungszahl. Als Beispiel wählen wir die als Beispiel 2 berechnete und auf Tafel XVI dargestellte Francis-Turbine und legen unserer Rechnung folgende Daten zugrunde:

$$H = 7{,}7\,\text{m} \quad (1)$$

$$Q_{max} = 4{,}750\,\text{m}^3 \quad (1{,}715\,\text{m}^3)$$

$$n = 150 \quad (54{,}1)$$

$$\frac{\pi n}{30} = \omega = 157{,}1 \quad (56{,}7)$$

$$B = 325\,\text{mm}$$

$$Z = 20$$

$$r_0 = 650\,\text{m} \quad \text{(Eintrittsradius)}$$

$$r_a = 465\,\text{mm} = 0{,}715\, r_0 \quad \text{(Austrittsradius)}$$

I. Turbine ganz offen. Zur Verarbeitung der vorstehenden maximalen Wassermenge von 1715 l bei 1 m Gefälle habe sich laut Versuch eine Leitschaufelöffnung von

$$\Delta_A = 111\,\text{mm}$$

als notwendig gezeigt, entsprechend einer absoluten Eintrittsgeschwindigkeit von

$$c_0 = \frac{Q}{B \cdot Z \cdot \Delta_A} = \frac{1{,}715}{0{,}325 \cdot 20 \cdot 0{,}111} = 2{,}375\,\text{m} = 0{,}537\,\sqrt{2g \cdot 1}$$

Damit wird:

$$k_{c_0} = 0{,}537$$

und

$$\frac{c_0^2}{2g} = 0{,}288\,\text{m}$$

Zur Bestimmung der Austrittsgeschwindigkeit w_a für ein Wasserteilchen, das dem mittlern Wasserfaden 2—2 folgt, ist die Kenntnis folgender Größen notwendig:

Zunächst erhält man aus dem Eintrittsdiagramm (Tafel XXXI) mit dem gewählten Schaufelwinkel $\beta = 125^0$

$$w_0 = 0{,}49 \sqrt{2g \cdot 1} \qquad \text{und} \qquad c_n = 0{,}145 \sqrt{2g \cdot 1}$$

mit den Druckhöhen:

$$\frac{w_0^2}{2g} = 0{,}240 \text{ m} \qquad \text{und} \qquad \frac{c_n^2}{2g} = 0{,}021 \text{ m}$$

Ferner finden sich die Umfangsgeschwindigkeit an der Schaufeleintrittskante des Rades, sowie diejenige für den Mittelpunkt des Austrittsquerschnittes der mittlern Teilturbine zu:

$$v_0 = 0{,}832 \sqrt{2g \cdot 1} \qquad \text{und} \qquad v_a = 0{,}593 \sqrt{2g \cdot 1}$$

mit den Druckhöhen:

$$\frac{v_0^2}{2g} = 0{,}692 \text{ m} \qquad \text{und} \qquad \frac{v_a^2}{2g} = 0{,}352 \text{ m}$$

Der Inhalt, der durch den Mittelpunkt des vorbenannten Austrittsquerschnittes gelegten Niveaufläche beträgt für das ganze Rad mit Berücksichtigung der Schaufeldicke:

$$N_{eff} = 1{,}128 \text{ m}^2$$

demnach die effektive senkrechte Abflußkomponente c_a''

$$c_a'' = \frac{1{,}715}{1{,}128} = 1{,}52\, m = 0{,}344 \sqrt{2g \cdot 1}$$

und die entsprechende Druckhöhe

$$\frac{c_a''^2}{2g} = 0{,}118 \text{ m}$$

Als Saugrohrverlust wird für die voll beaufschlagte Turbine angenommen:

$$(\tau_6 + \tau_7)\, H = 0{,}05 \text{ m}, \text{ d. i.} = 5\%$$

Der Betrag der Unterevakuierung, welcher zur Vergrößerung der Austrittsgeschwindigkeit w_a beiträgt, beläuft sich damit für die ganz geöffnete Turbine auf:

$$\frac{c_a''^2}{2g} - (\tau_6 + \tau_7)\, H = 0{,}118 - 0{,}050 = 0{,}068 \text{ m};$$

hierbei ist noch angenommen, daß $c_a^n \simeq 0{,}1 \sqrt{2g \cdot 1}$ in Richtung des Unterwasserkanals fällt, die Turbine also nicht als Verlust belastet.

Endlich ist gesetzt:

$$\varepsilon_0 = \varepsilon + (\tau_6 + \tau_7)\, H = 0{,}80 + 0{,}05 = 0{,}85$$

Nach Gleichung (114) ist nunmehr unter Berücksichtigung der Stoßverlustkomponente:

$$\begin{aligned} \frac{w_a^2}{2g} &= \varepsilon_0 H - \frac{c_0^2}{2g} - \frac{c_n^2}{2g} + \frac{w_0^2}{2g} - \frac{v_0^2 - v_a^2}{2g} + \text{Unterevakuierung} \\ &= 0{,}85 - 0{,}288 - 0{,}021 + 0{,}240 - (0{,}692 - 0{,}352) + 0{,}068 \\ &= 0{,}509 \text{ m} \end{aligned}$$

woraus: $$w_a = 0{,}713 \sqrt{2g \cdot 1} = 3{,}16 \text{ m}$$

Im Mittelpunkt des Austrittsquerschnittes der mittelsten Teilturbine denken wir uns den Gesamtquerschnitt des Laufrades konzentriert und erhalten damit einen ideellen Querschnitt F_{id} von der Größe:

$$F_{id} = \frac{1,715}{3,16} = 0,542\,\text{m}^2$$

Dieser ideelle Querschnitt wird der weitern Rechnung zugrunde gelegt.

II. Turbine $^2/_3$ offen. Es beträgt:

$$\Delta_A = 74\,\text{mm}$$

und der Leitradquerschnitt:

$$B \cdot Z \cdot \Delta_A = 0,4815\,\text{m}^2$$

Die durchfließende Wassermenge wird vorbehaltlich Korrektur geschätzt zu:

$$Q = 1290\,\text{l}$$

Mit diesem Werte ergibt sich:

$$c_0 = 2,68\,m = 0,605\sqrt{2g \cdot 1}$$

entsprechend

$$\frac{c_0^2}{2g} = 0,365\,\text{m}$$

Die Größe von c_a'' bestimmt sich zu:

$$c_a'' = \frac{Q}{N_{eff}} = \frac{1,290}{1,128} = 1,143\,\text{m} = 0,259\sqrt{2g \cdot 1}$$

somit

$$\frac{c_a''^2}{2g} = 0,067\,\text{m}$$

Der Saugrohrverlust nehme ab im Verhältnis der Wassermengen, betrage also:

$$(\tau_6 + \tau_7)\,H = \frac{1290}{1715} \cdot 0,05 = 0,038\,\text{m}$$

im Vergleich zur voll beaufschlagten Turbine.

Der Betrag der Unterevakuierung ist demnach

$$= 0,067 - 0,038 = 0,029\,\text{m}$$

ε_0 werde wiederum mit 0,85 bewertet.

Die übrigen Größen ergeben sich laut Eintrittsdiagramm zu:

$$w_0 = 0,333\sqrt{2g} \cdot 1 \qquad \text{und} \qquad c_n = 0,095\sqrt{2g \cdot 1}$$

Die entsprechenden Druckhöhen sind:

$$\frac{w_0^2}{2g} = 0,111 \qquad \text{und} \qquad \frac{c_n^2}{2g} = 0,009$$

v_0 und v_a bleiben unverändert. Gleichung (114) ergibt:

$$\frac{w_a^2}{2g} = 0,111 - 0,009 + 0,850 - 0,365 - 0,340 + 0,029$$

$$= 0,276$$

$$w_a = 0,526\sqrt{2g \cdot 1} = 2,325\,\text{m}$$

Der ideelle Querschnitt von $0{,}542\,m^2$ wird demnach eine Wassermenge von:

$$F_{id} \cdot w_a = 0{,}542 \cdot 2{,}325 = 1{,}260\,\mathrm{m}^3$$

durchlassen können, was ungefähr mit unserer Annahme übereinstimmt, und daher eine nochmalige Schätzung der Wassermenge überflüssig macht; wir begnügen uns, den Mittelwert

$$Q = \frac{1290 + 1260}{2} = 1275\,\mathrm{l}$$

als endgültig anzusehen.

III. Turbine $^1/_3$ offen. Für den auf eine meßbare Weite von $\frac{111}{3} = 37\,\mathrm{mm}$ eingestellten Leitapparat ergibt sich gemäß Zeichnung eine effektive Strahldicke von

$$\Delta_A = 34\,\mathrm{mm}$$

und damit ein effektiver Leitradquerschnitt von

$$B \cdot Z \cdot \Delta_A = 0{,}221\,\mathrm{m}^2$$

Die Unterevakuierung wird 0.

Annahme 1. $Q = 670\,\mathrm{l}$

Damit wird:

$$c_0 = 3{,}03\,\mathrm{m} = 0{,}683\sqrt{2g \cdot 1} \qquad \text{und} \qquad \frac{c_0^2}{2g} = 0{,}467$$

Laut Eintrittsdiagramm ist:

$$w_0 = 0{,}202\sqrt{2g \cdot 1} \qquad \text{und} \qquad c_n = 0{,}056\sqrt{2g \cdot 1}$$

$$\frac{w_0^2}{2g} = 0{,}0407 \qquad \text{und} \qquad \frac{c_n^2}{2g} = 0{,}0031$$

w_a bestimmt sich aus:

$$\frac{w_a^2}{2g} = 0{,}0407 - 0{,}0031 + 0{,}85 - 0{,}467 - 0{,}340 = 0{,}081$$

zu: $$w_a = 0{,}285\sqrt{2g \cdot 1} = 1{,}26\,\mathrm{m}$$

Nach vorstehender Annahme würde das Laufrad schlucken können:

$$Q = F_{id} \cdot w_a = 683 \text{ d. i. mehr als angenommen.}$$

Annahme 2. $Q = 676\,\mathrm{l}$.

$$c_0 = 3{,}06\,\mathrm{m} = 0{,}69\sqrt{2g \cdot 1} \qquad \frac{c_0^2}{2g} = 0{,}476$$

$$w_0 = 0{,}200\sqrt{2g \cdot 1} \qquad \text{und} \qquad c_n = 0{,}050\sqrt{2g \cdot 1}$$

$$\frac{w_0^2}{2g} = 0{,}040 \qquad \frac{c_n^2}{2g} = 0{,}0025$$

w_a bestimmt sich aus:

$$\frac{w_a^2}{2g} = 0{,}040 - 0{,}0025 + 0{,}85 - 0{,}476 - 0{,}340 = 0{,}072$$

zu: $$w_a = 0{,}268\sqrt{2g \cdot 1} = 1{,}19\,\mathrm{m}$$

Nach der 2. Annahme würde das Laufrad verarbeiten können:

$$Q = F_{id} \cdot w_a = 645, \text{ d. i. weniger als angenommen.}$$

Durch Interpolation ergibt sich aus beiden Annahmen der richtige Wert von Q zu

$$Q = 672\,\text{l}.$$

Die so berechneten Werte finden sich auf Tafel XXXI im Diagramm der Wassermengen als Funktion der Leitschaufelöffnungen zusammengestellt.

β) **Drehmomente.**

Die Kenntnis der durchfließenden Wassermengen für irgend eine Leitschaufelöffnung ermöglicht nun weiter die Bestimmung des Wasserdruckes an irgend einem Oberflächenpunkt der Schaufel; denn: aus Wassermenge und Querschnitt (d. i. Inhalt derjenigen effektiven Niveaufläche, welche durch den Oberflächenpunkt gelegt werden kann), läßt sich zunächst die herrschende Wassergeschwindigkeit c und damit auch der herrschende Druck $= 1 - \frac{c^2}{2g}$ für den in Frage kommenden Oberflächenpunkt ermitteln.

Durch Multiplikation von Wasserdruck und Hebelarm ergibt sich weiter das Drehmoment pro Flächenteilchen der Schaufel und endlich durch Summation das gesamte Drehmoment auf eine Schaufel.

In Tafel XXXI ist nun gesondert dargestellt:

das	links	drehende	Moment I	für	den Rücken der Leitschaufel
„	rechts	„	„ IV	„	„ „ „ „
„	links	„	„ II	„	die Arbeitsfläche der Leitschaufel
„	rechts	„	„ III	„	„ „ „ „

Diese Drehmomente sind jeweilen als Funktion der gemessenen Leitschaufelöffnung zur Darstellung gebracht; außerdem ist das gesamte Drehmoment pro Schaufel ebenfalls als Funkt on der Leitschaufelöffnung aufgetragen worden.

Beachtenswert ist auch die Radialstellung der Leitschaufel ($\alpha = 90^0$), für welche das vom Wasserdruck herrührende Drehmoment $= 0$ werden muß.

Sofern nun von der Eigenreibung abgesehen wird, ergibt sich für die antreibende Regulierkurbel durch Kraftzerlegung das folgende respektive Drehmoment:

für	Stellung	ganz	offen:	rechts	drehend	$+30{,}0$	cmkg
„	„	$^2/_3$	„	„	„	$+33{,}6$	„
„	„	$^1/_3$	„	links	„	$-\ 6{,}78$	„
„	„	zu	„	„	„	$-56{,}5$	„

gültig pro Schaufel und pro 1 m Gefälle.

Für das Totalgefälle von 7,7 m und bei 20 Leitschaufeln sind vorstehende Werte mit

$$20 \cdot 7{,}7 = 154$$

zu multiplizieren.

Ausbalancierung.

Durch ein Balanciergewicht, dessen Größe zu bestimmen ist, soll den vorstehenden Drehmomenten nach Möglichkeit entgegengearbeitet werden.

Wir denken uns zu diesem Zwecke auf die Regulierwelle einen Hebel aufgekeilt, der das Balanciergewicht trägt.

Der totale Drehwinkel der Regulierwelle beträgt gemäß Konstruktion 46^0.

Wir verlangen nun, daß in den Endstellungen pro 1 m Gefälle und pro Schaufel das Gegendrehmoment + 39 cmkg bzw. — 39 cmkg, in der Mittelstellung 0 cmkg betrage; aus dieser Forderung — die selbstverständlich nach Dafürhalten des Konstrukteurs eine Änderung erfahren darf — ergibt sich der Winkel, unter welchem der Balancierhebel relativ zur Regulierkurbel auf der Welle befestigt werden muß.

Der Abstand des Schwerpunktes des Balanciergewichtes von der Drehachse wird angenommen zu 75 cm; für die Endstellungen beträgt demnach die wirksame Länge des Hebelarmes unseres Gegengewichtes:

$$= \pm 75 \sin 23^0 = \pm 29{,}3 \text{ cm}$$

und da wir laut Forderung bei 7,7 m Gefälle und 20 Schaufeln

$$\pm 39 \cdot 7{,}7 \cdot 20 \cong \pm 6000 \text{ cmkg}$$

auszugleichen haben, so muß das Balanciergewicht die Größe von

$$\frac{6000}{29{,}3} \cong 204 \text{ kg}$$

besitzen, was beispielsweise einer gußeisernen Scheibe von 380 mm Durchmesser und 220 mm Dicke entsprechen würde.

2. Radialvollturbinen mit innerer Beaufschlagung. Fourneyron-Turbinen.

Die für Radialturbinen mit äußerer Beaufschlagung angestellten Berechnungsmethoden sind auch für diese Turbinengattung ohne weiteres übertragbar.

Ein Grund, warum diese Fourneyron-Turbinen bei sachgemäßer Konstruktion (s. Fig. 1—5 Tafel XIX, Fig. 1—4 Tafel XX u. Fig. 8 Tafel XV) nicht so gut wie Francis-Turbinen sein sollen, liegt nicht vor; höchstens könnten die Abflußverhältnisse durch das Saugrohr bei jenen nicht ganz so günstig erscheinen wie bei diesen, wiewohl auch hier konstruktiv noch wesentlich nachgeholfen werden kann (z. B. unter Anwendung von Spiralabflußgehäusen u. dgl.).

Hinsichtlich Einfachheit der Aufstellung und damit verbundener Ersparnis an Baukosten dürften die Fourneyron-Turbinen in vielen Fällen (s. beispielsweise Fig. 4 Tafel XX) den Francis-Turbinen sogar überlegen sein.

3. Axialvollturbinen.

a) Allgemeiner Fall der Berechnung.

Sofern man an keine Fabrikationsvorschriften gebunden ist, so daß man über den mittlern Raddurchmesser D_m, die Breite B (beide in Metern gemessen), und die Umdrehungszahl n frei verfügen kann, verfahre man ungefähr wie folgt:

Man wähle die mittlere Umfangsgeschwindigkeit, gemessen an der Schaufeleintrittskante des Laufrades, bei H m Nutzgefälle

$$v_{m_0} = k_{v_{m_0}} \sqrt{2gH} \quad \ldots \ldots \quad (152)$$

derart, daß die Umfangsgeschwindigkeit am innern Radkranz des Laufrades den Wert $0{,}49\sqrt{2gH}$, am äußern einen solchen von $0{,}96\sqrt{2gH}$ nicht übersteigen kann; als Mittelwert darf angesehen werden $k_{v_{m_0}} = 0{,}63$, was ungefähr einem Schaufelwinkel β von 90^0 entspricht.

Die Umdrehungszahl bestimmt sich alsdann aus:

$$\frac{\pi D_m \cdot n}{60} = k_{v_{m_0}} \sqrt{2gH} \quad \ldots \ldots \quad (153)$$

wobei D_m in nachstehender Weise noch zu berechnen ist.

Es bezeichne c_p die Axialkomponente der Geschwindigkeit beim Eintritt in das Laufrad; mit dieser Geschwindigkeit würde die Ringfläche $\pi D_m \cdot B$ durchströmt, falls keine Schaufeln vorhanden wären; wir setzen analog wie bei den Radialturbinen

$$c_p = k_{cp} \sqrt{2gH} \quad \ldots \ldots \quad (154)$$

und nennen k_{cp} den Beanspruchungsfaktor der Turbine, den wir über die ganze Breite des Rades als konstant betrachten.

Außerdem setzen wir ähnlich wie früher:

$$B = f_B \cdot D_m \quad \ldots \ldots \quad (155)$$

und nennen f_B den Breitenfaktor der Turbine.

Mit diesen Bezeichnungen folgt:

$$Q = f_B \cdot D_m \cdot \pi D_m \cdot k_{cp} \sqrt{2gH} \quad \ldots \quad (156)$$

wenn Q die Wassermenge in m^3 bedeutet, und woraus sich dann ergibt:

$$D_m{}^2 = \frac{Q}{\pi k_{cp} \cdot f_B \cdot \sqrt{2gH}} = \frac{Q_1}{13{,}92\, k_{cp} \cdot f_B} \quad \ldots \quad (157)$$

sofern Q_1 die Wassermenge pro 1 m Gefälle bedeutet; in gleicher Weise findet sich:

$$B^2 = \frac{Q}{\pi \frac{k_{cp}}{f_B} \sqrt{2gH}} = \frac{Q_1}{13{,}92 \frac{k_{cp}}{f_B}} \quad \ldots \quad 158)$$

Über die Faktoren k_{cp} und f_B kann man nun wiederum frei verfügen; der Beanspruchungsfaktor k_{cp} wird mit f_B groß zu wählen sein für große Wassermengen und kleine Gefälle und klein für kleine Wassermengen und große Gefälle.

Mit der praktisch brauchbaren Annahme

$$k_{cp} \simeq f_B = f \quad \ldots\ldots\ldots (159)$$

wird endlich:

$$D_m^2 = \frac{Q}{\pi f^2 \sqrt{2gH}} = \frac{Q_1}{13{,}92 f^2} \quad \ldots\ldots (160)$$

und

$$B^2 = \frac{Q}{\pi \sqrt{2gH}} = \frac{Q_1}{13{,}92} \quad \ldots\ldots (161)$$

wobei f zwischen 0,11—0,32 beliebig gewählt werden kann und beispielsweise für Anwendung eines Schaufelwinkels $\beta = 90^0$ zweckmäßig $f = 0{,}225$ gesetzt wird.

b) Normaltypen.

Für Fabrikationszwecke wird es sich wie bei den Radialturbinen empfehlen, gewisse Typen zu schaffen, um möglichst wenig Modelle zu erhalten; ähnlich wie bei den Radialturbinen lassen sich hier die folgenden Betrachtungen anstellen:

Die breiteste Axialturbine, welche zu einem gegebenen mittlern Durchmesser denkbar ist, wird am innern Schaufelkranz eine Umfangsgeschwindigkeit von $0{,}495\sqrt{2gH}$, am äußern eine solche von $0{,}96\sqrt{2gH}$ besitzen können; die so charakterisierte Axialturbine bildet den Schnellläufertyp dieses Systems; man wird für sie den Beanspruchungsfaktor k_{cp} zu einem Maximum werden lassen. Sind D_i und D_a die Durchmesser des innern, bzw. des äußern Radkranzes des Laufrades an der Eintrittskante und in Metern gemessen, so sind dieselben bestimmt durch

$$\frac{D_i}{2} \cdot \frac{\pi n}{30} = 0{,}495\sqrt{2gH} \quad \ldots\ldots (162)$$

und

$$\frac{D_a}{2} \cdot \frac{\pi n}{30} = 0{,}96\sqrt{2gH} \quad \ldots\ldots (163)$$

womit sich die größte Breite B_{max} ergibt zu:

$$B_{max} = \frac{D_a - D_i}{2} = \frac{30}{n\pi}\sqrt{2gH} \quad (0{,}96 - 0{,}495).$$

$$B_{max} = 4{,}44 \frac{\sqrt{2gH}}{n} = \frac{19{,}6}{n_1} \quad \ldots\ldots (164)$$

wenn n_1 die Tourenzahl pro 1 m Gefälle darstellt; ferner ist

$$D_m = \frac{D_a + D_i}{2} = \frac{30}{\pi n}\sqrt{2gH} \cdot 1{,}455$$

$$D_m = 13{,}9 \frac{\sqrt{2gH}}{n} = \frac{61}{n_1} \quad \ldots\ldots (165)$$

Aus den Gleichungen (164) und (165) folgt sodann:

$$B_{max} = \frac{19{,}6}{61} D_m = 0{,}32\, D_m \quad \ldots\ldots (166)$$

Den Gegensatz zu dieser Turbine bildet diejenige, welche am wenigsten Wasser schluckt und am langsamsten läuft.

Wir wählen als praktisch unterste Grenze

$$B_{min} = 0{,}08\, D_m \quad . \; . \; . \; . \; . \; . \; . \; . \quad (167)$$

Für die Einteilung des Gebietes zwischen $B = 0{,}08\, D_m$ und $0{,}32\, D_m$ empfiehlt sich die Einführung folgender Breitenfaktoren bzw. folgender Radtypen:

Typ	I	II	III	IV	V	VI	VII
$f_B =$	0,32	0,25	0,20	0,16	0,125	0,100	0,08

Die zugehörigen Beanspruchungsfaktoren seien aus praktischen Gründen wie folgt gewählt:

Typ	I	II	III	IV	V	VI	VII
$k_{cp} =$	0,32	0,25	0,205	0,17	0,14	0,12	0,11

Der Durchmesser des innern Schaufelkranzes sei in allen 7 Fällen bestimmt durch:

$$D_i = \frac{60}{\pi n} \cdot 0{,}495 \sqrt{2gH} = \frac{41{,}9}{n_1} \quad . \; . \; . \; . \; . \quad (168)$$

dann ergibt sich wegen:

$$D_m = D_i + f_B \cdot D_m$$

$$D_m = \frac{D_i}{1 - f_B} \quad . \; . \; . \; . \; . \; . \; . \; . \quad (169)$$

wobei für unsere 7 Typen der Reihe nach:

Typ	I	II	III	IV	V	VI	VII
$1 - f_B =$	0,68	0,75	0,80	0,84	0,875	0,90	0,92

zu setzen wäre.

Die mittlere Umfangsgeschwindigkeit $k_{v_{mo}} \sqrt{2gH}$ in der Entfernung $\frac{D_m}{2}$ von der Drehachse ist ebenfalls bestimmt, weil am innern Schaufelkranz stets die Geschwindigkeit $0{,}495 \sqrt{2gH}$ herrschen soll, und zwar ergeben sich der Reihe nach die Werte:

Typ	I	II	III	IV	V	VI	VII
$k_{v_{mo}} =$	0,73	0,66	0,62	0,59	0,565	0,55	0,54

Die Werte von f_B und k_{cp} als Funktion der mittlern Umfangsgeschwindigkeit $k_{v_{mo}}$ sind in Textfigur 39 eingetragen.

Wegen

$$n_1 = \frac{60}{\pi D_m} \cdot k_{v_{mo}} \sqrt{2gH}$$

bestimmen sich endlich die Tourenzahlen n_1 auf 1 m Gefälle ausgerechnet, zu

$$n_1 = 84{,}6 \frac{k_{v_{m0}}}{D_m} \quad . \quad . \quad . \quad . \quad . \quad . \quad . \quad . \quad (170)$$

was mit den vorigen Werten von $k_{v_{m0}}$ einzeln:

Typ	I	II	III	IV	V	VI	VII
$n_1 =$	$\frac{61{,}7}{D_m}$	$\frac{55{,}8}{D_m}$	$\frac{52{,}4}{D_m}$	$\frac{49{,}9}{D_m}$	$\frac{47{,}8}{D_m}$	$\frac{46{,}5}{D_m}$	$\frac{45{,}7}{D_m}$

ergibt.

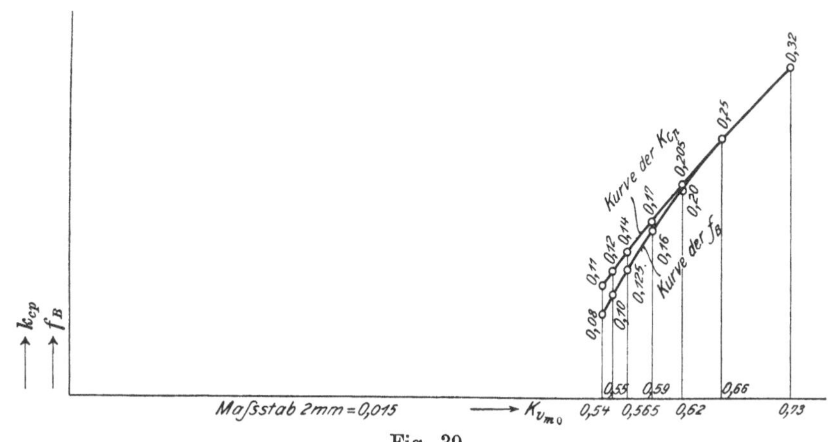

Fig. 39.

Ein Vergleich dieser Tabelle mit derjenigen für Francis-Turbinen ergibt, daß in den äußersten Grenzen des Schnell- bzw. Langsamlaufens die Radialturbinen den Axialturbinen unter sonst gleichen Verhältnissen überlegen sind.

Für verschiedene Raddurchmesser ausgerechnet ergibt sich die folgende

Tabelle der Tourenzahlen n_1 für $H = 1$ m.

D in mm	Typ VII	VI	V	IV	III	II	I
250	247	223	210	200	191	186	183
300	206	186	175	166	159	155	152
400	154	139	131	125	120	116	114
500	123	112	105	99,8	95,6	93,0	91,4
600	103	93,0	87,3	83,2	79,7	77,5	76,2
800	77,1	69,8	65,5	62,4	59,8	58,1	57,1
1000	61,7	55,8	52,4	49,9	47,8	46,5	45,7
1250	49,4	44,6	42,0	40,0	38,2	37,2	36,6
1500	41,1	37,2	35,0	33,3	31,9	31,0	30,5
1750	35,3	31,9	30,0	28,5	27,3	26,6	26,1
2000	30,8	27,9	26,2	25,0	23,9	23,2	22,8
2500	24,7	22,3	21,0	20,0	19,1	18,6	18,3
3000	20,6	18,6	17,5	16,6	15,9	15,5	15,2

Der Wasserverbrauch der Normaltypen bestimmt sich aus folgender Überlegung: Da die Ringfläche zwischen innerem und äußerem Schaufelkranz gelegen $=\pi f_B D_m^2$ beträgt, so ergeben sich der Reihe nach für unsere Radtypen die folgenden Werte in m²:

Typ	VII	VI	V	IV	III	II	I
Fläche =	0,251 D_m^2	0,314 D_m^2	0,393 D_m^2	0,503 D_m^2	0,628 D_m^2	0,785 D_m^2	1,005 D_m^2

und der Wasserverbrauch in m^3 berechnet sich aus:

$$Q = \pi f_B \cdot D_m^2 \cdot k_{cp} \sqrt{2gH} \quad . \quad . \quad . \quad . \quad . \quad (171)$$

oder auf 1 m Gefälle umgerechnet zu:

$$Q_1 = 13{,}92\ k_{cp} \cdot f_B \cdot D_m^2 \quad . \quad . \quad . \quad . \quad . \quad . \quad (172)$$

was mit den gewählten Werten von k_{cp} und f_B die folgenden Wassermengen ergibt:

Typ	VII	VI	V	IV	III	II	I
$f_B =$	0,08	0,10	0,125	0,16	0,20	0,25	0,32
$k_{cp} =$	0,11	0,12	0,14	0,17	0,205	0,25	0,32
$Q_1 =$	0,122 D_m^2	0,167 D_m^2	0,243 D_m^2	0,378 D_m^2	0,571 D_m^2	0,870 D_m^2	1,425 D_m^2

Für verschiedene Raddurchmesser ausgerechnet ergibt sich die folgende:

Tabelle der Wassermengen in Litern pro 1 m Gefälle.

D in mm	Typ VII	VI	V	IV	III	II	I
250	7,6	10,4	15,2	23,6	35,7	54,4	89,1
300	11,0	15,0	21,9	34,0	51,4	78,3	128
400	19,5	26,7	38,9	60,5	91,4	139	228
500	30,6	41,8	60,7	94,5	143	218	356
600	43,9	60,1	87,5	136	206	313	513
800	78,1	107	156	241	365	557	912
1000	122	167	243	378	571	870	1430
1250	190	260	379	590	891	1360	2220
1500	275	376	547	851	1280	1960	3210
1750	373	511	744	1160	1750	2660	4360
2000	488	668	972	1410	2280	3480	5700
2500	763	1040	1520	2360	3570	5440	8910
3000	1100	1500	2190	3400	5140	7830	12800

c) Winkelverhältnisse bei Axialturbinen unter Zugrundelegung senkrechten Austritts aus dem Rad.

Da sowohl Winkel α wie β Funktionen der Umfangsgeschwindigkeit sind, diese letztere aber bei Axialturbinen von Punkt zu Punkt der Schaufelkante sich ändert, so werden für einen und denselben Radtyp auch die Winkel α und β über die Breite des Rades sich stetig ändern.

Besitzt nun an irgend einem Punkt der Schaufeleintrittskante des Laufrades die Umfangsgeschwindigkeit den Wert

$$v_0 = k_{v_0} \sqrt{2gH} \quad . \quad . \quad . \quad . \quad . \quad . \quad . \quad (173)$$

so bestimmen sich die Eintrittsgeschwindigkeit

$$c_0 = k_{c_0} \sqrt{2gH} \quad . \quad . \quad . \quad . \quad . \quad . \quad . \quad . \quad (174)$$

sowie die Winkel α und β an dieser Stelle gemessen, sofern auf die Dicke der Leitschaufeln nicht Rücksicht genommen wird, aus den Gleichungen

$$\operatorname{tg} \alpha = \frac{2 k_{cp} \cdot k_{v_0}}{\varepsilon} \quad . \quad . \quad . \quad . \quad . \quad . \quad . \quad (175)$$

$$k_{c_0} = \frac{\varepsilon}{2 k_{v_0} \cos \alpha} \quad . \quad . \quad . \quad . \quad . \quad . \quad . \quad (176)$$

und

$$tg\,(\beta - 90) = \frac{k_{v_0} - k_{c_0} \cos \alpha}{k_{cp}} = \frac{k_{v_0}^2 - \frac{\varepsilon}{2}}{k_{cp} \cdot k_{v_0}} \quad . \quad . \quad . \quad (177)$$

wobei k_{c_p} wiederum den Beanspruchungsfaktor der Turbine bedeutet, der für einen und denselben Radtyp als konstant anzusehen ist, und ε den hydraulischen Wirkungsgrad der Turbine darstellt. Gleichung (175) lehrt, daß $\operatorname{tg}\alpha$ proportional mit k_{v_0} d. h. mit dem Abstand von der Achse sich ändert, wogegen Gleichung (177) zeigt, daß die Änderung von β einem wesentlich komplizierteren Gesetze folgt.

Für unsere Normaltypen beschränken wir uns darauf, jeweilen die Werte der Winkel α und β, gemessen am innern und äußeren Schaufelkranz des Laufrades, anzugeben unter Annahme eines mittlern Wertes von $\varepsilon = 0{,}80$ und erhalten damit (ohne Rücksicht auf die Leitschaufeldicke) die folgende Zusammenstellung:

Typ =	VII		VI		V		IV		III		II		I	
	innen	außen	innen	außen	innen	außen	innen	außen	innen	außen	innen	außen	innen	außen
$f_B =$	0,08		0,100		0,125		0,16		0,20		0,25		0,32	
$k_{cp} =$	0,11	0,11	0,12	0,12	0,14	0,14	0,17	0,17	0,205	0,205	0,25	0,25	0,32	0,32
$k_{v_0} =$	0,495	0,59	0,495	0,61	0,495	0,64	0,495	0,69	0,495	0,75	0,495	0,83	0,495	0,96
$\alpha =$	7° 50′	9° 10′	8° 30′	10° 20′	9° 50′	12° 40′	11° 50′	16° 20′	14° 10′	21° 0′	17° 10′	27° 30′	21° 40′	37° 30′
$\cos \alpha =$	0,991	0,987	0,989	0,984	0,985	0,976	0,979	0,960	0,970	0,934	0,955	0,887	0,929	0,793
$k_{c_0} =$	0,815	0,69	0,817	0,67	0,82	0,64	0,825	0,605	0,833	0,57	0,846	0,545	0,87	0,525
$\beta_{theor.} =$	19° 20′	51° 20′	21°	69° 10′	24° 0′	96° 10′	28° 40′	123°	33° 10′	136° 30′	38° 30′	144° 20′	45° 40′	149° 40′

Mit Rücksicht auf die Schaufeldicke, welche bei $\beta < 45^0$ und $> 135^0$ die Eintrittsquerschnitte der Laufradkanäle unverhältnismäßig stark verringert, sind die vorstehenden theoretischen Werte von β singemäß zu korrigieren, so daß sich für unsere Normaltypen etwa die folgenden praktischen Ausführungen ergeben würden:

Typ =	VII		VI		V		IV		III		II		I	
	innen	außen	innen	außen	innen	außen	innen	außen	innen	außen	innen	außen	innen	außen
$\beta_{prakt.} =$	26° 30′	57°	28° 30′	73°	31°	95°	35°	118°	39°	130°	44°	137°	50°	140°

In Textfigur 40 sind beide Werte von β als Funktion des Beaufschlagungsfaktors graphisch aufgetragen.

Der Punkt der Schaufeleintrittskante, in welchem $\beta = 90^0$ wird, ist unabhängig vom Beanspruchungsfaktor k_{c_p} fixiert durch die Bedingung

$$k'_{v_0} = \sqrt{\frac{\varepsilon}{2}} \cong 0{,}63 \quad . \quad . \quad . \quad . \quad . \quad . \quad (178)$$

falls ε wie oben $\cong 0{,}80$ gesetzt wird; da die Tourenzahl n gegeben ist, so bestimmt sich der Abstand r_0' dieses ausgezeichneten Punktes aus

$$r_0' = \frac{k_{v_0}' \sqrt{2gH}}{\frac{\pi n}{30}} \quad . \quad . \quad . \quad . \quad . \quad . \quad (179)$$

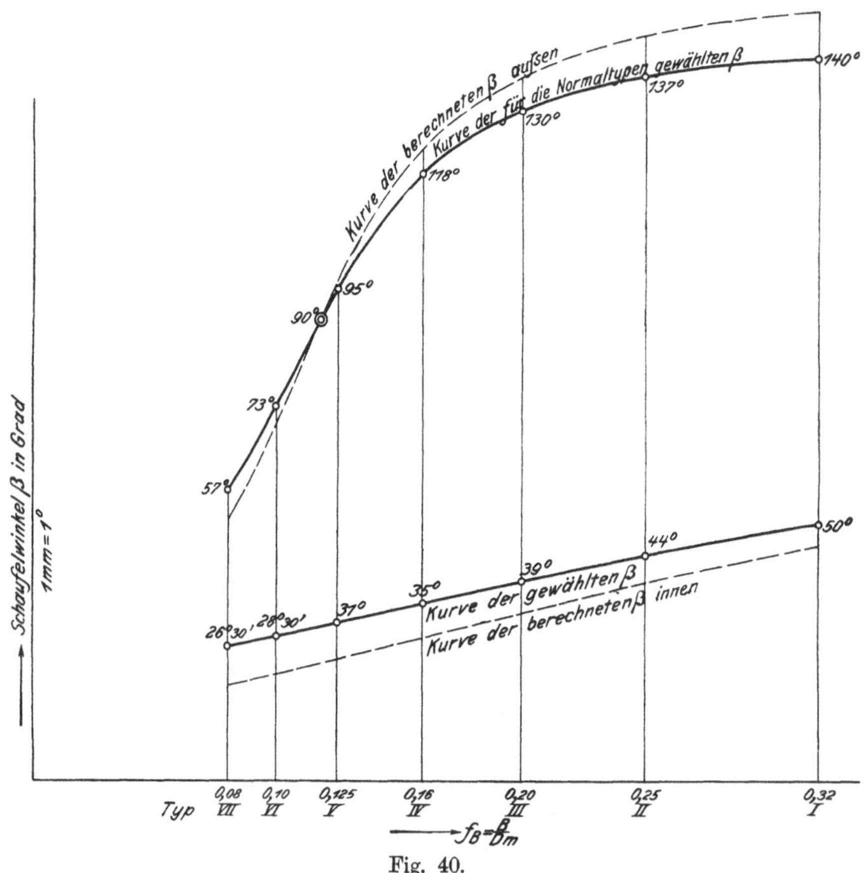

Fig. 40.

Für die Normaltypen I bis IV wird es sich für die praktische Herstellung in den meisten Fällen empfehlen, denjenigen Teil des Rades, in welchem $\beta > 90^0$ durch einen besonderen Schaufelkranz zu trennen von demjenigen, in welchem $\beta < 90^0$ ist (vgl. Tafel XXIV). Es liegt dies einmal begründet darin, daß die Schaufeln, für welche $\beta < 90$ ist, aus einem gießbaren Material hergestellt werden müssen, da sie nicht als Schaufeln konstanter Dicke entworfen und ausgeführt werden können, im Gegensatz zu den Laufradschaufeln, für welche $\beta > 90^0$ ist, und welche vorteilhaft aus Blech hergestellt werden; andererseits in der Verschiedenheit der Schaufelzahlen, welch letztere wiederum eine Folge der Verschiedenheit des Winkels β ist.

Im Bedarfsfalle sind die so gewonnenen und konzentrisch ineinander lagernden Schaufelreihen durch Einfügung weiterer Schaufelkränze abzuteilen, was im Interesse der Festigkeit des Rades oft wünschenswert und mit Rücksicht auf die Schaufelzahlen sogar notwendig erscheint, wodurch dann die sog. mehrkränzigen Axialturbinen entstehen.

Endlich sei noch darauf hingewiesen, daß es sich empfiehlt, den innern Schaufelkranz derart zu formen, daß eine Einschnürungsstelle nach Textfigur 41 entsteht, um nicht zu viel Material im Schaufelrücken anhäufen zu müssen; dagegen ist der äußere Schaufelkranz (s. gleiche Figur) je nach des Größe des Beanspruchungsfaktors auszuweiten, während ein Kranz an derjenigen Stelle, wo $\beta = 90^0$ ist, zylindrisch bleiben soll.

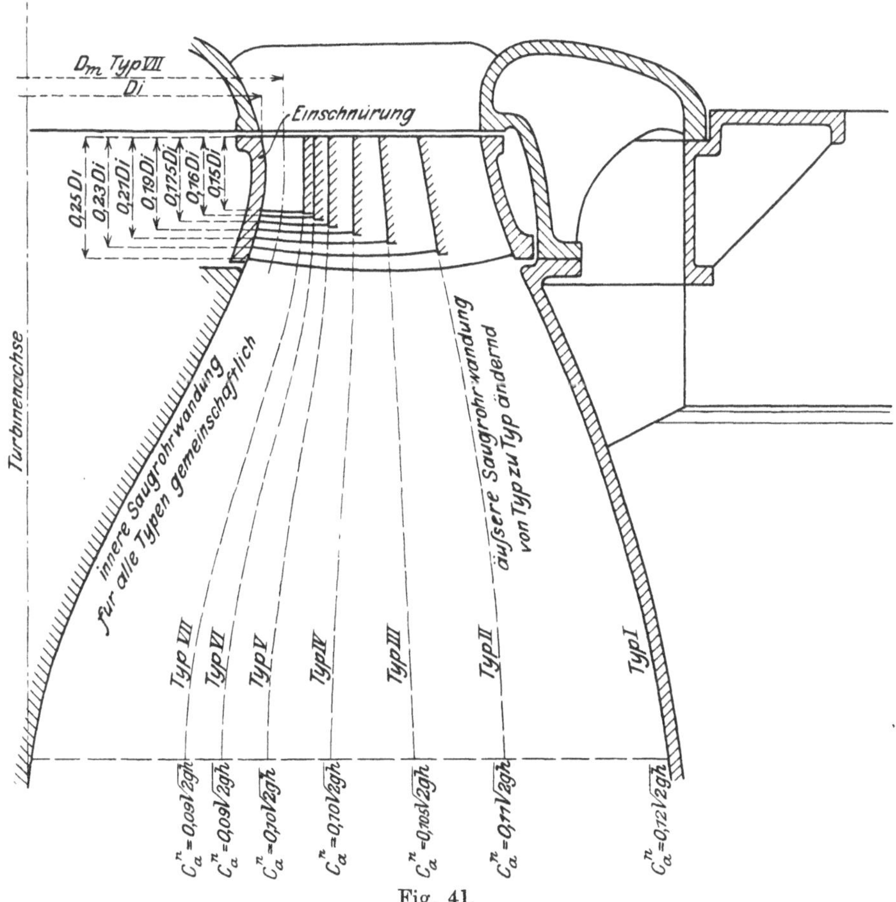

Fig. 41.

d) Praktische Angaben für Herstellung von Lauf-, Leiträdern und Saugrohr. Aufzeichnung der Normaltypen.

Ist D_i der Durchmesser des innern Schaufelkranzes, so wähle man die Laufradhöhe 0,15 D_i bis 0,25 D_i, wobei der kleinere Wert für die am langsamsten laufenden und schmalsten, der größere für am die schnellsten laufenden und breitesten Räder gilt.

Die Form der Schaufelkränze bestimme man in Anlehnung an die in Textfigur 41 dargestellten Grundformen der Normaltypen. Die Zahl der Schaufeln wähle man derartig, daß irgend ein Kanalschnitt in

Richtung des fließenden Wassers eine gesicherte Wasserführung verspricht, dabei ist darauf Bedacht zu nehmen, daß die Schaufelzahl so klein als möglich ausfällt. Die Wasserführung ist gesichert, sobald die Schaufelenden auf einer Strecke ungefähr gleich der lichten Weite des Kanals parallel verlaufen. Bei geteilten Rädern ist darauf zu achten, daß die Schaufelzahl ein Vielfaches von 2 oder 4 ist.

Die Leitradhöhe soll nicht wesentlich verschieden von der Laufradhöhe sein. Die Leitradschaufeln fertige man, wenn immer möglich, im Interesse der Stabilität der Konstruktion aus Gußeisen an, da dieselben außer der Wasserführung die Aufgabe haben, die Verbindung zwischen Halslager und äußerem Tragring herzustellen.

Für die Bestimmung der Kanalformen (siehe Tafel XXIV, XXV und XXVI) bzw. Schaufelschnitte des Laufrades verfahre man genau so, wie bei den Radialturbinen: Nach Wahl der Schaufelkränze unterteile man das Rad durch $m - 1$ Rotorflächen in Teilturbinen, von denen jede einzelne $\frac{Q}{m}$ m³ Wasser schluckt; unter Annahme der Schaufelzahl bestimme man für jeden einzelnen Teilkanal die relative Geschwindigkeit im effektiven Ein- und Austrittsquerschnitt und damit die Querschnitte selbst. Nach Berechnung der effektiven Breite des Teilkanals für Ein- und Austrittsquerschnitt ermittle man die lichten Weiten dieser Querschnitte und trage dieselben je zur Hälfte links und rechts von der Querschnittsmittellinie und senkrecht zu dieser auf. Nunmehr führe man Schnitte nach Zylinder oder Kegelflächen, auf deren abgewickelten Mänteln die Schaufelschnitte verzeichnet werden können, unter Einhaltung der Teilung und der gefundenen lichten Weiten der Kanalquerschnitte.

Eine Kontrolle für die Richtigkeit der gewählten Kanalform erhält man durch Bestimmen der Relativgeschwindigkeit an einzelnen Stellen des Kanals und daran anschließend durch Aufzeichnen der Kurve mit den absoluten Wasserwegen als Abszissen und den absoluten Geschwindigkeiten als Ordinaten. Die Bedingung der Stetigkeit und Regelmäßigkeit dieser Kurve, welche durch Leit-, Laufrad und Saugrohr hindurch zu verfolgen ist, läßt erkennen, ob die Schaufel- bzw. Kanalbegrenzungen dem Zwecke entsprechen, widrigenfalls dieselben entsprechend abzuändern sind.

Was nun das Saugrohr anbetrifft, so dient dasselbe bei den Axialturbinen genau demselben Zweck wie bei den Radialturbinen, d. h. es ist dazu bestimmt, die Geschwindigkeit des aus dem Laufrad austretenden Wassers in eine solche überzuführen, wie sie dem Unterwasserkanal zukommt. Zu diesem Zwecke müssen die Saugrohrwandungen die natürliche Fortsetzung sowohl des innern wie des äußern Schaufelkranzes des Laufrades bilden, wodurch sich von selbst ein inneres Saugrohr bzw. ein Saugrohrkern und ein äußeres bzw. eigentliches Saugrohr ergibt (siehe Fig. 1 und 6 Tafel XXI).

Zwischen den Wandungen dieser Saugröhren soll die Geschwindigkeit des Wassers sich derart verringern können, daß dasselbe beim Verlassen der Röhre, d. h. beim Eintreffen im Unterwasserkanal eine Geschwindigkeit von ca. $0{,}1\sqrt{2gH}$ besitzt; noch vorteilhafter wird die Wirkung des Saugrohres, sobald eine Überführung der Geschwindigkeiten nicht nur der Größe, sondern auch der Richtung nach stattfindet, was mit Guß- oder Betonsaugröhren durchführbar ist. Die Anwendung solcher Saugröhren mit gekrümmter Mittellinie schafft neben der guten Wasserführung noch gleichzeitig ein solides Fundament für die Auflagerung des ruhenden Teiles der Turbine. Hinsichtlich der rechnerischen Behandlung des Saugrohres siehe das über Radialturbinen, S. 58, Gesagte.

Als Abströmungsgeschwindigkeit vom Laufrad kann bei einem Beanspruchungsfaktor von $k_{c_p} = 0{,}25$, im Mittel $c_a'' = 0{,}225\sqrt{2gH}$ angenommen werden, entsprechend einer noch im Wasser enthaltenen Druckhöhe von ca. 5% des Totalgefälles, die aber bei Anwendung von Saugröhren keineswegs als verloren zu betrachten ist. Gerade der Rückgewinn an Arbeit durch die Anbringung von Saugröhren erklärt vollauf, daß die im Unterwasser laufenden Turbinen ohne Saugrohr vollständig verdrängt worden sind, ganz abgesehen von der erhöhten Zugänglichkeit, welche Turbinen mit Saugröhren wegen ihrer Aufstellung um einige Meter über dem Unterwasser besitzen.

Den in Textfigur 41 dargestellten sieben Normaltypen von Axial-Überdruck-Turbinen nebst zugehörigen Saugröhren mit gerader Mittellinie liegen folgende Daten zugrunde, die für die praktische Ausführung empfohlen werden dürfen und hier in Form einer Tabelle zusammengestellt sind.

Typ	VII	VI	V	IV	III	II	I
Breite . . . . . =	$0{,}08\,D_m$	$0{,}10\,D_m$	$0{,}125\,D_m$	$0{,}16\,D_m$	$0{,}20\,D_m$	$0{,}25\,D_m$	$0{,}32\,D_m$
Beanspruchungsfaktor k_{cp} . . . =	0,11	0,12	0,14	0,17	0,205	0,25	0,32
Radhöhe . . . . =	$0{,}15\,D_i$	$0{,}16\,D_i$	$0{,}175\,D_i$	$0{,}19\,D_i$	$0{,}21\,D_i$	$0{,}23\,D_i$	$0{,}25\,D_i$
Austrittsgeschw. c_a'' aus dem Laufrad . . . . . . =	0,11	0,12	0,14	0,16	0,185	0,225	0,25 mal $\sqrt{2gH}$
Austrittsgeschw. c_a^n Ende Saugrohr . . . . . . =	0,09	0,09	0,10	0,10	0,105	0,11	0,12 mal $\sqrt{2gH}$

Bei Anwendung von Blech als Material für die Saugröhren sind die gezeichneten Formen durch Kegelmäntel anzunähern.

e) Beispiele zur Berechnung von Axialturbinen.

Beispiel 1. (Hierzu Tafel XXI und XXIV.) Die mit Drehschaufeln zu versehende Jonval-Turbine ist für folgende Daten zu berechnen:

$$H = 4{,}5\,\text{m} \quad Q = 8700\,\text{Lit/Sec.} = 8{,}7\,\text{m}^3. \quad n = 55. \quad \omega = \frac{\pi n}{30} = 5{,}76$$

$$N = 390\,\text{PS}.$$

Wir wählen den Beanspruchungsfaktor der Turbine mit

$$k_{c_p} = 0{,}25$$

so daß

$$c_p = 0{,}25\sqrt{2gH} = 2{,}35\,\text{m}$$

beträgt; des weiteren verlangen wir, daß die Umfangsgeschwindigkeit am innern Schaufelkranz nicht unter $0{,}49\sqrt{2gH}$ sinkt, d. h. wir setzen:

$$k_{v_{innen}} = 0{,}49 \qquad v_{innen} = 0{,}49 \cdot 9{,}4 = 4{,}61$$

woraus sich

$$\frac{D_i}{2} = \frac{4{,}61}{5{,}76} = 0{,}8\,\text{m} \text{ und } D_i = 1{,}6\,\text{m}$$

ergibt; die beim Eintritt in das Rad von c_p senkrecht durchströmte Fläche besitzt die Größe

$$\frac{Q}{c_p} = \frac{8{,}7}{2{,}35} = 3{,}70\,\text{m}^2$$

somit bestimmt sich der Durchmesser des äußeren Laufradkranzes aus

$$\frac{(D_a^2 - D_i^2)\pi}{4} = 3{,}70\,\text{m}^2$$

womit sich, mit dem vorigen Wert von D_i, D_a berechnet zu

$$D_a = 2{,}7\,\text{m}$$

Die Umfangsgeschwindigkeit am äußern Kranz beträgt

$$v_{aussen} = \frac{2{,}7}{2} \cdot 5{,}76 = 7{,}78\,\text{m} = 0{,}827\sqrt{2gH}$$

Dieser Wert ist zulässig und zwar entspricht die Turbine unserm Normaltyp II. Die totale Breite B beträgt 0,55 m, entsprechend

$$f_B = 0{,}550 : \frac{2{,}7 + 1{,}6}{2} = 0{,}255.$$

Die Unterteilung in 4 Teilturbinen, von denen jede $\frac{Q}{4} = 2175$ Lit/Sec. schluckt, ergibt für den Laufradeintritt die folgenden Verhältnisse:

Teilturb.	r_0 m	v_0 m	$k_{v_0} = \frac{v_0}{\sqrt{2gh}}$	$\frac{v_0^2}{2g}$	*) $l_0 = b_0$ m	**) $2\pi r_0 b_0$ m²	***) Abzug f. Schaufeldicke	†) $2\pi r_0 b_0 (1 - 0{,}12) =$ m²	††) $c_p' =$
01	1,295	7,47	0,795	2,85	0,114	0,925	12 %	0,830	$2{,}62 = 0{,}28\sqrt{2gH}$
12	1,174	6,77	0,720	2,33	0,126	0,930	12 %	0,830	$2{,}62 = 0{,}28\sqrt{2gH}$
23	1,038	6,00	0,639	1,84	0,143	0,930	12 %	0,830	$2{,}62 = 0{,}28\sqrt{2gH}$
34	0,884	5,12	0,544	1,34	0,167	0,925	12 %	0,830	$2{,}62 = 0{,}28\sqrt{2gH}$
					0,550	= 3,71		= 3,32	

*) Breite der Teilturbine für den Laufradeintritt; die abgemessenen Längen l_0 sind beim Eintritt identisch mit der Kanalbreite b_0.

**) Fläche der Teilturbine ohne Abzug für Schaufeldicke.

***) Nach Zeichnung.

†) Fläche der Teilturbine nach Abzug für Schaufeldicke.

††) Beanspruchungsfaktor mit Rücksicht auf Schaufeldicke.

Der mittlere Durchmesser des Laufrades beim Eintritt hat den Wert

$$D_m = 2{,}15\,\text{m}$$

Die Umfangsgeschwindigkeit an dieser Stelle beträgt

$$v_{mo} = 6{,}20\,\text{m} = 0{,}66\sqrt{2gH}$$

also

$$k_{v_{mo}} = 0{,}66$$

Für die Ausweitung des innern Laufradkranzes an der Austrittseite waren maßgebend die möglichste Verringerung der Größe c_a'', sowie der gute Anschluß an den Saugrohrkern; demzufolge ergaben sich die folgenden Werte, die sich auf den Laufradaustritt beziehen:

Teilturb.	r_a m	v_a m	$k_{v_a} = \frac{v_a}{\sqrt{2gH}}$	$\frac{v_a^2}{2g}$	p*) m	$N_{theor} = 2\pi r_a p$ m²	**) Abzug für Schaufeldicke	***) N_{eff} m²	$c_a'' = \frac{Q}{N_{eff}}$	$\frac{v_0^2 - v_a^2}{2g}$ m	†) $\frac{w_a}{\sqrt{2gH}}$	w_a m	$\frac{w_a^2}{2g}$
01	1,292	7,46	0,793	2,84	0,116	0,942	17 %	0,805	$\sim 2{,}73 = 0{,}29\sqrt{2gH}$	0,01	0,844	7,93	3,21
12	1,170	6,76	0,718	2,32	0,128	0,942	18 %	0,798	$2{,}73 = 0{,}29\sqrt{2gH}$	0,01	0,775	7,28	2,70
23	1,033	5,97	0,635	1,82	0,145	0,942	18 %	0,798	$2{,}73 = 0{,}29\sqrt{2gH}$	0,02	0,698	6,56	2,19
34	0,874	5,06	0,538	1,31	0,172	0,942	19 %	0,792	$2{,}73 = 0{,}29\sqrt{2gH}$	0,03	0,612	5,75	1,69
						3,768		3,193					

*) p = Breite der normalen Niveaufläche.
**) An Hand der Zeichnung berechnet.
***) $N_{eff} = N_{theor}$ — Abzug für Schaufeldicke.
†) Dem Austrittsdiagramm entnommen.

Hinsichtlich des Austrittsdiagramms verlangen wir, daß $\delta = 90^0$, entsprechend bestem Nutzeffekt bei Turbine „ganz offen"; mit dieser Forderung sowie den Größen v_a und c_a'' ist das Austrittsdiagramm festgelegt.

Um nun zur Ermittlung von c_0 und w_0 die Hauptgleichung, beispielsweise von der Form der Gleichung (113), anwenden zu können, ist dieselbe wie folgt umzustellen:

$$\frac{c_0^2}{2g} - \frac{w_0^2}{2g} = \varepsilon_0 H + \frac{c_a''^2 - c_a^{n2}}{2g} - (\tau_6 + \tau_7) H - \frac{v_0^2 - v_a^2}{2g} - \frac{w_a^2}{2g}$$

Außerdem bedarf es noch der Feststellung folgender Größen:

c_a^n Geschw. beim Austritt aus dem Saugrohr $= \frac{Q}{\text{Niveaufläche}} = \frac{8{,}7}{5{,}75}$
$= 1{,}51\,\text{m} = 0{,}161\sqrt{2gH}$

c_a'' = Geschw. beim Eintritt in das Saugrohr $= 2{,}73\,\text{m} = 0{,}290\sqrt{2gH}$

letzterer Wert unter Berücksichtigung der Dicke der Laufradschaufeln, deren Zahl

$$z = 34$$

sein soll. Der Druckhöhenabfall im Saugrohr beträgt

$$\frac{c_a''^2}{2g} - \frac{c_a^{n\,2}}{2g} = 0{,}084H - 0{,}023H = 0{,}061H$$

Hiervon ist als Saugrohrverlust verloren zu betrachten

$$(\tau_6 + \tau_7)H = \qquad = 0{,}035H \text{ d. i. } 3{,}5\,\%$$

so daß als Betrag der Unter-Evakuierung stehen bleibt

$$\frac{c_a''^2 - c_a^{n\,2}}{2g} - (\tau_6 + \tau_7)H = \qquad = 0{,}026H \text{ d. i. } 2{,}6\,\%$$

Wir bewerten den totalen Nutzeffekt zu

$$\varepsilon = 0{,}815$$

also $$\varepsilon_0 = 0{,}815 + 0{,}035 = 0{,}85$$

Mit diesen Größen läßt sich nun zunächst $c_0^2 - w_0^2$ ermitteln; da andererseits aber auch der Beanspruchungsfaktor c_p' (mit Berücksichtigung der Schaufeldicke) gegeben ist, so ist damit das Eintrittsdiagramm festgelegt. Wir finden:

Teilturbine	$\frac{c_0^2 - w_0^2}{2g}$	$k_{c_0} = \frac{c_0}{\sqrt{2gH}}$	c_0 m	$\frac{w_0}{\sqrt{2gH}}$	w_0 m
01	0,72	0,573	5,38	0,408	3,85
12	1,23	0,616	5,80	0,325	3,05
23	1,73	0,681	6,40	0,280	2,63
34	2,23	0,778	7,30	0,332	3,12

Damit erhalten wir für den Leitapparat folgende Abmessungen:

Teilturb.	$b_0 \Delta_0 = \frac{Q/4}{c_0}$ m²	b_0 m	Δ_0 *) berechnet mm	Δ_0 *) ausgeführt mm	α	β	Z
01	0,404	0,114	126,5	127,5	29°	136° 30′	28
12	0,375	0,126	106,5	111,5	26° 30′	—	—
23	0,340	0,143	84,8	93,6	24°	—	—
34	0,295	0,167	63,7	71,5	20°	56° 0′	—
	1,414 = totaler Leitradquerschnitt.						

*) Ausführung und Rechnung lassen sich deswegen nicht genau in Übereinstimmung bringen, weil bei Drehschaufelregulierung noch die Forderung des dichten Schlusses der Drehklappen bei Stellung „geschlossen" hinzutritt.

Für das Laufrad erhalten wir:

Teilturb.	Längen $l =$ m	γ	k	$\cos\varepsilon$ *)	$b = l\cos\varepsilon$	$b\Delta = \frac{Q/4}{w_a}$	Δ berechnet und ausgeführt mm
01	0,116	20° 30′	3°	0,9999	0,116	0,274	69,2
12	0,128	22° 30′	4°	0,9996	0,128	0,299	68,8
23	0,145	24° 40′	5° 30′	9,9992	0,145	0,332	66,7
34	0,175	28° 40′	8° 30′	0,9975	0,1745	0,379	63,8
						1,284 = **totaler Laufradquerschnitt.**	

*) $\cos\varepsilon = \sqrt{1 - \sin^2\gamma \sin^2 k}$ siehe Gleichung (29).

Hinsichtlich Konstruktion der Schauflung wird auf Tafel XXIV verwiesen.

Beispiel 2. (Hierzu Tafel XXII und XXV). Axialturbine mit Ringschützenregulierung in moderner Ausführung.

Für die Daten:

$$H = 7\,\text{m} \quad Q = 7000\,\text{Lit/Sec.} \quad n = 125 \quad \omega = \frac{\pi n}{30} = 13{,}1 \quad N = 520$$

soll eine Doppelturbine mit horizontaler Achse in offener Kammer zur Aufstellung gelangen; ein Rad hat also zu verarbeiten

$$\frac{Q}{2} = 3500 \text{Lit/Sec.}$$

Man wähle folgende Abmessungen und Konstanten:

$$\frac{D_i}{2} = 0{,}5\,\text{m} \qquad v_{innen} = 6{,}55 = 0{,}558\sqrt{2gH} \qquad k_{v_{innen}} = 0{,}558$$

$$\frac{D_a}{2} = 0{,}8\,\text{m} \qquad v_{außen} = 10{,}48 = 0{,}892\sqrt{2gH} \qquad k_{v_{außen}} = 0{,}892$$

$$\frac{D_m}{2} = 0{,}65\,\text{m} \qquad v_{m_0} = 8{,}51 = 0{,}725\sqrt{2gH} \qquad k_{vm_0} = 0{,}725$$

Ferner wird der Beanspruchungsfaktor beim Eintritt ins Laufrad:

$$c_p = 0{,}292\sqrt{2gH} \qquad \underline{k_{cp} = 0{,}292}$$

und der Breitenfaktor daselbst:

$$f_B = \frac{B}{D_m} = \frac{300}{1300} = \underline{0{,}23}$$

Die Berechnung der Querschnittsverhältnisse gestaltet sich mit unseren üblichen Bezeichnungen wie folgt:

Beim Eintritt ins Rad:

Teil-turbine	$2r_0$ m	p_0 mm	$N_{0theor} = 2\pi r_0 p_0$ m²	c_p	Abzug für Schaufel-dicke %	$N_{0eff} =$ m²	c_p' m	v_0	$k_{v_0} = \frac{v_0}{\sqrt{2gH}}$	$\frac{v_0^2}{2g}$
01	1,534	54	0,260	= 3,41 m = $0{,}292\sqrt{2gH}$ im Mittel	11	0,234	3,74	10,06	0,855	5,15
12	1,398	59	0,258		12	0,231	3,80	9,15	0,780	4,28
23	1,250	65	0,255		13	0,226	3,88	8,20	0,697	3,42
34	1,094	73,5	0,252		14	0,221	3,96	7,15	0,608	2,61
			1,025			0,922				

Beim Austritt aus dem Rad:

Teil-turbine	$2r_a$ m	p_a mm	$N_{a theor} = 2\pi r_a \cdot p_a =$ m²	Abzug für Schaufel-dicke %	$N_{a eff} =$ m²	$c_a'' = \frac{Q}{N_{a eff}}$ *)	$k_{c_a''} = \frac{c_a''}{\sqrt{2gH}}$	v_a	$\frac{v_a^2}{2g}$
01	1,408	60	0,265	17	0,227	3,86	0,328	9,23	4,34
12	1,280	68	0,273	18	0,231	3,79	0,322	8,40	3,60
23	1,130	79	0,280	18	0,236	3,71	0,315	7.41	2,81
34	0,945	97	0,288	19	0,242	3,62	0,308	6,17	1,94
			1,106		0,936				

*) Mit Berücksichtigung der Schaufeldicke.

Mit Hinzunahme der Bedingung eines um 10° vorspringenden Diagramms, d. i.

$$\delta = 90^0 + 10^0 = 100^0$$

läßt sich das Austrittsdiagramm aus den Größen c_a'' und v_a aufzeichnen. Damit finden sich w_a und γ.

Die Bestimmnug von $\frac{c_0^2}{2g} - \frac{w_0^2}{2g}$ soll nach der Hauptgleichung:

$$\frac{c_0^2}{2g} - \frac{w_0^2}{2g} = \varepsilon_0 H - \frac{v_0^2 - v_a^2}{2g} - \frac{w_a^2}{2g}$$

erfolgen, und zwar ohne Rücksicht auf die Unter-Evakuierung, d. h. wir schätzen

$$\frac{c_a''^2 - c_a^{n\,2}}{2g} - (\tau_6 + \tau_7) H = 0$$

Für ε_0 setzen wir:

$$\varepsilon_0 = 0{,}85$$

Mit dem Werte von $\left(\frac{c_0^2}{2g} - \frac{w_0^2}{2g}\right)$, zusammen mit c_p' und v_0, ist das Eintrittsdiagramm festgelegt und somit die Größen c_0, w_0, α und β konstruier- bzw. berechenbar.

Die Fortsetzung unseres Berechnungsschemas lautet:

Teil-turbine	w_a m	$\frac{w_a^2}{2g}$	$\frac{v_0^2 - v_a^2}{2g}$	$\frac{c_0^2 - w_0^2}{2g}$	c_0	$k_{c_0} = \frac{c_0}{\sqrt{2gH}}$	w_0
01	10,7	5,81	0,81	— 0,68	5,82	0,495	6,88
12	9,85	4,95	0,68	0,32	6,20	0.527	5,85
23	8,90	4,02	0,61	1,31	6,87	0,583	4,70
34	7,75	3,06	0,67	2,22	7,70	0,655	4,00

Es ergeben sich die **Abmessungen des Leitapparats** aus:

Teil-turbine	$b_0 \varDelta_0 = \frac{3{,}500:4}{c_0}$ m²	*) l_0 mm	α	k_0	**) $\cos \varepsilon_0$	$b_0 = l_0 \cos \varepsilon_0$ mm	Schaufel-zahl (gewählt)	$\varDelta_0$ berechnet u. ausgeführt mm
01	0,1505	68	41°	38° 30′	0,911	62	$Z = 32$	76
12	0,1410	69	39°	33° 30′	0,937	64,5		68,4
23	0,1275	74,5	34° 30′	32° 30′	0,952	71		56,0
34	0,1135	86	30° 30′	31°	0,965	83		42,7
	0,5325 m² = Leitradquerschnitt.							

*) l_0 in Zeichnung abgemessen.
**) $\cos \varepsilon_0 = \sqrt{1 - \sin^2 \alpha \sin^2 k_0}$ siehe Gl. 29.

und die **Abmessungen des Laufrades** aus:

Teil-turbine	$b_a \varDelta_a = \frac{3{,}500:4}{w_a}$ m²	*) l_a mm	γ	k_a	**) $\cos \varepsilon_a$	$b_a = l_a \cos \varepsilon_a$ mm	Schaufel-zahl (gewählt)	$\varDelta_a$ berechnet u. ausgeführt mm
01	0,0817	60	22°	6° 30′	0,999	60	$z = 21$	64,8
12	0,0888	69	23° 30′	11°	0,997	69		61,2
23	0,0985	82	25° 30′	15° 30′	0,993	81,4		57,6
34	0,1130	107	29°	21° 30′	0,984	105		51,2
	0,3820 m² = Laufradquerschnitt.							

*) l_a der Zeichnung entnommen.
**) $\cos \varepsilon_a = \sqrt{1 - \sin^2 \gamma \sin^2 k_a}$.

Damit sind sämtliche Größen, welche zur Konstruktion der Schaufelung notwendig sind, bestimmt. Zur Erzielung schöner Schaufelformen ist die Leitradschaufelaustrittskante in einer unter 18^0, die Laufradschaufelaustrittskante in einer unter 10^0 ansteigenden Ebene angeordnet (siehe Fig. 1 und Fig. 2 Taf. XXV).

Beispiel 3. (Hierzu Tafel XXIII und XXVI.) Axialturbine mit Gitterschieberregulierung.

Die Daten der horizontalen Doppelturbine sind:

$H = 20 \quad Q = 2 \cdot 1250 = 2500$ Lit/Sec. $\quad n = 340 \quad \omega = 35{,}6 \quad N_{eff} = 500$

Die gewählten Abmessungen sind:

$$D_m = 720\,\text{mm} \quad B = 120 \quad f_B = \frac{120}{720} = 0{,}167$$

Die Umfangsgeschwindigkeiten innen, in der Mitte, und außen betragen beziehungsweise:

$$0{,}545\sqrt{2gH} \quad 0{,}653\sqrt{2gH} \quad 0{,}762\sqrt{2gH}$$

Der Beanspruchungsfaktor beträgt

$$k_{cp} = 0{,}235 \text{ entspr. } c_p = 0{,}235\sqrt{2gH}$$

Zur Berechnung der Querschnittsverhältnisse ergibt sich folgendes Schema:

Eintritt in das Rad.

Teilturbine	$2r_0$ mm	$N_{0\,theor} = 2\pi r_0 b_0$ dm²	c_p m	k_{cp}	Abzug für Schaufeldicke %	$N_{0\,eff} =$ dm²	c_p' m	$\frac{c_p'}{\sqrt{2gH}}$	v_0 m	$k_{v_0} = \frac{v_0}{\sqrt{2gH}}$	$\frac{v_0^2}{2g}$ m
01	814	6,8	4,6	0,235	13	6,0	5,2	0,262	14,5	0,734	10,71
12	760	6,8	—	—	13	6,0	—	—	13,5	0,682	9,33
23	700	6,8	—	—	13	6,0	—	—	12,45	0,630	7,91
34	636	6,8	—	—	13	6,0	—	—	11,32	0,572	6,53
		27,2				24,0					

Austritt aus dem Rad.

Teilturbine	$2r_a$ mm	p m	$N_{a\,theor} = 2\pi r_a p$ dm²	Abzug für Schaufeldicke %	$N_{a\,eff} =$ dm²	$c_a'' = \frac{Q}{N_{a\,eff}}$ m	$k_{c_a''} = \frac{c_a''}{\sqrt{2gH}}$	v_a m	$\frac{v_a^2}{2g}$ m
01	738	31	7,18	17	6,10	5,12	0,261	13,15	8,82
12	665	34	7,10	18	6,05	5,18	0,263	11,84	7,14
23	580	38,5	7,02	18	6,00	5,20	0,265	10,3	5,41
34	490	45	6,95	19	5,85	5,34	0,272	8,7	3,88
			28,25		24,00				

Austrittsdiagramm 10^0 vorspringend, also $\delta = 90^0 + 10^0 = 100^0$, Unter-Evakuierung vernachlässigt.

$$\varepsilon_0 = 0{,}85$$

$\frac{c_0^2 - w_0^2}{2g}$ bestimmt aus Hauptgleichung in der Form:

$$\frac{c_0^2 - w_0^2}{2g} = \varepsilon_0 H - \frac{v_0^2 - v_a^2}{2g} - \frac{w_a^2}{2g}$$

Teilturbine	w_a *) m	$\frac{w_a^2}{2g}$ m	$\frac{v_0^2 - v_a^2}{2g}$ m	$\frac{c_0^2 - w_0^2}{2g}$ **) m	c_0 m	$k_{c_0} = \frac{c_0}{\sqrt{2gH}}$	w_0 m
01	15,05	11,58	1,89	3,54	10,95	0,553	7,15
12	13,85	9,79	2,19	5,01	11,7	0,590	6,1
23	12,45	7,91	2,50	6,58	12,6	0,636	5,3
34	11,10	6,27	2,65	8,07	13,6	0,690	4,35

*) w_a ist dem Austrittsdiagramm zu entnehmen, das mit c_a'', v_a und $\delta = 100^0$ konstruierbar ist.

**) Mit $\frac{c_0^2 - w_0^2}{2g}$, c_p' und v_0 ist das Eintrittsdiagramm bestimmt.

Abmessungen des Leitrads.

Teilturbine	α	b_0 mm	$b_0 \Delta_0 = \frac{Q}{c_0}$ dm²	Schaufelzahl	Δ_0 mm
01	28°	26	2,86	$z = 16$	68,6
12	26° 30′	28	2,68		60,0
23	25°	31	2,48		50,0
34	22° 30′	34,5	2,30		41,6
		∼120	10,32 = **totaler Leitradquerschnitt.**		

Abmessungen des Laufrads.

Teilturbine	γ	k	$\cos \varepsilon$	l_a mm	$b_a = l_a \cos \varepsilon$ mm	$b_a \Delta_a = \frac{Q}{w_a}$ dm²	Schaufelzahl	Δ_a mm
01	20°	27°	0,987	35,5	35	2,08	$z = 15$	39,5
12	22°	28°	0,983	40,0	39,2	2,26		38,5
23	24° 30′	27°	0,981	44,5	43,5	2,51		38,5
34	28°	24°	0,981	50,0	49	2,81		38,3
						9,67 = **totaler Laufradquerschnitt.**		

Die Austrittskante der Laufradschaufel ist in einer Ebene angenommen, die unter 26° zur Horizontalebene ansteigt.

4. Freistrahl- (Girard-) Turbinen.

Ist der Spaltüberdruck gleich Null geworden oder was dasselbe, arbeitet die Turbine ohne Reaktion, so entfällt die Notwendigkeit, den Wasserstrahl im Laufrade allseitig zu begrenzen; vielmehr scheint es im Interesse geringerer Reibungsverluste sogar angezeigt, den Strahl überhaupt nur auf die Fläche der Arbeitsschaufel wirken zu lassen und somit eine Berührung mit den Schaufelkränzen und dem Schaufelrücken auszuschließen. Dabei muß aber für eine gute Belüftung der im Kanal entstehenden Hohlräume gesorgt werden, weil sonst die Vakuumbildung zu störenden und Energie verzehrenden Wirbelbildungen des Wassers Anlaß gibt (Freistrahlvollturbinen).

Weiter entfällt die Notwendigkeit, den Leitapparat als geschlossenen Ringraum auszubilden; bei kleinen Wassermengen und niedrigen Tourenzahlen wird man von selbst darauf geführt, an Stelle eines ringförmigen Leitapparats nur vereinzelte Leitkanäle einzubauen, die aneinandergereiht oder gleichmäßig über den Umfang verteilt werden können (Freistrahlpartialturbinen).

Ein Mittelding zwischen Freistrahlvollturbinen und den Überdruckturbinen bilden die sogenannten Grenzturbinen, welche wie jene einen Spaltüberdruck gleich Null besitzen, dabei aber mit vollständig gefüllten Laufradkanälen arbeiten.

Allerdings kann nicht behauptet werden, daß in der Praxis, die voll beaufschlagten Freistrahlturbinen sich hinsichtlich des Nutzeffekts in vorteilhafter Weise vor der Reaktionsturbine mit schwachem Überdruck ausgezeichnet hätten, trotz des geringen Reibungsverlustes, der in den nicht erfüllten Kanälen des Laufrades zu erwarten wäre. Vielmehr darf heute mit Sicherheit behauptet werden, daß die mit schwachem Reaktionsgrad und mit Saugrohr arbeitende Vollturbine der Freistrahlturbine überlegen ist und dieselbe auch tatsächlich verdrängt hat. Der Grund der bessern Wirkungsweise liegt in der zwangläufigen Führung des Wassers in vollständig erfüllten Kanälen, welche jede Unregelmäßigkeit in der Wasserbewegung ausschließt und daher auch die Wirkung des Saugrohres in vollendetstem Maße zur Geltung kommen läßt.

Wollte man aber Freistrahlturbinen mit Saugrohr bauen, so läuft man beständig Gefahr, daß das Wasser im Saugrohr bis zum Laufrad emporsteigt und, daß die Räume zwischen Strahl- und Kanalwandung sich mit totem Wasser füllen, was für den Nutzeffekt der Turbine geradezu verhängnisvoll würde. Man hat zwar in solchen Fällen sich dadurch zu helfen versucht, daß man mittels Schwimmer und damit verbundenem Luftventil das Emporsteigen der Wassersäule im Saugrohr bis über eine gewisse zulässige Grenze hinaus verhinderte, jedoch haben solche Einrichtungen sich nicht einzubürgern vermocht und sind auch grundsätzlich zu verwerfen, weil sie eine ganz unnötige Komplikation der Herstellung und des Betriebes der Turbine bedeuten.

Die Freistrahl-Partialturbine aber, die für kleine Wassermengen bei hohen Gefällen und niedrigen Tourenzahlen bestimmt war, ist durch die viel einfachere und leichter regulierbare Pelton- bzw. Löffelturbine verdrängt worden, welche strenggenommen zwar nichts anderes als eine Radial-Freistrahl-Partialturbine darstellt, bei welcher aber das Laufrad als Doppelrad ausgebildet ist; wir wollen aber, dem allgemeinen Gebrauch folgend, die Pelton- und Löffelturbinen als eine besondere Turbinengattung gelten lassen und dieselbe demgemäß separat behandeln.

Was die Berechnung der Freistrahlturbinen ohne Saugrohr anbetrifft, so verfahre man etwa in folgender Weise:

Die Eintrittsgeschwindigkeit c_0 werde bestimmt aus:

$$c_0 = 0{,}95 \text{ bis } 0{,}97\sqrt{2gH_0} \quad . \quad . \quad . \quad . \quad . \quad (180)$$

wobei H_0 das ausgenutzte Gefälle bedeutet, das bei Axialturbinen nur bis Ende Laufrad, bei Radialturbinen nur bis Mitte Turbinenwelle reicht. Mit $\varepsilon = 0{,}80$ und $\alpha = 15^0$ bis 25^0 ergibt die Hauptgleichung bei stoßfreiem Eintritt und nahezu senkrechtem Austritt, eine Umfangsgeschwindigkeit von

$$v_0 = 0{,}44 \text{ bis } 0{,}48\sqrt{2gH_0} \quad . \quad . \quad . \quad . \quad . \quad (181)$$

Bei Wahl von α und den zusammengehörigen Werten von v_0 und c_0

bestimmt sich w_0. Wir setzen $w_e = w_0$, womit der minimalste Eintrittsquerschnitt für den Laufradkanal festgelegt ist. w_a berechnet sich aus

$$w_a = \sqrt{w_0^2 - (v_e^2 - v_a^2)} \quad . \quad . \quad . \quad . \quad . \quad (182)$$

wobei v_e bzw. v_a die Umfangsgeschwindigkeit im Ein- und Austrittsquerschnitt des Laufradkanals bedeutet; der Druckhöhenverlust im Laufrad ist in w_0 bzw. schon in c_0 zu berücksichtigen; mit w_a läßt sich sodann der kleinste Austrittsquerschnitt bestimmen, den der Laufradkanal haben muß.

Bei Entwurf der Schaufelung hat man jetzt nur noch dafür zu sorgen, daß die ausgeführten Querschnitte um ein wesentliches größer ausfallen als die berechneten, damit der Strahl weder am Schaufelrücken noch an den Schaufelkränzen anzuliegen kommt; zu diesem Zwecke ist die lichte Weite um ca. 20 % größer als die wahrscheinliche Strahldicke zu nehmen und die Laufradbreite beim Austritt auf das 2,5 bis 3fache der Leitradbreite zu erhöhen; außerdem wolle man bei Wahl der Schaufelstellung daran denken, daß der absolute Wasserweg irgend eines Wasserteilchens bei Axialfreistrahlturbinen nicht auf einer Zylinderfläche, sondern in Tangentialebenen an dieselbe verläuft.

5. Pelton- und Löffelräder.

a) Allgemeines.

Diese für hohes Gefälle (bis 600 m und mehr) bei kleinen Wassermengen ausgezeichnete Turbinenart gehört zum System der Radialturbinen mit äußerer Beaufschlagung.

Die ruhende Schaufelreihe bei diesen Turbinen ist gebildet durch Düsen, die unter einem bestimmten Winkel (Eintrittswinkel) gegen den Umfang des Laufrades angestellt werden.

Die Zahl der Düsen oder Einläufe geht in der Regel nicht über 3 pro Rad. Die marktfähigen Typen besitzen nur eine Düse.

Die Regelung der Größe des Düsenquerschnitts und damit der zuströmenden Wassermenge geschieht entweder automatisch oder von Hand. Je nach der Form des Düsenquerschnitts, der rund, quadratisch oder rechteckig sein kann, unterscheidet man:

Für runde Düsen:

1. Abschluß durch Blende (s. Fig. 10 Tafel XXVIII).
2. Abschluß durch Bewegung eines in Richtung der Düsenachse beweglichen innen liegenden Dorns (Fig. 1, Tafel XXIX und Fig. 7 Tafel XXIX, Engl. Patent 17494 und Z. d. V. d. Ing. 1904, Seite 1901, sowie Z. f. d. ges. Turbinenwesen 1905, S. 82 und 138).
3. Abschluß durch Bewegung des umschließenden Düsenmantels relativ zu einem ruhenden Dorn, Fig. 1 Tafel XXVIII, D. R.-P. a.

Für rechteckige oder quadratische Düsen:

1. Abschluß durch Blende (wie für runde Düse).
2. Abschluß durch Einschnürung des Strahls der Höhe nach, wobei gewöhnlich die obere Wand des Düsenhohlprismas durch Drehung um einen Zapfen (s. Fig. 1 Tafel XXVII u. Fig. 5 Tafel XXIX) oder

auch durch Parallelverschiebung in Führungen beweglich gemacht ist (Fig. 15 Tafel XXIX).

3. Abschluß durch Einschnürung des Strahls der Breite nach, wobei beide Seitenwände des Düsenhohlprismas durch Drehung oder Parallelverschiebung gegeneinander beweglich gemacht sind, währenddem im Gegensatz zu 2 die obere und untere Prismenwand ruhend bleiben.

Die unter 2 und 3 gekennzeichneten Reguliermethoden sind deshalb vorzuziehen, weil die Führung des Strahls auch bei partieller Beaufschlagung eine gesicherte bleibt, während die mit 1 bezeichnete Regulierart eine plötzliche Querschnittsverengung verursacht, und zudem den Strahl aus der gewünschten Richtung abbeugt, beides Übelstände, die den Nutzeffekt bei partieller Beaufschlagung schädlich beeinflussen.

Hinsichtlich der Wahl der Düsenform, ob rund oder rechteckig, dürfte der runden Düse aus theoretischen Gründen der Vorzug gebühren, weil dieselbe die geringste Wandreibung bei vollständiger Homogenität des Wasserstrahls hinsichtlich Geschwindigkeit der einzelnen Wasserteilchen bietet; im Gegensatz hierzu finden bei rechteckigen Düsen die Wasserteilchen, welche in den Ecken sich bewegen, einen bedeutend höhern Widerstand als in den Mitten der Seitenwände, was natürlich ein Zerreißen des Strahls hervorruft.

Hinsichtlich Regulierfähigkeit haben zwar die Düsen mit rechteckigem Querschnitt bislang den Vortritt behauptet. Im Gegensatz hierzu empfiehlt Verfasser Konstruktionen nach Fig. 1 Tafel XXIX und Fig. 1 Tafel XXVIII oder die amerikanischen Konstruktionen Fig. 7 Tafel XXIX und Z. d. V. d. Ing. 1904, Seite 1901.[1])

Die bewegte Schaufelreihe wird gebildet durch eine Schar von Löffeln oder Bechern, die an einen Kranz angegossen oder einzeln aufgeschraubt sind. Damit kein Axialdruck entstehen kann, ist jeder Löffel oder Becher symmetrisch zur Mittelebene des Schaufelkranzes ausgebildet.

Die Laufradwelle ist in den weitaus meisten Fällen horizontal und muß es auch sein, damit das Wasser bequem beidseitig abströmen kann.

Bei vertikaler Aufstellung könnte das von den obern Schalenhälften abströmende Wasser hemmend auf die Bewegung des Rades rückwirken, falls nicht besondere Vorkehrungen getroffen werden, damit das in die Höhe geworfene Wasser nicht auf die Schaufeln zurückfalten kann (Wasserablenkmantel).

Ähnlich wie bei Francis-Turbinen können auch bei diesem Turbinensystem 2, 3 oder mehr Räder auf einer Welle sitzen, zum Zwecke der Unterteilung der zu verarbeitenden Wassermenge.

Dies kann erwünscht sein:

1. um bei gleicher Wassermenge und gleichem Gefälle eine höhere Tourenzahl zu erzielen;
2. um bei festgelegter Tourenzahl die Krafteinheit der Maschine zu steigern.

---

[1]) Über eine Regelungsvorrichtung bestehend im Ausschwingen der ganzen, drehbar gelagerten Düse s. Z. f. d. ges. Turbinenwesen 1905, S. 84.

Den charakteristischen Unterschied zwischen Löffelrad und Peltonrad bildet die Lage der Eintrittskante der Laufradschaufel; für das erstere liegt dieselbe wie bei einer Francis-Turbine parallel zur Achse (Fig. 12 bis 14 Tafel XXIX); das Wasser muß dabei nicht nur seitlich, sondern auch gegen das Radinnere freien Austritt finden; beim letztern liegt die Schaufelkante in der Symmetrieebene des Schaufelkranzes (Fig. 1 bis 9 Tafel XXVIII); das Wasser wird gezwungen nur seitlich auszutreten und ist der Austritt gegen das Radinnere ganz oder wenigstens größtenteils durch eine Wand gesperrt.

Beide Systeme lassen sich auch in einer einzigen Schaufel kombinieren (Fig. 1 und 2 Tafel XXVII), ohne daß dadurch aber ein höherer Nutzeffekt zu erwarten wäre.

b) Düsenquerschnitt und Raddurchmesser.[1])

Der aus der Düse austretende Strahl besitzt eine Geschwindigkeit von

$$0{,}95\sqrt{2gH_0} \text{ bis } 0{,}98\sqrt{2gH_0}$$

d. h.

$$k_{c_0} = 0{,}95 \text{ bis } 0{,}98$$

entsprechend einem Druckhöhenverlust im Leitapparat von 10 bis 4%, wobei die Druckhöhe H_0 selbst in Höhe der Laufradachse mit Manometer zu messen ist und zwar an einer Stelle, wo die Wassergeschwindigkeit den Betrag von $0{,}1\sqrt{2gH}$ noch nicht überschreitet, widrigenfalls die der Wassergeschwindigkeit entsprechende Druckhöhe zum beobachteten H_0 zu addieren wäre. Die in der Regel verlorene Gefällshöhe von Mitte Laufrad bis Unterwasserspiegel ist ebenfalls zu H_0 zu addieren, um das wahre Nutzgefälle zu erhalten; je nach Aufstellung des Rades kann dieser letztere Verlust 2 und mehr Prozent von H_0 ausmachen.

Die Umfangsgeschwindigkeit des Rades zur Erzielung senkrechten Austritts vom Radumfang schwankt zwischen

$$0{,}45\sqrt{2gH_0} \text{ bis } 0{,}50\sqrt{2gH_0}$$

entsprechend

$$k_{v_0} = 0{,}45 \text{ bis } 0{,}50$$

je nach Größe des Eintrittswinkels α; damit ergibt sich die erste Bedingung für die Größe des Raddurchmessers zu:

$$\frac{D\pi n}{60} = k_{v_0}\sqrt{2gH_0} \quad \ldots\ldots \quad (183)$$

Die Praxis zeigt nun weiter, daß es empfehlenswert ist die Größe des Düsenquerschnitts bzw. die Größe d des Durchmessers des runden Düsenquerschnitts in einem bestimmten Verhältnis zum Raddurchmesser D zu wählen und zwar setzen wir

$$d = 100\,D - 10\,D^2 + 5\,\text{mm} \quad \ldots\ldots \quad (184)$$

[1]) Seit Abfassung dieser Schrift sind 3 Arbeiten erschienen: „Schweiz. Bauzeitg.“ 1905, Seite 207 und „Z. f. d. ges. Turbinenwesen“ 1905, Seite 98 und 1906, Seite 53, welche den rechnerischen Teil und speziell die Konstruktion der relativen Wasserbahn ausführlich behandeln.

wobei d in Millimetern sich ergibt, wenn D in Metern eingesetzt wird; damit findet sich die Größe des Düsenquerschnitts selbst zu

$$\frac{\pi d^2}{4}$$

Dieser Düsenquerschnitt ist als der größte anzusehen, welcher für das Rad vom Durchmesser D einen hohen Nutzeffekt ergibt. Dagegen kann derselbe, wenn triftige Gründe vorliegen, bis auf die Hälfte oder noch weiter reduziert werden; allerdings macht sich die Leergangsarbeit alsdann auf Kosten des Gesamtnutzeffektes wieder mehr und mehr geltend. Eine Vergrößerung des Düsenquerschnitts führt rasch eine Verschlechterung des Nutzeffektes deshalb herbei, weil das Wasser nicht genügend Platz mehr findet, frei von den Löffeln oder Bechern abzuströmen, und sich infolgedessen leicht im Radgehäuse staut; auch tritt beim Überströmen auf die Schaufel ein Stoßverlust für einen Teil der am Umfang des Strahls sich bewegenden Wasserelemente ein, weil die Bedingung des stoßfreien Eintritts nicht mehr eingehalten werden kann. Die Verbreiterung des Rades und des Radgehäuses vermag in diesem Falle den Nutzeffektsabfall etwas aufzuhalten, doch ergeben sich dann wieder unnatürliche Konstruktionsverhältnisse. Besser ist in solchen Fällen die Verteilung des Wassers auf 2, 3 und mehr Düsen von normalen Abmessungen.

Wird ein quadratischer Düsenquerschnitt von d_1 mm Seitenlänge gewünscht, so bestimmt sich d_1 aus:

$$d_1 = d\sqrt{\frac{\pi}{4}} \quad \quad (185)$$

wohingegen ein rechteckiger Düsenquerschnitt, dessen Breite b zweimal der Dicke δ ist, sich berechnet aus:

$$\delta = d\sqrt{\frac{\pi}{8}} \quad \quad (186)$$

und

$$b = 2\delta \quad \quad (187)$$

Die pro Düse auf das Laufrad geleitete Wassermenge beträgt in m^3

$$q = \frac{\pi d^2}{4} k_{c_0} \sqrt{2gH_0} \quad \quad (188)$$

wenn d und H_0 in Metern eingesetzt werden, und die Zahl Z der Düsen bestimmt sich bei Q m^3 totaler Wassermenge zu

$$Z = \frac{Q}{q} \quad \quad (189)$$

Für verschiedene Raddurchmesser ausgerechnet ergeben sich folgende zugehörige Werte von d, d_1, δ und b (siehe Tabelle auf nächster Seite).

Es mag noch hinzugefügt werden, daß Düsen mit rundem oder quadratischem Querschnitt sich vorzugsweise für Pelton-Schaufelung eignen, diejenigen mit rechteckigem Querschnitt aber ausschließlich für Löffelräder bestimmt sind.

Tabelle der Düsenabmessungen.

Rad-durchmesser $D=$ m	Durchmesser der runden Düse $d=$ mm	Seitenlänge der quadratischen Düse $d_1=$ mm	Abmessungen des rechteckigen Querschnitts, wenn $b=2\delta$: $b=$ mm	$\delta=$ mm	Maximaler Düsenquerschnitt $\frac{\pi d^2}{4}=$ cm²
0,2	25	22	32	16	4,9
0,3	34	30	42	21	9,1
0,4	43	38	54	27	14,5
0,5	52	46	66	33	21,2
0,6	61	54	76	38	29,2
0,7	70	62	88	44	38,5
0,8	79	70	100	50	49,0
0,9	87	77	110	55	59,4
1,0	95	84	120	60	70,9
1,1	103	91	130	65	83,3
1,2	111	98	140	70	96,8
1,3	118	105	148	74	109,4
1,5	133	118	166	83	138,9
1,8	153	136	192	96	183,9

α) Löffelräder.

I. Abmessungen.

Die Radhöhe h in Millimetern in radialer Richtung gemessen, bestimme man für einen gegebenen Raddurchmesser D[1]) in Metern aus der empirischen Formel:

$$h = 150\,D - 30\,D^2 + 5\,\text{mm} \quad \dots\dots \quad (190)$$

welchem Werte auch ungefähr der folgende

$$h \cong 1{,}25\,d \quad \dots\dots\dots \quad (191)$$

entspricht.

Die Radbreite b in axialer Richtung aus:

$$b = 250\,D - 20\,D^2 + 30\,\text{mm} \quad \dots\dots \quad (192)$$

oder auch angenähert:

$$b \cong 3\,d$$

Die Gehäusebreite B wähle man mindestens 3mal der Radbreite um sicher zu sein, daß das Wasser reichlichen Abflußquerschnitt findet.

Bezüglich des Eintrittswinkels gilt die Forderung, daß der Strahl mit Sicherheit in das Rad eintritt. Ist nun das Reguliersystem ein derartiges, daß der mittlere Wasserfaden während der Regulierperiode seine Richtung unverändert beibehält, so soll dasselbe einen Kreis vom Durchmesser $\leqq D - h$ tangieren; im Grenzfalle ergibt sich damit ein Eintrittswinkel α, der sich berechnet aus

$$\cos\alpha = \frac{D-h}{D} \quad \dots\dots\dots \quad (193)$$

und als Minimum von α aufzufassen ist.

Wird dagegen durch die Reguliermethode der Strahl beim Schließen der Düse vom Rade abgelenkt, was z. B. der Fall ist, wenn der Strahl durch Einschnüren der Höhe nach (Fig. 5 Tafel XXIX) veränderlich

---

[1]) D ist über die Eintrittskante zu messen.

gemacht ist, so empfiehlt es sich bei Stellung ganz offen den mittlern Wasserfaden an einen Kreis vom maximalen Durchmesser $D - \frac{4}{3} h$ tangieren zu lassen, entsprechend einem mittlern Eintrittswinkel α, der gegeben ist durch

$$\cos \alpha' = \frac{D - \frac{4}{3} h}{D} \quad . \quad . \quad . \quad . \quad . \quad . \quad . \quad . \quad (194)$$

Die nach vorstehenden Angaben berechneten Größen h, B, b, α und α' sind für verschiedene Raddurchmesser D in folgender Tabelle zusammengestellt worden:

Tabelle der Abmessungen für Löffelräder.

Durchmesser $D =$ m	Durchm. der runden Düse $d =$ mm	Radhöhe $h =$ mm	Radhöhe $b =$ mm	Gehäusebreite $B =$ mm	α	α'
0,2	25	34	79	250	33° 50′	39° 10′
0,3	34	47	103	300	32° 50′	37° 40′
0,4	43	60	127	375	31° 50′	36° 50′
0,5	52	72	150	450	31° 10′	36° 10′
0,6	61	84	173	525	30° 40′	35° 40′
0,7	70	95	195	600	30° 10′	35° 0′
0,8	79	106	217	675	29° 50′	34° 40′
0,9	87	116	239	725	29° 30′	34° 10′
1,0	95	125	260	775	29° 0′	33° 40′
1,1	103	134	281	850	28° 40′	33° 0′
1,2	111	142	301	900	28° 10′	32° 40′
1,3	118	149	321	950	27° 50′	32° 10′
1,5	133	162	360	1100	26° 50′	31° 10′
1,8	153	178	415	1250	25° 40′	29° 50′

Die Bestimmung der Teilung und Schaufelzahl muß von dem Gesichtspunkt aus geschehen:

a) daß zwischen den einzelnen Löffeln genügend freier Austrittsquerschnitt bleibt, ohne daß aber der Austrittsverlust einen unzulässigen Wert überschreitet;

b) daß die Schaufeln, welche eine gleichzeitige Beaufschlagung erleiden, so nahe aneinander stehen, daß auch für die Randstrahlen ein möglichst stoßfreier Eintritt gesichert erscheint.

Um beiden Forderungen gerecht zu werden, setzen wir die Teilung

$$t = 0{,}40 \text{ bis } 0{,}45 \frac{d}{\sin \alpha} \quad . \quad . \quad . \quad . \quad . \quad . \quad . \quad (195)$$

und erhalten damit die Schaufelzahlen z

$$z = \frac{\pi D}{t} \quad . \quad . \quad . \quad . \quad . \quad . \quad . \quad . \quad . \quad (196)$$

Das ergibt mit den obigen Zahlenwerten unserer Tabelle die folgende Zusammenstellung:

Tabelle der Schaufelzahlen für Löffelräder.

Durchmesser d in m	Schaufelzahlen z von	bis	Durchmesser d in m	Schaufelzahlen z von	bis
0,2	30	34	0,9	34	38
0,3	30	34	1,0	34	38
0,4	32	36	1,1	36	40
0,5	32	36	1,2	36	40
0,6	32	36	1,3	36	40
0,7	34	38	1,5	36	40
0,8	34	38	1,8	36	40

Hinsichtlich der zeichnerischen Darstellung eines Löffelrades s. auch Fig. 12 bis 14, Tafel XXIX.

II. Winkelverhältnisse und Austrittsquerschnitt.

Der Laufradschaufeleintrittswinkel β gemessen an der Peripherie des Rades ergibt sich bekanntlich aus der Bedingung des stoßfreien Eintritts:

$$\frac{w_0}{v_0} = \frac{\sin\alpha}{\sin(\beta-\alpha)} \quad . \quad . \quad . \quad . \quad . \quad . \quad . \quad . \quad (197)$$

wobei w_0 gegeben ist durch:

$$w_0 = \sqrt{v_0^2 + c_0^2 - 2 v_0 c_0 \cos\alpha} \quad . \quad . \quad . \quad . \quad . \quad . \quad (198)$$

Da v_0, c_0 und α als bekannt zu betrachten sind, immerhin unter Einhaltung der Hauptgleichung:

$$c_0 v_0 \cos\alpha = g \varepsilon H$$

(bei senkrechtem Austritt), so lassen sich w_0 und β rechnerisch bestimmen, wobei das gefundene Resultat auf graphischem Wege zu kontrollieren ist.

Die Austrittsgeschwindigkeit w_a in Richtung des strömenden Wassers ergibt sich für irgend einen Mittelpunkt des durchströmten Austrittsquerschnitts zu:

$$w_a = \sqrt{w_e^2 - (v_e^2 - v_a^2)} \quad . \quad . \quad . \quad . \quad . \quad . \quad . \quad (199)$$

hierbei darf vorbehaltlich späterer Korrektur

$$w_e \cong w_0 \quad . \quad . \quad . \quad . \quad . \quad . \quad . \quad . \quad . \quad (200)$$

gesetzt werden und ferner sind für v_e und v_a die Umfangsgeschwindigkeiten, gemessen inmitten der Ein- und Austrittsquerschnitte, in Rechnung zu bringen. Der Verlust im Laufrad ist von vornherein bei Annahme von c_0 zu berücksichtigen.

Unter Zugrundelegung eines bestimmten Austrittsverlustes, den wir im Mittel zu 0,05 H_0 bewerten, entsprechend einer Austrittsgeschwindigkeit von

$$c_a \cong 0{,}225 \sqrt{2 g H_0} \quad . \quad . \quad . \quad . \quad . \quad . \quad . \quad . \quad (201)$$

bestimmt sich nunmehr das Austrittsdiagramm aus den Größen v_a, w_a und c_a; falls sich nun zeigt, daß c_a nicht, wie verlangt, senkrecht zur Umfangsgeschwindigkeit steht, so ist die Tourenzahl bzw. v_0, v_e und v_a entsprechend zu ändern, damit dieser Forderung Genüge geleistet wird und ist somit die Rechnung nochmals zu wiederholen, wobei dann gleichzeitig w_e zwischen w_0 und w_a endgültig interpoliert werden kann.

w_e und w_a sind sodann bestimmend für die Größe des Ein- und Austrittsquerschnittes.

Der für senkrechten Austritt sich ergebende mittlere Austrittswinkel γ variiert einerseits mit dem Raddurchmesser und andererseits mit dem Abstande der einzelnen Austrittskantenpunkte von der Drehachse. So beträgt z. B. für ein Rad vom Durchmesser 600 mm mit Zugrundelegung unserer Tabellenwerte an der äußern Peripherie des Löffels dieser Austrittswinkel $\gamma \simeq 24^0$; an der innern Peripherie dagegen $\sim 30^0$, im Mittel also $\sim 27^0$. Für Räder < 600 mm wird dieser Mittelwert etwas größer, für Räder > 600 mm etwas kleiner ausfallen.

III. Praktische Ausführung.

Zur praktischen Herstellung der Schaufelform gehe man ungefähr wie folgt vor: Man wähle das Oval des Löffels im Grundriß derart, daß die wahrscheinlichen Wasserfäden möglichst senkrecht zur Austrittskante zu stehen kommen, was sich allerdings nur angenähert erreichen läßt. Sodann führe man Schaufelschnitte derart, daß die Löffelform sich praktisch leicht herstellen läßt, etwa nach Fig. 12 bis 14 Tafel XXIX und verzeichne auf diesen die Kanalform unter Einhaltung der Winkel β und γ, die durch Rechnung bestimmt worden sind; man wolle dabei nicht außer acht lassen, daß die Winkel γ in Richtung des fließenden Wassers anzutragen sind, was für Schaufelschnitte, welche nicht in dieser Richtung verlaufen eine Neukonstruktion der im Schnitt erscheinenden Austrittswinkel γ erforderlich macht.

Zur Bestimmung der Größe des Austrittsquerschnitts hat man schätzungsweise diejenige Länge der Austrittskante zu ermitteln, welche für den Wasseraustritt in Frage kommt und ungefähr $^2/_3$ der totalen Länge beträgt (strenggenommen ist zwar an Stelle der Austrittskante die etwas kürzere Mittellinie des Austrittsquerschnitts zu substituieren). Mit den durch Zeichnung vorläufig festgelegten Austrittsweiten bestimmt sich sodann der Austrittsquerschnitt und durch Multiplikation mit der Austrittsgeschwindigkeit w_a die Wassermenge, welche pro Löffel verarbeitet werden kann; dies so bestimmte Wasserquantum soll aber um 10 bis 20 $^0/_0$ größer sein, als das von der Düse austretende und im ungünstigsten Falle auf einen Löffel strömende; welcher Fall für kreisrunde Düsen beispielsweise dann eintritt, wenn der mittlere Düsenwasserfaden auf die Mitte der Schaufelteilung fällt.

Genügt der Austrittsquerschnitt dieser Forderung nicht, so bleibt nichts anderes übrig, als entweder das Oval des Löffels zu ändern oder, wenn angängig, den Düsenquerschnitt dem vorhandenen Austrittsquerschnitt anzupassen (durch Änderung der Zahl der Düsen). Die durch Tabelle angegebenen Radabmessungen stehen diesbezüglich bereits in Übereinstimmung mit den daselbst angenommenen Düsenquerschnitten.

Wie bei den Freistrahlturbinen bereits erwähnt wurde, ist dieser Überschuß an Austrittsquerschnitt deshalb notwendig, um mit Sicherheit jede Berührung des Strahls mit dem Schaufelrücken auszuschließen, widrigenfalls in den Austrittsquerschnitten leicht ein Überdruck eintreten kann, der sich nicht nur rückwärts auf die Düse fortpflanzt und den Ausflußkoeffizient verringert, sondern auch als eine Art von Stau die Füllung des Radgehäuses bewirkt, was natürlich für diese Art von Freistrahlturbinen hinsichtlich des Nutzeffektes äußerst schädliche Folgen hat.

β) Peltonräder.

I. Abmessungen.

Das Wesen dieser Konstruktionsform besteht darin, daß der tangential an das Rad gerichtete Strahl durch die Mittelwände der Schaufeln, welche in der Symmetrieebene des Rades liegen (s. Fig. 4 bis 9 Tafel XXVIII), in zwei Hälften geteilt und seitlich zum Abströmen gebracht wird. Die absoluten Wasserwege der einzelnen Wasserteilchen verlaufen demnach ungefähr tangential an das Rad. Es liegt in der Natur der Schaufelform, daß gegen das Radinnere kein oder nur wenig Wasser abströmen kann, weswegen der notwendige Austrittsquerschnitt durch Verbreiterung und Vergrößerung der Radhöhe im Vergleich zu Löffelrädern gesucht werden muß. Wir setzen unter Verwendung der gleichen Bezeichnungen wie bei Löffelrädern die Radhöhe h in radialer Richtung

$$h = 200\,D - 40\,D^2 + 5\,\text{mm} \quad . \; . \; . \; . \; . \quad (202)^{1)}$$

und die Schaufelbreite b

$$b = 300\,D - 25\,D^2 + 30\,\text{mm} \quad . \; . \; . \; . \; . \quad (203)$$

unter der Annahme, daß die für das Rad vom Durchmesser D zur Verwendung gelangenden maximalen Düsenquerschnitte von der Größe $\frac{\pi d^2}{4}$ sind, wobei d bestimmt ist durch

$$d = 100\,D - 10\,D^2 + 5\,\text{mm} \quad . \; . \; . \; . \; . \quad (204)$$

Als Annäherung kann gelten:

$$h \simeq 1{,}7\,d \quad . \; . \; . \; . \; . \; . \; . \; . \quad (205)$$

und

$$b \simeq 3{,}3\,d \quad . \; . \; . \; . \; . \; . \; . \; . \quad (206)$$

Wird für das Rad vom Durchmesser D eine kleinere Düse vom Diameter $d_0 < d$ gewählt, so ist selbstverständlich auch die zu dieser kleinern Düse zugehörige kleinere Peltonschaufel bei der Konstruktion des Rades zur Verwendung zu bringen.

Die Gehäusebreite wähle man wiederum $\simeq 3b$, d. h. größer als das Gehäuse des Löffelrades von gleicher Kapazität.

Der Eintrittswinkel bzw. Anstellungswinkel der Düse bestimmt sich aus der Forderung, daß der Zentrumswasserfaden des Strahls einen Kreis vom Durchmesser $D - \frac{3}{4}h$ berührt, vorausgesetzt, daß während der Regulierperiode dieser Wasserfaden seine Lage unverändert beibehält (z. B. bei Düsenregulierung mit zentral eingebautem Dorn). Wird dagegen der Strahl beim Verschließen der Düse nach außen, d. h. vom Rade weggedrängt, so lasse man bei ganz geöffneter Turbine den mittlern Wasserfaden an einen Kreis vom Durchmesser $D - h$ tangieren.

Hinsichtlich der Schaufelzahlen ist zu bemerken, daß Peltonräder bedeutend weniger Schaufeln wie Löffelräder benötigen, was darin begründet liegt, daß bei den erstern auch bei großer Teilung die Eintrittsverhältnisse sich nicht wesentlich ändern, in welcher Stellung auch die Schaufel sich gerade gegenüber der Düse befinden mag. In nachstehender Tabelle sind für Peltonräder Schaufelzahlen angegeben, die brauchbare Verhältnisse ergeben.

---

[1]) D ist über die Endpunkte der den Strahl teilenden Schneide zu messen und zwar in m;

Die Schneide soll von dem austretenden Strahl in dem Moment winkelrecht getroffen werden, wo die Wassermenge für den Becher zum Maximum wird.

Für stoßfreien Eintritt sollte bei Peltonschaufeln der Schaufelwinkel $\beta = 0$ sein, da ja c_0 und v_0 in eine Richtung fallen; da dies praktisch aber nicht durchführbar ist, so ist wenigstens darauf Bedacht zu nehmen, daß β für alle Wasserfäden so klein als möglich wird, d. h. es ist b möglichst groß im Verhältnis zum Düsendurchmesser d zu wählen. Auch von diesem Gesichtspunkte aus muß also die Peltonschaufel größer sein als die Löffelschaufel unter sonst gleichen Verhältnissen.

Nach den vorstehenden Angaben ist für verschiedene Raddurchmesser die folgende Tabelle zusammengestellt worden:

Tabelle der Abmessungen für Peltonräder.[1])

Durchmesser D m	Durchmesser der runden Düse d mm	Seitenlänge d. quadr. Düse d_1 mm	Düsenquerschnitt cm²	Schaufelhöhe h mm	Schaufelbreite b mm	Gehäusebreite B mm	Anstellungswinkel α für $\cos\alpha = \frac{D-h}{D}$	Anstellungswinkel α' für $\cos\alpha' = \frac{D-\frac{3}{4}h}{D}$	Schaufelzahl
0,2	25	22	4,9	43	89	275	38° 20′	33° 0′	16
0,3	34	30	9,1	61	118	350	37° 10′	32° 0′	16
0,4	43	38	14,5	79	146	450	36° 40′	31° 30′	18
0,5	52	46	21,2	95	174	525	35° 50′	31°	18
0,6	61	54	29,2	111	203	600	35° 20′	30° 30′	18
0,7	70	62	38,5	125	228	675	34° 50′	30°	20
0,8	79	70	49,0	139	254	750	34° 20′	29° 30′	20
0,9	87	77	59,4	153	280	825	33° 50′	29° 10′	20
1,0	95	84	70,9	165	305	900	33° 20′	28° 50′	20
1,1	103	91	83,3	177	330	1000	33° 0′	28° 20′	22
1,2	111	98	96,8	187	354	1075	32° 30′	28° 0′	22
1,3	118	105	109,5	197	378	1150	32° 0′	27° 40′	22
1,5	133	118	139	215	424	1275	31° 0′	26° 40′	22
1,8	153	136	184	235	489	1500	29° 40′	25° 30′	24

II. Berechnung des Austrittsquerschnitts.

Für eine Hälfte der Peltonschaufel kommt in Betracht ein Wasserstrahl von halbkreisförmigem Querschnitt; der mittlere Wasserfaden, welcher durch den Schwerpunkt des Halbkreises gezogen gedacht sei, trifft im Punkte P des Eintrittsquerschnitts ein (Textfigur 42), woselbst eine Ablenkung unter Winkel β erfolgen muß.

Die Größe dieses Winkels β wäre identisch mit dem halben Schneidenwinkel bei A, sofern eine allseitige Stützung des Strahls an der Eintrittsstelle stattfände.

Da dies aber in Wirklichkeit nicht der Fall ist, vielmehr sofort nach Eintritt eine Ausbreitung des Strahls in Richtung der strahlteilenden Kante sich vollzieht, so wird beispielsweise das Randteilchen nicht schon

[1]) Für ein Rad von 1550 Durchmesser rechnet Hartwagner in „Z. f. d. ges. Turbinenwesen" 1905, Seite 100 eine Schaufelzahl von $z = 22{,}8$ und Kotzur in derselben Zeitschrift 1906, Seite 55 eine solche von 23,9 aus, was sich mit unsern Angaben gut deckt.

in Q, sondern erst in Q' seine plötzliche Ablenkung und zwar unter dem größern Winkel β' erfahren, was einem erhöhten Stoßverluste gleichkommt. Wenn nun auch die genaue Bestimmung des Winkels β für irgend ein Wasserteilchen sich der Rechnung entzieht, so ist doch so viel klar, daß, wenn der Strahl im Verhältnis zur Schaufel breit gewählt wird. die Eintrittsverluste durch Stoß sich bedeutend erhöhen und nachteilig auf den Nutzeffekt der Turbine einwirken müssen, weswegen es angezeigt erscheint:

a) den Strahl schmal im Verhältnis zur Radbreite und

b) den Schneidenwinkel möglichst klein zu wählen.

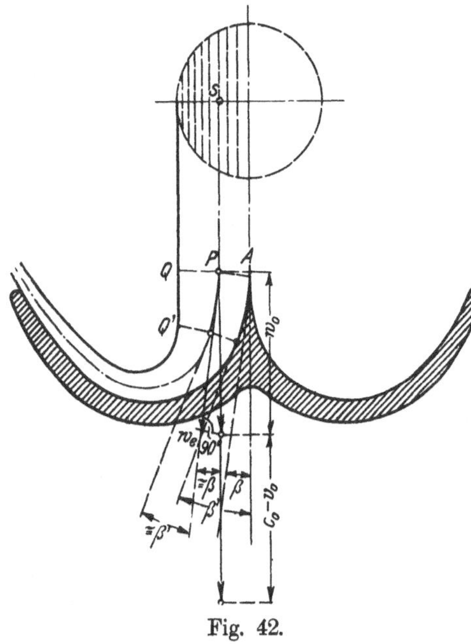

Fig. 42.

Die Geschwindigkeit w_0 in Richtung des Strahls relativ zum bewegten Rad ist

$$w_0 = c_0 - v_0 \quad . \quad (207)$$

Von dieser Geschwindigkeit kommt zur Geltung nur

$$w_e = w_0 \cos \beta \quad . \quad (208)$$

während $w_0 \sin \beta$ durch Stoß verloren geht. Strenggenommen ist hiebei auch noch die Verschiedenheit von v_0 an den einzelnen Auftreffstellen der Wasserfäden zu berücksichtigen, was durch Zerlegung in Teilturbinen möglich wird.

Im übrigen verfahre man nun genau so wie bei den Löffelturbinen, d. h. man ermittle die Austrittswinkel γ und verzeichne sodann an Hand obiger Angaben die Schaufelform, wobei schließlich der sich ergebende Austrittsquerschnitt auf seine ausreichende Größe kontrolliert werden muß.

III. Praktische Ausführung.

Die Peltonschaufeln können mit der Nabenscheibe als Ganzes oder auch nur als separater Kranz oder Kranzsegment oder auch einzeln gegossen werden; in den letztern drei Fällen ist eine solide Verbindung mit der Nabenscheibe vorzunehmen. Maßgebend für die Ausführungs- und Befestigungsweise ist die Größe des Rades, die Qualität und Art des zu verwendenden Materials und die Forderung, möglichst wenig Schaufelmodelle zu erhalten. Vom letztern Gesichtspunkt aus empfiehlt es sich, jede Schaufel einzeln herzustellen und stückweise an die Nabenscheibe bzw. deren Radkranz anzuschrauben; zwei bekannte Befestigungsweisen sind auf Tafel XXVIII Fig. 4 und 8 angegeben.

Zur Erzielung eines hohen Nutzeffektes empfiehlt es sich endlich, die Schaufeln auf der Arbeitsfläche sauber zu bearbeiten, so daß die Rauhigkeit des Gusses ohne Einfluß bleibt.

Turbinenanlagen.

Die Nutzbarmachung irgend einer Wasserkraft umfaßt in baulicher und maschinentechnischer Hinsicht die Anlage folgender Einzelwerke:

A. Die Wasserfassung.
B. Die Leitungen zur und von der Kraftstation.
C. Die Reinigungsvorrichtungen für das Betriebswasser.
D. Die Verschlußvorrichtungen zu den Leitungen.
E. Der maschinelle Teil der Kraftstation.
F. Der bauliche Teil der Kraftstation.
G. Die Einrichtungen zur Fortleitung der gewonnenen Energie.

Innerhalb des zur Verfügung stehenden Rahmens können nur die unter B, C, D und E eingeteilten Bauwerke, und diese nur soweit sie mit der Turbinenfabrikation in innigem Zusammenhang stehen, einer eingehenderen Besprechung unterzogen werden, während die übrigen Kapitel A, F und G in Sonderwerke gehören und hier nur kurz gestreift werden sollen.

A. Die Wasserfassung.

Zur Wasserfassung sind zu rechnen alle baulichen Einrichtungen an der oberen Mündung des Zulauforgans, der Hauptsache nach dem Zwecke dienend:

durch Stauung des Wassers im Fluß oder Bachlauf das Gefälle nach Möglichkeit zu erhöhen;

durch geeignete Zuführung des Wassers vom Fluß- oder Bachbett zum Zulauforgan der Turbine das Mitreißen von Schwemmseln, wie Holz, Kies, Sand, Laub etc. nach Möglichkeit zu verhindern.

Es gehören also hierher:

Bei **Niederdruckanlagen:** die Anlegung von Stauwehrkörpern in Beton- oder Eisenkonstruktion; von Staufallen in Form von eisernen oder hölzernen Toren mit Hub- oder Drehbewegung; von Nadeln-, Klappen-, Rollladenwehren u. dgl. m.

Dazu die Anbringung von:

Durchlässen, Floßgassen, Leerlaufschleusen, Fischpässen, Kiesreinigungsschleusen usw.

Bei **Hoch- und Mitteldruckanlagen:** die Anlegung von Talsperren, Stolleneinläufen, Stollen, Wasserschlössern usw.

B. Zu- und Ableitungen.

Je nach Wassermenge, Gefälle und den örtlichen Verhältnissen entsprechend sind zu wählen:

1. **Der offene Kanal,** mit rechteckigen oder trapezförmigen Profilen, und zwar entweder in den gewachsenen Boden geschnitten oder ausgemauert oder aus Holz hergestellt.

2. **Der geschlossene Kanal,** in Form von Betonröhren oder eines gemauerten oder in Felsen gesprengten Stollens zur Durchquerung von Felsen, Höhenzügen, Hügeln, Gebirgsausläufern.

In der Regel steht das im Stollen geleitete Wasser mit Rücksicht auf die geringe Zugfestigkeit des Baumaterials nicht unter Druck, d. h. das Stollenprofil ist nicht ganz von Wasser erfüllt (druckloser Stollen). Erst in neuerer Zeit sind Ausführungen bekannt geworden, bei welchen das im Stollen geleitete Wasser bereits unter mehr oder minder hohem Überdruck steht, das Stollenprofil also vollständig erfüllt (Druckstollen)[1]). Der Überdruck, welcher in letzterm Falle zugelassen werden darf, richtet sich nach der Durchlässigkeit und Festigkeit des Felsens, in welchen der Stollen gesprengt worden ist, bzw. nach dem Betonmaterial, welches für die Ausmauerung des Stollens zur Verwendung gelangt.

Bei Wahl eines Druckstollens ist auch daran zu denken, daß, sofern die Turbinen kräftige und rasch wirkende antomatische Regulatoren erhalten, während der Regulierperioden die ganze Wassersäule des Stollens in Schwingungen gerät, die ihrerseits zu beträchtlichen Drucksteigerungen Anlaß gibt, welch letztere das Mauerwerk des Stollens über das zulässige Maß hinaus beanspruchen können; in diesen Fällen vermag zwar die Anlegung von Überläufen in Form von Kaminen usw. die schädliche Wirkung der schwingenden Wassersäule etwas zu mildern, nicht aber ganz aufzuheben; nur ein automatisch wirkender Freilauf bzw. Druckregulierapparat (s. Fig. 1 Tafel XIII oder Fig. 3 Tafel XXVII) oder ein richtig konstruierter Bremsregulator vermag alsdann noch die Entstehung von Pendelungen zu verhüten, welche Apparate aber zum Durchlaß großer Wassermengen einen ziemlichen Kostenaufwand erheischen.

Das Betonrohr, welches als Sonderfall des Druckstollens zu betrachten ist, kommt nur für mittlere Wassermengen, bei Drücken nach Maßgabe der Zugfertigkeit des Betons in Betracht und kann dessen Anwendung nur aus Billigkeitsgründen gerechtfertigt erscheinen.

3. **Guß- und Blechröhren** nebst den notwendigen Verankerungen, Fixpunkten und Expansionen.

Wir schließen die unter 1 und 2 gekennzeichneten Zulauforgane von der Besprechung an dieser Stelle aus und behandeln ausschließlich 3 eingehender:

a) Gußröhren.

Mit Rücksicht auf die Tatsache, daß das Gußeisen wegen Porenbildung, Gußspannungen, geringer Elastizität und Ungleichheiten in der Wandstärke als Folge der üblichen Herstellungsmethode ein unzuver-

[1]) Siehe: Anlage Heimbach i. d. Eifel erbaut von der Ruhrtalsperrengesellschaft.

lässiges Material ist und zu Rohrbrüchen wiederholt Anlaß gegeben hat, ist in Verwendung dieses Materials speziell für hohe Drücke und große Rohrdurchmesser Vorsicht geboten. Dagegen dürfen die guten Eigenschaften von Gußrohren, das sind: Billigkeit in der Herstellung von Flanschenröhren, Form- und Bogenstücken insbesondere für geringe Lichtweiten, Unempfindlichkeit gegen Abrosten, sowie Undeformierbarkeit im Vergleich zu Blechröhren nicht unerwähnt bleiben.

Im Bereich der Durchmesser von 125—500 mm bis zu Drücken von 150 m für die kleinern bzw. 80 m für die größern Lichtweiten können gußeiserne Muffen- oder Flanschenröhren mit Vorteil verwendet werden. In der Beanspruchung des Materials auf Zug pro cm² soll hierbei mit k_z nicht über 150 kg/cm² gegangen werden und gilt 100 kg/cm² als normal.

Wandstärke. Bei Berechnung der Wandstärke s eines gußeisernen Rohres vom Durchmesser D unter innerm Überdruck p kg/cm² ist stets zu berücksichtigen, daß die bekannte Formel:

$$s = \frac{p\,d}{2 \cdot k_z}$$

nur für zylindrische Rohre mit konstanter Wandstärke und homogener Beschaffenheit gilt. Sobald diese Bedingungen nicht mehr zutreffen, z. B. infolge mangelhaften Gusses, oder bei Anbringen von Mannlöchern oder bei Verwendung von Bogenrohren, so ist nicht nur die Wandstärke entsprechend zu vergrößern, sondern es ist dafür Sorge zu tragen, daß das Zuwenig an Material unmittelbar an der geschwächten Stelle ersetzt wird; denn infolge der geringen Elastizität des Gußeisens kann von einer gleichmäßigen Spannungsverteilung über den ganzen zur Verfügung stehenden Querschnitt nicht die Rede sein, außerdem ist bei Formgebung des Gußhohlkörpers zu vermeiden, daß die Tendenz des „Aufreißens" durch scharfe Ecken, Schraubenlöcher od. dgl. an der geschwächten Stelle von vornherein vorliegt. So sind beispielsweise im Bogenrohr Fig. 11 Tafel V links und rechts vom Mannloch in unmittelbarer Nähe desselben Rippen aufgesetzt, welche das fehlende Material reichlich ersetzen und gleichzeichtig einem Aufreißen an dieser Stelle wirksam vorbeugen; Fig. 5 Tafel XIX zeigt, wie die innere Krümmung eines Bogenrohrs durch sichelförmige Querrippen zu verstärken ist um einem Längsriß an dieser Stelle von vornherein zu begegnen; Längsrippen würden gegen innern Überdruck nichts nützen.

Jedes dem Betrieb zu übergebende Rohr ist von vornherein auf mindestens den $1^1/_2$ fachen Betriebsdruck abzupressen, und sofern starke Druckschwankungen zu erwarten sind, ist der Probedruck noch um den Betrag der Druckschwankung zu erhöhen.

Flanschen. Bis zu Drücken von 150 m können bei sorgfältiger Verlegung der Rohre die Flanschen noch glattwandig belassen werden, was den Vorteil der leichten Auswechselbarkeit in sich schließt (s. Fig. 6 links, Tafel V), hierbei wird aber das Dichtungsmaterial auf den vollen innern Überdruck beansprucht; bei 200 m Druck pflegt Gummi als Dichtungsmaterial bei dieser Art von Flanschenverbindung nicht mehr zu halten. Eine hinsichtlich Abdichtung solidere, aber auch kostspieligere Konstruktion zeigt die gleiche Figur auf der rechten Seite, nämlich die bekannte

Verbindung durch eingedrehte Flanschen, wobei das Dichtungsmaterial in eine ringförmige Nut eingebettet und gegen das „Hinausquetschen“ gesichert ist.

Für die Abmessungen von Flanschen-, sowie auch Muffenrohren bis zu Betriebsdrücken von 100 m ist zu verweisen auf die Normalien, aufgestellt vom Verein der Gas- und Wasserbau-Ingenieure.

Als Dichtungsmaterial kommen Rund- und Flachgummi oder auch Ringe von gewelltem Kupferblech in Frage (s. Fig. 7 Tafel V); bei hohen Drücken und speziell an Stellen, wo die Parallelität der Flanschen nicht gewährleistet ist, kommt mit Vorliebe auch Bleidichtung zur Verwendung, die entweder durch Bearbeitung des Dichtungsringes, oder durch direktes Ausgießen mit flüssigem Blei, der Stoßfuge genau angepaßt wird. Um dem Rundgummi guten Halt zu geben, sind, wie Fig. 6 zeigt, die Flanschen mit Nuten von Dreiecksprofil zu versehen, während bei Anwendung von Flachgummi vorteilhaft mehrere konzentrisch zueinander verlaufende Rillen einzudrehen sind.

b) Blechröhren.

Als Material für Wasserleitungsröhren mit Pressungen über 150 m und Durchmessern über 400 mm wählt man zurzeit meist Flußeisen. Das rundgewalzte Blech wird je nach Dicke der Tafeln entweder durch Nietung oder Schweißung zu Rohren verarbeitet. Für kleinere Durchmesser kommen auch häufig längs- oder spiralgeschweißte oder nahtlos gewalzte Preßrohre mit aufgelöteten, aufgeschraubten oder aufgewalzten Flanschen zur Verwendung oder auch Röhren mit aufgeschweißten Bunden und losen Flanschen.

Flußeiserne Röhren haben infolge der Homogenität und Elastizität des Materials den Vorzug der Betriebssicherheit und sind im Vergleich zu gußeisernen Röhren weit eher geeignet Druckschankungen zu erleiden und dabei weniger empfindlich gegen Montagefehler zu sein. Dazu kommt, daß von Durchmessern über 500 mm ab Blechrohre im Preise den Gußröhren überlegen sind. Dagegen haben die ersteren den Nachteil, durch Abrosten verhältnismäßig mehr geschwächt zu werden als die letzteren.

Geschieht die Herstellung des Rohres durch Nietung, so soll die zulässige Beanspruchung an den durch Nietlöchern geschwächten Stellen der Längsnähte die Größe von 500 kg/cm² nicht übersteigen. Die durch Rundnähte zu Rohren vereinigten Rohrschüsse sollen, nachdem sie an den Stirnenden mit Flanschen versehen worden sind, wegen des Transportes eine normale Länge von 7,5 m nicht überschreiten; die mit Spezialwagen beförderten Rohre können dagegen bis 10 m und mehr Länge besitzen. Mitunter ist es angezeigt, an Ort und Stelle einen Rohrstrang von beliebiger Länge durch fortlaufende Nietung zu bilden, der nur an wenigen Stellen durch Expansionen und Krümmerfixpunkte unterbrochen ist. Solche fortlaufend genietete Rohre sind beispielsweise für überseeische Transporte sehr empfehlenswert, da in diesem Falle die in der Werkstatt gewalzten, gehobelten und fertig gelochten Bleche, weil wenig Raum beanspruchend, leicht transportabel sind.

Zur Ersparung der Expansionen kann etwa auch in Abständen von ca. 10 m eine Rohrverbindung nach Fig. 14 Tafel V eingeschaltet werden, die in sich die notwendige Elastizität besitzt, um Längenausdehnungen der Rohrleitung infolge Temperaturwechsel auszugleichen; diese Konstruktion ist aber trotz ihrer Einfachheit nur als Notbehelf aufzufassen, da die gewünschte Ausdehnungsfähigkeit nur durch eine zusätzliche Anstrengung des Blechmaterials gewonnen werden kann.

Wird zur Herstellung von Blechröhren ein Schweißverfahren angewendet, was sich gegenüber Maschinennietung allerdings erst bei Blechdicken über 8 mm als rentabel erweist, so soll die Beanspruchung in der Längsschweißnaht 500 kg/cm^2 nicht überschreiten. Als effektiver Querschnitt darf hierbei nur 0,9 des vollen, durch Schweißung nicht geschwächten Querschnitts in Rechnung gestellt werden.

Geschweißte Rohre sind, um schädliche Spannungen zu entfernen, auszuglühen und in diesem Zustande rund zu walzen.

Es erübrigt hier noch, auf das Ehrhardsche Verfahren zur Herstellung von Röhren aufmerksam zu machen. Bei diesem Verfahren werden die Längsnähte überhaupt ganz vermieden, indem die einzelnen Rohrschlüsse zunächst als Hohlzylinder vorgepreßt und in warmen Zustand zu Rohren aufgewalzt werden. Bei derartig hergestellten Rohren kann dann nicht nur der volle Rohrquerschnitt in Rechnung gebracht, sondern mit der zulässigen Beanspruchung darf wegen der vollständigen Homogenität und Spannungslosigkeit des Materials bis zu 700 kg/cm^2 gegangen werden. Der höhere Kilopreis dieses Fabrikats wird durch die zulässige höhere Inanspruchnahme des Materials ziemlich kompensiert.

Als gute Flanschenverbindungen kommen die in Fig. 6, 7, 8 und 10 Tafel V dargestellten in Betracht.

Fig. 6 links zeigt die gewöhnliche Flanschenverbindung mit aufgenietetem Winkelring.

Fig. 6 rechts zeigt eine solche, bei welcher der Flanschenwinkelring durch eine Rundnaht direkt an das Rohr angeschweißt ist, ein Verfahren, das speziell für die Ehrhardschen nahtlosen Rohre sich ganz vorzüglich eignet und in dieser Form wohl auch das Solideste darstellt, was heutzutage für Verbindung von Rohrleitungen geboten werden kann.

Fig. 7 zeigt analoge Konstruktionen mit aufgenieteten bzw. aufgeschweißten Bunden und losen Flanschen.

Fig. 8 stellt dar die der A.-G. Ferrum in Kattowitz patentierte Flanschenverbindung mit umgebördelten Rohrenden und losen Flanschenringen, von denen der eine so fassoniert ist, daß die Verbindungsschrauben nicht auf Biegung beansprucht werden können und zudem die Packung nach außen nicht hinausgequetscht werden kann.

Fig. 10 gibt die von Gebr. Sulzer konstruierte Flanschenverbindung wieder, bei welcher ein gedrehter Hilfsring von sichelförmigem Profil zur Anwendung gelangt, gegen welchen die aufgewalzten Rohrenden durch lose Flanschen gepreßt werden und dadurch dichten Schluß herbeiführen.

Fig. 9 stellt eine höchst interessante Kombination von Flanschen- und Muffenverbindung der A.-G. Ferrum in Kattowitz dar, bei welcher die Rohrenden in gezeichneter Weise aufgewalzt, ineinandergeschoben und mit Blei ausgegossen werden; durch zwei lose Flanschen, von denen die eine noch speziell dazu eingerichtet ist, einen besondern Dichtungsring auf den Bleiausguß zu pressen, wird das Ganze unter Vermittlung von Verbindungsschrauben dicht und solid zusammengehalten.

Fig. 15 gibt die den deutschen Röhrenwerken, Düsseldorf mit D. R.-P. 150 809 geschützte Konstruktion wieder, bei welcher die geteilten Bundringe *b* durch die losen Flanschenringe *c* auf die Rohrbörtel *a* gespreßt werden und wobei einer der Bundringe die Dichtungsfuge des Börtels *a* überdeckt. Durch die Zweiteiligkeit der Bundringe *b* wird erreicht, daß die losen Flanschenringe ganz weggenommen werden können, indem der äußere Durchmesser des Börtels *a* kleiner ist als die Bohrung der losen Flanschenringe; diese Zerlegbarkeit sichert die Auswechselbarkeit der einzelnen Rohre in hohem Maße.

c) Verankerung und Lagerung der Röhren.

Die Befestigung eines Rohres muß stets derart erfolgen, daß die Flanschen frei bleiben, so daß ein Nachziehen der Schrauben und ein Auswechseln des Dichtungsmaterials möglich ist.

Das einfachste Mittel der Verankerung besteht darin, das Rohr mit aufgenieteten oder angegossenen Ringen zu versehen und mit diesen als Widerlagern dienenden Ringen in das Fundament einzuzementieren (s. Fig. 4 Tafel V). Die Methode hat den Nachteil, daß das eingemauerte Rohr nicht mehr ausgewechselt werden kann.

Vollkommener ist die Befestigung nach Fig. 11 und 12 Tafel V, bei welchem das zu verankernde Rohr mit kräftigen Pratzen versehen und durch Ankerschrauben mit dem Fundamentsockel zu einem Ganzen verbunden wird.

Die als Fixpunkte der Rohrleitung dienenden Verankerungsstellen sind äußerst sorgfältig durchzukonstruieren, um die infolge des Wasserdruckes und des Rohrgewichtes auftretenden Kräfte mit Sicherheit aufzunehmen und auf den Fundamentsockel zu übertragen, woraus sich dann auch die notwendigen Abmessungen des letztern ergeben. Insbesondere ist den in unmittelbarer Nähe der Kraftstation gelegenen Eckpunkten einer Rohrleitung in dieser Hinsicht erhöhte Aufmerksamkeit zu schenken.

Als Fixpunkte sind möglichst sämtliche Krümmer einer Rohrleitung zu behandeln.

Die zwischen zwei Fixpunkten gelegenen geraden Rohrstrecken sind derart zu unterstützen, daß die freie Ausdehnung in Richtung der Rohrachse gesichert ist; als Unterstützung bedient man sich vorteilhaft der Rohrsättel (Fig. 11 und 13 Tafel V), die ihrerseits auf solidem Untergrund, Betonsockeln oder dgl. zu stehen kommen. Bei sehr steilen Leitungen empfiehlt es sich, die einzelnen Sockel wiederum durch einen kontinuierlichen Betonstreifen gegenseitig abzustützen und mit dem am Fuße des Berghangs gelegenen Fundamentsockel in direkte Verbindung zu bringen (s. Fig. 11 Tafel V).

Bei weiten Rohrleitungen fällt den Rohrsätteln die weitere Aufgabe zu, eine Deformation speziell der Blechrohre zu vermeiden; zu diesem Zwecke sollen die Sättel mindestens ein Drittel des Rohrumfangs umschließen und starr genug sein, um die auf Deformation wirkenden Kräfte aufzunehmen.

Das Rohr braucht hierbei keineswegs in allen Punkten der Mulde des Rohrsattels, vielmehr nur an einzelnen, gleichmäßig verteilten Stellen derselben aufzuliegen (s. Fig. 13 Tafel V); zum Zwecke, eine Nacharbeit dieser Tragstellen bei nicht runder Form des roh gegossenen Sattels zu ermöglichen; dem gleichen Zwecke dient das bekannte Verfahren, bei welchem das Rohr nicht direkt, sondern unter Vermittlung von gut eingepaßten, hölzernen Zwischenlagen auf dem Rohrsattel zur Auflage kommt. Auch Lagerung auf Rollen, mit dem Rohr sich anschmiegenden Rollenprofil, kommt mit Vorteil zur Anwendung.

d) Expansionen.

Solange eine Rohrleitung im Betriebe steht, d. h. mit Wasser gefüllt ist, werden die Wandungen der Leitung die Temperatur des Betriebswassers besitzen, also auch nur geringen Temperaturschwankungen ausgesetzt sein; dies gilt um so mehr, sobald die Rohrleitung mit Erde zugedeckt und dem Einfluß der Sonnenwärme entzogen ist. In diesen Fällen werden wesentliche Längsausdehnungen nicht zu befürchten sein und darf es als statthaft erachtet werden, die Rohrleitung in einem Strange kontinuierlich zu nieten und höchstenfalls in bestimmten Abständen eine Rohrverbindung etwa nach Fig. 14 Tafel V einzuschalten, die in sich ausreichende Elastizität besitzt.

Treffen diese Vorbedingungen nicht zu, so ist es notwendig, auf jeder geraden und längeren Rohrstrecke eine zweckmäßig konstruierte Expansion einzuschalten, welche das freie Spiel der Längsausdehnung der Leitung gestattet und Blech- und Nietmaterial vor Überanstrengung bzw. vor Undichtheit schützt. Solche Expansionen verlegt man zweckmäßig an die Eck- und Fixpunkte einer Leitung und kombiniert dieselben direkt mit den Rohrkrümmern, welche zur Verankerung der Rohrleitung gewählt wurden. Die Konstruktion einer solchen Expansion ist in Fig. 6 und 11 Tafel V dargestellt. Sie ist derart getroffen, daß der Rohrkrümmer selbst nicht gedreht zu werden braucht, vielmehr die eigentliche Gleithülse ein separates Stück darstellt, das in dem roh gegossenen Rohrkrümmer mittels Bleiausguß eingesetzt und durch Schrauben am Platze gehalten wird. Das eigentliche Gleitrohr, welches abgedreht in der Bohrung dieser Gleithülse sich frei verschieben kann und daselbst auf einer genügend langen Strecke seine Führung findet, ist durch Stopfbüchse gegen Sickerwasser abgedichtet. Gleichzeitig macht dieses Gleitrohr, falls es lang genug vorgesehen wird, für die zugehörige Rohrstrecke ein Paßrohr überflüssig.

e) Belüftungs-, Füll- und Entleerungsvorrichtung.

Um das Entweichen der Luft beim Anfüllen der Röhren zu ermöglichen, ist mindestens am obersten Punkte der Rohrleitung ein Belüftungsrohr anzubringen, das über den Oberwasserspiegel hinausragt; es ist selbstverständlich, daß dieses Luftrohr hinter dem Abschlußorgan angebracht werden muß, derart, daß auch bei geschlossener Rohrleitung die Luftzirkulation ermöglicht ist (s. Fig. 1, 2, 4 und 5 Tafel V und Fig. 11, Tafel II). Bei großen und langen Rohrleitungen und vorausgesetzt, daß das Gefälle nicht zu groß ist, werden mitunter mehrere derartige Belüftungsrohre auf die Leitung verteilt angebracht.

Was das Anfüllen der Röhren betrifft, so ist darauf Bedacht zu nehmen, daß diese Operation nicht zu rasch erfolgen kann; aus diesem Grunde soll neben der Hauptabsperrung am obern Rohrende eine besondere Füllklappe, -Schieber od. dgl. vorgesehen werden (s. Fig. 2 Tafel V). Diese Vorsichtsmaßregel ist um so mehr am Platze, sobald es sich um große Gefälle handelt.

Zur Entleerung der Rohrleitung ist am untersten Punkte derselben ein Entleerungsorgan, das leicht bedient werden kann, anzubringen.

Mannlöcher. Zum Reinigen und zur Kontrolle der Rohrleitung empfiehlt es sich, in Abständen von 30—50 m Mannlöcher vorzusehen.

Anstrich. Die Rohre sind innen und außen mindestens zweimal mit Mennigfarbe anzustreichen.

C. Reinigungsvorrichtungen.

Abgesehen von allen denjenigen Vorrichtungen, welche verhindern, daß Sinkstoffe (Kies, Sand, Schlamm) in die Zuleitungsorgane für das Betriebswasser gelangen können, z. B. Sammel- oder Stauweier oder Klärbecken usw., welchen Vorrichtungen man im Interesse der Dauerhaftigkeit einer Turbinenanlage höchste Aufmerksamkeit und intensivstes Studium schenken soll, deren Besprechung aber in Sonderwerke gehört, sind hier aufzuzählen:

I. Für das Betriebswasser.

Der Rechen.

a) Konstruktion und Reinigungsvorrichtungen zum Rechen. Verschiedene Konstruktionsformen desselben sind auf Tafel I und II dargestellt.

Man unterscheidet je nach der Größe der lichten Durchgangsweite zwischen den Rechenstäben Grob- und Feinrechen. Bei ersteren schwankt die lichte Weite zwischen 40—100 mm; bei letztern zwischen 15—35 mm, je nach den Abmessungen, welche die Austrittsquerschnitte des Turbinenlaufrades besitzen.

Die Rechenstäbe, gewöhnliche Flacheisen von rechteckigem Querschnitte 4×50 bis 10×90 mm werden zweckmäßig durch Bolzen und Gasrohrdistanzstücke zu Rechenfeldern vereinigt, deren Gewicht zum leichten Hantieren 200—300 kg nicht übersteigen soll.

An Stelle der Stäbe von rechteckigem Querschnitt könnten mit Vorteil Stäbe von fischförmigem Querschnitt angewandt werden, falls nur die Walzwerke sich entschlössen, derartige Profile in Handel zu bringen. Bei Anwendung solcher Stäbe kann der unvermeidliche Druckhöhenverlust beim Durchgang des Wassers durch den Rechen beträchtlich reduziert werden, was für Anlagen mit niederem Gefälle einen Kraftgewinn darstellt, der die allfälligen Mehrkosten des Rechens um ein Vielfaches übersteigt.

Das Anbringen der Verbindungsbolzen in den Rechenfeldern soll derart erfolgen, daß die Operation des Rechenreinigens mittels geeigneten Instruments leicht möglich ist.

Aus dem gleichen Grunde soll die Rechenbrücke mindestens 80 cm breit gewählt und an einer Stelle angebracht werden, wo die Bedienungsmannschaft frei hantieren kann; des weiteren ergibt sich aus dieser Bedingung von selbst die Schrägstellung des Rechens unter ca. 45^0 Neigung.

Auch die Aufstellung von horizontalen oder senkrechten Rechen ist statthaft und oft sogar wünschenswert, sobald nur in solchen Fällen durch geeignete Konstruktionen dafür Sorge getragen wird, daß das Reinigen leicht vorgenommen werden kann. Als Beispiel der horizontalen Anordnung eines Rechens samt zugehörigem Rechenreiniger s. Schweiz. Patent Nr. 27576 und 27577.

Zum Beispiele einer vertikalen Anordnung, wie dieselbe für Wasserfassungen an Talsperren usw. sich gut eignen würde, dient der in den Figuren 1 bis 12 Tafel II dargestellte Doppelrechen samt den notwendigen Aufzugsvorrichtungen. Die Anordnung ist hier derart getroffen, daß einer der beiden Rechen zum Reinigen emporgezogen werden kann, während der andere am Platze bleibt. Eine besondere Bedienungsbühne Fig. 11, welche der Talsperre entlang läuft, ermöglicht hierbei das Reinigen des emporgezogenen Rechens sowie das Abführen des Schwemmsels. Aus Fig. 5 speziell ist ersichtlich, wie die Umschaltung der Aufzugsvorrichtung, welch letztere in Schneckengetriebe, Kolben und Zahnstange besteht, auf den einen oder andern Rechen mittelst Mitnehmerschraube bewerkstelligt werden kann.

Eine vom Verfasser empfohlene Einrichtung, welche ermöglicht den Rechen gleichzeitig von Hand und durch Flüssigkeitsstrom zu reinigen, ist in Fig. 6, 7, 8 der Tafel XXII dargestellt. Nach diesen Figuren ist eine Spülfalle a mit der Einlauffalle b an ein und demselben Fallengestell g montiert. Denkt man sich bei gefüllter Turbinenkammer die Einlauffalle b geschlossen und die Spülfalle gezogen, so wird eine rückläufige Strömung des Wassers durch den Rechen erzielt, die geeignet ist, das dem Rechen anhaftende Schwemmsel in den Spülkanal d und somit auch in den Unterwasserkanal mitzureißen. Unterstützt wird die Wirkung dadurch, daß die zugehörige Turbine momentan geschlossen wird. Gleichzeitig kann mittelst von Hand bedienten Rechenreinigers an dem schräg gestellten Rechen das Schwemmsel von oben nach unten (also entgegen der üblichen Methode) in die Schwemmselgrube e gestoßen und dadurch das Abschwemmen des Unrats erleichtert bzw. beschleunigt werden.

Bei Anwendung einer Doppeleinlauffalle b und b_1 samt eingebauter Zwischen- (Monier-) Wand c, sowie einer doppelten Spülfalle a und a_1 mit gemeinschaftlichem Spülkanal d kann das Abschwemmen des Rechens durch rückläufige Wasserströmung auch während des Betriebes vorgenommen werden, indem beispielsweise Fallen a und b_1 geöffnet sind, während a_1 und b geschlossen bleiben; dadurch wird eine Strömung im Sinne des Pfeils bewirkt.[1])

Die Spülfallen bilden gleichzeitig die Entleerungsöffnungen für die Turbinenkammern bei geschlossenen Fallen b und b_1.

b) Rechenunterstützungen. Für die Berechnung des Rechens kann die Annahme zugrunde gelegt werden, daß der ganze Rechen vereist, (was tatsächlich auch schon eingetreten ist) und dabei das in der Turbinenkammer sich befindliche Wasser durch die Turbine abfließt. In diesem Ausnahmefalle ruht der volle Wasserdruck auf dem Rechenfeld. Die sich ergebende Biegungsbeanspruchung des Rechenstabes soll hierbei 1200 kg/cm^2 (Material-Flußeisen) nicht überschreiten.

Sind die Rechenfelder so groß, daß die einzelnen Stäbe für sich allein der biegenden Beanspruchung nicht standzuhalten vermögen, so sind Unterstützungen durch Träger, Stützen, Schuhe usw. vorzusehen (vgl. Fig. 6 u. 7 Tafel I).

c) Geschwindigkeitsverhältnisse. Die zulässige Geschwindigkeit im Zulauforgan unmittelbar vor dem Rechen darf $= 0{,}1\sqrt{2gh}$ entsprechend 1 % der disponiblen Gefällshöhe gewählt werden; angenommen die Rechenstäbe nehmen $^1/_4$ des gesamten Querschnitts weg (was wenigstens für senkrecht stehende Rechen ziemlich genau zutrifft), so würde dies allein schon eine Geschwindigkeitserhöhung auf $\frac{4}{3}\cdot 0{,}1\sqrt{2gh} = 0{,}13\sqrt{2gh}$ bedingen, entsprechend 1,7 % der Gefällshöhe.

Dazu kommt nun aber noch die Geschwindigkeitserhöhung infolge Kontraktion der Wasserstrahlen zwischen den rechteckigen Rechenstäben. Mit einem Kontraktionskoeff. $\cong 0{,}7$ gerechnet, resultiert hieraus die weitere Geschwindigkeitserhöhung auf $\frac{0{,}13}{0{,}7}\sqrt{2gh} \cong 0{,}19\sqrt{2gh}$, entsprechend einer Gefällshöhe von 3,5 %. Angenommen, die Geschwindigkeit von $0{,}1\sqrt{2gh}$ im Zulaufkanal wäre nicht als verloren zu betrachten (was beispielsweise durch geeignete Führung des Wassers in der Turbinenkammer bis zum Eintritt in den Leitapparat möglich wäre), so würde doch beim Passieren des Rechens ein Druckverlust von $3{,}5 - 1 = 2{,}5$ % des Totalgefälles eintreten, der unwiederbringlich ist.

Daraus resultiert die Forderung, möglichst schmale und hohe Rechteckform des Stabquerschnitts zu wählen, die lichte Weite des Rechens so groß als möglich zu machen, was weiter dazu führt, die lichte Weite der Leit- und Laufradkanäle so groß als möglich bzw. die Schaufelzahlen so klein als möglich zu halten; endlich ergibt sich aus dieser Betrachtung die Notwendigkeit, in erster Linie den Hauptverlust, welcher durch Kontraktion entsteht, zu beseitigen, was durch Anwendung von fischförmigen Stabprofilen an Stelle der rechteckigen, wie eingangs erwähnt, leicht möglich wäre.

Hinsichtlich der anzustrebenden Verringerung der Geschwindigkeit beim Durchgang des Wassers durch den Rechen ist folgendes zu bemerken:

---

[1]) Eine ähnliche Einrichtung ist durch schweiz. Patent + 22450 bekannt geworden, bei welcher Konstruktion aber die Möglichkeit der Reinigung durch Hand fehlt.

Eine Verbreiterung des Zulaufkanals an der Rechenstelle ist in der Regel nur dann möglich, wenn die Anlage aus nicht mehr als zwei Einheiten besteht; eine Vertiefung des Kanals an der betreffenden Stelle ist wegen erschwerter Reinigung und wegen Möglichkeit der Ablagerung von Geschiebe usw. an der vertieften Stelle nicht empfehlenswert. Bei Anlagen mit mehreren Turbinenkammern, deren Breiten mit Rücksicht auf die Baukosten ohnehin so klein als möglich gehalten werden, soll der Rechen wenigstens vor und nicht zwischen den Pfeilern eingebaut sein, damit die ganze Front des Turbinengebäudes für den Durchgangsquerschnitt des Rechens nutzbar gemacht ist; die Grundrißform der die Turbinenkammer trennenden Pfeiler soll hierbei so gewählt sein, daß das vom Rechen ausströmende Wasser ohne Wirbelbildung in die Turbinenkammer eintreten kann (Fischform).

II. Für das Regulierwasser.

Zunächst ist zu bemerken, daß die Beschaffung von Regulierwasser nur für Anlagen in Betracht kommt, bei welchen das Betriebsgefälle über ~ 20 m beträgt, bei welchen also die Zuleitung des Turbinenwassers in Rohrleitungen geschieht; es liegt dies darin begründet, daß die automatische Regelung einer Turbine durch ihr eigenes Betriebswasser erst von genanntem Drucke ab sich als praktisch durchführbar erweist.

Die gegen Verunreinigungen und damit verbundene Abnutzung sehr empfindlichen Regulierorgane der hydraulisch automatischen Steuerung einer Turbine bedürfen zum Betriebe durchaus reinen Druckwassers. Es ist daher Erfordernis, daß der zur Regulierung verwendete Teil des Turbinenwassers einer Reinigung unterworfen wird.

Diese Reinigung kann direkt bei der Wasserfassung erfolgen, indem das vom Betriebswasser abgezweigte Regulierwasser gesondert durch offene Klärbecken oder Kiesfilter geleitet und in einer separaten Hellwasserleitung den Regulierorganen der Kraftstation zugeführt wird.

Oder aber, es kann in der Kraftstation selbst die Hauptrohrleitung angezapft und das zur Regulierung gelangende Wasser durch ein oder mehrere unter Druck stehende Behälter geleitet werden, wobei die Einführung in die letzteren in ca. $^1/_3$ der Höhe, die Entnahme am obersten Punkte zu erfolgen hat. In diesen Behältern wird den vorhandenen Sinkstoffen durch Verminderung der Wassergeschwindigkeit Gelegenheit gegeben sich abzulagern, dagegen bilden solche Klärgefäße nur unvollkommenen Schutz gegen das Mitreißen von schwimmenden Körpern (Tannennadeln, Holzstückchen od. dgl.).

In vollendeterem Maße geschieht die Klärung des zur Regulierung verwendeten und in der Kraftstation entnommenen Wassers durch Filter, die mit feinmaschigen Sieben versehen sind.

In allen Fällen sind solche Reinigungsvorrichtungen, seien es Klärbecken, Klärgefäße oder Filter, derart einzurichten, daß Sinkstoffe und Schwemmsel durch Spülung, und zwar während und unter Aufrechterhaltung des Betriebes entfernt werden können.

Bei Klärbecken und Klärgefäßen kann dies geschehen durch Anlage von Spülvorrichtungen in Form von Kanal-Leerlaufschiebern od. dgl., welche am untersten Punkte des Beckens bzw. des Gefäßes anzubringen sind.

An Siebfiltern wird die Lösung dieser Aufgabe durch zahlreiche Sonderkonstruktionen möglich.

Eine vom Verfasser empfohlene Ausführung eines während des Betriebes spülbaren Filters ist durch Fig. 5 bis 8 der Tafel VI wiedergegeben. Bei *a* wird das unreine Betriebswasser eingeleitet, passiert das auf der durchlochten Trommel *i* aufgewickelte Sieb *k* und tritt durch Öffnungen des drehbaren Zylinderschiebers *h* in den Raum *l*, aus welchem bei *b* das gereinigte Regulierwasser entnommen wird. Durch Scheidewände *c* und *d* ist der im Betrieb stehende Teil des Filterraumes von demjenigen getrennt, in welchem die Spülung vorgenommen wird. Die letztere wird in gezeichneter Stellung durch Öffnen des Ventils *e* bewirkt, indem das aus der Ringkammer *g* tretende Wasser längs des Siebkorbes gegen die Ventilöffnung eilt und die am Siebkorb haftenden Unreinigkeiten mitreißt. Nach Schließen des Ventils *e*, Drehen des innern Zylinderschiebers *h* um 180° und Öffnen des Ventils *f* kann die gegenüberliegende Seite des Siebkorbs während des Betriebes der Spülung unterzogen werden usf.

D. Verschlußvorrichtungen.

Für die normale Turbinenanlage sind zwei Abschließungen vorzusehen, die an den Mündungen des Zulaufkanals oder Zulaufrohrs anzubringen sind; demnach soll die eine bei der Wasserfassung, die andere unmittelbar vor der Turbine eingebaut sein. Die letztere muß überdies innerhalb des Turbinenhauses sich befinden und beide Verschlußvorrichtungen sollen, wenn möglich, vom Turbinenhaus aus betätigt werden können; für die an der Wasserfassung gelegene und vom Turbinenhaus ziemlich entfernte Abschließung verlangt diese Forderung die Anbringung einer kleinen Kraftübertragung auf mechanischem oder elektrischem Wege.

Das Abschlußorgan selbst, sowie die Antriebsvorrichtung, sind so solid zu konstruieren und die Übersetzungsverhältnisse so reichlich zu wählen, daß unter allen Umständen — beispielsweise bei Rohrbruch, Einfrieren der Leitung, Versagen der Turbinenregulierung, Kurzschluß der Dynamo usw. — der Zulauf mit Sicherheit von der Turbine getrennt und unter Umständen auch ein weiterer Wasserzufluß in das Zulauforgan verhindert werden kann (s. automatischer Rohrabschluß S. 152).

Die Bedienungsvorrichtung soll so einfach sein, daß auch ungeschultes Personal dieselbe verrichten kann; die Drehrichtung für Öffnen und Schließen muß zu diesem Zwecke stets deutlich markiert werden. Für Verschlüsse, deren Stand nicht vom Auge sichtbar ist, ist die Anbringung eines Indikators erforderlich.

Die Triebwerksteile der im Freien aufgestellten Abschließungen sind gut einzufetten und gegen Rosten zu schützen, damit die Manövrierfähigkeit nicht leidet.

Als Abschlußvorrichtungen für die Zulauforgane kommen in Betracht:

I. in offenen Kanälen:
a) Schützenzüge;
b) Drehtore.

II. für Röhren:
c) Absperrschieber;
d) Drosselklappen;
e) Glockenventile.

Die Betätigung derselben kann erfolgen:

1. **mechanisch** (durch Räder und Schraubenübersetzung)
   a) von Hand;
   b) von besonderer und unabhängig von der Turbine in Bewegung gesetzter Reguliertransmission (Regulierturbine);
   c) von der langsam in Bewegung gesetzten Turbine, welche hierzu das benötigte Antriebswasser durch die vorhandene Umleitung oder das von Hand wenig geöffnete Abschlußorgan erhält.
2. **hydraulisch** (mittelst Druckwasserkolben)
   a) durch das Betriebsdruckwasser selbst;
   b) durch künstlich erzeugte Druckflüssigkeit.
3. **elektrisch** (durch Elektromotor und Räderübersetzung)
   a) mittelst einer separaten Akkumulatorenbatterie;
   b) durch den Strom der Erregerdynamo,
   c) durch den Strom eines kleinen, vollständig unabhängigen Turbinen-Dynamo-Aggregats.

a) Schützenzüge.

Dies sind die einfachsten, billigsten und daher auch beliebtesten Abschlußorgane für offene Kanäle und Turbinen in offenen Wasserkammern.

Sie finden Anwendung in Form von Einlauf-, Leerlauf-, Kies- und Floßgaßfallenzügen.

Verschiedene Ausführungsformen derselben sind auf den Tafeln I, III und IV detailliert dargestellt.

Die gewöhnlichen Holzfallen, welche Führung und Dichtung in Gestellen aus Profileisen erhalten, werden bis zu Kanalbreiten von 4 m und Wassertiefen bis 3 m angewendet. Das notwendige Übersetzungsgetriebe baut sich am zweckmäßigsten zusammen aus Zahnstange und Kolben mit Evolventenverzahnung (Fig. 4 Tafel III) oder Triebstockverzahnung (Fig. 10 u. 11 Tafel III), sowie Schnecke und Schneckenrad. Nicht zu empfehlen sind Aufzugsmechanismen mittels Schraubenspindeln wegen der auftretenden großen Reibungsverluste, sowie der unzulänglichen Schmierbarkeit der Spindeln.

Um die gleiche Konstruktion auch für Kanalbreiten größer als 4 m in Anwendung bringen zu können, hilft man sich dadurch, daß zwei oder mehr Holzfallenzüge nebeneinander angeordnet werden, deren Schneckenwellen untereinander so verkuppelt sind, daß ein gleichzeitiges Anheben der Fallentafeln möglich ist.

Die Antriebskraft wird in solchen Fällen aber mit Vorteil von einem Elektromotor geliefert, weil bei Bedienung von Hand die Hubzeit zu groß ausfallen würde. Der sorgfältigen Verankerung der freistehenden Zwischenstützen der Führungsrahmen ist wegen der hohen Belastung durch den Wasserdruck besondere Aufmerksamkeit zu schenken. Als Nachteil der Konstruktion müssen eben diese Zwischenstützen angesehen werden, welche nicht nur den freien Kanalquerschnitt verengen, sondern auch Anlaß bieten, daß allerlei Schwemmsel hängen bleibt. Als Beispiel ist in den Fig. 12, 13 und 14 Tafel III ein Doppelfallenzug dargestellt, dessen Einzelkonstruktionen aus den Fig. 5, 6, 7, 8 und 9 derselben Tafel ersichtlich sind. Die Stützung des Mittelpfeilers geschieht hier durch einen in den Kanalmauern gelagerten, horizontal gelegten I-Träger (Fig. 13), an dessen Stelle auch ein Sprengwerk od. dgl. treten könnte; der in der Mitte des Rahmens aufgestellte Elektromotor (Fig. 14 Tafel III) ist durch Friktionskuppelungen ständig mit den Schneckenwellen der beidseitigen Geschwindigkeitsreduktions-Schneckenvorgelege verbunden. Die Friktionskuppelungen sichern hierbei eine Überanstrengung des Motors beim Anlaufenlassen. Die Übertragung der Motorbewegung auf das eigentliche Fallenzuggetriebe geschieht durch die lose aufgekeilten Handräder (Fig. 14 und Fig. 5), deren Naben als Klauenkuppelungshälften ausgebildet sind, und die mit den analogen Hälften der auf der Handradwelle lose sitzenden Schneckenräder des Geschwindigkeitsverminderungs-Getriebes durch Verschieben von Hand zum Eingriff gebracht werden. Je eine Rast sichert die Stellung des Handrades im ein- und ausgerückten Zustande. Im letztern Zustande ist durch einfache Drehung des Handrades das Anheben jeder einzelnen Falle von Hand ermöglicht.

Um bei starken Schwankungen des Oberwasserspiegels den Wasserdruck auf die Fallenfläche nicht unnötig groß zu erhalten, empfiehlt es sich einen sogenannten Hochwasserschild (Fig. 6 Tafel XXII) anzuordnen, welcher so tief eintauchen soll, damit die bei Hochwasser eintretende maximale Wassermenge gerade noch genügenden Eintrittsquerschnitt vorfindet (Wassergeschwindigkeit 0,10 bis 0,12 $\sqrt{2gh}$).

Diese Anordnung hat den weitern Vorteil, daß Falle und Fallengestell in ihrer Höhe zu einem Minimum werden.

Etagenfallenzüge. Bei großen Kanaltiefen können zur Verminderung des Wasserdruckes auf die einzelne Falle zwei oder mehr Fallen übereinander und außerdem noch in Verbindung mit Hochwasserschild angeordnet werden. Die Konstruktion des Antriebsmechanismus kann hierbei so getroffen werden, daß entweder jede Fallentafel ihre besondere Aufzugsvorrichtung erhält oder es wird nur die unterste Falle mit Hubvorrichtung versehen, wobei dann die emporsteigende Falle nach Zurücklegung eines Weges gleich ihrer Höhe die darüber liegende mittels Anschlag mitnimmt und mittelst eines zweiten Anschlages beim Absenken auf den Platz zurückbringt.

Eiserne Fallenzüge erhalten ihre Berechtigung, sobald der Kanalquerschnitt größere Dimensionen annimmt (Wassertiefe $>$ 2 m; Kanalbreite $>$ 4 m); sie bilden daher die natürliche aber auch kostspieligere Fortsetzung der Holzfallenkonstruktionen für große Kanalprofile. In den Figuren 11 bis 18 der Tafel IV ist als Beispiel die Konstruktion einer derartigen Falle für 3 m Wassertiefe und 6 m Kanalbreite wiedergegeben.

Die das Fallengerippe bildenden Profilträger Fig. 16 sind nach Maßgabe des mit der Tiefe zunehmenden Wasserdruckes angeordnet und werden zweckmäßig auf der vordern, dem Wasserlauf zugewandten Seite durch eine einzige Blechtafel, auf der Rückseite dagegen nur durch Zugbänder aus Flacheisen sowie Randleisten untereinander verbunden.

Die im Vergleich zu Holzfallen schwierigere Abdichtung solcher eiserner Fallen am Fallengestell wird entweder durch besondere federnde Konstruktionen der abdichtenden Teile erreicht oder es muß durch sorgfältiges Abhobeln der aufeinander gleitenden Teile für dichten Schluß gesorgt werden. Als Beispiel einer Dichtungs-Spezialkonstruktion mag Fig. 13 Tafel IV angesehen werden, woselbst eine abgerundete Holzleiste, die durch ein federndes Blech an die Fallentafel angeschlossen ist, längs dem Verkleidungswinkel der Kanalnische gleitet.

Um die Kraft zum Anheben eines eisernen Fallentores, das unter beträchtlichem Wasserdruck stehen kann, zu verringern, werden mit Vorteil Laufrollen oder auch Walzen mit besonderen Laufbahnen angeordnet, wie in beispielsweiser Ausführungsform dies den Figuren 13 bis 15 zu entnehmen ist.

Sofern das Anheben eines solchen Tores von Hand infolge zu großer Hubkraft und der daher notwendigen großen mechanischen Übersetzung viel Zeit braucht und zudem die Zahn- und Schneckengetriebe infolge eines niedrigen Gesamtwirkungsgrades den größern Teil der vom einzelnen Manne eingeleiteten Kraft verzehren, so ist es rationeller, eine elektrische oder hydraulische Hubvorrichtung vorzusehen. Zwar setzen beide Antriebsarten im allgemeinen eine von der in Betrieb zu setzenden Turbine unabhängige Kraftquelle voraus, die aber in großen Anlagen, für welche solche eiserne Fallen überhaupt nur in Betracht kommen können, in Form von Erreger-, Pumpen-, Licht- oder Regulierturbine usw. mit separatem Wasserzulauf in der Regel vorhanden ist.

Speziell die hydraulische Hubvorrichtung hat noch den großen Vorteil, daß durch Anwendung einer Handpumpe das direkte Anheben des eisernen Tores mit einem Minimum an Kraftverlust ermöglicht wird; dagegen erweist sich als Nachteil dieser Fördermethode, daß die Druckflüssigkeit der im Freien stehenden Hubzylinder gegen Einfrieren zu schützen ist, dem aber durch Wahl der Druckflüssigkeit, durch Anbringung eines besondern Schutzmantels (Fig. 1 u. 2 Tafel IV) und durch geeignete Heizeinrichtungen leicht zu begegnen ist. Wird beispielsweise zum Anheben der Falle dieselbe Druckflüssigkeit benützt, welche im Turbinenhaus Regulatoren und Ringspurlager speist, so hat man den unschätzbaren Vorteil, daß bei Versagen der Pumpe das Tor sich selbsttätig senkt, die Turbinenkammer absperrt und damit die Turbine zum Stillstand bringt. Gleichzeitig wirkt der Hubzylinder in Verbindung mit Kolben und der an diesem hängenden schweren eisernen Falle als Akkumulator, der beim Niedergange — wenigstens eine Zeitlang — Druckflüssigkeit in die Druckleitung zurückgeben kann und damit hauptsächlich das Ringspurlager vor Anfressen zu schützen imstande ist.

Weitere konstruktive Details einer derartigen hydraulischen Aufzugsvorrichtung sind der Tafel IV zu entnehmen. In Fig. 1 bis 3 daselbst ist die Befestigung des mit Kälteschutzblech versehenen Zylinders mit dem Balkenwerk dargestellt; der in der Bohrung des Zylinders gut geführte Kolben ist mit Ledermanschetten ausgerüstet und besitzt eine regulierbare Öffnung, bestimmt zur ständigen Ölzirkulation. Die einen Metallüberzug besitzende Kolbenstange ist nach Fig. 11 und 12 an die eiserne Falle Fig. 17 schwach beweglich angehängt, um unvermeidliche Montagefehler unschädlich zu machen. Fig. 4 bis 9 weist im Detail die Handsteuervorrichtung auf, mittelst deren die Druckflüssigkeit (Öl) in den obern oder untern Zylinderraum geleitet werden kann. Das zur Belüftung dienende und am obern Zylinderdeckel angebrachte Spitzventil (Fig. 10 und Fig. 1) kann gleichzeitig mit dem Steuerschieber betätigt werden (Fig. 16). Der auf dem Tore lastende Wasserdruck beträgt nach Zeichnung rund 75000 kg; die zum Anheben notwendige Kraft einschließlich Gewicht und dem auf der obern Stirnfläche der Falle ruhenden Wasserdruck beträgt maximal $\simeq$ 16500 kg, nämlich:

Gewicht des Tores unter Wasser	$\simeq$ 6000 kg
Wasserdruck auf die obere Stirnfläche	$\simeq$ 5500 ,,
Rollen- und Zapfenreibungswiderstand bei 75000 kg Belastung	$\simeq$ 5000 ,,
	16500 kg

Für die gezeichneten Verhältnisse wird demnach das Anheben des Tores bei 20 Atm. Betriebsdruck erfolgen können, wobei jede einzelne Rolle mit $\simeq$ 7500 kg auf ihre Führungsbahn gepreßt ist.

b) Drehtore.

Die meist in symmetrischer Anordnung als Doppeldrehtore gebauten Abschlußvorrichtungen kommen infolge ihrer gewichtigen und daher teueren Konstruktion nur für große Kanalbreiten (4 bis 8 m) und Anlagen mit großen Turbineneinheiten in Frage. Als Ausführungsbeispiele seien erwähnt die Kraftübertragungswerke Rheinfelden (Z. d. V. d. Ing. 1899 S. 1218) sowie das Elektrizitätswerk Hagneck (Z. d. V. d. Ing. 1901 S. 940 u. 941). Die Lagerung der Drehzapfen gegenüber den Turbinenhausfundamenten erfordert infolge der hohen Belastung durch Wasserdruck ganz besondere Aufmerksamkeit. Die Dimensionen der Zapfen lassen sich in bekannter Weise bestimmen aus der Forderung $\frac{\text{Zapfenlänge}}{\text{Zapfendurchmesser}} = 1{,}4$; zulässiger Flächendruck $\sim$ 90 kg/cm^2; zulässige Biegungsanstrengung $\simeq$ 900 kg/cm^2. Für zuverlässige Schmierung der Drehzapfen ist Sorge zu tragen. Der Antrieb der Drehtore ist zur möglichsten Schonung der Triebwerksteile außerhalb des Wassers zu verlegen (siehe Elektrizitätswerk Hagneck) und soll im Interesse der schnellen Handhabung durch eine separat angetriebene Reguliertransmission, durch einen Elektromotor oder durch hydraulischen Kolben und Zylinder erfolgen. Ein Vorteil der Drehtore ist die leichte Beweglichkeit infolge Zapfenlagerung, sofern zwischen den Stirnflächen der Drehtore und den Mauerwerksteilen sich nicht Fremdkörper einklemmen können. Nachteile sind: nicht vollständig dichter Abschluß bei geschlossenen Toren und Verengung des lichten Kanalquerschnitts bei Stellung „ganz offen“.

c) Absperrschieber.

Die unter diesem Namen in Handel kommenden Rohrleitungsverschlüsse werden mit Vorteil überall da angewendet, wo es sich um vollkommen dichten Abschluß handelt, welchem Punkte um so mehr Bedeutung zu schenken ist, je höher der innere Überdruck in der Rohrleitung ist. Dagegen sind Absperrschieber nicht so leicht beweglich wie die in Zapfen gelagerten Drosselklappen (siehe S. 151) und sind deshalb nicht so empfehlenswert, wenn es sich z. B. um rasches Abschließen einer Rohrleitung handelt, wie dies bei Rohrbrüchen Erfordernis werden kann. Es ist daher empfehlenswert, bei Anlagen mit hohem Betriebsdruck unmittelbar vor jeder Turbine einen Absperrschieber einzubauen, und außerdem als Abschluß der Hauptrohrleitung — vor Übergang in die Kollektorrohre — eine Drosselklappe anzuordnen.

Konstruktiv läßt sich das Folgende bemerken: Die den dichten Schluß hervorbringende meist runde Schieberplatte kann entweder als Keilschieber ausgebildet sein, in welchem Falle derselbe mit doppelter Abdichtungsleiste versehen ist; die Abdichtung geschieht hierbei von Hand, indem der Keil durch ein Schraubenspindelgetriebe kräftig auf seine Sitzflächen gepreßt wird (Fig. 9, 10, 11 Tafel VI) oder die Schieberplatte wird als Flachschieber mit einfacher Abdichtungsfläche gebaut und unter Einwirkung des Wasserdruckes selbst — also unabhängig vom Bewegungsgetriebe — auf seinen Sitz gepreßt (Fig. 12 Tafel VI und Fig. 1 bis 5 Tafel VII). In beiden Fällen sind die Dichtungsstellen sowohl zu den Schieberplatten wie am Gehäuse durch sorgfältig geschliffene eingestemmte, eingepreßte oder aufgeschraubte Metall- oder Kupferringe zu garnieren, um ein Rosten der aufeinander gleitenden Teile sicher auszuschließen. Die Führung der angehobenen Schieberplatte muß in allen Stellungen eine so vollkommene sein, daß ein Verkanten oder Verklemmen nicht eintreten kann (siehe Fig. 2 u. 4 Tafel VII), insbesondere ist auch darauf Bedacht zu nehmen, daß bei horizontaler Anordnung des Schiebers die Schieberplatte unter Einwirkung des Eigengewichts sich nicht von ihrer Sitzfläche abheben kann und stets vom Wasserdruck auf dieselbe gepreßt wird.

Da die Schraubenspindel ein gleich einfaches wie kräftiges Übersetzungsmittel zur Überwindung großer Zug- und Druckkräfte darstellt, so bedient man sich derselben mit Vorliebe auch zum Anheben der Schieberplatte, gleichgültig ob der Antrieb von Hand, durch Reguliertransmission oder durch Elektromotor eingeleitet wird; dagegen ist aber zu bemerken, daß der Wirkungsgrad der gesamten Kraftübertragung ein außerordentlich geringer ist und sollte daher für Ausführungen in größerem Maßstabe ($D \geqq 600$) die Spindelübersetzung durch Zahnstangen und Schneckentriebwerke ersetzt werden, immerhin so, daß die Selbsthemmung gewahrt bleibt.

In bezug auf die Lage der meistens zur Verwendung gelangenden Schraubenspindel unterscheidet man:

Schieber mit innenliegender Schraubenspindel (Fig. 9, 10, 11 Tafel VI).
Schieber mit außenliegender Schraubenspindel (Fig. 12 Tafel VI).

Die letztere Anordnung verdient wegen Möglichkeit einer guten Schmierung von Spindel und Mutter unbedingt den Vorzug, dafür muß man den Nachteil der größeren Baulänge mit in Kauf nehmen.

Eine beachtenswerte und neuerdings öfters zur Ausführung gelangende Konstruktion für Schieber größerer Dimensionen ist diejenige, bei welcher die Schieberplatte auf hydraulischem Wege angehoben wird (siehe Fig. 1 bis 11 Tafel VII). Die notwendige Druckflüssigkeit kann hierbei direkt der Hauptleitung entnommen werden — eventuell unter Dazwischenschaltung eines Filters — oder auf künstlichem Wege durch separate Druckpumpe. Die Schieberstange wird zu diesem Zwecke an ihrem oberen Ende mit einem Kolben versehen, der in einem geschlossenen Zylinder auf und ab gleitet und durch Kolbenringe oder Lederstulpen an den Wandungen dichtend anliegt, unter Umständen auch sauber eingeschliffen wird.

Ein zur Verteilung der Druckflüssigkeit auf die untere oder obere Seite des Kolbens dienendes Steuerventil ist in Fig. 6 bis 8 Tafel VII dargestellt; an dessen Stelle könnte auch eine Schieberkonstruktion nach Fig. 4 und 5 Tafel IV treten, welch letztere den Vorzug besäße, gegen Abnutzung unempfindlich zu sein, wofür aber eine größere Verstellkraft des Steuerorgans in Kauf genommen werden müßte. Nach Fig. 6 bis 8 Tafel VII ist zwischen Ventil- und Schieberspindel überdies eine Verbindung durch einen zweiarmigen Hebel derart getroffen, daß die von Hand bewegte und verstellte Ventilspindel durch die in Bewegung gesetzte Schieber- bzw. Kolbenstange selbsttätig in Mittelstellung zurückgebracht (Rückführung) und damit die eingeleitete Bewegung des Kolbens unterbrochen wird. Es bedarf bei dieser Anordnung also zahlreicher von Hand eingeleiteter Impulse, um den Kolben vollständig anzuheben, dafür ist die Möglichkeit gegeben, den Schieber in jeder Lage automatisch zu arretieren und außerdem ist eine zu rasche Bewegung des Kolbens von vornherein ausgeschlossen, da diese sich vollständig nach der Geschwindigkeit richtet, mit welcher das Steuerhandrad gedreht wird. Eine derartige Vorrichtung ist zwar wünschenswert, aber nicht absolut notwendig. In den Figuren 10 und 11 Tafel VII ist der Einbau des beschriebenen Schiebers für 900 mm lichte Weite und 100 m Betriebsdruck in die Hauptrohrleitung dargestellt.

Um die unter vollem Wasserdruck auf die Sitzfläche gepreßte Schieberplatte so weit anheben zu können, daß ein Druckausgleich zwischen beiden Rohrstücken eintreten kann, ist schon bei kleinen Rohrdurchmessern ($\geqq$ 300 mm) und verhältnismäßig kleinen Wasserdrücken ($\geqq$ 40 m) erforderlich eine sogenannte Umleitung anzubringen; dieselbe hat also den Zweck, beide Seiten der Schieberplatte unter gleichen Druck zu setzen, bevor zum Anheben der letzteren geschritten wird. Die Anbringung einer Umleitung setzt demnach stets voraus, daß am Ausflußende der Rohrleitung eine weitere, leicht bewegliche und genügend dicht haltende Abschließung sich vorfindet, beispielsweise in Form des Leitapparates einer Turbine oder dgl.

Die Ausführungsformen der Umleitungen sind mannigfaltige; sie beruhen entweder auf dem Prinzip, durch die ersten Umdrehungen der Schieberspindel zunächst eine Öffnung in der Schieberplatte freizulegen, wobei diese letztere vorläufig in Ruhe bleibt und erst bei den weiteren Umdrehungen mitgenommen wird, oder sie stützen sich auf den Grundgedanken eines separaten Umführungsrohrs mit darin eingebautem und unabhängig von der Schieberspindel betätigbarem Abschlußorgan in Form eines Absperrschiebers, Hahns oder dgl. Beispiele der ersten Art sind auf Tafel VI dargestellt. In Fig. 9 wird ein konischer Ventilteller von seinem Sitz abgehoben, in Fig. 10 ein mit Öffnungen versehener kleiner Hohlzylinder verstellt, in Fig. 11 ist die Schieberspindel am untern Ende als Ventilkegel ausgebildet, in Fig. 12 ist das Ende der Schieberspindel mit einem Mitnehmerkopf versehen, der in Schlußstellung eine entsprechend große Öffnung verdeckt usw.

Als Beispiel zweiter Art sei auf Fig. 2 Tafel VII verwiesen.

Die Konstruktion mit separatem Umleitungsrohr scheint hinsichtlich Betriebssicherheit den Vorzug zu verdienen.

Wenn Umleitungen nicht angebracht werden können, wie z. B. an Verschlüssen von Leerläufen, Spülleitungen usw., muß besondere Sorge dafür getragen werden, daß bei Anwendung von Absperrschiebern die Übersetzung zwischen Handrad und Schieberspindel eine ausreichend große ist, und soll der Reibungskoeffizient μ für die aufeinander gleitenden Schieberflächen zu diesem Zwecke wenigstens $\geqq 0{,}5$ eingesetzt werden. Vorzuziehen ist in solchen Fällen die Anordnung von Drosselklappen, selbst auf die Gefahr hin, dauernd eine kleine Betriebswassermenge einzubüßen.

d) Drosselklappen.

Bis zu Druckhöhen von 100 m gelangt diese Art von Verschlüssen zur Anwendung, sobald es sich um leichte Beweglichkeit d. h. um Aufwendung eines Minimums von Antriebskraft handelt. Der dieser Konstruktion anhaftende Nachteil der Undichtheit zwischen Rohr und Klappe in Stellung „geschlossen" kann durch sachgemäße Herstellung in ausreichender Weise behoben werden.

Um ein Festklemmen der Klappe in geschlossenem Zustande zu verhindern, soll die Klappen-Symmetrieebene mit der Rohrquerschnittsebene einen Winkel von mindestens 10^0 einschließen.

Aus dieser Forderung zusammen mit derjenigen auf Dichtheit ergibt sich die Herstellung in der Weise, daß die Klappe unter dem gewählten Neigungswinkel auf einer Planscheibe aufgespannt und unter dieser Schrägstellung zylindrisch in Richtung der Rohrachse abgedreht bzw. abgefräst wird.

Die Drehachse der einzubauenden Klappe soll womöglich stets vertikal gewählt werden und mit nachstellbarem Spurzapfen ausgerüstet sein, damit ein Aufliegen der Klappe auf der Gehäusewandung selbst vermieden wird, was bei horizontaler Anordnung infolge Abnutzung von Lager- und Tragzapfen unausbleiblich wäre und neben der Undichtheit erschwerten Gang mit sich brächte.

Ist mit Rücksicht auf die baulichen Verhältnisse trotzdem die horizontale Anordnung zu wählen, so ist im Auge zu behalten, daß die untere Klappenhälfte stets stärker als die obere belastet ist, ein Unterschied, der sich bei kleinen Gefällen und großen Klappen besonders fühlbar macht.

Um der Verengung des lichten Querschnitts der Rohrleitung durch die zumeist als Hohlgußlinse gebaute Klappe in Stellung „offen" Rechnung zu tragen, empfiehlt es sich, das Klappengehäuse kugelförmig zu erweitern und muß das letztere sodann zum Einbringen der Klappen zweiteilig gemacht werden (vgl. auch Fig. 1 bis 4 Tafel VI). Strenggenommen muß die Erweiterung eine derartige sein, daß in irgend einem Rohrquerschnitt bei geöffneter Klappe und innerhalb des Bereichs dieser der übrigbleibende freie Strömungsquerschnitt gleich der Kreisfläche des Rohrquerschnittes ist.

Für große oder unter hohem Druck stehende Klappen oder solchen mit zylindrischen Gehäusen empfiehlt es sich zur Erzielung einer minimalen Verengung als Material Stahlguß zu verwenden und die Drehzapfen direkt an die Klappen anzugießen; für gewöhnliche Verhältnisse genügen hohle gußeiserne Klappen mit durchgesteckter und durch Verbohren befestigter schmiedeeiserner Achse.

Um die Beweglichkeit der auch unter Wasserdruck bereits ausbalancierten Klappe noch mehr zu steigern, ist es mitunter angezeigt, eine Umleitung anzubringen, wodurch der Zapfendruck und damit das Zapfenreibungsmoment aufgehoben wird.

Hinsichtlich Berechnung der Zapfenabmessungen gilt das unter Drehtore Gesagte.

Zum Antrieb der Klappenspindel ist als Hauptübersetzung ein Schneckentriebwerk zu wählen, welches gleichzeitig den Vorteil der Selbsthemmung besitzt.

Als Beispiel diene die auf Fig. 1 bis 4 Tafel VI dargestellte Drosselklappe mit 2500 mm lichter Weite mit elektrischem und Handantrieb. Das auf der Hauptschneckenwelle lose sitzende Vorgelegeschneckenrad des Elektromotorenantriebs kann mit dieser durch eine von Hand verschiebbare und mit der Hauptschneckenwelle durch Feder und Nut verbundene Klauenkupplung verkuppelt werden; in ausgerücktem Zustand kann der Antrieb mittelst Handrad und Stirnräderübersetzung auf die Hauptschneckenwelle erfolgen. Die unter einem Wasserdruck von 18,5 m stehende Klappe übt einen Gesamtdruck von $\sim$ 90000 kg auf die Zapfen aus, diese mit $\sim$ 100 kg/cm^2 Flächendruck belastend. Unter Annahme eines Zapfenreibungskoeffizienten von 0,1 ergibt sich ein Lastmoment von $0{,}1 \cdot 90000 \cdot 9 = 81000$ cm/kg; demgegenüber steht ein Antriebsmoment von $20 \cdot 25 = 500$ cm/kg. Mit einem Wirkungsgrad des Hauptschneckengetriebes von 0,4 und des Rädervorgeleges von 0,93 ergibt sich eine Gesamtübersetzungsziffer von $\frac{81000}{500 \cdot 0{,}4 \cdot 0{,}93} \cong 440$; hiervon sind 1:4 auf das Stirnrädergetriebe und 1:110 auf das Hauptschneckengetriebe verlegt.

e) Glockenventile.

Neben der zur Wasserfassung gehörigen Einlauffalle werden am oberen Ende der in das Wasserschloß mündenden Rohrleitung vielfach Glockenventile eingebaut, welchen die Aufgabe zukommt, bei Rohrbrüchen automatisch das Nachströmen des Wassers zu verhindern. Die im Turbinenbau zur Verwendung gelangenden Glockenventile sind also mit wenigen Ausnahmen als automatisch wirkende Sicherheitsverschlüsse an Rohrleitungen anzusehen. Eine derartige Einrichtung ist in den Figuren 1 bis 3 der Tafel V in ihren Einzelheiten, in Figur 4 und 5 daselbst als Ganzes in das Wasserschloß eingebaut, dargestellt.[1]) Sie besteht aus der gut geführten Ventilglocke A, dem Gehäuse B mit Ventilsitz, sowie dem Anschlußbogen C, daneben der in Spitzen gelagerten Ausbalancierung D, welche den doppelten Zweck hat: einmal das Gewicht der Ventilglocke A durch das ruhende Belastungsgewicht E ins Gleichgewicht zu bringen, andererseits durch das beliebig verstell- und einstellbare Gewicht F dem Auftrieb des einströmenden Wassers auf die Glocke A während des normalen Betriebs gerade die Wage zu halten. Tritt nun irgendwo ein Rohrbruch ein, so wird das Wasser seine Geschwindigkeit momentan zu vergrößern suchen, dadurch vermehrt sich der Auftrieb auf die Glocke, das Gleichgewicht mit dem Balanciergewicht F wird gestört und die Glocke in Richtung des strömenden Wassers mitgenommen und auf ihren Sitz im Glockengehäuse gedrückt, wodurch der Wasserzufluss gehemmt ist. Für das vorliegende Beispiel ist als normale Wassergeschwindigkeit im Rohr eine solche von 2 m angenommen.

Als weitere wesentliche Bestandteile eines solchen automatischen Abschlusses sind noch die Füllvorrichtung G der Rohrleitung, sowie die Belüftungsvorrichtung H zu nennen.

E. Der maschinelle Teil der Kraftstation.

Derselbe umfaßt:

1. Die primären Motoren, das sind die Wasserkraftmaschinen, welchen die Aufgabe zukommt, die vorhandene potentielle Energie des Wassers in Form von Drehungsenergie an eine Welle abzugeben; sowie die sämtlichen zur Regelung der Umdrehungszahl und der Druckhöhe notwendigen Apparate.

2. Die sekundären Motoren (Rezeptoren), welche die Drehungsenergie von der Primärmotorwelle abnehmen und in die für den Betriebszweck notwendige Energieform weiter verwandeln.

Von beiden Motorarten können an dieser Stelle nur die unter 1 gekennzeichneten und hiervon wiederum nur die Gattung der Turbinen einschließlich ihrer Regler behandelt werden; eine Beschränkung, die insofern gerechtfertigt erscheint, als Wasserräder, Kolbenrotationsmaschinen, Kapselwerke u. dgl. nach den jetzigen Bedürfnissen der Technik eine ziemlich untergeordnete Rolle spielen.

Es gelangen also zur Besprechung:

a) Die Turbinen.

b) Die Geschwindigkeitsregler.

c) Die Druckregler.

---

[1]) In ähnlicher Ausführung kommt dieselbe von den von Rollschen Eisenwerken, Gerlafingen (Schweiz) in den Handel.

a) Die Turbinen.

1. Allgemeines.

Turbinen (einschließlich Wasserräder) sind Maschinen, welche konaxial angeordnet mindestens eine ruhende und mindestens eine mit der Drehachse bewegte und an Kränzen befestigte Schaufelreihe besitzen, zum Zwecke, dem Wasser die vorhandene potentielle Energie zu entziehen und in Form von Drehungsenergie an die Drehachse abzugeben.

Der ruhenden Schaufel bzw. dem ruhenden zwischen den Schaufelkränzen und zwei aufeinanderfolgenden Schaufeln eingeschlossenen Kanal (Leitradkanal) fällt die Aufgabe zu, die Geschwindigkeit des ankommenden Wassers unter Aufzehrung eines entsprechenden Teiles der vorhandenen potentiellen Energie auf ein vorgeschriebenes Maß anwachsen zu lassen und das Wasser mit dieser sogenannten absoluten Eintrittsgeschwindigkeit unter einem bestimmten Winkel (Eintrittswinkel) auf die bewegte Schaufel zu richten.

Der bewegten Schaufel bzw. dem bewegten zwischen den Schaufelkränzen und zwei aufeinanderfolgenden Schaufeln eingeschlossenen Kanal (Laufradkanal) liegt ob, dem Wasser den Rest von potentieller und dazu die im Leitradkanal angenommene Strömungsenergie so weit als möglich zu entziehen; das Wasser also drucklos und bis auf einen kleinen Rest von Geschwindigkeit in den Abflußkanal abzugeben.

Wie dieses Ziel erreicht werden kann, bzw. welche Schaufelformen und Schaufelkrümmungen angewendet werden müssen, darüber gibt das Kapitel „Berechnungen der Turbinen" näheren Aufschluß.

2. Einteilung der Turbinen.

Dieselbe kann von verschiedenen Gesichtspunkten aus vorgenommen werden und zwar:

1. In bezug auf die rein hydraulischen Verhältnisse.
2. In bezug auf die Art der Beaufschlagung.
3. In bezug auf die gegenseitige Lage der ruhenden und bewegten Schaufelreihe und relativ zur Drehachse.
4. In bezug auf die absolute Lage der Drehachse.
5. In bezug auf die Bauart der Turbinen-Einlaufkammer.
6. In bezug auf die Zahl der Laufräder, welche auf einer Welle aufgekeilt sind.

Zu 1. Wird im Leitrad nur ein Teil der vorhandenen potentiellen Energie des Wassers in Geschwindigkeit umgesetzt, so ergibt sich die unter dem Namen der Überdruck- oder Reaktionsturbinen bekannte Turbinengattung; bei vollständiger Umwandlung der potentiellen Energie in Strömungsenergie innerhalb des Leitrads dagegen erhält man die Klasse der Freistrahlturbinen, zu welcher als Sonderfall die Grenzturbinen zu zählen sind.

Zu 2. Wird die ruhende Schaufelreihe rings um die bewegte Schaufelreihe angeordnet, so kennzeichnet sich diese Anordnung als voll beaufschlagte Turbine im Gegensatz zur partiell beaufschlagten

Turbine, bei welcher nur einzelne Leitradkanäle symmetrisch oder unsymmetrisch über den Laufradumfang verteilt sind.

Es mag hier schon bemerkt werden, daß voll beaufschlagte Turbinen meist als Überdruck, seltener als Grenz- und noch seltener als Freistrahlturbinen gebaut werden; dagegen partiell beaufschlagte Turbinen fast ausschließlich als Freistrahlturbinen (Girard-, Pelton-, Löffelturbinen) Verwendung finden.

Zu 3. Ist die ruhende und bewegte Schaufelreihe konzentrisch ineinander gebaut, so ergibt sich, wenn erstere die letztere umschließt, die Klasse der Radialturbinen mit äußerer Beaufschlagung (Francis-Turbinen, Textfigur 43), im umgekehrten Fall die Klasse der Radial-

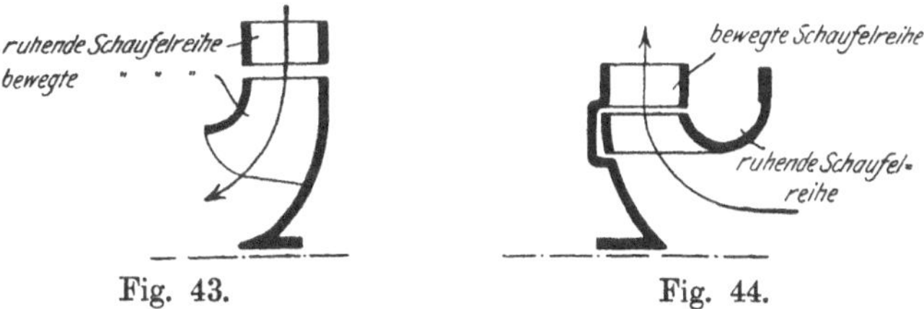

Fig. 43. Fig. 44.

turbinen mit innerer Beaufschlagung (Fourneyron-Turbinen, Textfigur 44). Sind die Schaufelreihen gleichachsig, aber hintereinander angeordnet, so belegt man die sich ergebende Turbinenanordnung mit dem Namen der Axialturbinen (Henschel-Jonval-Turbine, Textfigur 45).

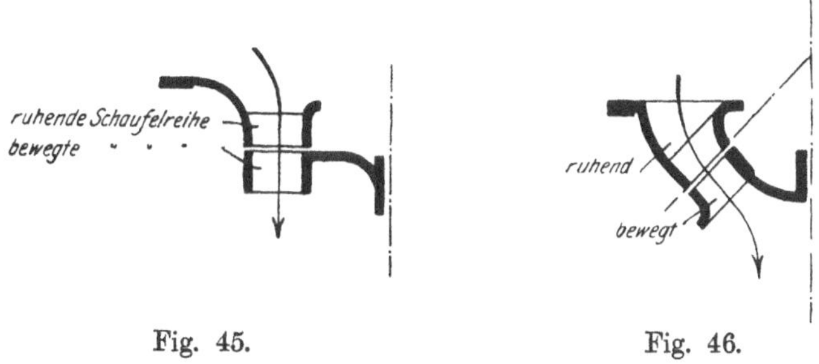

Fig. 45. Fig. 46.

Einen Übergang zwischen Axial- und Radialsystem bilden die selten gebauten und mehr historische Bedeutung besitzenden Konusturbinen (Textfigur 46), bei welchen der Ringraum zwischen ruhender und bewegter Schaufelreihe auf einer Kegelfläche liegt.

Zu 4. Drei charakteristische Lagen der Drehachse sind möglich, nämlich horizontal, vertikal oder schräg; demzufolge ergeben sich die Benennungen als

Turbinen mit horizontaler Achse
" " vertikaler Achse

und ausnahmsweise

Turbinen mit schräger Achse.

Zu 5. Hier sind im wesentlichen nur zwei Fälle denkbar, entweder:

Die Einlaufkammer zur Turbine ist nach oben hin offen, bildet also einen Behälter mit sichtbarem Oberwasserspiegel und kann in Mauerwerk, Holz oder Eisen ausgeführt sein; die Zuführung des Wassers geschieht in offenem Kanal, die Ableitung des Wassers vom Laufrad dagegen durch geschlossene Abflußgehäuse oder Röhren, die in Beton oder Blech hergestellt sein können; derart eingebaute Turbinen bezeichnet man als Turbinen in offener Kammer (siehe beispielsweise Fig. 6 Tafel XXII, Fig. 4 Tafel X usw.) oder:

Die Einlaufkammer wird gebildet durch ein geschlossenes guß- oder schmiedeeisernes Gehäuse unter innerem Überdruck stehend; die Wasserzuleitung geschieht durch Druckröhren; diese Bauart trägt den Namen der Turbine in geschlossenem Gehäuse; erfolgt bei dieser Bauart die Ableitung des Wassers vom Laufrad durch geschlossene Gehäuse oder Röhren, so erhält man die vollständig wasserfreie Aufstellung der Turbine (siehe Fig. 6 Tafel XXIII); fällt dagegen das Wasser vom Laufrad frei ins Unterwasser hinab, so ergibt sich die benetzte Aufstellung der Turbine über dem Unterwasser (siehe Fig. 5 Tafel XIX).

Zu 6. Die Zahl der Räder ist maßgebend für die Bezeichnung der einfachen, doppelten (Zwillings-), dreifachen und mehrfachen Turbine.

Nach dieser Einteilung und übereinstimmend mit der der Praxis spricht man heutzutage etwa von einer

dreifachen Francis-Turbine mit vertikaler Achse in offener Kammer, oder von einer

Axial-Doppelturbine in geschlossenem Gehäuse mit horizontaler Achse, oder von einer

Pelton-Turbine in geschlossenem Gehäuse mit horizontaler Achse usw.

3. Konstruktionseinzelheiten der Wasser-Zu- und Abführung.

a) Formen der Einlaufgehäuse und Turbinenkammern.

Allgemein gilt der Grundsatz, daß die durchströmten Querschnitte des Einlaufgehäuses oder der Turbinenkammer quer zur Richtung des fließenden Wassers in dem Maße kleiner werden sollen, wie das Wasser durch Eintritt in die Leitradkanäle verringert wird.

Von diesem Fundamentalsatz kann zwar im Interesse der leichteren und billigeren Herstellung abgewichen werden, jedoch muß in diesem Falle die Einlaufgeschwindigkeit so klein gehalten werden, daß ein nennenswerter Verlust durch die theoretisch unrichtige Gehäuse- oder Kammerform nicht entstehen kann.

Die Einhaltung der oben aufgestellten Forderung ergibt beispielsweise für Francis-Turbinen in geschlossenem Gehäuse Spiralformen nach Fig. 3 Tafel XII oder Fig. 3 Tafel XIII oder Z. d. V. d. Ing. 1900 S. 1356, 1901 S. 1562, 1903 S. 847 und 891, 1904 S. 625, 1905 S. 2014 u. f.

Für offene Turbinenkammern läßt sich die Spiralform in Beton oder Mauerwerk ebenfalls nachbilden, vorzugsweise bei vertikaler Aufstellung der Turbine.

Die Geschwindigkeit des Wassers im Spiralgehäuse oder spiralförmiger Einlaufkammer darf normal zwischen 0,20 bis $0{,}24\sqrt{2gh}$ gewählt werden, wobei der größere Wert für kleinere Gefälle und große Wassermengen gilt; bei sehr hohen Gefällen (100 m) ist es empfehlenswert, diese Geschwindigkeit bis auf $0{,}15\sqrt{2gh}$ und noch mehr zu reduzieren, damit der absolute Wert derselben nicht ungewöhnlich hoch wird, weil sonst eine starke Abnützung des Gehäuses zu befürchten ist.

Einfacher und leichter in der Herstellung sind Kammern von rundem oder viereckigem Grundriß bzw. Querschnitt und zentrale Gehäuse; die Anwendung solcher Formen ist zulässig, sobald die Wassergeschwindigkeit an keiner Stelle den Betrag von 0,08 bis $0{,}12\sqrt{2gH}$ überschreitet.

Als Beispiele von rechteckigen offenen Turbinenkammern seien erwähnt: Z. d. V. d. Ing. 1901 Seite 1564, sowie Fig. 4 und 5 Tafel XI; ferner Fig. 4 und 5 Tafel X.

Als Beispiele von zentralen Gehäusen mögen dienen: Z. d. V. d. Ing. 1904 Seite 626 und Tafel 9; ebendaselbst 1901 Seite 1096, 1901 Seite

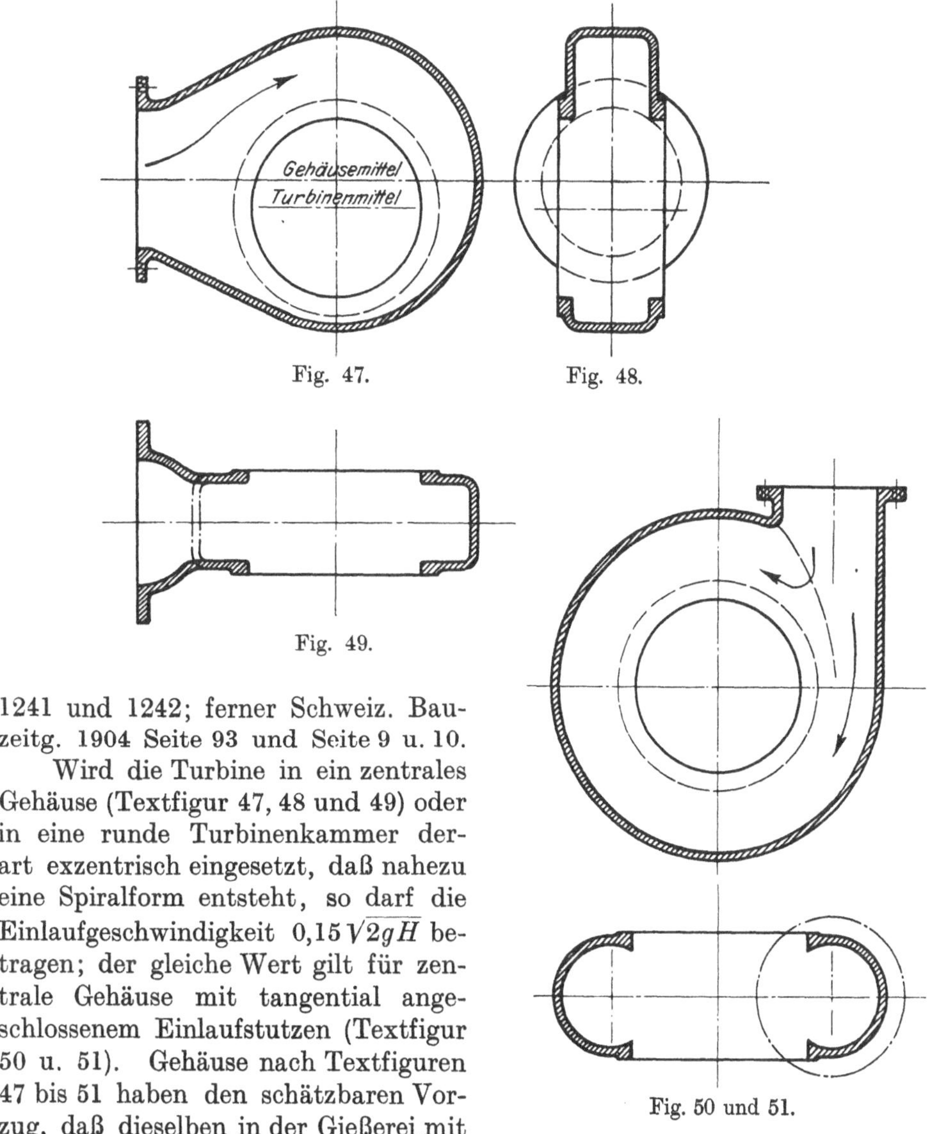

Fig. 47. Fig. 48.

Fig. 49.

Fig. 50 und 51.

1241 und 1242; ferner Schweiz. Bauzeitg. 1904 Seite 93 und Seite 9 u. 10.

Wird die Turbine in ein zentrales Gehäuse (Textfigur 47, 48 und 49) oder in eine runde Turbinenkammer derart exzentrisch eingesetzt, daß nahezu eine Spiralform entsteht, so darf die Einlaufgeschwindigkeit $0{,}15\sqrt{2gH}$ betragen; der gleiche Wert gilt für zentrale Gehäuse mit tangential angeschlossenem Einlaufstutzen (Textfigur 50 u. 51). Gehäuse nach Textfiguren 47 bis 51 haben den schätzbaren Vorzug, daß dieselben in der Gießerei mit Schablonen eingeformt werden können, also wenig Modell- und Formarbeit erfordern und daher billig und rasch zu erstellen sind. Andererseits ergibt sich infolge der notwendigen größeren Dimensionen ein Mehraufwand an Material gegenüber den reinen Spiralgehäusen.

Sämtliche Spiral- oder Zentralgehäuse, welche unter mittlerem oder hohem Druck stehen, sind zur Vermeidung von Deformationen auf der inneren offenen und dem Leitapparat zugeteilten Seite durch besondere Distanzbolzen (siehe Fig. 2 Tafel XIII und Querschnitt Tafel XVIII) oder Traversen oder Säulen von fischförmigem Querschnitt oder separater Trommel mit eingegossenen, in die Richtung des Wasserlaufs gestellten Traversen kräftig abzusteifen, um so dem beträchtlichen Wasserdruck entgegenzuarbeiten, welcher das Gehäuse aufzubiegen trachtet. Ausführungsformen von trommelförmigen Distanzstücken siehe Fig. 2 und 3 Tafel XIV, Fig. 9, 10, 12, 13 Taf. XXX, sowie Z. d. V. d. Ing. 1904 Seite 625. Dem gleichen Zwecke können die beispielsweise an der Finkschen Regulierung bereits vorhandenen Drehschaufelbolzen dienen, doch sind dieselben für sich allein wegen ihres, durch die Drehschaufeldicke bestimmten, kleinen Durchmessers in der Mehrzahl der Fälle nicht ausreichend.

Für Axialturbinen ergeben sich aus dem Gesichtspunkte einer korrekten, wirbelfreien Wasserführung Gehäuse-Einlaufformen etwa nach Fig. 2 und 3 Tafel XXIII, während für Radialturbinen mit innerer Beaufschlagung ein Einlauf nach Fig. 3 Tafel XX zweckentsprechend sein dürfte; ein zentrales Gehäuse, ähnlich demjenigen, welches an den von Piccard & Pictet in Genf gebauten ersten großen 5000pferdigen Niagaraturbinen zur Verwendung gelangte, ist in Fig. 3 Tafel XIX dargestellt.

β) Formen der Abflußgehäuse.

Für die Radialturbinen mit äußerer Beaufschlagung ebenso wie für die Axialturbinen kommen je nach Lage der Turbinenwelle neben dem konischen Saugrohr (Fig. 1, 3 und 5 Tafel VIII und Fig. 6 Tafel XXI) zur Verwendung das einfache Bogenrohr in Verbindung mit dem konischen Saugrohr (siehe Fig. 5 Tafel XIV und Fig. 2 und 6 Tafel XXIII) und das Betonsaugrohr (Textfigur 31 sowie Fig. 6 u. 7 der Tafel XXII) für sich allein oder in Verbindung mit einem Ablaufkrümmer.

Für Doppelturbinen der halbkreisförmige Ablaufkessel mit rechteckigem Ausgußquerschnitt (siehe Z. d. V. d. Ing. 1901 Seite 939, Fig. 10 und 11) und vor allem der Doppelkrümmer, wie er auf den Tafeln IX, X, XI und XXII detailliert dargestellt ist.

Bei der senkrechten Aufstellung mehrfacher Turbinen wird die für je zwei benachbarte Laufräder gemeinschaftliche Abflußkammer mit Vorteil direkt in Beton ausgeführt, wodurch ein besonderer schmiedoder gußeiserner Ablaufkessel erspart wird und gleichzeitig ein solides Fundament für die Lagerung der Turbine gewonnen wird (siehe Z. d. V. d. Ing. 1901 Seite 1564 Fig. 91 und 92; ebendaselbst Seite 1190).

Die Herstellung des Betonsaugrohres erfolgt mit Hilfe eines Leergerüstes, das aus einzelnen Schablonen von Querschnittsform des Saugrohrs zusammengebaut wird. Die zeichnerische Bestimmung der einzelnen Querschnittsprofile hat nach den Angaben auf S. 58 „Einfluß des Saugrohrs" zu erfolgen. Es ist dafür Sorge zu tragen, daß die innere Verkleidung des Betonsaugrohrs, bestehend aus einer dünnen Zementschicht bester Qualität, luftdicht nach außen verschließt. Wo dies letztere infolge minderwertigen Baumaterials nicht erreichbar ist oder wo sonst sich bautechnische Schwierigkeiten erheben, oder wo infolge schlechten Baugrunds Rißbildung zu erwarten steht, ist es ratsam, der Anwendung von Betonsaugröhren ganz aus dem Wege zu gehen.

Als Spezialkonstruktion ist das gegabelte Saugrohr zu betrachten, welches beispielsweise für die 5500pferdigen Niagaraturbinen (Z. d. V. d. Ing. 1901 Seite 1241 und 1242) zur Verwendung gelangt ist. Da hier der für alle Turbinen gemeinschaftliche Abflußkanal den untersten Teil des Schachtes selbst bildet, so war man genötigt, um an keiner Stelle eine Verengung des Abflußprofils durch eintauchende Saugrohre zu erhalten, diese Gabelung vorzunehmen und die Gabelstücke in Nischen der Seitenwände des Schachtes einzubauen; gleichzeitig wurden die unter 45^0 zur Strömungsrichtung im Abflußkanal mündenden Ausgußöffnungen des Gabelrohres bis nahezu an die Kanalsohle verlegt, um dem stark schwankenden Unterwasserspiegel Rechnung zu tragen.

Auch die von der Firma Escher Wyss & Co. im Jahre 1903 erstellten 11000pferdigen Doppelturbinen für die Canadian Niagara Power Co. weisen eine ähnliche Konstruktion in bezug auf die Verlegung der Saugröhren auf (siehe Schweiz. Bauztg. 1904 Seite 10).

Für Radialturbinen mit innerer Beaufschlagung können Ausfluß-Gehäuse nach Fig. 1 und 3 Tafel XX oder Z. d. V. d. Ing. 1901 Seite 1565, Fig. 96 bis 98 zur Verwendung gelangen; die erstere Konstruktion hat hierbei den Vorteil einer bessern Wasserführung gegenüber der letzteren; dies gilt in erhöhtem Maße, wenn statt des zentralen Abflußgehäuses ein Spiralgehäuse zur Verwendung gelangt.

Für Pelton- und Löffelturbinen sind Gehäuseformen nach Tafel XXVII, XXVIII und XXIX üblich.

Bei Eintritt in das Saugrohr, dieses letztere als stetige Fortsetzung des äußeren Laufradkranzes gedacht, darf die Geschwindigkeit $0{,}22\sqrt{2gh}$ bis maximal $0{,}30\sqrt{2gh}$ (Schnellläufer) gewählt werden; bei Austritt aus dem Doppelkrümmer mit gesicherter Wasserführung kann dieselbe entsprechend noch $0{,}19\sqrt{2gh}$ bzw. $0{,}26\sqrt{2gh}$ betragen. Dagegen soll bei halbkreisförmigen Ablaufkesseln oder Betonkammern im rechteckigen Mündungsquerschnitt des Kessels oder der Kammer die Geschwindigkeit von $0{,}15\sqrt{2gh}$ nicht überschritten werden.

Am Ende der Saugröhren gilt als normale Geschwindigkeit $0{,}10\sqrt{2gh}$ und falls das Saugrohr in die Richtung des Ablaufkanals umbiegt, so ist die Geschwindigkeit in letzterem maßgebend.

γ) Regelung des Wasserflusses.

Während in früheren Jahren der in Europa so beliebte Bau der Axialturbinen, die zudem meistens von Hand auf ihre Kraftabgabe reguliert wurden, es mit sich brachte, einen Kanal des Leitapparats um den andern abzuschließen, in der Absicht, auch bei partieller Beaufschlagung einen möglichst hohen Nutzeffekt zu erzielen, ist dies Verfahren in neuerer Zeit fast vollständig aufgegeben worden; vielmehr ist es jetzt üblich, zur Regelung der Wassermenge sämtliche Leitradkanäle gleichzeitig zu verengen bzw. zu öffnen.

Bestimmend für diese Umwälzung auf dem Gebiete des Turbinenbaus waren in erster Linie die Aufnahme des Baus von Radialturbinen, bei welchen das letztgenannte Regelungsverfahren die konstruktiv einfachere und leichtere Lösung darstellt; sodann nötigte das Bedürfnis nach rasch arbeitenden Regulatoren die Konstrukteure geradezu, den Regulierweg von „auf" bis „zu" zur Erzielung einer kleinen Schlußzeit so klein als möglich zu halten, was wiederum auf die gleichzeitige Veränderung der Querschnitte sämtlicher Leitradkanäle hinausläuft.

Es ist klar, daß die gekennzeichnete Art der Verstellbarkeit des Leitapparats auf viele Arten erreicht werden kann, die unter sich aber durchaus nicht als gleichwertig zu betrachten sind.

Ein Maßstab für die Güte irgend einer Regelungseinrichtung nach den derzeitigen Anforderungen der Technik ist in den folgenden Grundbedingungen niedergelegt:

a) Kleiner Regulierweg.
b) Möglichst gleich und hoch bleibender Nutzeffekt bei voller wie bei partieller Beaufschlagung der Turbine.
c) Gleiche Empfindlichkeit hinsichtlich Veränderung der Kraftabgabe, gleichgültig bei welcher Einstellung die Veränderung der Leitradquerschnitte bzw. die Abschützung vorgenommen wird.
d) Leichte Beweglichkeit der unter Wasserdruck stehenden Regelungseinrichtung in allen Lagen zwischen „auf" und „zu".
e) Unempfindlichkeit der bei der Verstellung bewegten Teile gegen unreines und Schwemmsel führendes Wasser.
f) Möglichst einfache Konstruktion bei gleichzeitiger Rücksichtnahme auf Zugänglichkeit, Auswechselbarkeit und Dauerhaftigkeit derjenigen Teile, welche der Abnützung am meisten ausgesetzt sind.

Von diesen Gesichtspunkten aus sollen nun die bekannten, teilweise auch schon veralteten Reguliersysteme betrachtet werden.

I. Regelung durch Drosselklappe.

Diese Art der Regelung der Aufschlagswassermengen gestattet die weitaus einfachste Konstruktion der Turbine, indem außer dem Laufrad nur ein Leitrad mit eingegossenen Schaufeln erforderlich ist. Bedingung d) e) und f) sind hierbei in hohem Maße erfüllt.

Die Drehung der Klappe kann durch Schnecken- oder Stirnrädertriebwerk von Hand oder mechanischen Regulator mit Drehbewegung bewerkstelligt werden; gegebenenfalls kann die Bewegung auch auf hydraulischem Wege mittels Kolben, Kurbelgetriebe und auf der Drosselklappenachse sitzender Kurbel erfolgen. Bedingung a) wäre also auch ausreichend erfüllt.

Dagegen ist der Bedingung b) und c) so wenig Genüge geleistet, daß trotz der rein mechanischen Vorzüge diese früher oft verwendete Reguliermethode als veraltet bzw. nur in Ausnahmefällen als empfehlenswert bezeichnet werden muß.

II. Regelung durch drehbare Schaufeln.

A. Der Leitapparat enthält nur drehbare Schaufeln (Finksche Regulierung).

Die hierhergehörigen Konstruktionsformen sind dargestellt in Tafel XVI, Tafel XVII und XVIII, ferner Fig. 1 und 3 Tafel XII und Fig. 2

und 3 Tafel XIII, sowie Fig. 9, 10, 11, 12, 13 Taf. XXX; die ersteren beiden Ausführungsformen werden von der Firma Escher Wyss & Co. mit gutem Erfolge gebaut und haben in der Praxis sich bestens bewährt; ferner sind hervorzuheben die Konstruktionen von J. M. Voith, Fig. 3 und 4 Tafel XXX, geschützt durch D. R.-P. 99590 (siehe auch Z. d. V. d. Ing. 1904 Seite 525); diejenige von Storrer, Fig. 1 und 2 Tafel XXX, D. R.-P. 127826, gebaut von der Firma J. J. Rieter & Co. in Winterthur (eine Ausführungsform ist dargestellt in Fig. 2 und 3 Tafel XIV) und von der Firma Amme, Giesecke & Konegen in Braunschweig. Eine sehr bemerkenswerte Drehschaufelregulierung nach amerikanischem Vorbild ist vom Verfasser in Fig. 1 und 3 Tafel X wiedergegeben; des weitern ist in Fig. 1 und 3 Tafel XX gezeigt, wie solche Konstruktionsformen auch auf Radialturbinen mit innerer Beaufschlagung und in Fig. 1 bis 3 Tafel XXI auf Axialturbinen übertragen werden können. Eine Ausführungsform der Drehschaufelkonstruktion für Axialturbinen ist W. Suchowiak durch D. R.-P. 103261 geschützt worden.

Die sämtlichen angeführten Konstruktionen stimmen dahin überein, daß sie ungefähr in gleich hohem Maße den oben aufgestellten Bedingungen a) b) c) e) und f) genügen; sie dürfen überdies als die zurzeit vollkommensten angesehen werden. Speziell die Ausführungsformen der D. R.-P. 99590 und 127826[1]) bezwecken den Drehschaufelmechanismus gegen schmutzende Fremdkörper in weitgehendstem Maße zu schützen; jedoch besitzen diese Konstruktionen wiederum insofern einen Nachteil, als sie die Anbringung von Taschen an die Leitschaufeln erfordern, welche die Wasserströmung im Leitapparat ungünstig beeinflussen und sich besonders bei geringer Breite des letztern schädlich bemerkbar machen. Der Verfasser hält dafür, daß der Schutz des Drehschaufelmechanismus auch bei sämtlichen anderen oben angeführten Ausführungsformen praktisch ausreichend gewährleistet ist, was übrigens jahrelange Erfahrungen vollauf bestätigt haben.

Ausbalancierung. Hinsichtlich Bedingung d) ist zu bemerken, daß die Drehschaufel jeweilen nur für eine einzige Leitschaufelöffnung bzw. Leitapparateinstellung als vollkommen entlastet betrachtet werden darf; für alle übrigen Stellungen zwischen „auf" bis „zu" ist dann das Gleichgewicht mehr oder minder gestört. Immerhin liegt es in der Hand des Konstrukteurs, die Abmessungen von der Drehachse bis zu den Schaufelenden (durch Wahl der Schaufelzahl) derart zu treffen, daß die Entlastungsstellung je nach Wunsch entweder bei geschlossenem oder halb oder ganz geöffnetem Leitapparat erreicht ist.

Falls nun nicht besondere, separate Entlastungsvorrichtungen eingebaut werden, wie eine solche beispielsweise auf Tafel XII Fig. 2 gezeichnet oder Schweiz. Bauzeitg. 1904 Seite 51 und nachstehend beschrieben ist, so ist stets darauf Bedacht zu nehmen, daß die Energie des Regulators oder die Übersetzung des Handreguliermechanismus ausreichend groß gewählt werden muß, um neben den Reibungswiderständen auch dem auftretenden Wasserdruck wirksam zu begegnen.

[1]) Diese Bauart dürfte immerhin in sich großen Reibungswiderstand besitzen, weil der Durchmesser der Antriebszapfen unverhältnismäßig groß ist.

Für eine Turbine in offener Kammer, deren Leitschaufelkonstruktion in Tafel XVI dargestellt ist, hat Verfasser das Wasserdruck-Drehmoment hinsichtlich der Drehschaufelachse als Funktion der Öffnungsweiten bei verschiedenen Einstellungen des Leitapparats graphisch dargestellt (siehe Tafel XXXI); hierbei sind sämtliche Drehmomente auf 1 m Gefälle umgerechnet worden.

Durch die in Fig. 2 Tafel XII bzw. Tafel XXXI dargestellte Entlastungsvorrichtung, bestehend aus einem auf die Regulierwelle passend aufgekeilten Hebel mit darauf verschiebbarem Gegengewicht, ist man nun imstande, den größeren Teil des vom Wasserdruck herrührenden Drehmomentes zu kompensieren, was durch die strichpunktierte Kurve deutlich zum Ausdruck kommt. Die Ordinaten dieser Linie stellen das auf eine Leitschaufel entfallende, vom Gegengewicht herrührende und an der Regulierwelle wirkende Drehmoment, bezogen auf 1 m Gefälle, dar; welches dem Wasserdruckmoment, umgerechnet auf die Regulierwelle (ausgezogene Kurve), entgegenwirkend zu betrachten ist. Durch den Regulator oder die Handregulierung zu überwinden sind demnach — abgesehen von den durch das Gegengewicht etwas vergrößerten Reibungskräften — nur diejenigen Beträge der Drehmomente, welche zwischen den beiden Kurven eingeschlossen sind und deren größter kaum ein Drittel des größten Wasserdrucks-Drehmoments ohne Ausbalancierung ausmacht. Hinsichtlich der ausführlichen Berechnung wird auf Seite 96 sowie Tafel XXXI selbst verwiesen.

Dieses oder ein ähnliches Verfahren der Ausbalancierung ist stets dann am Platze, wenn es sich um eine rasche und leichte Bedienung der Handregulierung oder bei Anwendung von Turbinen-Regulatoren mit beschränkter Energie handelt (vgl. auch die auf Tafel XII dargestellte Anlage); es verliert an Bedeutung, sobald hydraulische, mit Kolben und Zylinder ausgerüstete Regulatoren verwendet werden, deren Energievorrat von Fall zu Fall leicht dem betreffenden Turbinenaggregat anzupassen ist.

In konstruktiver Beziehung und im Hinblick auf Bedingung f) ist zu bemerken, daß Leitapparate mit reiner Drehschaufelregulierung einer sorgfältigen Abstützung der beiden Leitradringe, in welchen die Leitschaufelachsen ihren Halt finden, gegeneinander bedürfen; bei Turbinen in geschlossener Kammer ist dieses Punktes bereits unter „Formen der Einlaufgehäuse" Erwähnung getan; bei Turbinen in offener Kammer kann die Abstützung in ähnlicher Weise durch Anbringen von separaten Distanzbolzen (siehe Fig. 1 und 3 Tafel X), Säulen (siehe Z. d. V. d. Ing. 1901 Seite 1196) oder Bügeln (siehe Fig. 1 und 3 Tafel XXI) geschehen, wodurch die Leitschaufelbolzen entlastet werden und der Leitapparat zu einem starren Ganzen vereinigt wird; bei vertikaler Anordnung kann von einer solchen Absteifung Umgang genommen werden, wenn es sich um eine einfache Turbine und geringes Gefälle handelt; jedoch ist dann wenigstens der auf dem obern Leitraddeckel ruhende Wasserdruck durch eine womöglich einstellbare Aufhängevorrichtung aufzunehmen und auf diese Weise die Drehschaufelbolzen zu entlasten. Eine derartige Aufhängevorrichtung ist beispielsweise in den Figuren 1, 2, 6, 7 und 8 der Tafel XXI für eine Axialturbine dargestellt.

Besondere Beachtung ist der Anordnung, der Lagerung und dem

Antrieb des zur Drehung der Leitschaufeln fast allgemein benutzten Regulierringes zu schenken.[1])

Es ist zunächst klar, daß der Reibungswiderstand desselben bei Einleitung der Drehbewegung auf ein Minimum zu bringen ist; dieser Forderung kann auf verschiedene Weise Rechnung getragen werden, z. B. wird die amerikanische Drehschaufelregulierung (Fig. 1 und 3 Tafel X) derselben dadurch gerecht, daß der Durchmesser des Regulierringes auf ein Minimum beschränkt ist.

Vorzugsweise bei vertikaler Aufstellung der Turbinen empfiehlt es sich aus dem gleichen Gesichtspunkt, den Regulierring auf Kugeln zu lagern, wobei diese letzteren zur Verhütung des Eindringens von Unreinigkeiten in gut umschließenden Rinnen gelagert sein müssen (vgl. Fig. 4 Tafel XI); es ist hierbei nicht notwendig, die ganze Rinne mit Kugeln auszufüllen, sobald nur zwischen je zwei Kugeln ein Rundeisen-Distanzstück eingeschaltet wird, das in Richtung der Kugelbahn abgebogen wird und einen Durchmesser nur wenig kleiner als der Kugeldurchmesser besitzt; als Beispiel der seltenern Kugellagerung für horizontale Turbinenaufstellung siehe Fig. 1 Tafel XI.

Für Turbinen in geschlossener Kammer, insbesondere für Doppelturbinen ist aus dem gleichen Grunde die Anordnung von Doppelregulierringen nach Fig. 1 und 3 Tafel XII, Fig. 2 und 3 Tafel XIII und Tafel XVIII besonders beachtenswert. Die beidseitigen Regulierringe können hierbei, wie Tafel XVIII zeigt, außer durch die Mitnehmerbolzen der Leitschaufeln noch durch besondere Traversen von fischförmigem Querschnitt in Distanz gehalten und dadurch gleichzeitig zu einer starren Trommel vereinigt werden. Mit dieser Trommelkonstruktion wird nicht nur erreicht, daß die Regulierringe in sich gegen Wasserdruck vollständig entlastet sind, sondern es wird auch jede einzelne Leitschaufel über ihre ganze Länge gefaßt, jeder einseitige, den Wasserlauf störende Vorsprung an der Leitschaufel selbst vermieden und die Mitnehmevorrichtung, bestehend aus Mitnehmerbolzen und darübergestreiftem Metallrohr, dem Wasserstrom vollständig entzogen.

In jüngster Zeit sind auch Konstruktionen ähnlich der in der Fußnote erwähnten, aber mit außenliegendem Regulierring aufgenommen worden, die selbstverständlich nur für Turbinen in geschlossener Kammer von Bedeutung sind.

So hat z. B. die Maschinenfabrik J. M. Voith in Heidenheim eine derartige Konstruktion für die 11 340 P. S. Niagara-Turbinen der Ontario Power Co., siehe Z. d. V. d. Ing. 1905, Seite 2014 u. f., verwendet; ebenso hat die amerikanische Firma Platt Iron and Steel Works, Dayton[2]), Ohio, davon Gebrauch gemacht und neuerdings hat sich auch die Allis Chalmers Co., Milwaukee, derselben bedient.

---

[1]) Als Ausnahme von dieser Regulierungsmethode siehe Schweiz. Bauzeitg. 1907 S. 228, Anlage Rauris, für welche jede einzelne Leitschaufel samt ihren Drehzapfen aus einem geschmiedeten Stahlstück hergestellt ist. Die Drehzapfen sind durch Stopfbüchsen nach außen geführt, um daselbst mit Kurbeln und Gestänge untereinander verbunden zu werden. Die Bewegung des ganzen Systems wird in zwei diametral gelegenen Punkten eingeleitet. Die Vermeidung des üblichen Regulierringes ist hierbei insofern bedenklich, als das unvermeidliche Spiel in den einzelnen Verknüpfungsstellen des Systems sich addiert und daher der gleichzeitige Schluß aller Leitschaufeln nach eingetretener Abnützung nicht mehr gesichert ist.

[2]) Siehe Engineering News vom 29. März 1906, S. 352.

Eine vom Verfasser empfohlene Konstruktion, welcher die gleiche Idee zugrunde liegt, findet sich in Fig. 9, 10 und 11, Tafel XXX, dargestellt. Dieselbe strebt an den möglichst gedrängten Bau der Turbine, die sichere Lagerung der Leitschaufelachsen, den vollständigen axialen Druckausgleich hinsichtlich der Stirnflächen dieser Achsen, sowie die möglichst leichte und genaue Herstellung eines solchen Leitapparats unter Wahrung der Zugänglichkeit und Auswechselbarkeit sämtlicher Teile.

Wenn nun auch diese Reguliermethode den Bewegungsmechanismus der Leitschaufeln dem „strömenden" Wasser vollständig entzieht und insofern als ideal bezeichnet werden kann, so ist dieselbe doch durch die große Zahl der im Betriebe zu bedienenden Stopfbüchsen, durch die um den Leitapparat herumgelegte und die Turbine unnütz vergrößernde Versteifungstrommel, sowie durch die notwendige Präzisionsarbeit in der Herstellung teuer erkauft und dürfte vom Standpunkte des Kaufmanns aus mit dieser Konstruktion des guten doch etwas zu viel getan sein. Jedenfalls ist die Marktfähigkeit einer solchen Konstruktion als Normalkonstruktion anzuzweifeln, und das um so mehr, weil sie nur für Turbinen in geschlossenem Gehäuse anwendbar ist; währenddem doch die von irgend einer Firma adoptierte Leitschaufelkonstruktion für Turbinen in offener wie in geschlossener Kammer gleich verwendbar sein sollte.

Ein Vermittlungsvorschlag, bei welchem der Regulierring und das Verbindungsgestänge mit den Drehschaufeln dem „strömenden" Wasser entzogen und ins „ruhende" verlegt sind unter Vermeidung von Stopfbüchsen für die Drehschaufelachsen, ist in Fig. 12 und 13 Tafel XXX zur Darstellung gebracht; die vollständige axiale Entlastung der Drehschaufelachsen wird hier mittelst durchbohrter oder hohl gegossener Achse erzielt. Die viel Platz beanspruchende Versteifungstrommel, mit ihren fischförmigen Rippen zum Zusammenhalten des Spiralgehäuses, kann allerdings auch bei dieser Konstruktion nicht wohl umgangen werden.

Als Material für die Leitschaufeln kommt in dieser wie den vorerwähnten Konstruktionen der Fußnote vorzugsweise Stahlguß in Frage.

Eine erhebliche Verteuerung erleiden solche Ausführungsformen auch noch durch die Zweiteiligkeit des Spiralgehäuses, als einer Folge der notwendigen Versteifungstrommel.

Bezüglich Einleitung der Drehbewegung des Regulierringes läßt sich bemerken, daß diese an zwei diametral gegenüberliegenden Punkten erfolgen soll, zum Zwecke, auf den Regulierring ein reines Kräftepaar unter Ausschließung jeder einseitig wirkenden Kraft auszuüben.

Dieser Forderung läßt sich am besten durch die Anbringung von zwei diametral stehenden Kurbelwellen bzw. Regulierwellen mit aufgekeilten Kurbeln, die mit Laschen den Regulierring fassen, Genüge leisten (vgl. Fig. 3 Tafel XIV).

Das außerhalb des Wasserraums liegende Antriebs- bzw. Verbindungsgestänge kann in zwei, auf die vorigen Regulierwellen aufgekeilten Kurbeln mit genau einstellbarer Schubstange (Fig. 3 Tafel XII), oder auch in zwei Kurbeln mit nicht einstellbarer Schubstange, dafür aber einer Druckverteilungswage (Fig. 3 Tafel XIII), bestehen oder durch irgend einen andern Mechanismus seine Lösung finden, (vgl. Fig. 1 Tafel XIV).

Speziell für Turbinen in offener Kammer ist, sobald der Abstand der Regulierwelle von der Turbinenwelle nur groß genug gewählt werden kann, die wegen ihrer großen Einfachheit mit Recht so beliebte Antriebsmethode durch einfache Regulierwelle, Doppelkurbel und womöglich einstellbare Lenkerstangen, letztere tangential an den Regulierring angreifend, praktisch durchaus zulässig, obwohl hierbei stets ein einseitig wirkender Anpressungsdruck auf den Regulierring eintritt, der allerdings mit dem Abstand von Regulierwelle und Turbinenwelle rasch abnimmt. Ausführungsform siehe Fig. 2, 4 und 5 Tafel XI.

Der nicht empfehlenswerte Antrieb des Regulierringes mit aufgeschraubtem Zahnsegment und Antriebsritzel ist ebenfalls nur in gedoppelter Anordnung zulässig, außerdem sind die Zahnlücken gegen Eindringen vom Schwemmsel sorgfältig zu schützen und ist wirksame Schmierung der arbeitenden und spiellosen Zahnflanken vorzusehen (siehe Schweiz. Bauzeitung 1901 Seite 126).

Einseitiges Fassen des Regulierringes ist höchstens für kleine Turbinen zulässig, für welche Überschuß an Antriebskraft bereits vorhanden ist (siehe Z. d. V. d. Ing. 1901 Seite 1839).

Als Material der Leitschaufeln ist schon bei geringen Gefällen Stahlguß zu empfehlen, und zwar nicht sowohl wegen des Wasserdruckes als vielmehr mit Rücksicht auf den Umstand, daß, sobald ein Fremdkörper zwischen zwei benachbarte Leitschaufeln sich einklemmt, die für den ganzen Leitapparat bestimmte Regulierkraft auf besagte zwei Schaufeln entfällt und dieselben somit weit höher auf Biegung beansprucht werden, als der bloße Wasserdruck für sich allein es je tun könnte.

Neuere Bestrebungen zielen aus diesem Gesichtspunkte dahin, Leitapparate mit federnden Leitschaufeln zu konstruieren, die unter dem Drucke des Fremdkörpers ausweichen; die damit verbundene Komplikation in der Konstruktion des Leitapparats dürfte immerhin bedenklich sein.

Bezüglich Auswechselbarkeit jeder einzelnen Drehschaufel des Leitapparats ist zu bemerken, daß diese Forderung nur dann von Bedeutung ist, sobald man mit öfters wiederkehrenden Brüchen einzelner Schaufeln zu rechnen hat — ein Vorkommnis, das schon deshalb selten und überhaupt zu vermeiden ist, weil bei solchen Anlässen gewöhnlich der ganze Leitapparat einschließlich dem Laufrad zerstört wird. Es ist daher ratsam, durch Wahl von Stahlguß als Schaufelmaterial solchen Vorkommnissen lieber ein für allemal vorzubeugen, wodurch man auch der oben aufgestellten Forderung überhoben bleibt.

Die Auswechslung der Metallgarnituren, Laschen, Drehachsen u. dgl. eines Leitapparats soll im Interesse des guten und leichten Funktionierens der ganzen Regulierung für sämtliche Leitschaufeln stets gleichzeitig vorgenommen werden; denn es ist nicht denkbar und durch den Betrieb auch nicht bestätigt, daß bei einem richtig gearbeiteten Leitapparat beispielsweise nur einzelne Metallbüchsen sich abgenutzt hätten, währenddem andere intakt geblieben wären. Die Forderung der Einzelauswechslung scheint also auch von diesem Gesichtspunkte aus haltlos.

Um nun einer Abnutzung der aufeinander gleitenden Teile, soweit sie im Wasserraume liegen und der Schmierung nicht zugänglich sind, nach Möglichkeit vorzubeugen, die Dauerhaftigkeit des Leitapparats also zu erhöhen und gleichzeitig die Auswechslung zu verringern, gibt es kein besseres Mittel, als die Auflage- bzw. Gleitflächen möglich groß zu wählen, d. h. den Flächendruck auf ein Minimum zu beschränken.

Nach dem Erörterten verdienen Konstruktionen, welche die Auswechselbarkeit jeder einzelnen Schaufel ins Auge fassen (s. Fig. 1 Tafel X oder Fig. 4 Tafel XI), nicht die Bedeutung, die ihnen oft beigemessen wird, und wird beispielsweise eine Konstruktion nach Fig. 1 u. 3 Tafel XII, bei welcher nur die Auswechselbarkeit des Leitapparats als Ganzes vorgesehen ist, den praktischen Bedürfnissen ebenso gerecht.

B. Der Leitapparat enthält feststehende und drehbare Schaufeln.

Als Konstruktionsformen sind zu nennen diejenigen von Th. Bell & Co. in Kriens, dargestellt Fig. 1 bis 5 Tafel XI, eingetragen als + Pat. 14540/306, die amerikanische Konstruktion U. S. P. 328179 und eine solche des Verfassers, Fig. 6, 7 und 8 Tafel XI, + Patent 20812.

Die Bedingungen a), c) und f) sind bei den genannten Ausführungen eingehalten, f) sogar in sehr hohem Maße; hinsichtlich Bedingung b), mag bemerkt werden, daß bei partieller Beaufschlagung in dem zwischen ruhender und bewegter Leitschaufel gebildeten toten Winkel Wirbelungen entstehen müssen, die den Nutzeffekt jedenfalls schädlich beeinflussen; außerdem können solche Wirbelungen leicht Korrosionen des Leitapparats hervorrufen, wenigstens sobald das Gefälle einmal 20 m übersteigen sollte.

Bezüglich Bedingung d) mag erwähnt sein, daß die Entlastung der bewegten Schaufel vollkommener ist, als wie bei der Finkschen Regulierung; diese, sowie die Einhaltung der Bedingung e) waren übrigens wegleitend für den Verfasser bei Entwurf der Leitradschaufelung (s. Fig. 6 bis 8 Tafel XI).

Von den Bellschen Konstruktionen ist diejenige mit Kurbelmechanismus (s. Fig. 5 Tafel XI) entschieden vorzuziehen derjenigen mit zahnförmigen Hebeln (s. Fig. 2), da hier im Gegensatz zu Bedingung e) zwischen Zahn und Zahnkranz sich leicht Fremdkörper einzwängen können, welche die Regulierung erschweren und zu Brüchen der Zahnhebel Anlaß geben.

Hervorgehoben zu werden verdient noch die Tatsache, daß bei Leitapparatkonstruktionen mit festen und beweglichen Schaufeln der Eintrittswinkel größer wird bei partieller Beaufschlagung und sein Maximum bei Stellung „zu“ erreicht, was übrigens mit der Bedingung des stoßfreien Eintritts für Reaktionsgrade bis zu $^1/_2$ (d. i. $k_{v_0} = 0{,}63$) sich gut vereinbaren läßt; im Gegensatz hierzu wird bei der Finkschen Regulierung der Eintrittswinkel kleiner bei partieller Beaufschlagung und gleich Null für Stellung „zu“.

III. Regulierung durch Spaltschieber.

Dieses besonders in Amerika viel verwendete Regulierungssystem ist in den Figuren 1 bis 8 Tafel VIII (wovon Fig. 1 bis 6 Ausführungen der Firma Singrün Frères in Epinal repräsentieren) und in Fig. 1 bis 7 Tafel IX. sowie Fig. 4 bis 6 Tafel X ausführlich dargestellt. Außerdem siehe folgende Anlagen:

5500 P. S.-Turbine am Niagara, Z. d. V. d. Ing. 1901 Seite 1242,
10000 P. S.-Doppelturbine am Niagara, Schweiz. Bauzeitg. 1904 Seite 11,
3000 P. S.-Turbine am Glommen, Z. d. V. d. Ing. 1904 Seite 626,

die von der Firma Escher Wyss & Co. erstellt wurden.

Ferner 600 P. S.-Freistrahlturbine mit innerer Beaufschlagung, Z. d. V. d. Ing. 1901 Seite 1565, gebaut von Th. Bell & Co., Kriens.

1100 P. S.-Grenzturbine mit innerer Beaufschlagung des Elektrizitätswerkes Montbovon, Z. d. V. d. Ing. 1901 Seite 1392, gebaut von J. J. Rieter & Co., Winterthur.

700 P. S. Francis-Turbine für Sankt-Mortier, Schweiz. Bauzeitg. 1901 Seite 187, gebaut von Piccard, Pictet & Co., Genf.

Die einfache Spaltschieberregulierung, bestehend aus einer glatten Trommel, die im Ringraum zwischen Leit- und Laufrad bewegt wird, kann selbstverständlich nur für Radialturbinen in Frage kommen; sie entspricht in hohem Maße den oben aufgestellten Bedingungen d), e) und f), erfüllt Bedingung a) und c) ausreichend, läßt dagegen Bedingung b) unerfüllt.

Zu Bedingung a) mag bemerkt werden, daß im allgemeinen als Regulierweg die Höhe der Ringtrommel anzusehen ist, wie dies in der oben erwähnten, trefflich durchgebildeten Glommenanlage deutlich zum Ausdrucke kommt; jedoch kann erforderlichenfalls der Hub des Regulierzylinders durch Einschaltung von Zwischengliedern auch verringert werden, so daß er kleiner als Ringschützenhöhe ausfällt, wie dies in den Figuren 1, 6 und 7 Tafel IX gezeigt ist.

Die wichtige Bedingung b) ist nur bei ganz geöffneter Turbine erfüllt; um diesem Übelstande abzuhelfen und die sonst so einfache Spaltschieberkonstruktion marktfähig zu erhalten, hat man in neuerer Zeit die Konstruktion vielfach so abgeändert, daß am untern Ende der Trommel besondere Führungslappen angeschraubt wurden, die soweit als möglich in die Leitradkanäle hineinragen und somit auch bei partieller Beaufschlagung eine leidliche Wasserführung ohne Kontraktion bzw. einen höhern Nutzeffekt sichern (vgl. Fig. 7 u. 8 Tafel VIII und Fig. 1 u. 3 Tafel IX).

Hinsichtlich Bedingung e) gilt, daß die Aufschlagsmengen nicht proportional dem Spaltschieberschub abnehmen, vielmehr die halbgeschlossene Schütze noch nahezu $^2/_3$ der totalen Wassermenge durchläßt. Diesem Vorkommnis sucht die Oberingenieur Zodel durch D. R.-P. 133 917 geschützte Konstruktionsform dadurch zu begegnen, daß die Eintrittswinkel bzw. Eintrittsweiten des Leitapparats in der Schließrichtung verkleinert werden. Bei Verwendung von hydraulischen oder mechanischen Regulatoren kann dieser Eigentümlichkeit auch dadurch Rechnung getragen werden, daß die an jedem automatischen Regulator notwendige Rückführung derart eingerichtet wird, daß gleichen Pendelhüben gleich große abgeschützte Wassermengen, also ungleiche Kolbenhübe bzw. Ringschützenwege entsprechen.

Betreffend Bedingung d) ist nachzutragen, daß die an und für sich schon leichte Beweglichkeit des Spaltschiebers durch Ausbalancierung mittelst Gegengewichten (s. Fig. 3 bis 5 Tafel VIII) oder auf hydraulischem Wege durch Ausbildung des obern Teils des Spaltschiebers als Ringkolben (s. Fig. 7 und 8 Tafel VIII) noch bedeutend erhöht werden kann. Eine weitere Vervollkommnung in der Führung des Schiebers besteht darin, daß diese in 2 bis 4 starr mit demselben verbundene Schieberstangen verlegt wird, die in entsprechenden Führungsbüchsen gleiten.

Die vertikale Aufstellung einer Turbine mit Spaltschieberregulierung dürfte im allgemeinen den Vorzug gegenüber der horizontalen verdienen.

Eine Lösung für die verhältnismäßig verwickelte Aufgabe, die Spaltschieber mehrfacher Turbinen durch ein einheitliches Gestänge in Bewegung zu setzen und so die Verstellung durch einen einzigen Regulator bewerkstelligen zu können, ist auf Tafel IX Fig. 1 bis 7 im einzelnen und Tafel X Fig. 4 bis 6 im gesamten dargestellt; sie rührt in der Idee von amerikanischen Konstrukteuren her und zwar von der Ottawa & Hull Power Co., Hull (Canada). Das Gestänge, welches symmetrisch zu beiden Seiten der 2, 4 oder mehrfachen Turbinen angeordnet ist, besteht hierbei aus je drei Zugstangen (s. Fig. 1); von diesen drei fällt der obern und untern die Aufgabe zu, die Spaltschieber der zweiten und vierten, also die der geraden Nummern der Turbinen zu betätigen, während die mittlere bestimmt ist, die Spaltschieber der ersten und dritten, also die der ungeraden Nummern der Turbinen zu bewegen. Das letztere wird dadurch erreicht, daß betreffende Zugstange, die mit der Ringschütze starr verbundenen Arme *d* direkt faßt und mitnimmt; die Bewegung der obern und untern Zugstange, die gegenläufig mit der der mittlern sein muß, wird durch Bügel *a* auf ein Metallrohr *b* übertragen, das seinerseits durch Arm *c* mit der betreffenden Ringschütze starr verbunden ist; selbstverständlich muß die mittlere, durchgehende Zugstange in der Bohrung des Rohres *d* sich ungehindert, aber spiellos verschieben können. Sorgfältige, zugängliche Lagerung sowie Kupplung der einzelnen Zugstangen ist ein wesentliches Erfordernis dieser Konstruktion. Der Antrieb des Gestänges, bewerkstelligt durch einen einzigen hydraulischen Kolben, geht aus Fig. 6 und 7 deutlich hervor. Die gezahnte Kolbenstange *e*, welche bei *f* Rollenführung besitzt, erteilt durch aufgekeilte Stirnräder *g* den vertikal stehenden Spindeln *m* und *n* gleichsinnige Drehbewegung. Durch aufgekeilte Stirnräder *h* und *i* bzw. *k*, welche in die verzahnten Enden der obern und untern bzw. mittlern Zugstange eingreifen, wird die gewünschte gegenläufige Bewegung erzielt; Rollen, die auf den Spindeln *m* und *n* sich frei drehen können, geben den gezahnten Zugstangenenden die notwendige Führung und Sicherheit gegen Ausknicken.

Als dauerhaft, bequem montierbar, leicht zugänglich, wenig empfindlich dürfte diese, wie auch alle übrigen vorbeschriebenen Spaltschieberkonstruktionen von keinem andern Reguliersystem übertroffen werden.

IV. Regelung durch drehbaren Ringschieber zwischen Lauf- und Leitrad.

Dieses Reguliersystem sei erläutert durch Fig. 5 und 6 Tafel XXX, eine amerikanische Originalkonstruktion der Firma Platt Iron and Steel Works vorm. Stilwell & Bierce in Dayton (Ohio), darstellend; mit dieser ähnlich ist die durch D. R.-P. 91931 geschützte Zodelsche Konstruktion (s. Fig. 7 und 8 Tafel XXX), welche zum Unterschied mit der vorigen federnde Blechschaufeln hinzufügt, die an den Rücken der ruhenden Leitradschaufeln aufgeschraubt sind und zwischen die Schaufeln des drehbaren Ringschiebers frei hineinragen. Als Ausführungsformen für derartige Ringschieberkonstruktionen seien erwähnt die von Riva, Monneret & Co., Mailand, gebaute 3000 P. S. Turbine am Niagara (Z. d. V. d. Ing. 1901 Seite 1095 u. ff.); ferner die von Escher, Wyss & Co., Zürich ausgeführte Isarwerkturbine (Schweiz. Bauzeitg. 1901 Seite 126), sowie eine von der gleichen Firma für die Shawinigan Co. in Montreal (Canada) erstellte 6000 P. S.-Turbine (Schweiz. Bauzeitg. 1904 Seite 94 u. 95).

Zur Beurteilung dieser Reguliermethode mag das Folgende dienen:

Bedingung a), c), d) und e) sind bei richtiger Konstruktion gut erfüllt.

Zu Bedingung b) ist zu bemerken, daß infolge der notwendigen Verdickungen der Leitradschaufeln, die nahezu die Hälfte des totalen Leitradquerschnittes wegnehmen, im Laufrad und auch im Drehschieber „tote" Räume entstehen, die insbesondere bei partieller Beaufschlagung zu Wirbelungen Anlaß geben und dadurch eine Verschlechterung des hydraulischen Nutzeffekts hervorrufen.

Betreffs Bedingung d) ist hinzuzufügen, daß die Beweglichkeit des auf dem Deckelhals einseitig geführten bzw. gelagerten Drehschiebers zunächst nur bei vertikaler Turbinenaufstellung ausreichend gesichert erscheint. Zur Erzielung des gleichen Zweckes an horizontalachsigen Turbinen muß eine weitere Stützung des Schiebers vorgesehen werden, weil sonst bei abgenutzter Führungsbüchse ein Kippen infolge des Eigengewichts und dadurch ein Verkanten des ganzen Schiebers eintreten würde. Diese Stützung kann beispielsweise dadurch erzielt werden, daß der der Abflußseite zugewandte Schieberrand eine Kugellagerung im umschließenden, ruhenden Leitrad erhält; bei jüngeren Konstruktionen ist diese Ausführung auch gewählt worden (vgl. Schweiz. Bauzeitg. 1904 Seite 51 und 1904, Seite 95). Für beide Aufstellungsarten, horizontal oder vertikal, ist überdies Bedacht zu nehmen, daß der Drehschieber gegen den Abfluß zu — infolge der Saugwirkung — einen kräftigen Axialschub erfährt, der ebenfalls auf irgend eine Weise aufgenommen werden muß, ohne daß dadurch ein erhebliches Zusatzreibungsdrehmoment entsteht, dessen Überwindung die Beweglichkeit des Schiebers bedeutend erschweren würde.

An Bedingung f) anknüpfend ist hervorzuheben, daß es schwer hält, Leitrad und Regulierschieberschaufeln so genau in Teilung zu gießen, daß die Kanalöffnungen ohne Meißelnacharbeit genau aufeinander passen. Sodann dürfte nicht außer acht gelassen werden, daß infolge der oben erwähnten Wirbelbildung wenigstens bei größeren Gefällen Korrosionen des Drehschiebers, wie auch der Laufradeintrittskanten zu erwarten stehen; die verdickten Schaufeln des Leitapparats und Drehschiebers erheischen überdies — im Vergleich zur normalen Drehschaufelregulierung — eine unnatürliche Breite des Leitapparats und des Laufrads, was neben dem größeren Raumbedarf der Turbine, als Ganzes genommen, eine Verminderung der Festigkeit des Laufrades mit sich bringt.

Endlich ist als nachteilig zu erwähnen, daß die einzelne Laufradschaufel während der Rotation durch das abwechslungsweise Durcheilen von Wirbelraum und Strömungsbereich fortwährende Wasserstöße bzw. Erschütterungen erleidet.

Als Vorteil dürfte der homogene Aufbau sowie die Einfachheit des Leitapparats vermerkt werden.

V. Regelung durch axial bewegte Ringschütze außerhalb des Leitrads.

Die Anwendbarkeit dieses Reguliersystems auf horizontale Axialturbinen zeigt die in Fig. 1 bis 5 Tafel XXII dargestellte, vom Verfasser herrührende Konstruktion; den Einbau dieser Turbine in eine Kammer mit Zu- und Abflußkanal zeigen die Figuren 6 bis 8 gleicher Tafel.

Für vertikale Axialturbinen wurde dieses System zurzeit mit gutem Erfolge von der Firma Th. Bell & Co., Kriens gebaut (siehe z. B. „Die Turbinen und deren Regulatoren auf der Schweiz. Landesausstellung in Genf 1896" von Prof. Prâsil; Auszug aus Schweiz. Bauzeitg. 1896 Seite 6, woselbst der äußere Leitradkranz der großen Reaktionsturbinen für Olten-Aarburg mit solcher Ringschütze ausgerüstet ist.

Für Radialturbinen diene als Beispiel: die Turbinen der Kraftübertragungswerke Rheinfelden (Z. d. V. d. Ing. 1899 Seite 1217), gebaut von Escher, Wyss & Co., Zürich; dieser letzteren Ausführung haftet allerdings der Übelstand an, daß selbst bei geöffneter Turbine der Eintrittsquerschnitt am äußern Umfange des Leitrades durch die Überdeckungskränze des Regulierschiebers bereits so verengt ist, daß daselbst eine Geschwindigkeit herrscht, die derjenigen im Spaltquerschnitt nahezu gleichkommt; es muß also beim Übergang des Wassers aus der Turbinenkammer in den Leitapparat eine gewissermaßen sprunghafte Steigerung der Wassergeschwindigkeit eintreten, die naturgemäß Kontraktion und Wirbelbildung im Gefolge hat und einen besonders guten Nutzeffekt nicht erwarten läßt.

Im Vergleich mit unseren Bedingungen läßt sich sagen, daß bei richtiger Konstruktion der Ringschütze Punkte d), e) und f) sehr gut erfüllt sind. Hinsichtlich Punkt a) gilt das unter „Regelung durch Spalt schieber" Gesagte.

Bezüglich b) ist zu bemerken, daß für diese Konstruktion bei vollgeöffneter Turbine der denkbar höchste Nutzeffekt zu erwarten steht, der aber bei partieller Beaufschlagung sich rasch vermindern wird; es sei denn, daß die Ringschütze, ähnlich wie der Spaltschieber, zur Verbesserung der Wasserführung mit aufgeschraubten Lappen versehen wird, welche in die Leitkanäle hineinragen, — eine Ausführungsart, die allerdings nur für Radialturbinen praktisch durchführbar erscheint. —

Hinsichtlich e) scheint bei partieller Beaufschlagung die den Leitapparat umschließende Ringschütze noch etwas ungünstiger zu wirken als der Spaltschieber, wenn nicht die eben erwähnte Verbesserung in der Wasserführung zu Hilfe genommen wird.

Bezüglich f) dagegen dürfte diese Konstruktion an Einfachheit, Dauerhaftigkeit, Zugänglichkeit und Auswechselbarkeit selbst die Spaltschieberkonstruktion noch übertreffen und speziell für den Antrieb der Ringschützen mehrfacher Turbinen die denkbar einfachste Lösung gestatten. Der Führung des Schiebers mittels besonderer, starr mit diesem verbundener Schieberstangen, ist auch hier besondere Aufmerksamkeit zu schenken.

Für Turbinenanlagen, bei welcher ein hoher Nutzeffekt nur für die ganz geöffnete Turbine in Frage kommt, verdient diese Regelungsweise wegen ihrer konstruktiven Vorzüge volle Beachtung.

VI. Regelung durch außerhalb des Leitapparats liegenden, drehbaren Ringschieber.

Als Ausführungsformen siehe:

Die vom Verfasser entworfene Axialturbine (Fig. 1 bis 6 Tafel XXIII).

Die von Qvjst & Gjers, Arboga gebaute vierfache Turbine, Z. d. V. d. Ing. 1900 Seite 1116 u. 1117.

Die von Singrün, Frères in Epinal gebaute horizontalachsige Doppelturbine, System Hercule-Progrès (Schweiz. Bauzeitg. 1901 Seite 72). Bedingung a), d) und e) sind bei dieser Konstruktion in gleich hohem Maße, Bedingung f) in noch höherm Maße eingehalten, wie bei dem unter IV behandelten Ringschieber zwischen Lauf- und Leitrad.

Hinsichtlich Bedingung b) darf im Vergleich zu diesem bei vollständig geöffneter Turbine ein höherer Nutzeffekt erwartet werden, weil die Verdickungen der Leitradschaufel, hervorgerufen durch die Stege des Gitterschiebers, eine unnatürliche Verbreiterung des Lauf- und Leitrades nicht notwendig machen; bei partieller Beaufschlagung dagegen wird der Nutzeffekt rascher sinken als z. B. bei der Turbine mit reiner Drehschaufelregulierung.

Bedingung c) ist in unzureichendem Maße erfüllt.

VII. Regelung durch axial bewegte Ringschütze außerhalb des Laufrads.

Als Beispiel siehe die vom Verfasser entworfene Radialturbine mit innerer Beaufschlagung (Fig. 1 bis 5 Tafel XIX), die in Anlehnung an die bekannte Piccardsche Konstruktion der 5000 P. S.-Niagara-Turbine entstanden ist; ferner Fig. 8 Tafel XV, welche eine der Firma Escher, Wyss & Co., Zürich durch D. R.-P. 107146 geschützte und in der Anlage Chevres (Z. d. V. d. Ing. 1901 Seite 1838 u. 1839, Fig. 131 u. 133) zur Verwendung gelangte Konstruktion darstellt.

Für Bewertung dieser Ausführungsform gilt das unter V. Gesagte.

Bei Anwendung dieser Konstruktion ist darauf zu achten, daß die Geschwindigkeit, mit der das Wasser aus der Eintrittskammer zufließt, kontinuierlich wachsend in diejenige des Leitapparats übergeführt wird; außerdem soll der ins Unterwasser führende Saugkanal das Laufrad so umschließen, daß eine plötzliche Querschnittsveränderung beim Übergang des Wassers aus diesem in jenen nicht eintritt; es muß also die Höhe der Ablaufkammer gleich der Breite des Doppellaufrades gemacht werden, wie dies auf Fig. 8 Tafel XV im Gegensatz zur Ausführung in der Anlage Chevres gezeigt ist.

4. Handreguliergetriebe.

Um die Einstellung des Leitapparates auf eine gewünschte Leistung jederzeit sicher bewirken zu können, bedarf es in allen Fällen — auch wenn die Turbine bereits mit automatischer Regulierung versehen ist — einer Handregulierung. Speziell für letztern Fall wird dieselbe bei Inbetriebsetzen oder bei Versagen des automatischen Regulators wertvolle Dienste leisten.

Die Anforderungen, welche an eine gute Handregulierung gestellt werden können, sind die folgenden:

a) Zuverlässigkeit in der Handhabung und stete Bedienungsbereitschaft.
b) Selbsthemmung.
c) Leichte Bedienbarkeit bei einem Minimum an Schlußzeit.
d) Anordnung des Handrades in Meterhöhe über Boden. Angabe der Drehrichtung für Öffnen und Schließen (ersteres entgegen, letzteres mit dem Uhrzeiger).
e) Sicherer Übergang von Hand- zur automatischen Regulierung und umgekehrt.

Zu a) und b) Am sichersten und zuverlässigsten wird die Regelung von Hand durch Schnecken- oder Schraubentriebwerke (siehe Fig. 2 und 3 Tafel XIII, Fig. 1 und 2 Tafel XIV, Fig. 4 und 5 Tafel XXII) oder durch Kombination beider (siehe Fig. 1 Tafel XX) eingeleitet, welche Triebwerke bereits den Vorteil der Selbsthemmung in sich schließen. Dieselben sind womöglich unabhängig vom automatischen Regler anzuordnen.

Hydraulische Handregulierungen kommen nur in Verbindung mit automatischen Regulatoren unter Anwendung von Zylinder und Kolben in Frage; hierbei wird der zur Regulierung notwendige hydraulische Druck separat in einer Handpumpe erzeugt und durch Steuervorrichtung wechselweise in die Zylinderräume geleitet. Eine solche Regelungsvorrichtung ist deshalb nicht absolut prompt und zuverlässig, weil sie Dichtheit des Kolbens relativ zum Zylinder, der Steuerung und der Handpumpe selbst voraussetzt und außerdem die ständige Erfüllung der Flüssigkeitsräume und endlich reine Regulierflüssigkeit verlangt. Liegt beispielsweise der Kolben nicht dichtend an der Zylinderwandung an oder trennt die Steuerung nicht beide Zylinderräume streng voneinander, so kann Selbsthemmung der Regulierung nicht erreicht werden; denn, da das nie vollkommen entlastete Leitschaufelsystem stets einen Rückdruck auf das Reguliergetriebe bzw. auf den Kolben ausübt, so wird infolge dieser Undichtheiten der Kolben unter Einwirkung des Rückdrucks sich verschieben; außerdem wird dann ein Teil der durch die Handpumpe geförderten Flüssigkeitsmenge durch die undichte Steuerung selbst oder zwischen Kolben und Zylinder zur Auslaßöffnung der Steuerung entweichen und dadurch unnötige Pumparbeit verursachen können. Sind überdies die beiden Zylinderräume nicht vollständig mit Flüssigkeit, sondern teilweise mit Luft gefüllt, so wird „toter Gang" eintreten und also die Forderung der Bedienungsbereitschaft nicht erfüllt sein.

Zur Erzielung einer guten Abdichtung sind die Kolben einzuschleifen oder mit Ledermanschetten zu versehen (Kolbenringe eignen sich weniger); für die Steuerung sind eingeschliffene Ventilspindeln oder Flachschieber zu verwenden und für die Handpumpe am besten kleine, normal konstruierte Taucherkolbenpumpen vorzusehen.

Im weitern müssen sämtliche zur Regulierung benötigte Armaturen, wie Hähne, Absperrschieber, Ventile od. dgl., absolut dicht schließen.

Bei Vorhandensein von Preßflüssigkeit, welche den automatischen Regulator zu speisen hat, soll diese stets zur Unterstützung und Erleichterung der Bedienung der Handregulierung in der Weise herangezogen werden, daß durch einen Dreiweghahn oder äquivalentes Steuerorgan diese Preßflüssigkeit auf eine der beiden Kolbenseiten geleitet werden kann, während die andere gleichzeitig mit dem Ablauf in Verbindung gebracht ist; bei Differenzkolben (Fig. 5 Tafel XIII) wird der gleiche Zweck durch Steuerung der Überdruckseite allein erreicht. Das vorhandene mechanische Handreguliergetriebe übernimmt alsdann nur die Rolle einer Arretiervorrichtung des auf hydraulischem Wege in die gewünschte Stellung gebrachten Kolbens.

Zu c) Die Erfüllung dieses Punktes verlangt eine möglichste Beschränkung der Zwischenglieder zwischen Handrad- und Leitapparatgetriebe, d. h. eine möglichst direkte Übertragung der am Handrad eingeleiteten und an den Regulierring (sofern Drehschaufelregulierung vorliegt) abgegebenen Kraft.

Inhaltlich deckt sich diese Forderung mit der folgenden: Größtmögliche Verminderung der Reibungswiderstände und Erzielung eines hohen Gesamtnutzeffektes des Getriebes zum Zwecke der Verringerung der Gesamtübersetzung sowie der Schlußzeit.

Als Übersetzungsmittel eignen sich hinsichtlich Nutzeffekts der Kraftübertragung Schneckengetriebe erfahrungsgemäß besser als Schraubengetriebe.

Eine Regulierweise durch Handpumpe, wie unter a) und b) beschrieben, würde an sich die denkbar rationellste Umsetzung der Hand- in Regulierarbeit gestatten, falls nur die oben erwähnte vollkommene Abdichtung gewährleistet werden kann.

Die Bedienbarkeit wird wesentlich erhöht durch Anbringen von Handgriffen an die Handräder.

Gute Schmierung sämtlicher Triebwerksteile ist stets vorzusehen.

Zu e). Die Umschaltung von automatischer auf Handregulierung kann bei Verwendung eines mechanischen Handgetriebes geschehen durch einkehrbare Klauenkuppelung nach Art der Fig. 5 Tafel III, oder durch Lasche, die mit Loch für Mitnehmerstift der Handregulierung und Längsschlitz für automatische Regulierung versehen ist (Fig. 3 Tafel XIII), oder durch Auskehrung der selbsthemmenden Schnecke bzw. Mutter aus dem Schnecken- bzw. Schraubentriebwerk der Handregulierung usw.

Bei Verwendung des hydraulischen Handgetriebes ist die Umschaltung durch Hähne zu bewerkstelligen, deren Küken gemeinschaftlichen Antrieb besitzen müssen.

Das Handradgetriebe und die Umsteuerungsvorrichtung sollen in allen Fällen möglichst nahe beieinander angeordnet sein, so daß die Umschaltung von Hand- auf automatische Steuerung rasch und vollständig vorgenommen werden kann. Noch vollkommener sind Konstruktionen, bei welchen die Einrückung der Handregulierung zwangläufig die Auskehrung des automatischen Regulators und umgekehrt im Gefolge hat.

5. Aufhebung der axial wirkenden Kräfte.

Als Folge der Verschiedenheiten der statischen Pressungen, welche die das Laufrad umgebende Flüssigkeit besitzt, sowie der Geschwindigkeitsänderungen, welche das Wasser beim Passieren der bewegten Schaufelreihe erfährt, und endlich durch das Gewicht der rotierenden

Teile bei vertikaler Anordnung der Turbinenwelle treten Kräfte auf, welche auf eine Verschiebung des rotierenden Systems in axialer Richtung hinarbeiten und die auf irgend eine Weise unschädlich gemacht werden müssen.

Die genaue Berechnung der Größe des Axialschubs zergliedert sich in folgende vier Rechenaufgaben[1]):

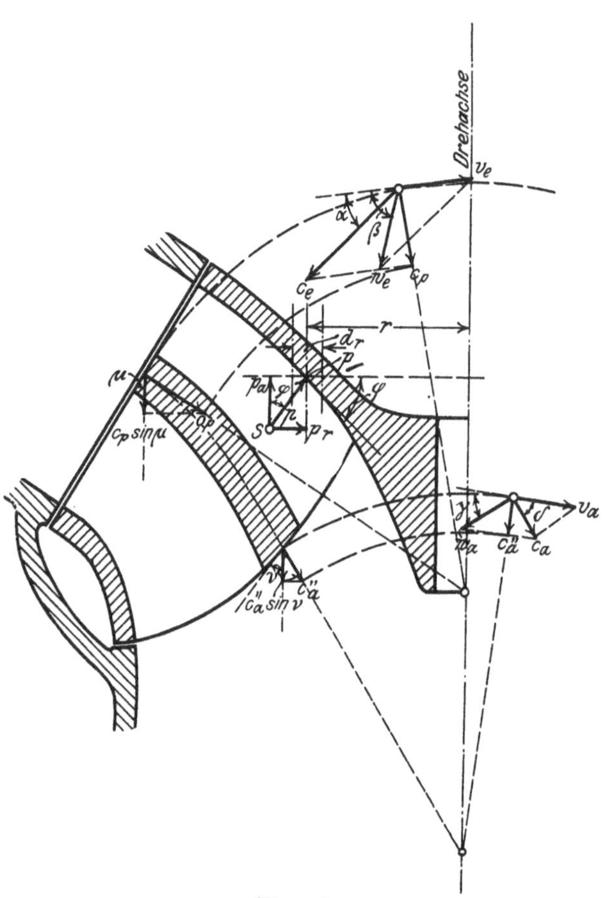

Fig. 52.

a) Die Bestimmung des Gewichts des rotierenden Teils (bei vertikaler Turbinenaufstellung).

b) Die punkt- bzw. ringflächenweise Bestimmung der statischen Pressungen p auf der innern und äußern Seite jeder der beiden Laufradkränze und die Zerlegung derselben in Radial- und Axialkomponenten p_r und p_a.

Herrscht beispielsweise gemäß nebenstehender Textfigur 52 im Punkte P der im Abstande r von der Drehachse liegen mag, die Pressung p (welche Pressung ihrerseits bestimmbar ist aus der Größe der Wassergeschwindigkeit an dieser Stelle und dem Nutzgefälle der Turbine), so ist der Auftrieb auf den Ringstreifen von der Größe $2\pi r \cdot dr$

$$= 2\pi r \cdot dr \cdot p_a = 2\pi r \, dr \, p \cos \varphi$$

wobei mit φ der Winkel bezeichnet ist, den das Profil des Schaufelkranzes im Punkte P mit der Horizontalen bildet; die Summe $\Sigma 2\pi r \, dr \, p \cos \varphi$ ist der Axialdruck, welcher auf der innern Seite der Laufradnabenscheibe nach oben herrscht; in gleicher Weise wäre die Rechnung für die äußere Seite dieser Scheibe, sowie für den andern Schaufelkranz durchzuführen, um schließlich durch Subtraktion der nach oben und unten wirkenden Axialkräfte den Gesamtaxialdruck, hervorgerufen durch die statischen Pressungen, zu erhalten.

c) Die Bestimmung des Gewichts des Wasserkörpers, welcher zwischen

[1]) Siehe diesbezüglich auch den kürzlich erschienenen Aufsatz von Kobes in „Z. d. österr. Ing. u. Archit.-V.“ vom 12. u. 26. Jan. und 2. Febr. 1906.

den Schaufeln des Laufrades eingeschlossen ist (bei vertikaler Turbinenaufstellung).

d) Die Bestimmung des Reaktionsdruckes, hervorgerufen durch Änderung der Wassergeschwindigkeit nach Größe und Richtung beim Durchfließen des bewegten Kanals; die einschlägige Rechnung gestaltet sich ungefähr wie folgt:

In der schraffierten Teilturbine Textfigur 52, welche dG Kilogramm Wasser von der Masse $\frac{dG}{g}$ verarbeitet, herrscht beim Eintritt die Geschwindigkeit:

$$c_p = c_e \sin\alpha = w_e \sin\beta$$

und beim Austritt:

$$c_a'' = c_a \sin\delta = w_a \sin\gamma$$

beide Geschwindigkeiten in einer Radial-, d. i. in der Papierebene liegend.

Bezeichnet man nun den Winkel, welchen die Schaufel-Ein- bzw. Austrittskante der Teilturbine mit der Achsenrichtung bildet, mit μ bzw. ν, so sind die für den Axialdruck in Frage kommenden Komponenten bzw. $= c_p \sin\mu$ und $= c_a'' \sin\nu$. Damit ergibt sich für den durch Änderung der Geschwindigkeit bedingten und nach abwärts gerichteten Axialdruck ein Betrag von der Größe:

$$= \frac{dG}{g}(c_p \sin\mu - c_a'' \sin\nu)$$

und für die ganze Turbine ein solcher im Betrage von:

$$\sum \frac{dG}{g}(c_p \sin\mu - c_a'' \sin\nu)$$

oder:

$$= \sum \frac{dG}{g}(c_e \sin\alpha \sin\mu - c_a \sin\delta \sin\nu)$$

oder:

$$= \sum \frac{dG}{g}(w_e \sin\beta \sin\mu - w_a \sin\gamma \sin\nu).$$

Die Mittel, welche zur Aufhebung des Axialdrucks dienen können, sind nun die folgenden:

a) Symmetrischer Aufbau der Turbineneinheit in Form von Doppelturbinen, vierfachen Turbinen od. dgl.

b) Vorrichtungen zur Verminderung des Axialdruckes durch Ableitung des auf die Laufradscheibe einseitig wirkenden Preßwassers.

c) Vorrichtungen zur Erzeugung von Gegenkräften durch Zuleitung von Preßwasser auf Scheiben, die mit der Welle rotieren (Entlastungskolben).

d) Mechanische Stützungen in Form von Drucklagern.

Zu a) Obwohl bei symmetrischem Aufbau der Turbineneinheit ein vollständiger Ausgleich der Axialkräfte zu erwarten steht, so erweist es sich praktisch doch notwendig, auch bei Doppelturbinen stets ein Kammlager anzuordnen (siehe z. B. Fig. 1 Tafel XI), das geeignet ist, einen beträchtlichen Axialschub aufzunehmen.

Begründet liegt diese Forderung in der Tatsache, daß das angestrebte und mitunter auch erreichte Gleichgewicht in Wirklichkeit doch nur ein labiles ist, das durch Zufälligkeiten leicht gestört werden kann so z. B. können bei partieller Beaufschlagung der Doppelturbine ungleiche Vakuums sich bilden, wenn die beiden sonst gleichen Laufräder ungleiche Wassermengen verarbeiten; oder es können Ungleichheiten in den ausgeführten Laufradquerschnitten oder im Spaltquerschnitt bestehen, oder Saugröhren und Stopfbüchsen ungleich dicht halten usw.; alle diese Punkte sind geeignet, einen Axialschub auftreten zu lassen.

Zu b) Die einschlägigen Vorrichtungen fußen darauf, daß der Raum zwischen Laufradnabenscheibe und Deckel mit dem Saugrohr oder mit dem Unterwasser in Verbindung gebracht und so die erstere entlastet wird.

Dies kann beispielsweise geschehen durch ein genügend großes Ableitungs- oder Umleitungsrohr, wobei zur Regelung des Entlastungsdruckes zweckmäßigerweise ein Hahn oder Ventil einzuschalten ist; oder es können in der Laufradscheibe Löcher vorgesehen werden, welche eine Verbindung zwischen Deckelraum und Saugrohr gestatten (siehe Fig. 2 Tafel XIV). Die Achsen solcher Löcher sollen hierbei möglichst mit der Richtung der relativen Austrittsgeschwindigkeit (w_a) zusammenfallen, um die absaugende Wirkung auf den Deckelraum voll zur Geltung zu bringen, keinesfalls aber senkrecht zu w_a stehen, weil dadurch die freie Verbindung zwischen Saug- und Deckelraum sozusagen abgeschnitten wird. Falls eine besondere Ausgleichleitung angeordnet wird, so ist der lichte Querschnitt derselben mindestens gleich dem dreifachen Spaltquerschnitt zu machen; außerdem ist daran zu denken, daß mit dem Beaufschlagungsgrade der Turbine auch der Betrag der Entlastung sich ändert, weswegen die Einstellbarkeit der Umleitungsöffnung geradezu notwendig erscheint.

Zu c) Die Anbringung von vertikalen Kolben, welche unter dem vollen Drucke der Betriebsflüssigkeit stehen, kommt vorzugsweise nur für vertikale Turbinenanordnungen in Frage, woselbst sie dem doppelten Zwecke zu dienen hat: einmal den hydraulischen Axialdruck, andererseits das Gewicht des ganzen rotierenden Systems aufzunehmen und so den Oberwasserzapfen bis auf einen geringen Betrag zu entlasten.

Ausführungsformen von besonderen Entlastungskolben siehe Z. d. V. d. Ing. 1901 Seite 1194 und Seite 1242, wovon die erstere den rotierenden Kolben oberhalb des Laufrades, d. i. im Druckraum, die letztere unterhalb, d. i. im Saugraum aufweist; hierbei hat man sich die dem Laufrad abgewandte Seite des Kolbens bei ersterer Konstruktion mit dem Saugraum, bei letzterer mit dem Druckraum in Verbindung gebracht zu denken.

Eine einfachere Konstruktion erhält man dadurch, daß die Laufradscheibe selbst als Entlastungskolben benutzt wird, wie dies z. B. in Fig. 4 Tafel XI für das mittlere der 3 Laufräder der Fall ist. In der Turbinenanlage Hagneck (Z. d. V. d. Ing. 1901 Seite 939) sind z. B. von den 4 Turbinenrädern 2 zur Entlastung herangezogen. Einen ähnlichen Zweck verfolgt auch die Konstruktion Fig. 8 Tafel XV, woselbst der Raum zwischen dem obern Leitrad und der Laufradnabenscheibe in Verbindung mit dem Saugraum gebracht ist und die untere Seite der Laufradnabenscheibe unter dem Drucke der Betriebsflüssigkeit steht.

Eine Kombination beider Konstruktionsformen: separater Entlastungskolben und ein als Entlastungskolben benutztes Laufrad, ist bei den 10000 H. P. Niagaraturbinen (Schweiz. Bauzeitg. 1904 Seite 10) zur Anwendung gelangt.

In den meisten Fällen scheint es angezeigt, den Betrag der Kolbenentlastung regulieren zu können, was ein besonderes einstellbares Absperrorgan, sei es in der Belastungs- oder in der Entlastungsleitung, notwendig macht.

Sämtliche derartige Entlastungscheiben sind als „hydraulische" Spurzapfen anzusehen, deren Wirksamkeit nur auf Kosten eines entsprechenden Verbrauchs von Betriebswasser bzw. Arbeitsvermögen erzielt wird; sie bedeuten demnach durchaus keinen Gewinn für die Leergangsarbeit der Turbine im Vergleich zu einem rein mechanischen Spurzapfen von äquivalenter Tragfähigkeit; wohl aber wird die Betriebssicherheit der ganzen Turbineneinheit in dem Maße erhöht, als der Druck auf den Oberwasserzapfen bzw. die auf Erwärmung hinwirkende Spurzapfenreibung verringert wird.

Zu d) Da hinsichtlich der Ausführungsformen der Stützlager für horizontale und vertikale Turbinenanordnungen wesentliche Unterschiede bestehen, so sollen dieselben getrennt behandelt werden:

α) Drucklager für horizontale Turbinen.

In den meisten Fällen kommen hier nur Kammlager in Frage, die in einfachster Ausführung als Halslager mit Ringschmierung etwa nach Fig. 1 Tafel XXIII ausgebildet sind. Abgesehen von der Forderung, daß die Stützfläche stets ausreichend groß zu wählen ist, soll insbesondere auch einer reichlichen Schmierung der Kämme Aufmerksamkeit geschenkt werden, was beispielsweise in eben erwähnter Konstruktion dadurch erzielt wird, daß das vom Schmierring hinaufgepumpte Öl durch breite und tiefe Schmiernuten zu den Kämmen übergeführt und daselbst abgeschleudert wird.

Nicht so günstig arbeitet in dieser Hinsicht das Doppelkammlager Fig. 3 Tafel XX, bei welcher Konstruktion der Schmierring auf dem Kamm selbst hängt und wo die Ölzufuhr durch die Schleuderwirkung des Kammes schädlich beeinträchtigt wird, bevor das Öl die Tragflächen überhaupt erreicht hat; allerdings kann man durch Ölabstreifvorrichtungen und genügend tiefe Schmiernuten in den Lagerschalen diesem Übelstand mehr oder minder wirksam begegnen.

Von diesem Gesichtspunkte aus betrachtet, dürfte der Konstruktion eines Doppelkammlagers nach Fig. 5—7 Tafel XV der Vorzug gegenüber dem scheinbar einfachern nach Fig. 3 Tafel XX gebühren.

Um der Erwärmung des Öls nach Möglichkeit zu begegnen und dadurch die Betriebssicherheit zu steigern, ist es angezeigt, den Ölfassungsraum des Lagers innerhalb des Rahmens der Konstruktion so groß als nur möglich zu halten.

Wo infolge hoher Umdrehungszahlen und hoher Flächendrücke dieses Mittel nicht mehr ausreicht sind besondere Kühlvorrichtungen entweder für das Öl oder für die Lagerschalen vorzusehen.

Als Material der Lagerschalen besitzt Gußeisen mit Weißmetallausguß (Ia. Qualität) den Vorzug gegenüber Bronzeschalen.

Die Anwendung von freistehenden Lagerböcken (siehe Schweiz. Bauzeitg. 1904 Seite 229) an Stelle von Konsollagern mit konzentrischer Befestigung am Deckel des Turbinengehäuses (siehe Fig. 1 Tafel XXII) ist deshalb nicht ratsam, weil für erstere Konstruktion der auftretende Axialschub ein erhebliches Biegungsmoment erzeugt, das geeignet ist, ein leichtes Kippen des meist hohen Lagerbockes zu bewirken, was naturgemäß ein Erhitzen der Laufflächen des Kammlagers zur Folge hätte.

Damit bei der zweiten Konstruktionsform (konzentrische Befestigung) das Eigengewicht des Lagers einschließlich des Lagerstützdrucks kein schädliches Kippmoment auf den Hals des Lagerkörpers ausüben kann, ist es empfehlenswert, das Lager in der Richtung des Auflagerdruckes durch eine leichte Säule zu unterstützen, wodurch die Vorzüge der ersten und zweiten Konstruktion vereinigt werden.

Spezielle Ausführungsformen, bei welchen die Spurlager vertikaler Turbinen nachgeahmt sind, siehe Z. d. V. d. Ing. 1901 Seite 1838, Fig. 126, sowie Fig. 1 Tafel XI.

Bei amerikanischen Konstruktionen finden sich öfters Pockholzspurlager, die unter Wasser arbeitend und durch Wasser geschmiert einer weitern Bedienung nicht bedürfen siehe (Fig. 1 Tafel IX).

β) Drucklager für vertikale Turbinen.

Als Spurzapfen für Turbinen mit vertikaler Welle kommen heutzutage fast ausschließlich Oberwasserzapfen in Frage. Die gebräuchlichsten Konstruktionsformen sind:

I. Der gewöhnliche Spurzapfen in Kombination mit Hohlwelle und Standsäule. Die in Fig. 4 Tafel XXI dargestellte Konstruktion ist beispielsweise die von der Firma J. M. Voith bevorzugte; eine andere, früher oft verwendete Ausführungsform siehe in: „Die Turbinen und deren Regulatoren an der Schweiz. Landesausstellung" von F. Prašil, 1896, Seite 12.

II. Der Ringspurzapfen im Ölsumpf laufend mit oder ohne Ölkühlung (siehe Fig. 1 u. 2 Tafel XV), welche eine mit gutem Erfolg verwendete und allgemein bekannte Ausführungsform darstellt.

Als Material der zweiteiligen und daher bequem auswechselbaren Lauflinsen hat sich vorzugsweise ein feinkörniger Grauguß bewährt; die unterste kugelförmig abgeschliffene Linse dient zum Ausgleich von allfälligen Montagefehlern und gleichzeitig dazu, wie auch die obere zylindrische Führungsbüchse der Aufgabe, die zweiteiligen Lauflinsen zusammenzuhalten. Die Schmiernuten sind so anzubringen, daß das Öl aus dem von einer Metallbüchse und dem Linsensatz gebildeten Ringraum nach außen gefördert wird, um nachher durch ausreichend große Nuten am Grunde der Kugellinse in den innern Ringraum zurückzufließen. Mutter und Spindel samt Arretierkeil ermöglichen die Einstellung des ganzen Systems in der gewünschten Höhenlage.

Das unter dem Spurzapfen gelegene Führungslager wird zweckmäßigerweise durch besondere Tropföler geschmiert, wobei es im Belieben des Konstrukteurs steht, das Tropföl wieder aufzufangen oder verloren zu geben.

Wenn p die spezifische Pressung pro 1 cm^2 Tragfläche und v die Umfangsgeschwindigkeit am äußersten Rande der tragenden Linse in Metern bedeutet, so soll

$$pv \leqq 60$$

bleiben, falls eine künstliche Ölkühlung nicht vorgesehen ist.

Mit Kühlung kann dieser Wert um ein Bedeutendes überschritten werden.

III. **Der Ringspurzapfen mit Schmierung durch Preßöl** (siehe Fig. 3 und 4 Tafel XV[1]), außerdem „Schweiz. Bauzeitg." 1904 Seite 11). Die mit den Laufflächen versehenen Linsen erhalten einen oder mehrere Ringkanäle, in welche durch Kanäle der ruhenden Linsen Preßöl — womöglich an zwei symmetrischen Stellen — zugeleitet wird; die resultierende Wirkung besteht darin, daß beide Laufflächen sich um so viel voneinander abheben, bis Belastung und Entlastung sich das Gleichgewicht halten; der Abstand der Laufflächen kann hierbei bis maximal $^3/_{10}$ mm anwachsen.

Wenn Schmiernuten angeordnet werden, deren Vorhandensein bei einem reinen Preßölspurzapfen nicht absolut notwendig ist, so dürfen sich dieselben nicht zu nahe an den Rand erstrecken, weil sonst der Ölverbrauch zu rasch zunimmt. Bei Vorhandensein und bei richtiger Anordnung der Schmiernuten vermag der Preßölzapfen — allerdings mit verminderter Tragfähigkeit — als gewöhnlicher Spurzapfen zu laufen.

Falls man bei Ringspurzapfen von der Anordnung von kugeligen Linsen absieht (siehe Z. d. V. d. Ing. 1904 Seite 626), so ist wenigstens eine Vorrichtung mit Keilen, Aufhelfschrauben oder dgl. vorzusehen, welche ermöglicht, unvermeidliche Werkstatt-, Bau- oder Montagefehler aufs schnellste zu eliminieren; jedenfalls wird die Montage hierdurch bedeutend erleichtert und abgekürzt.

Um das unter dem Spurzapfen gelegene Führungslager mit Öl zu speisen, wird man zweckmäßigerweise von der Preßölleitung eine Abzweigung mit eingeschaltetem Regulierhahn vorsehen; das vom Halslager verbrauchte Öl wird dabei in üblicher Weise durch einen zweiteiligen Schleuderring in ein zweiteiliges Sammelgefäß abgespritzt, woselbst es abgefangen und von wo es zum Ölreinigungstank zurückgeführt wird.

IV. **Der Spurzapfen am untern Ende der Turbinenwelle bei wasserfreier Aufstellung der Turbine bzw. für vertikale Turbine in geschlossener Kammer.**

Die eben erwähnte Bauart der Turbine bringt eine ebenso einfache wie praktische Lösung für die Stützung der Turbinenwelle mit sich, nämlich die Anordnung der Traglinsen direkt am untern Ende der Welle; was Betriebssicherheit, Zugänglichkeit, Auswechselbarkeit und Solidität einer solchen Lagerung betrifft, so wird sie von keiner der vorerwähnten Zapfenkonstruktionen übertroffen und verdient deshalb besondere Beachtung. Als Beispiel einer derartigen Ausführungsform siehe Z. d. V.

[1]) Die Einzelheiten, dargestellt in den Fig. 1 bis 4 sowie in der Fig. 9 Tafel XV, rühren vom Verfasser her; die erste auf diesem Prinzip beruhende Konstruktion dürfte von Ganz & Co., Budapest, (siehe Z. d. V. d. Ing. 1891) und zwar für die Turbinenanlage Aßlingen ausgeführt worden sein.

d. Ing. 1901 Seite 1196. sowie die verbesserte Konstruktion Fig. 9 Tafel XV.

V. **Pockholz-Spurzapfen** haben in Amerika eine größere Verbreitung wie in Europa gefunden und verdienen wegen ihrer Billigkeit hervorgehoben zu werden; da die Schmierung des Zapfens durch das Betriebswasser selbst erfolgt, so bedarf derselbe keiner weiteren Wartung; er kann aber auch nur da in Frage kommen, wo reines Betriebswasser zur Verfügung steht. Pockholzzapfen besitzen also aus diesem Grunde nur ein beschränktes Verwendungsgebiet. Die Dauerhaftigkeit soll befriedigend sein. Als Beispiel siehe Fig. 1 Tafel VIII, d. i. eine Konstruktion, die von Singrün Frères in Epinal zur Verwendung gelangt.

6. Führungslager, Abdichtungen.

Bezüglich Konstruktion und Berechnung der gewöhnlichen Führungslager, welche in unseren Tafeln teils als Ringschmierlager oder Halslager mit gußeisernen Schalen und Weißmetallausguß, teils als nachstellbare Pockholzlager zur Darstellung gebracht sind, muß auf Sonderwerke verwiesen werden; besondere Aufmerksamkeit wolle man stets der Öl-Zu- und Abführung bzw. der Fettschmierung, wo solche angewandt wird, schenken.

Die Abdichtung von rotierenden Teilen, insbesondere der Turbinenwellen gegen Druck oder Vakuum wird im Turbinenbau fast allgemein mit Hanfstopfbüchsen vollzogen; hierbei soll Grundbüchse sowohl wie Brille die Welle mit geringem Spiel (0,5 mm) umschließen, also nicht etwa als Auflager für die Welle dienen.

Die Welle soll womöglich an der Abdichtungsstelle eine auswechselbare Wellenschutzhülse erhalten. Lederstulpen sind zu vermeiden. Für Ableitung des Spritz- und Sickerwassers, das aus der Stopfbüchse dringt, ist Sorge zu tragen. Das gleiche Abdichtungsverfahren wird auch für gleitende Teile benutzt, sofern es sich um eine Abdichtung für Preßflüssigkeit oder Vakuum gegenüber dem Atmosphärendruck (Betriebsraum) handelt.

Abdichtung durch Spritzringe für rotierende Wellen kommen in Frage, wenn es sich darum handelt, einen drucklosen, mit Spritzwasser erfüllten Raum gegen den Betriebsraum abzudichten (siehe Pelton-Turbinen). Als Kolbendichtungen für Regulierzwecke haben sich Lederstulpen, Kolbenringe und am besten gut eingeschliffene, lange Kolben mit Metallüberzug für Kolben und Zylinder bewährt.

7. Garnituren.

Um die Handhabung der einzelnen Maschinenbestandteile zwecks Montage und Demontage sowie die Zugänglichkeit nach Möglichkeit zu erleichtern, sind noch einzelne Konstruktionselemente erforderlich, die in der Regel leicht übersehen werden.

Hierher gehören in erster Linie eine genügende Zahl von Abdrückschrauben samt Muttergewinden, um Teile, die streng ineinander passen, rasch und leicht voneinander trennen zu können; sodann Ringschrauben oder Ösen zum Anhängen der Maschinenteile an den Kranhaken, Hand- und Mannlöcher zur Besichtigung des Turbineninnern usf.

Des weiteren soll jedes Turbinengehäuse einen Lufthahn an oberster Stelle und einen Wasserablaßhahn an tiefster Stelle erhalten; außerdem sind eine ausreichende Zahl von Nocken zur Anbringung von Tourenzählern, Manometern und Vakuummetern vorzusehen.

Die Anbringung dieser Meßinstrumente, der Handräder und Indikatoren zur Bedienung von Turbine und Absperrorganen soll derart erfolgen, daß der Maschinist vom Bedienungsort aus die Wirkung der vorgenommenen Manipulationen am Indikator oder Meßinstrument zu überblicken vermag; außerdem ist beim Entwurf der Turbineneinheit darauf zu achten, daß die Bedienung der verschiedenen Handräder von möglichst gedrängter Stelle aus erfolgen kann, mit anderen Worten: es ist empfehlenswert, so weit es der allgemeine Aufbau der Turbine zuläßt, eine Kommandostelle für jede Turbineneinheit zu schaffen.

b) und c) Geschwindigkeits- und Druckregler.

Diese Regulierorgane sind, soweit sie den Aufbau der in Tafel I bis XXXI dargestellten Turbinen berührten, bereits konstruktiv zur Darstellung gebracht worden. Verfasser behält sich aber vor, auf die Regler später gesondert zurückzukommen.

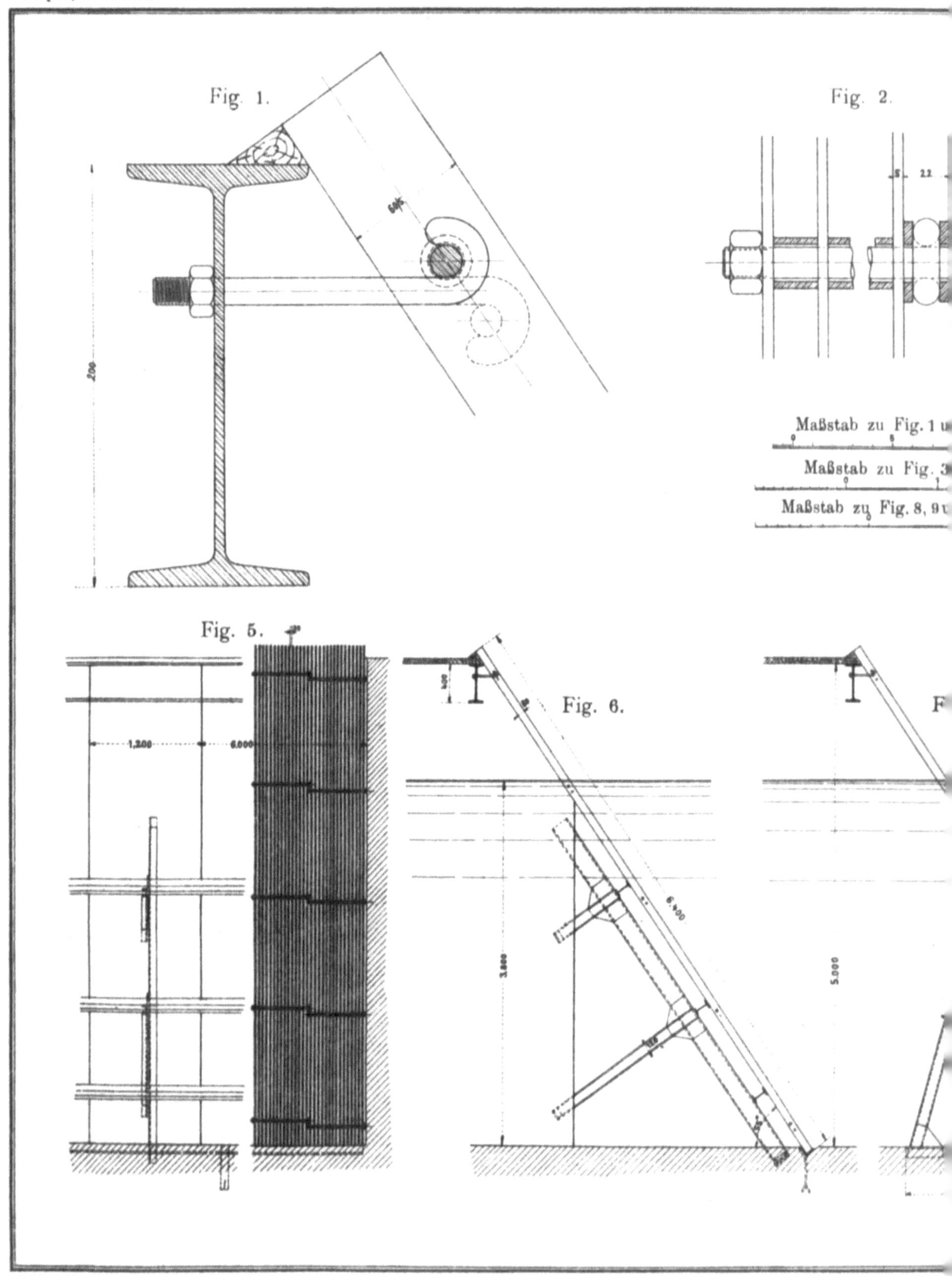

Verlag von Julius Springer in Berlin.

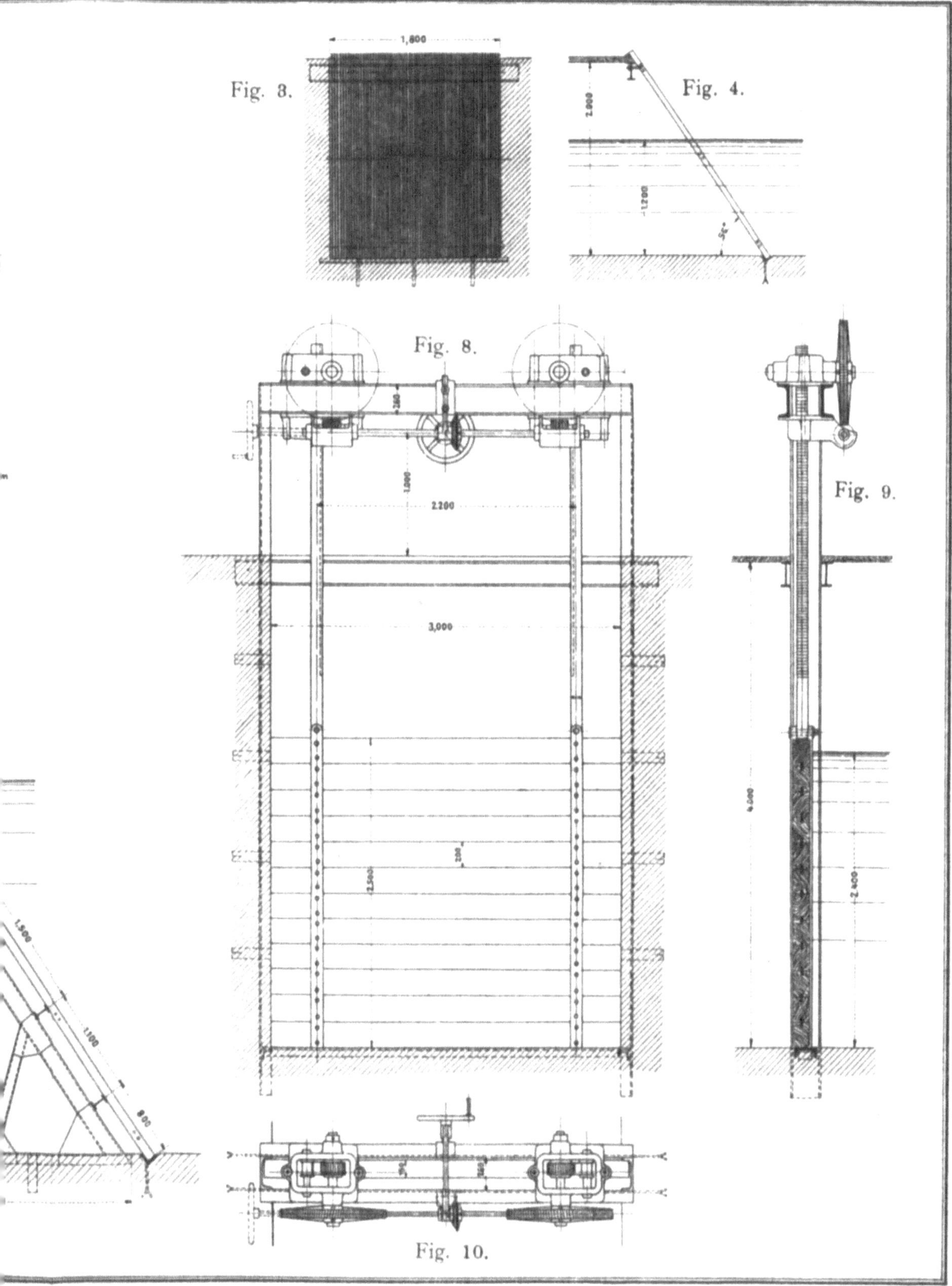

Photolith d geogr.-lith Anst u Steindr v C L Keller, Berlin S

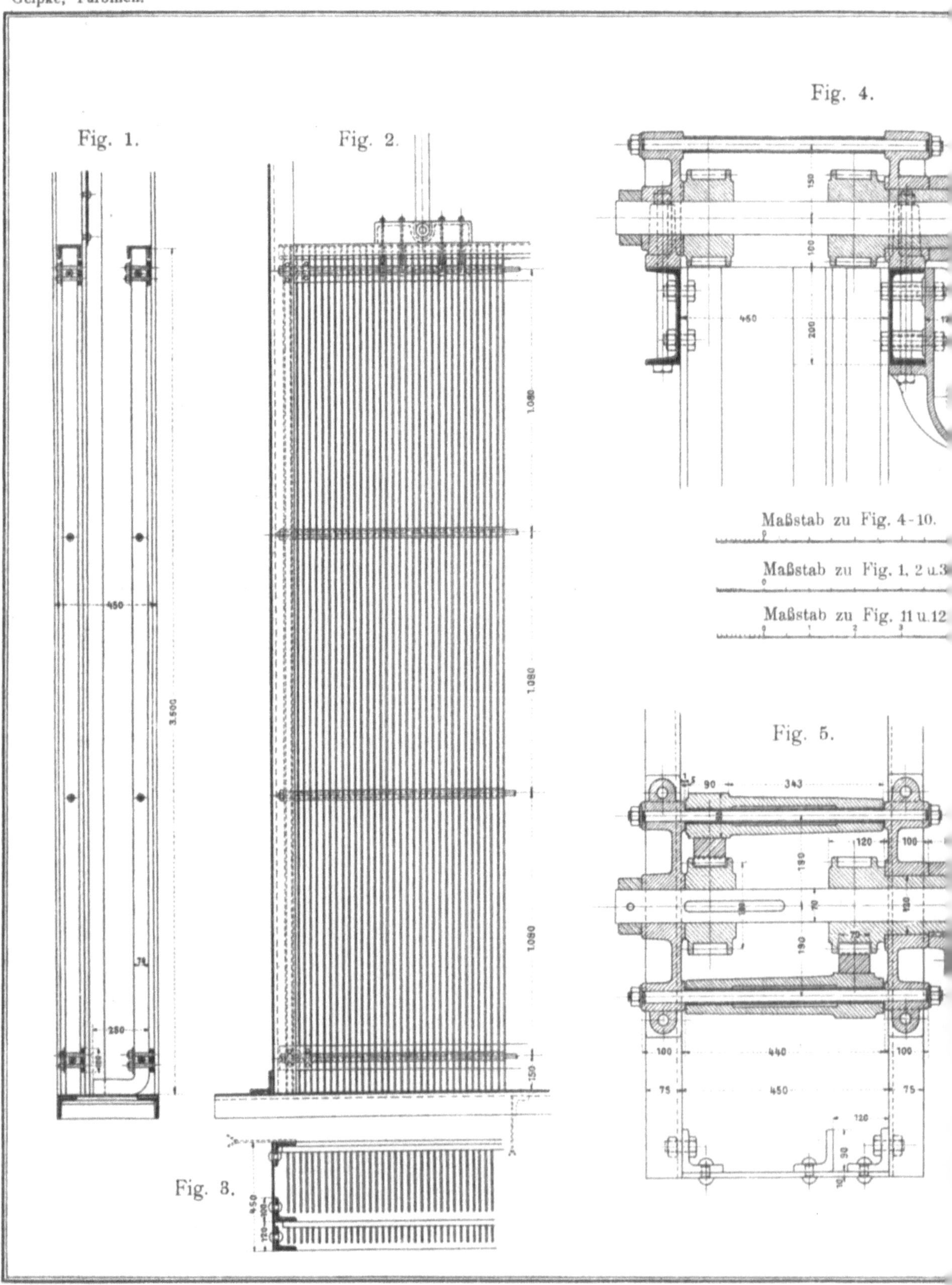

Verlag von Julius Springer in Berlin

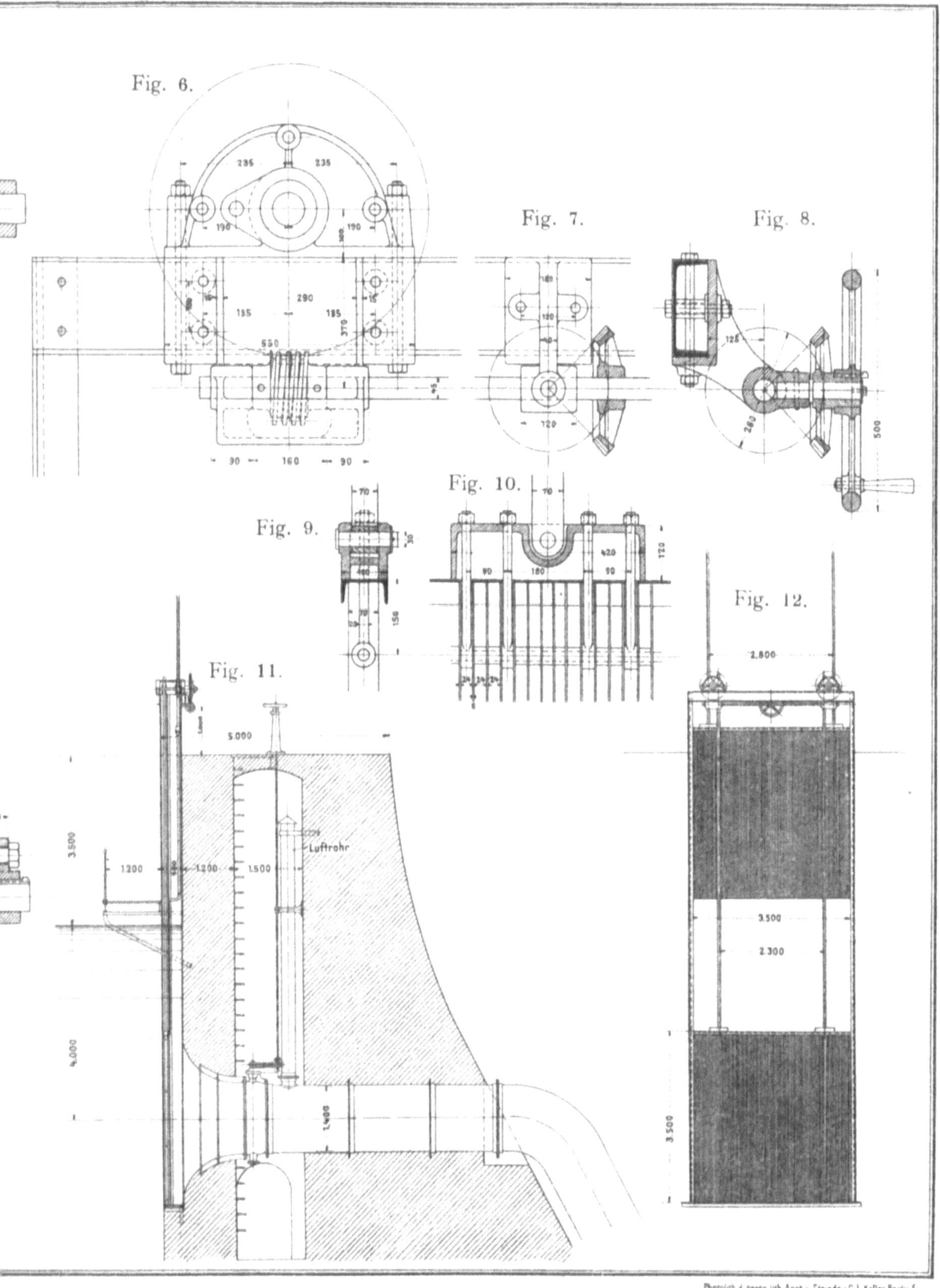

Photolith. d. geogr. lith. Anst. u. Steindr. v. C. L. Keller, Berlin S.

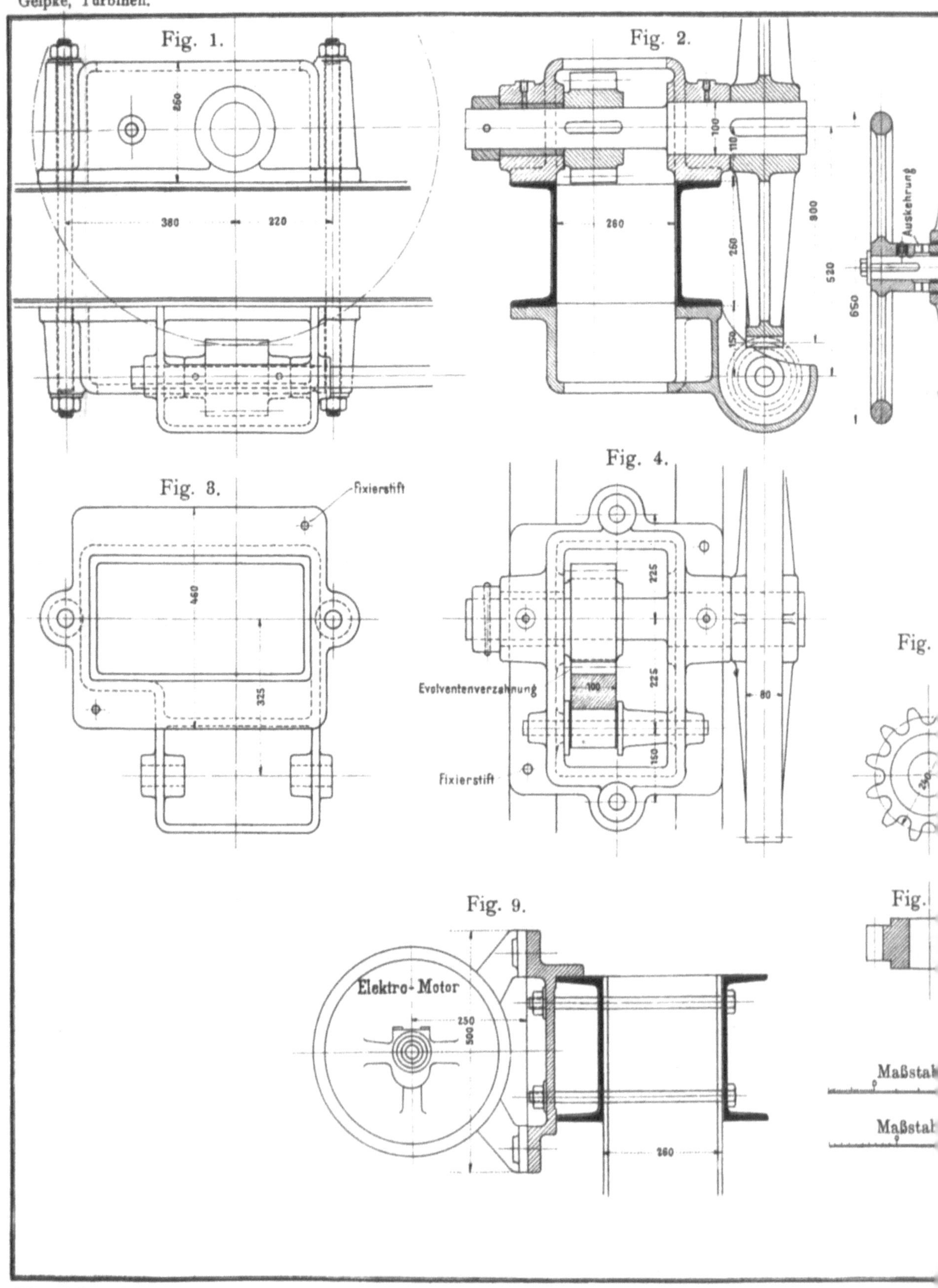

Verlag von Julius Springer in Berlin.

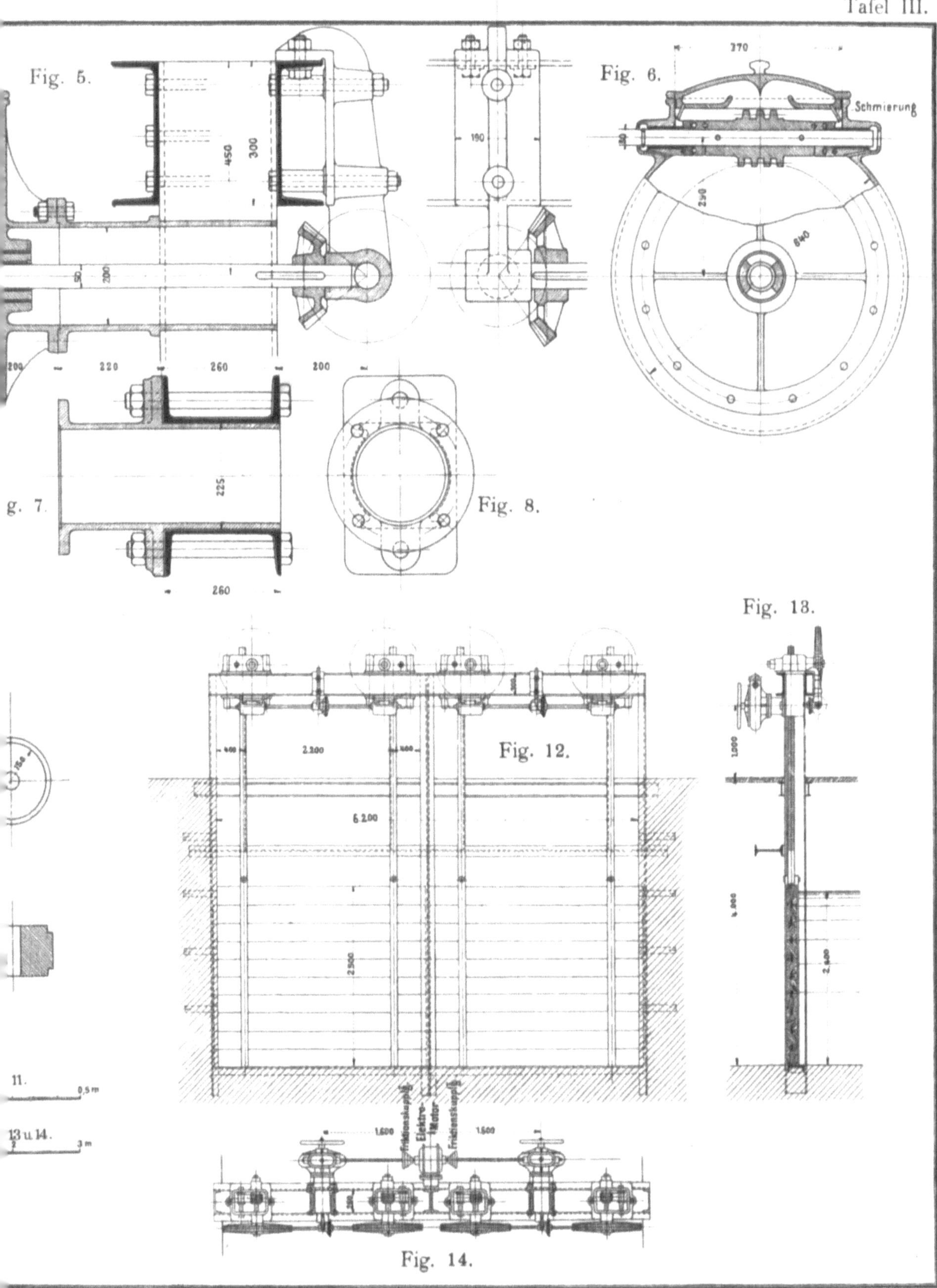

Photolith. d. geogr.-lith. Anst. u. Steindr. v. C. L. Keller, Berlin S.

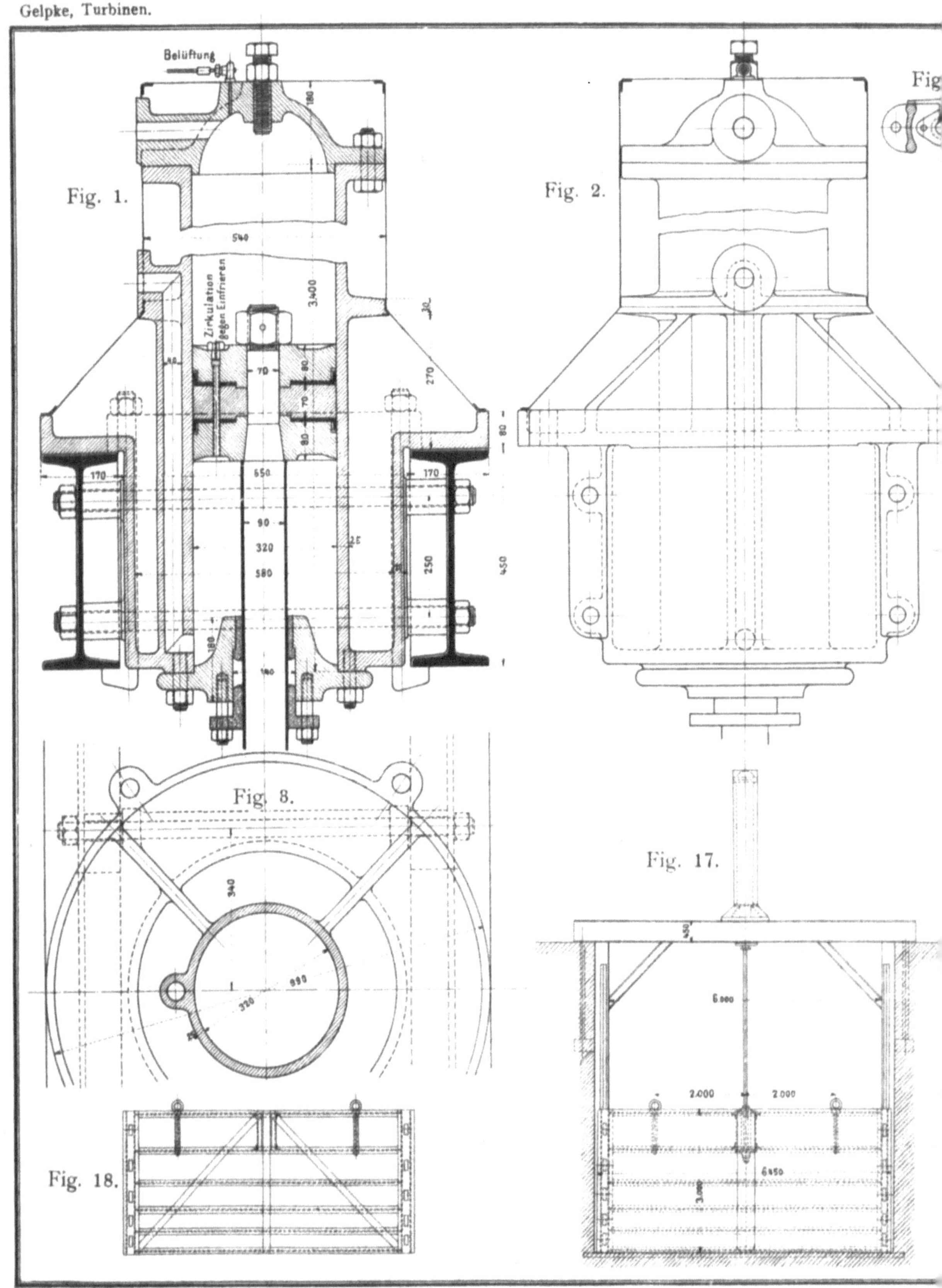

Verlag von Julius Springer in Berlin

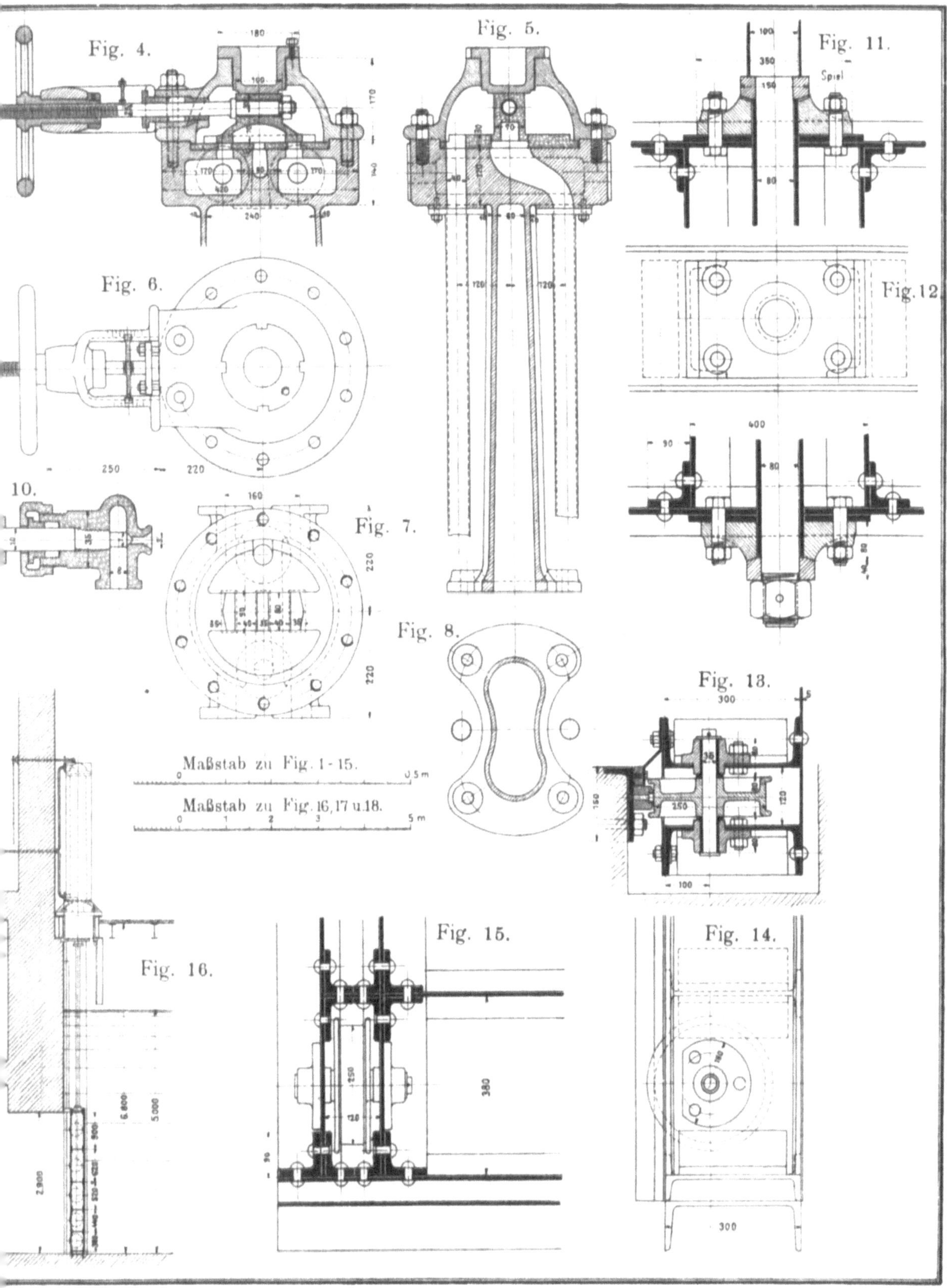

Photolith. d. geogr.-lith. Anst. u. Steindr. v. C. L. Keller, Berlin S.

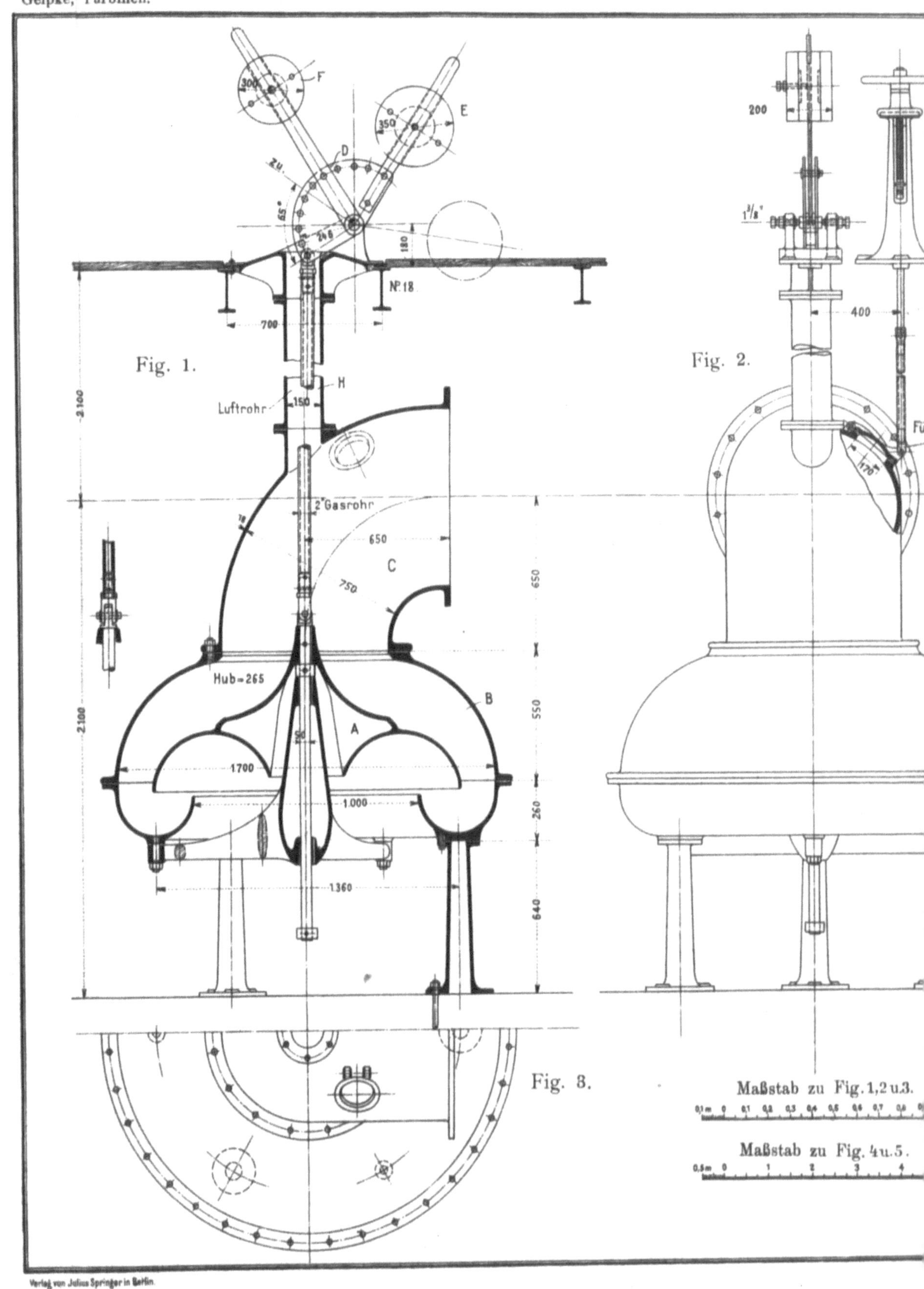

Verlag von Julius Springer in Berlin.

Automatischer Rohrabschlufs.

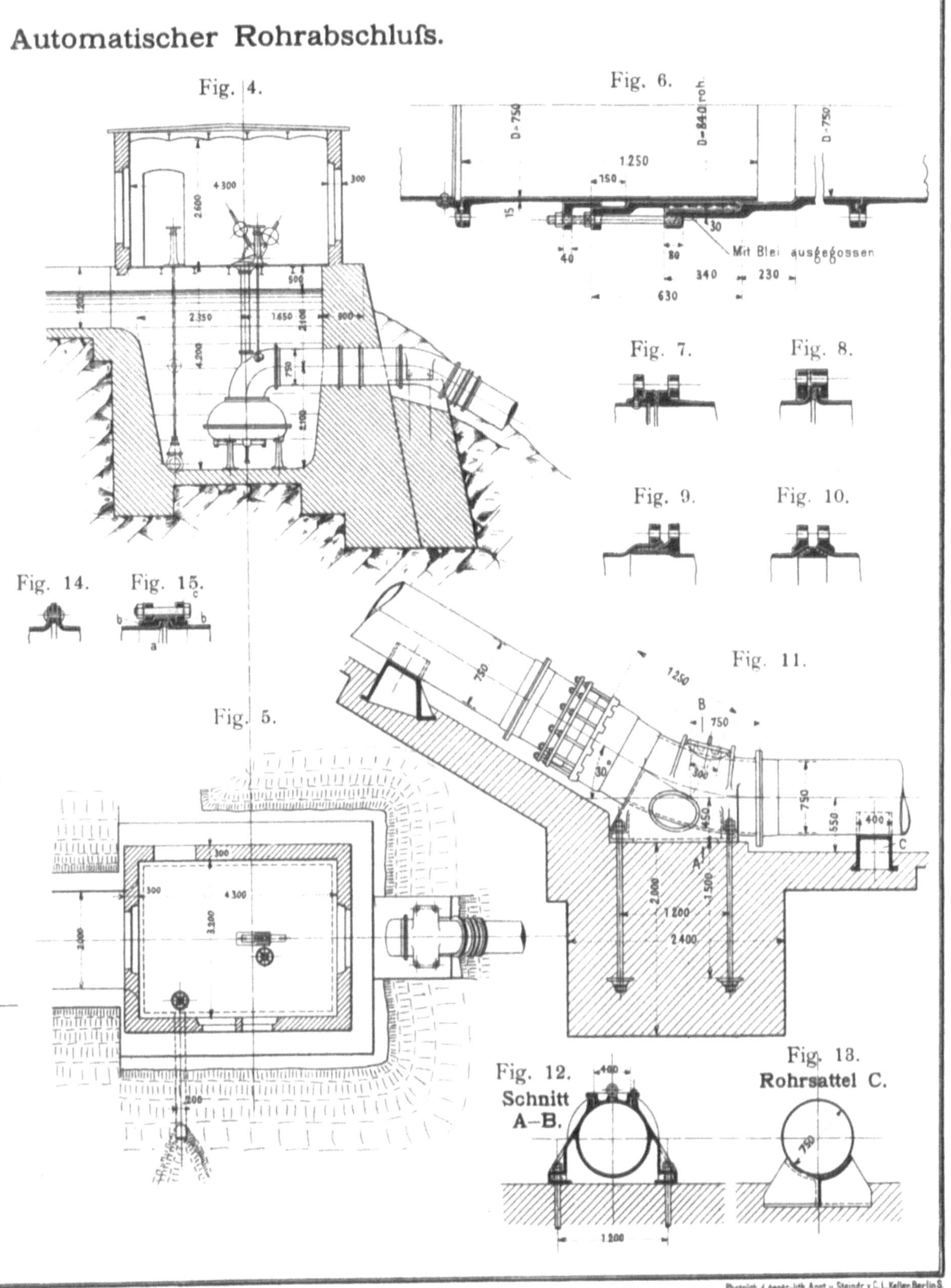

Photolith. d. geogr.-lith. Anst. u. Steindr. v. C. L. Keller, Berlin S.

Fig. 1.

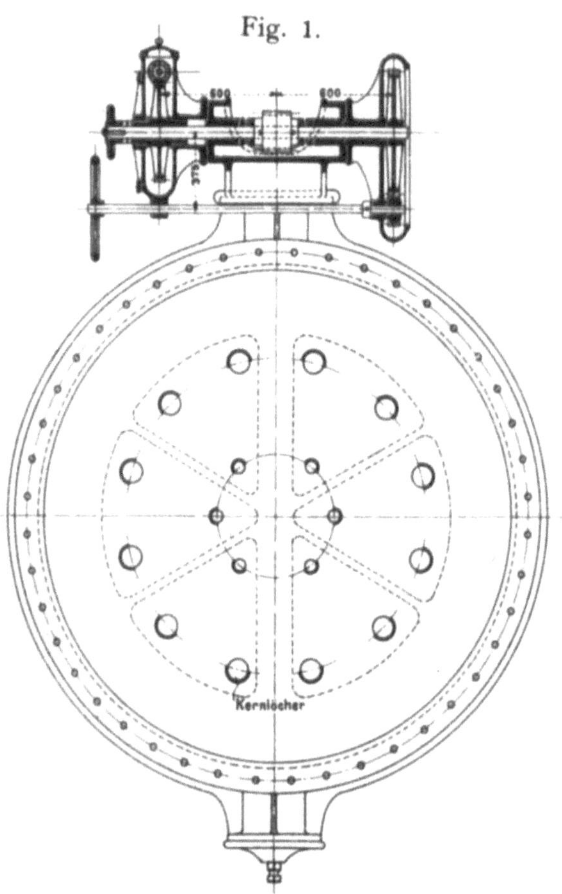

Fig. 2.

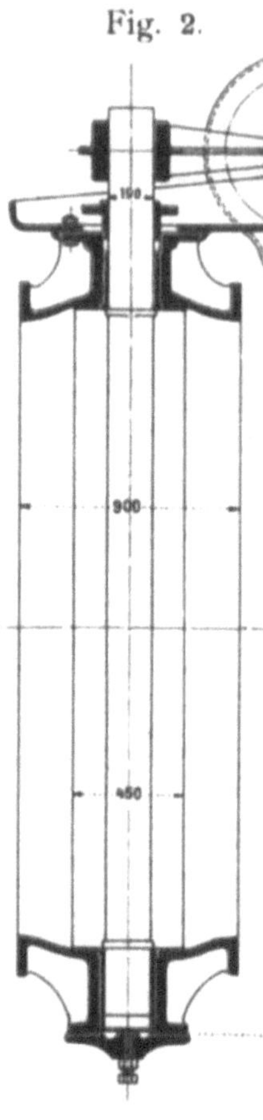

Drosselklappe von 2500 Diam. mit elektrischem Antrieb.

Fig. 3.

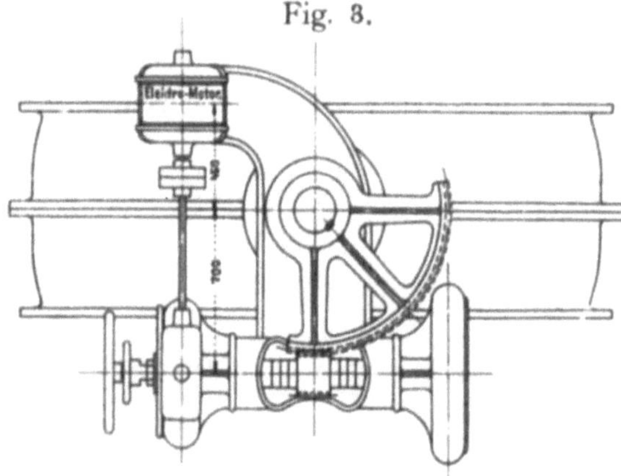

Fig. 4.

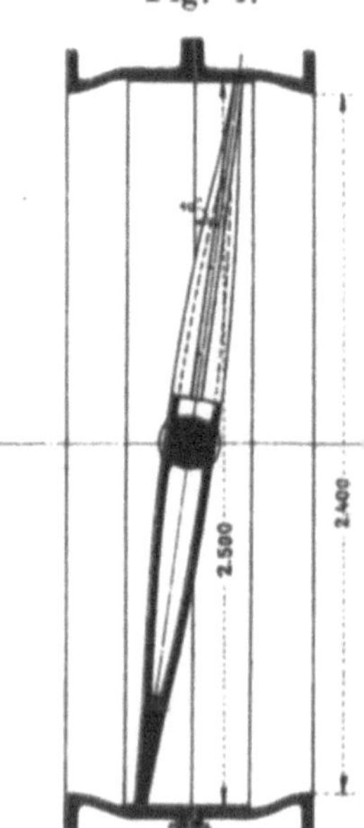

Verlag von Julius Springer in Berlin

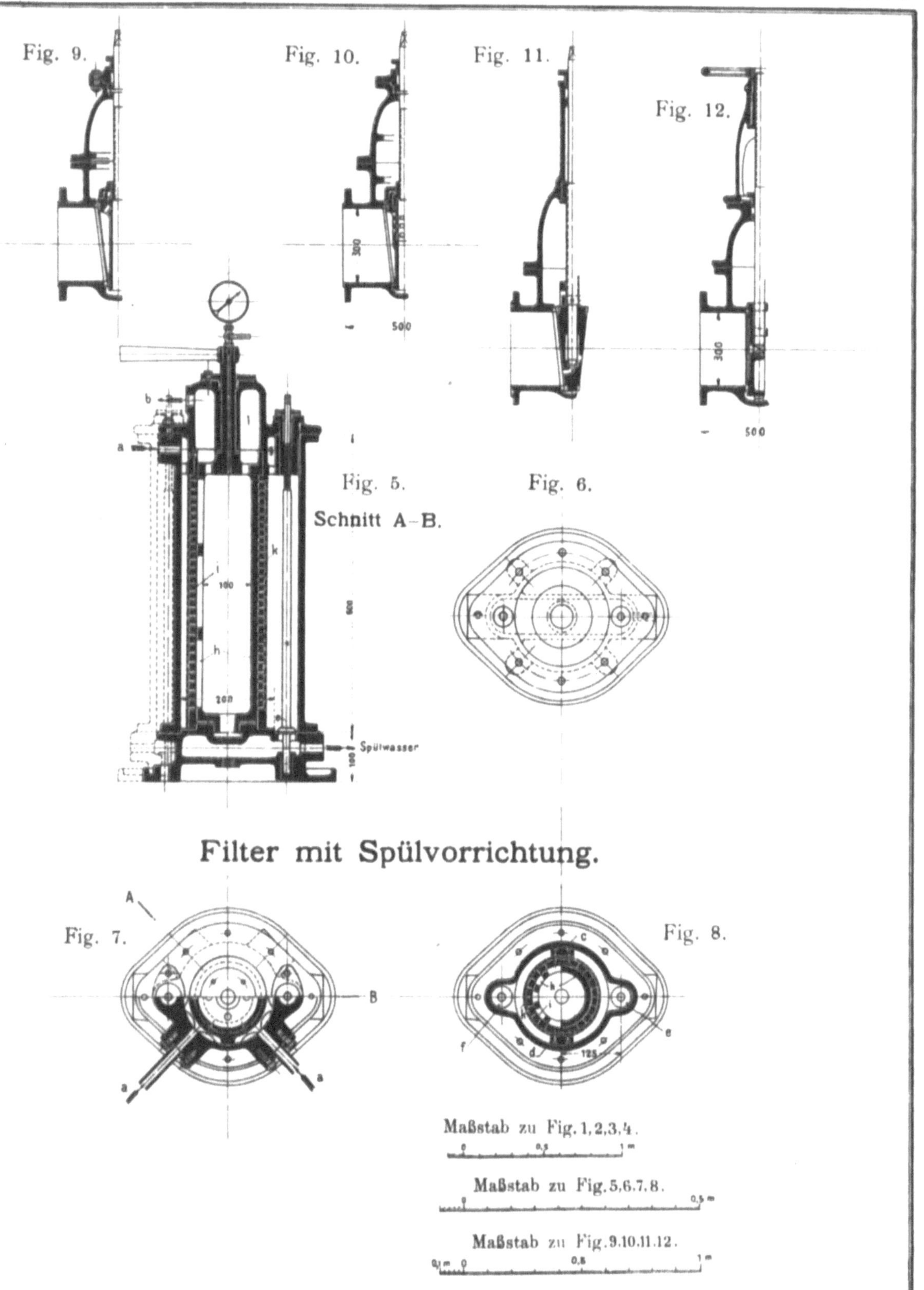

Filter mit Spülvorrichtung.

Photolith d geogr.-lith Anst u Steindr v C. L. Keller Berlin S.

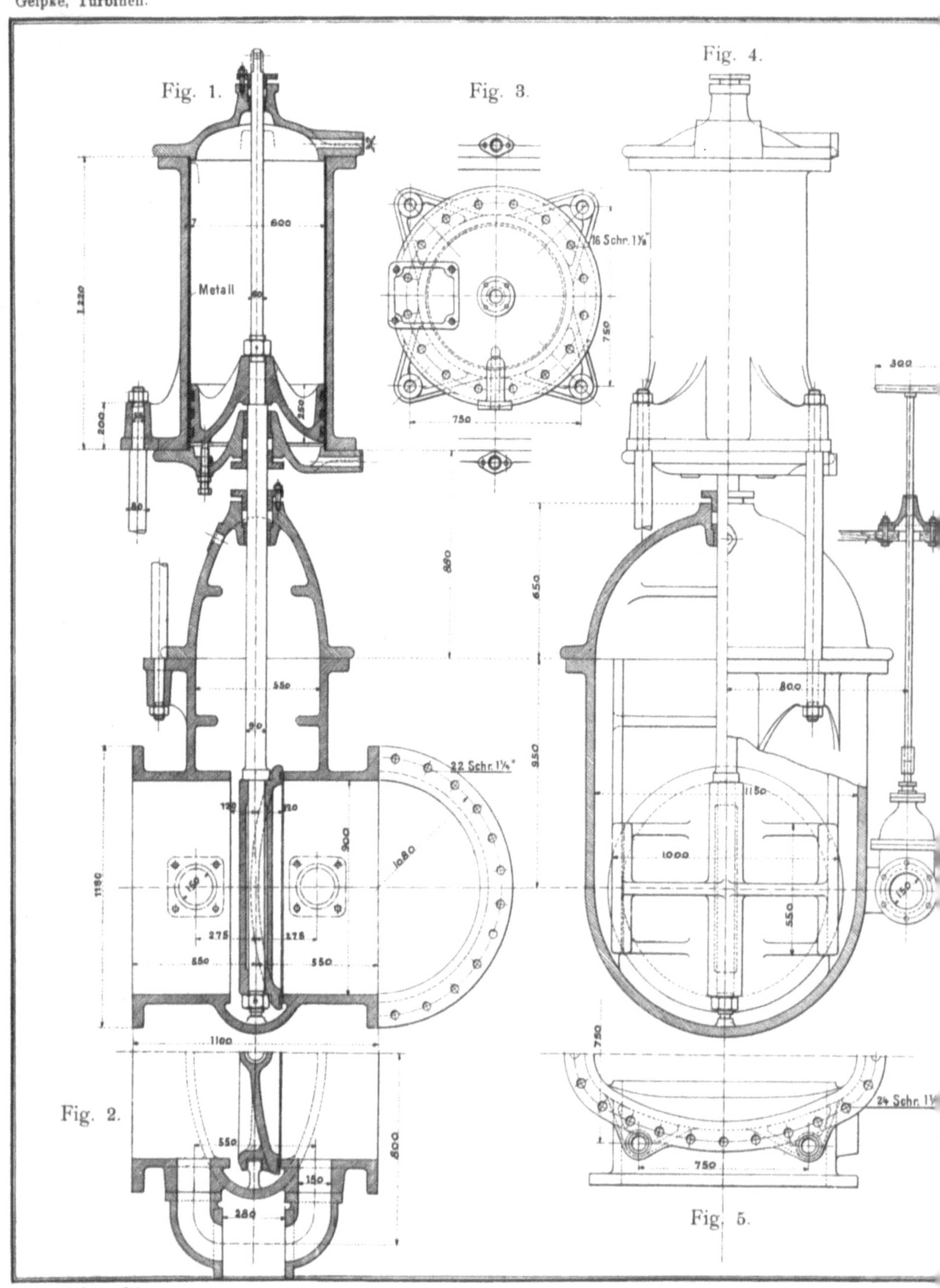

Verlag von Julius Springer in Berlin.

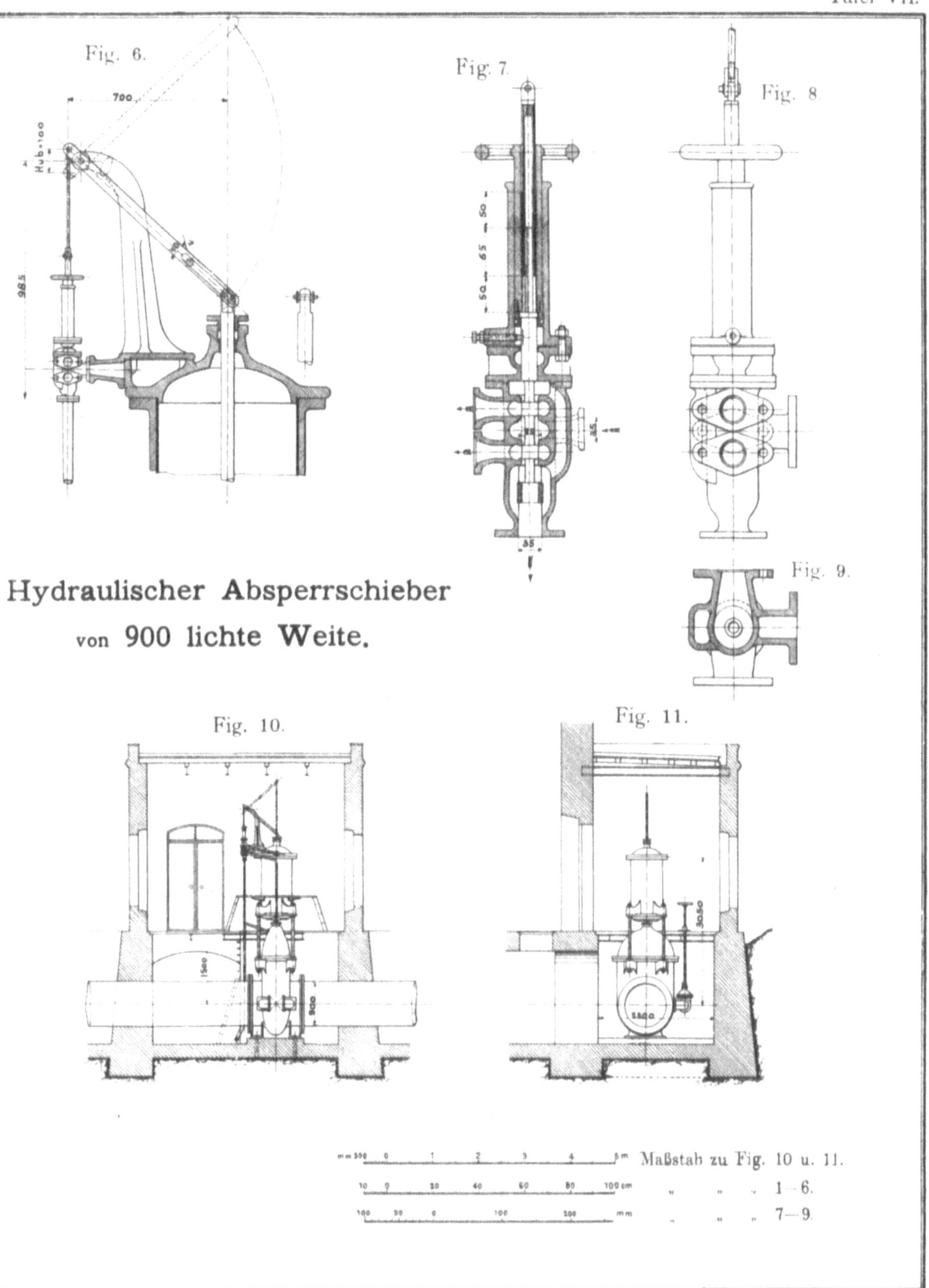

Photolith d. geogr.-lith. Anst. u. Steindr. v. C. L. Keller Berlin S.

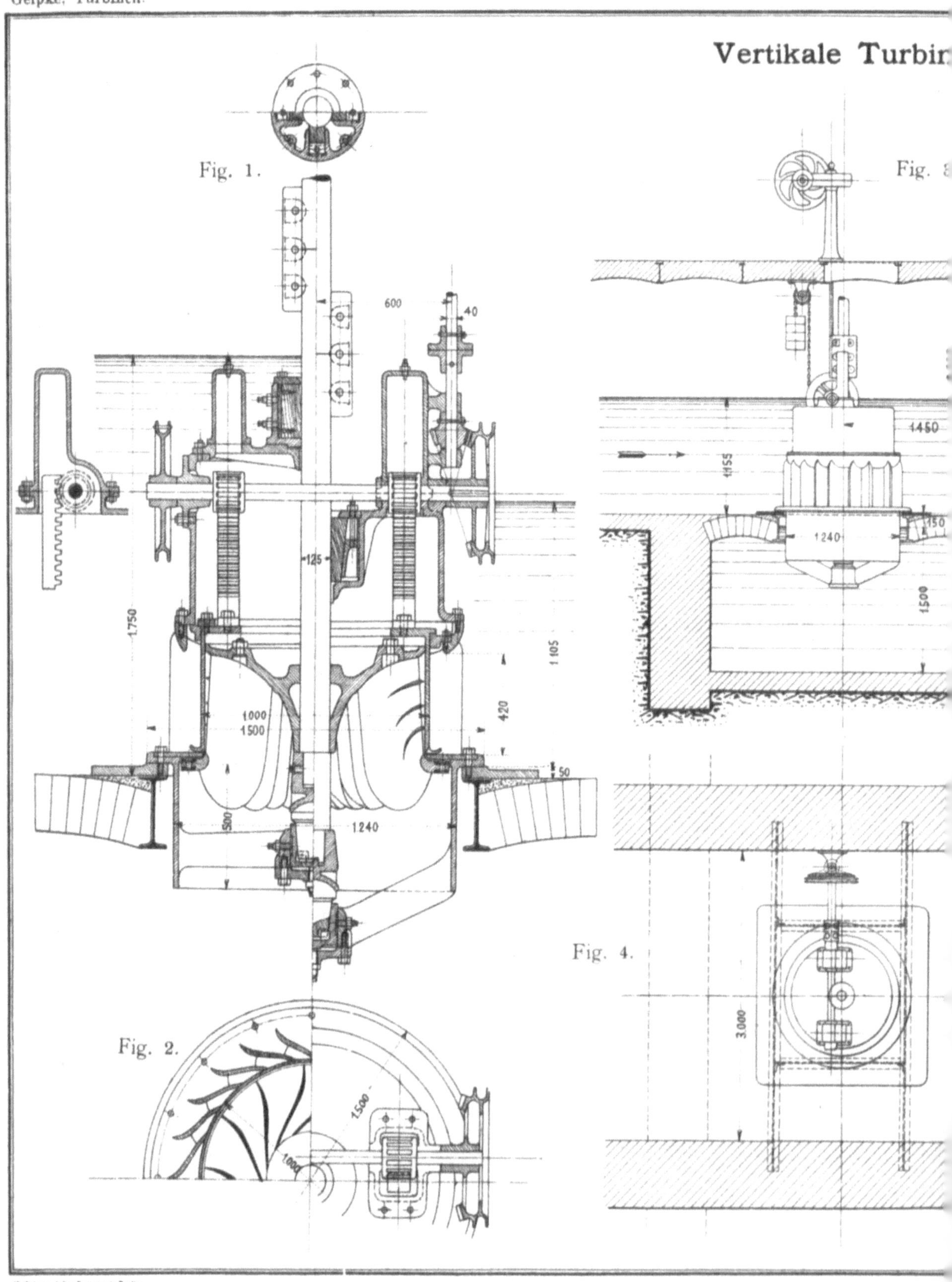

Verlag von Julius Springer in Berlin

...t Spaltschieber.

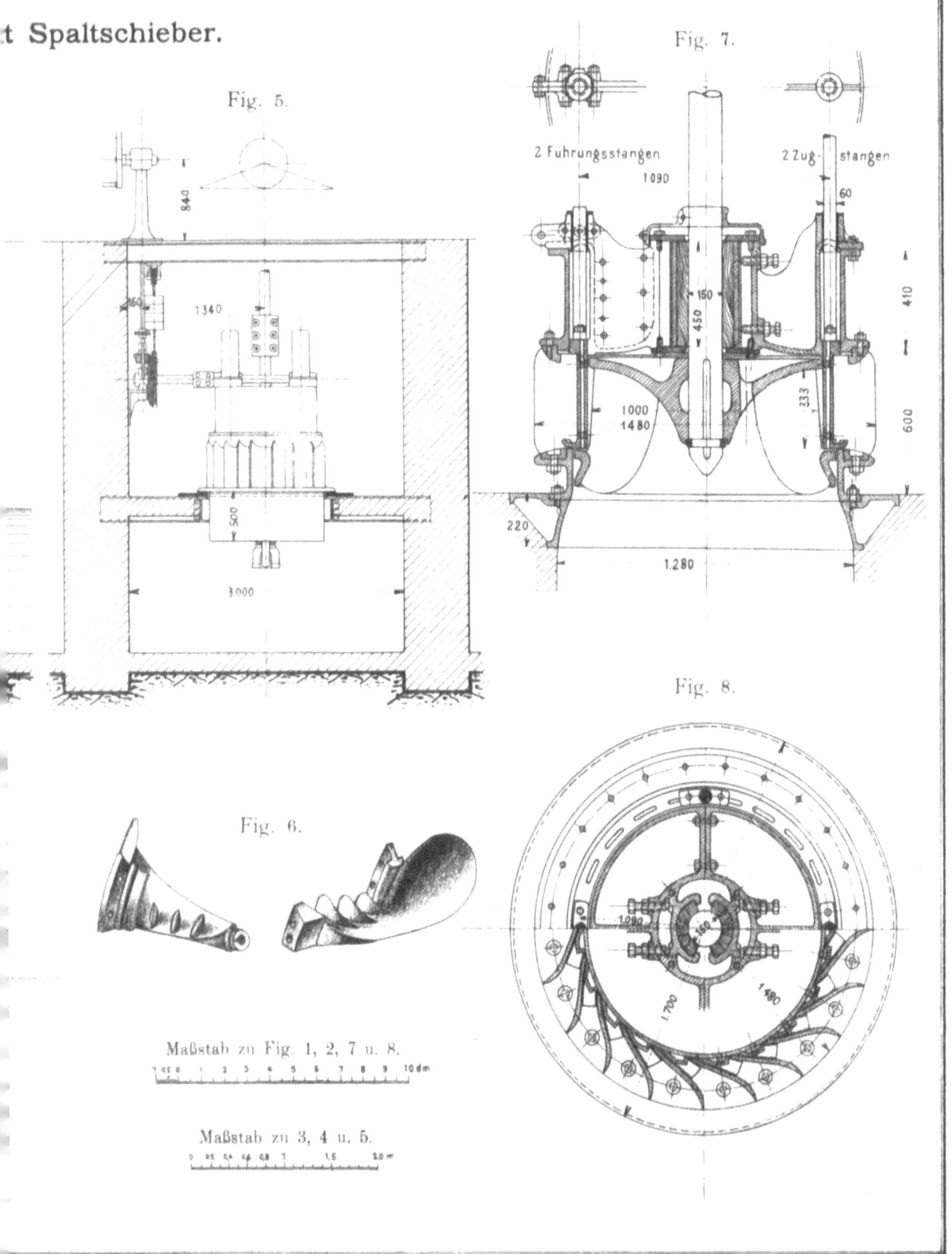

Photolith d. geogr.-lith. Anst. u. Steindr. v. C. L. Keller Berlin S.

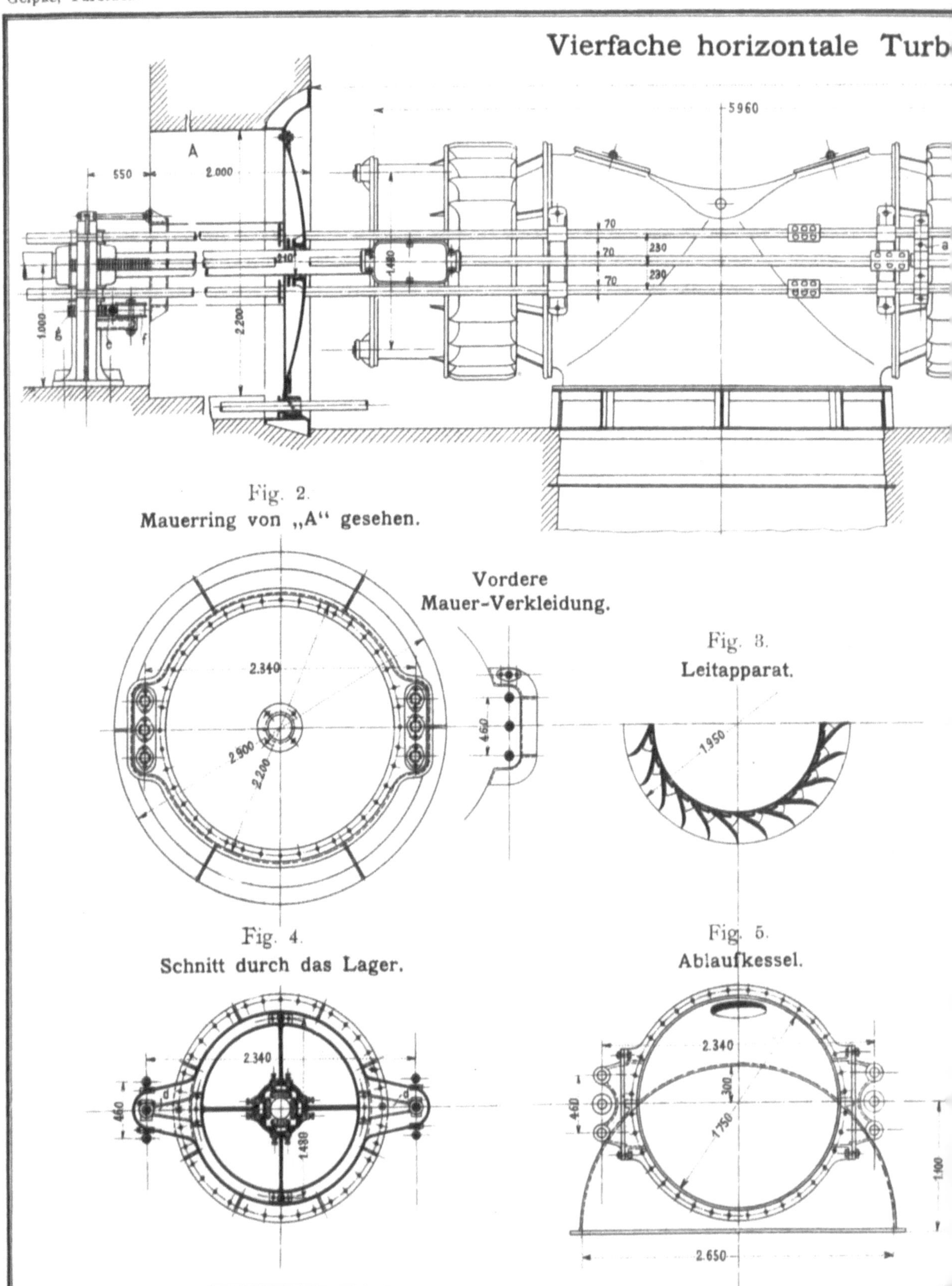

Verlag von Julius Springer in Berlin.

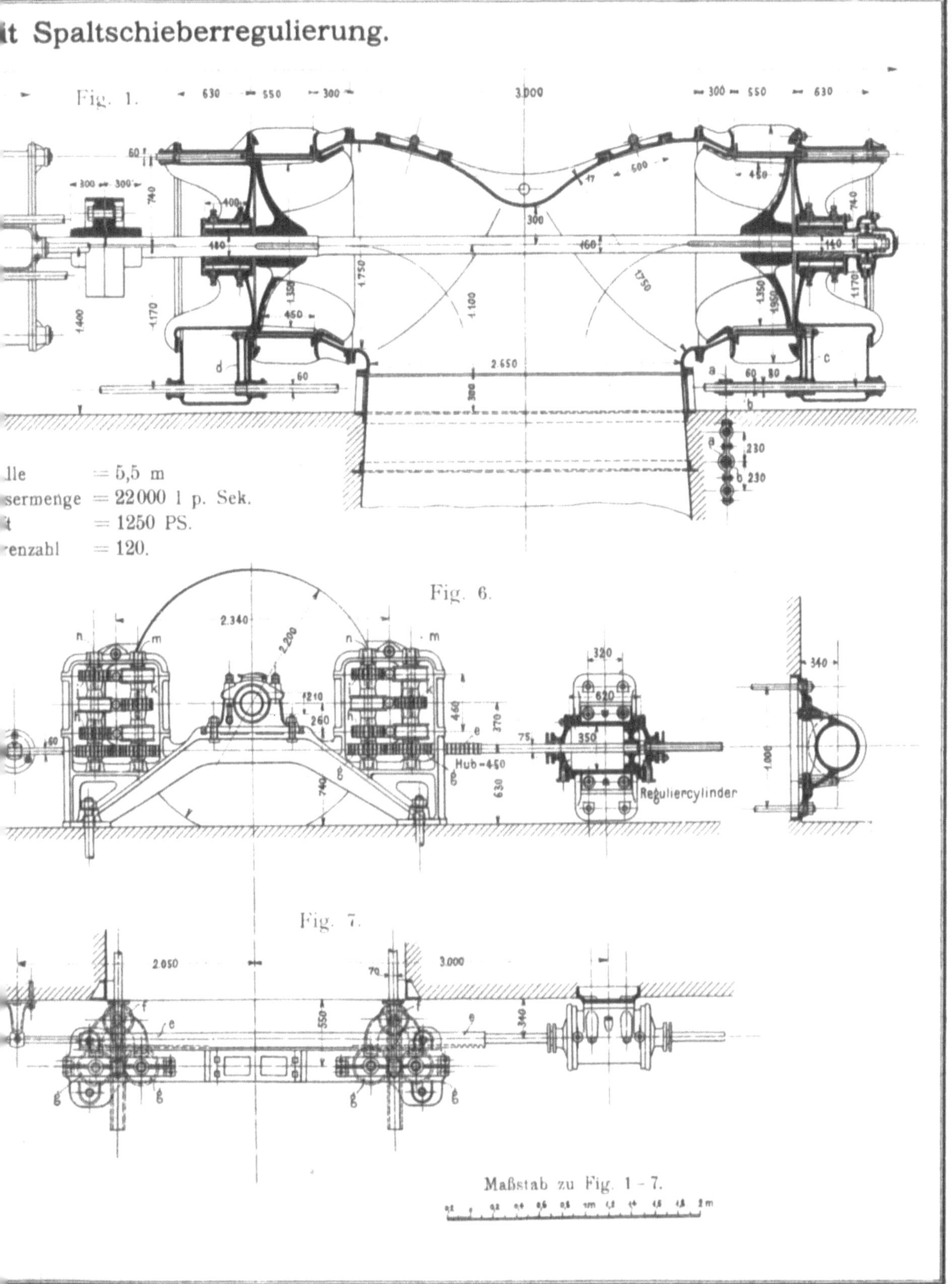

Photolith d. geogr.-lith. Anst. u. Steindr. v. C. L. Keller, Berlin S.

Fig. 1.

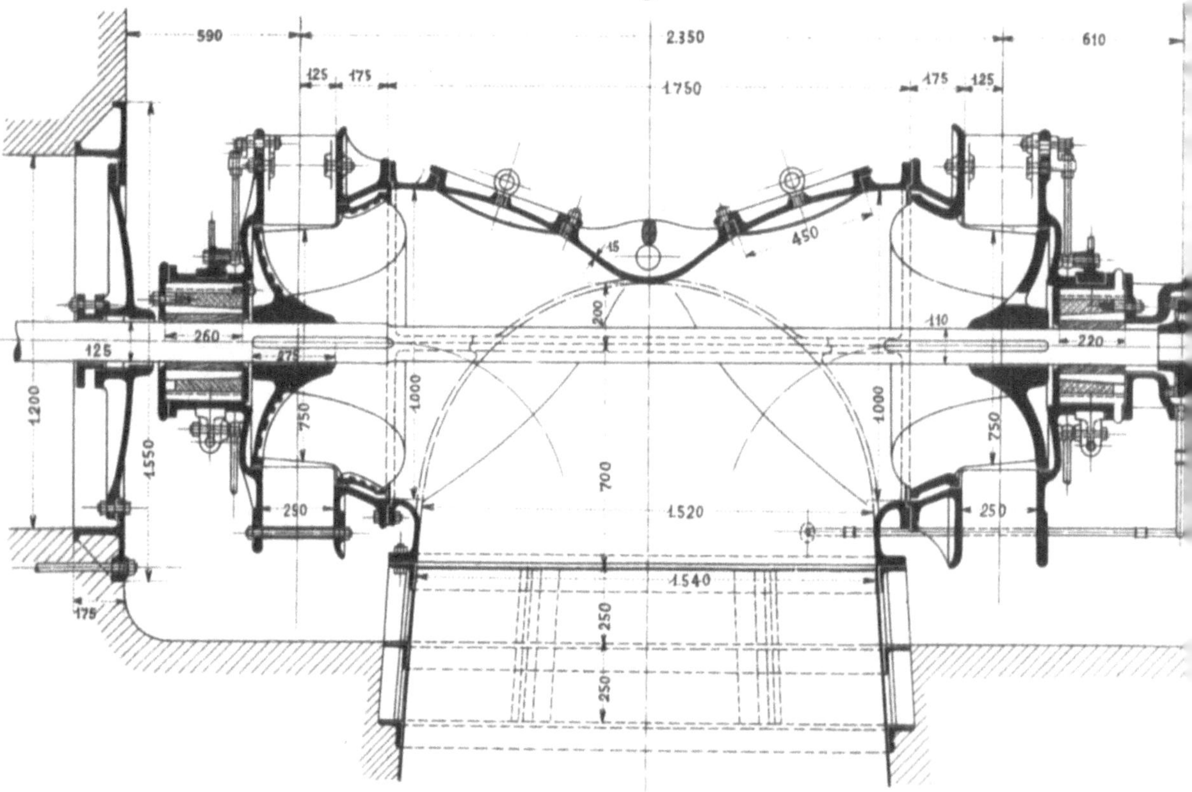

Doppel-Turbine mit amerikanischer Drehschaufelregulierung

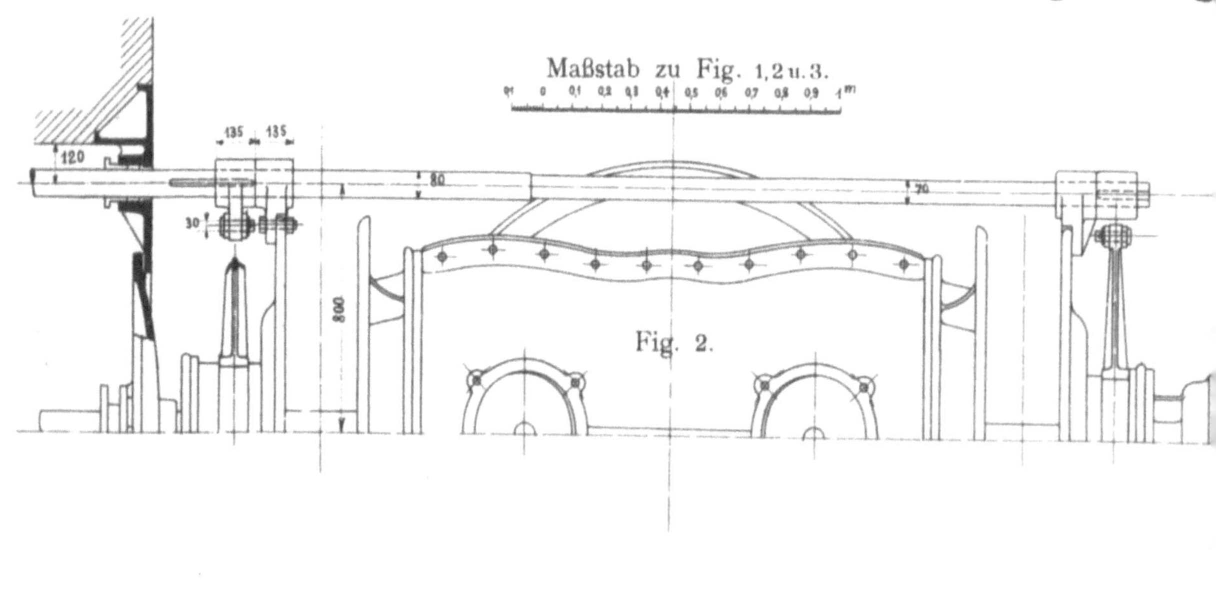

Fig. 2.

Verlag von Julius Springer in Berlin

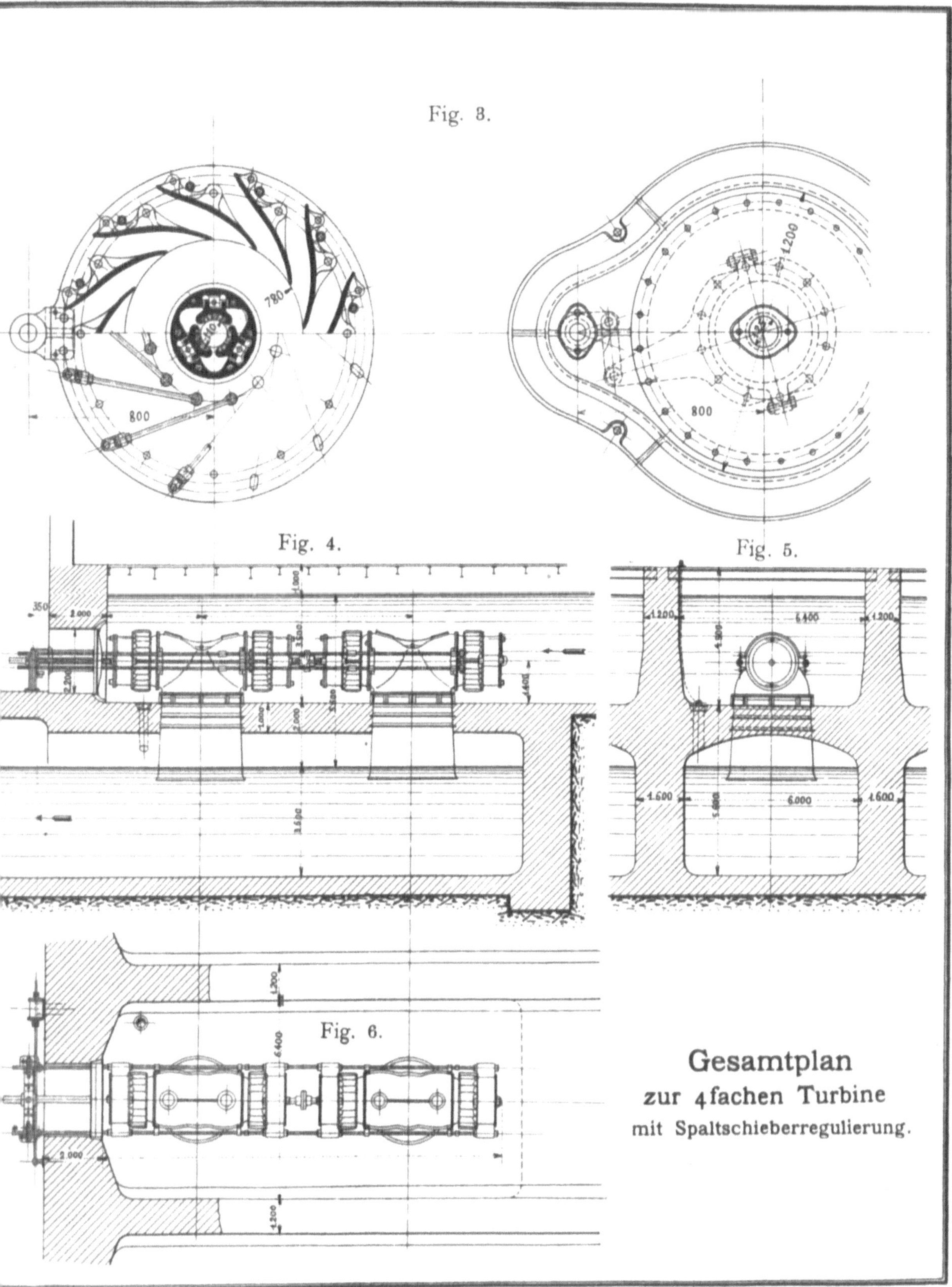

Gesamtplan
zur 4fachen Turbine
mit Spaltschieberregulierung.

Photolith. d. geogr. lith. Anst. u. Steindr. v. C. L. Keller, Berlin S.

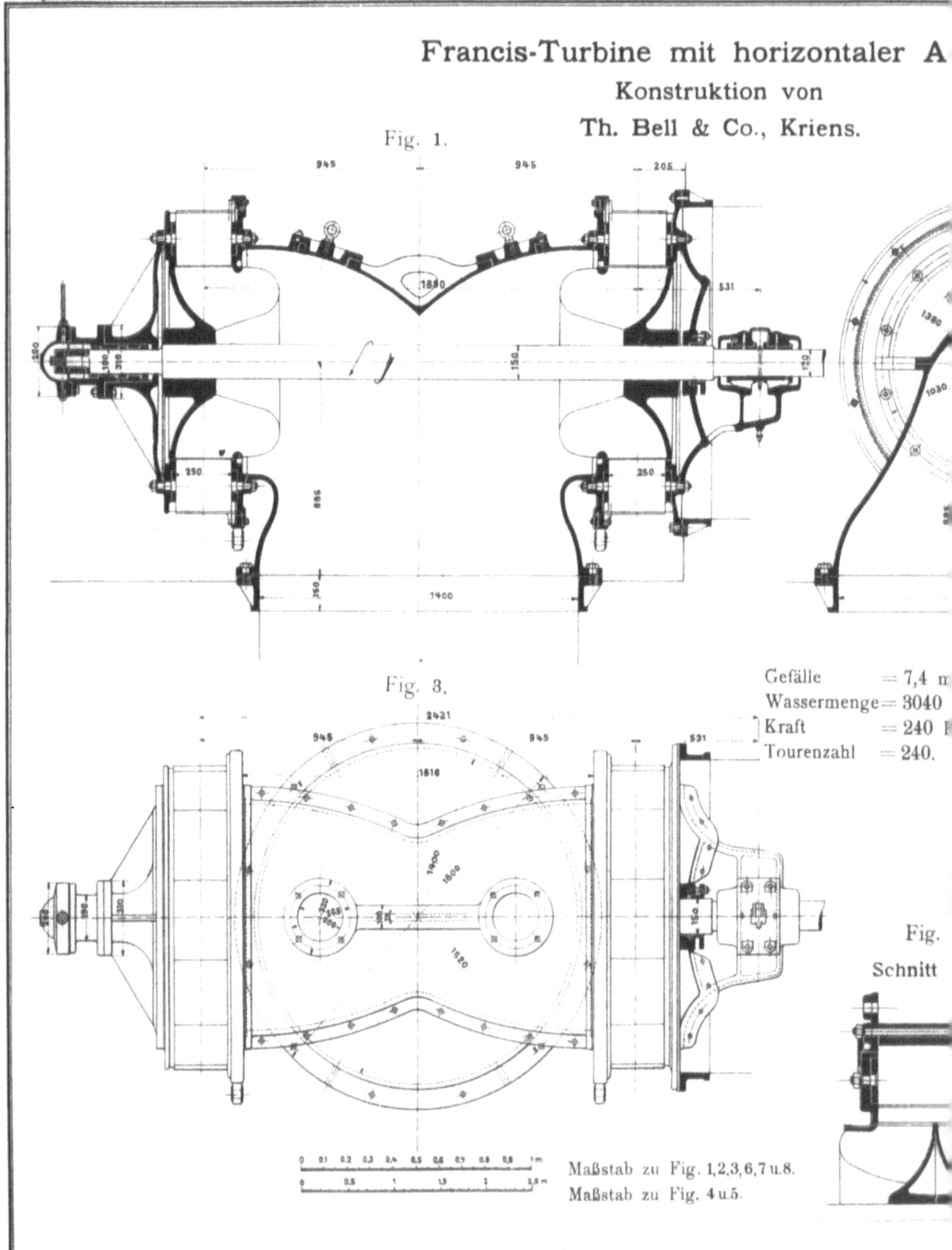

Verlag von Julius Springer in Berlin.

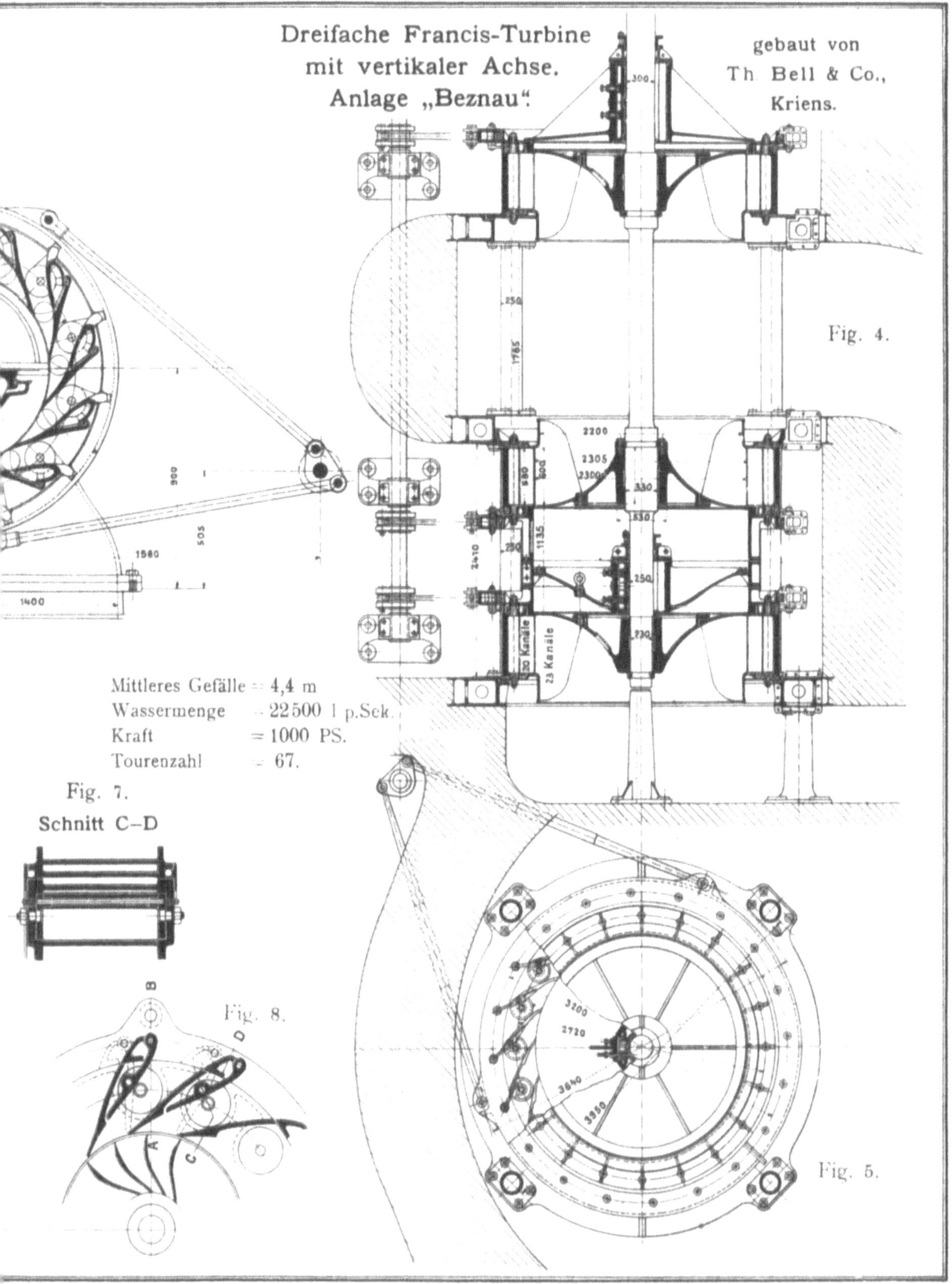

Photolith. u. geogr. lith. Anst. u. Steindr. v. C. L. Keller Berlin S.

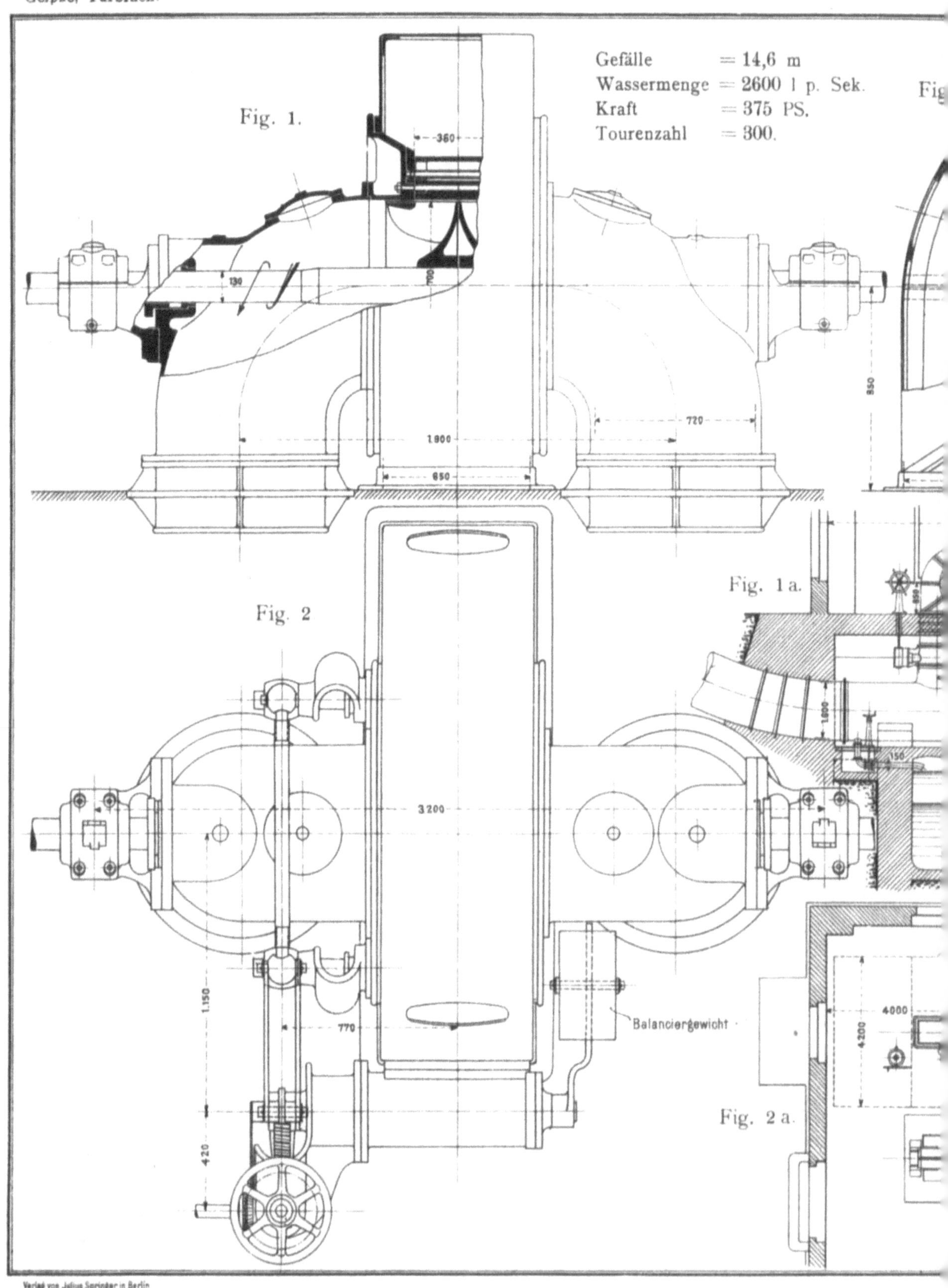

Verlag von Julius Springer in Berlin

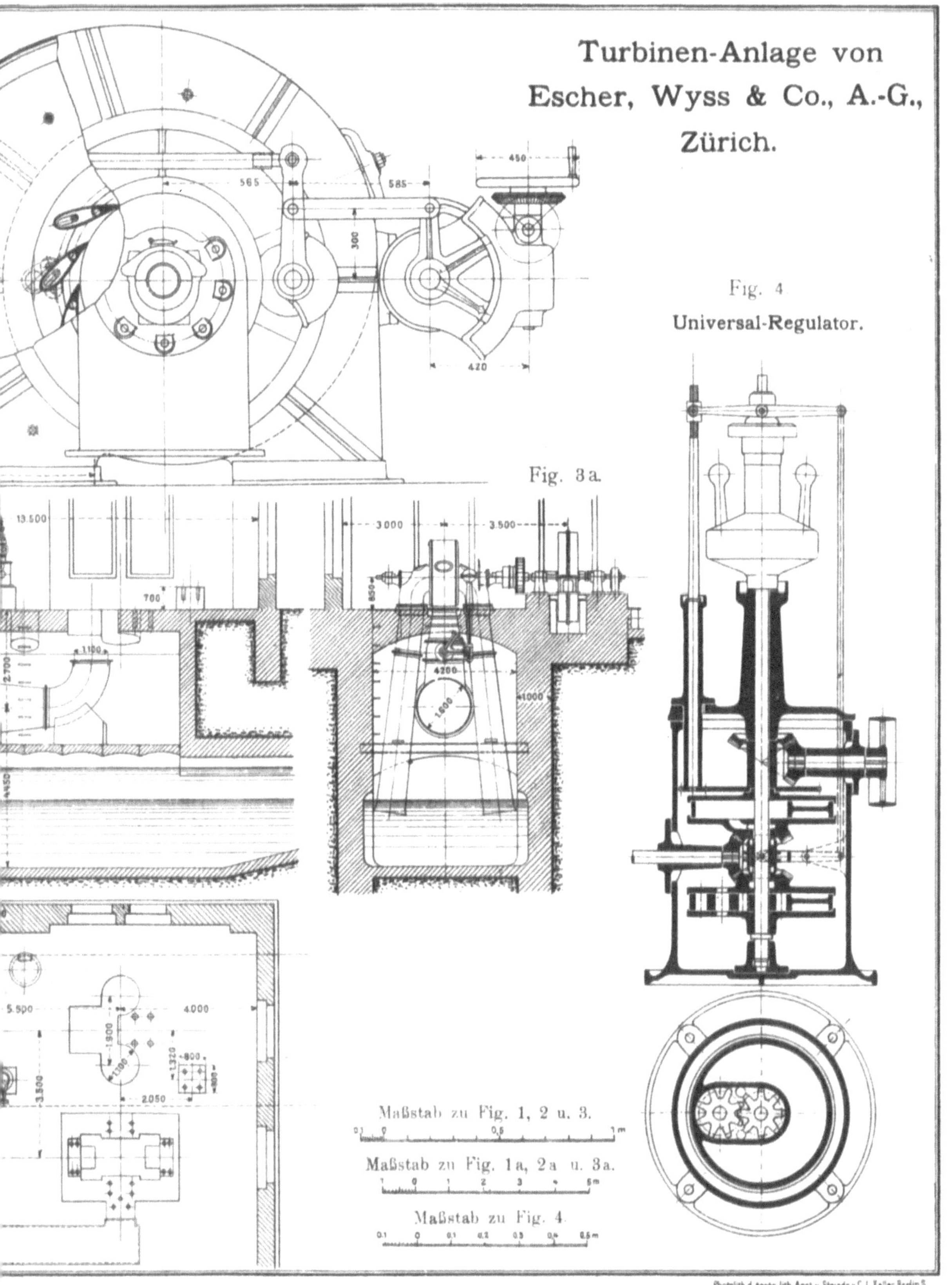

Photolith d geogr-lith Anst u Steindr v C. L. Keller Berlin S.

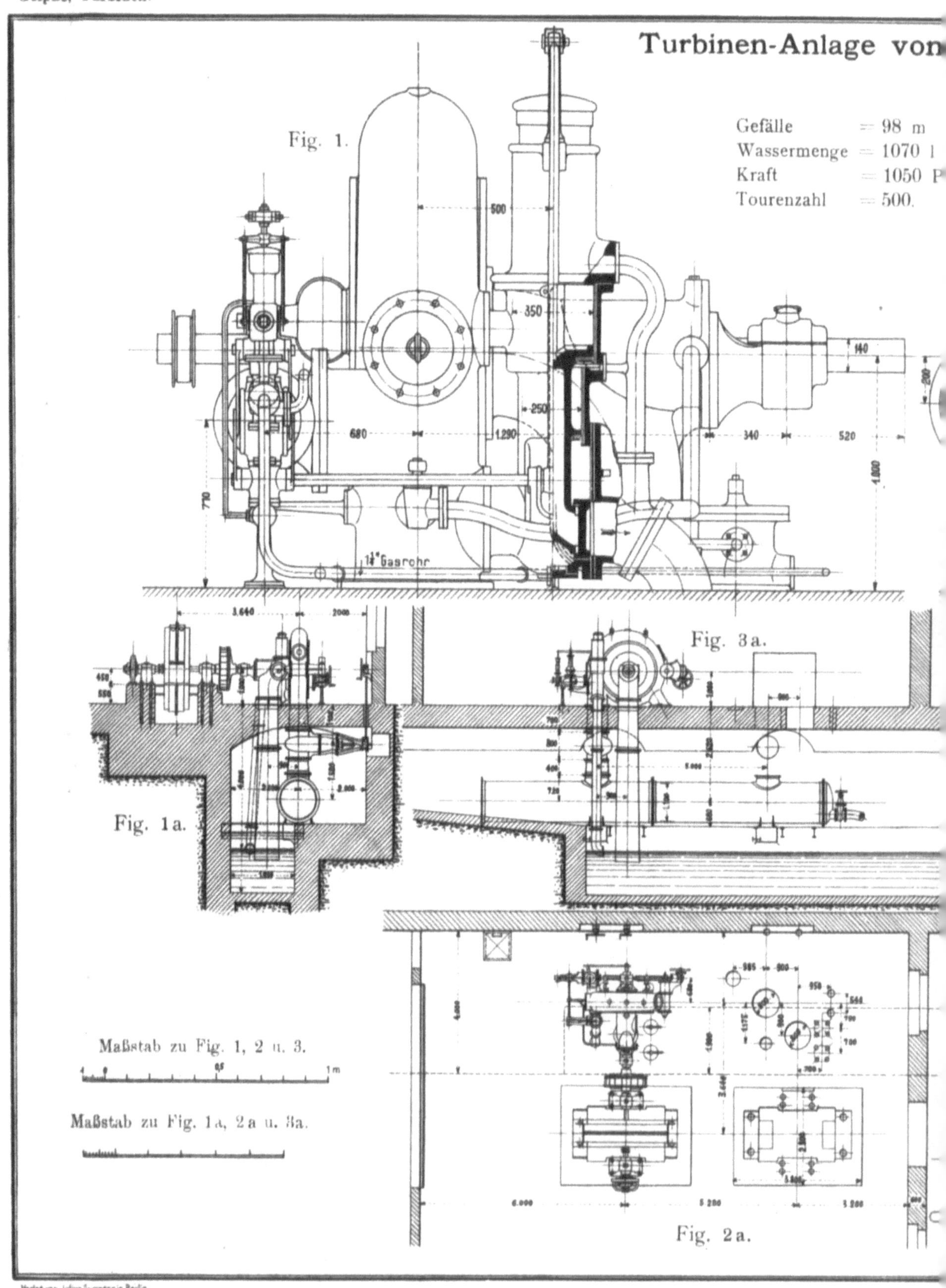

Verlag von Julius Springer in Berlin.

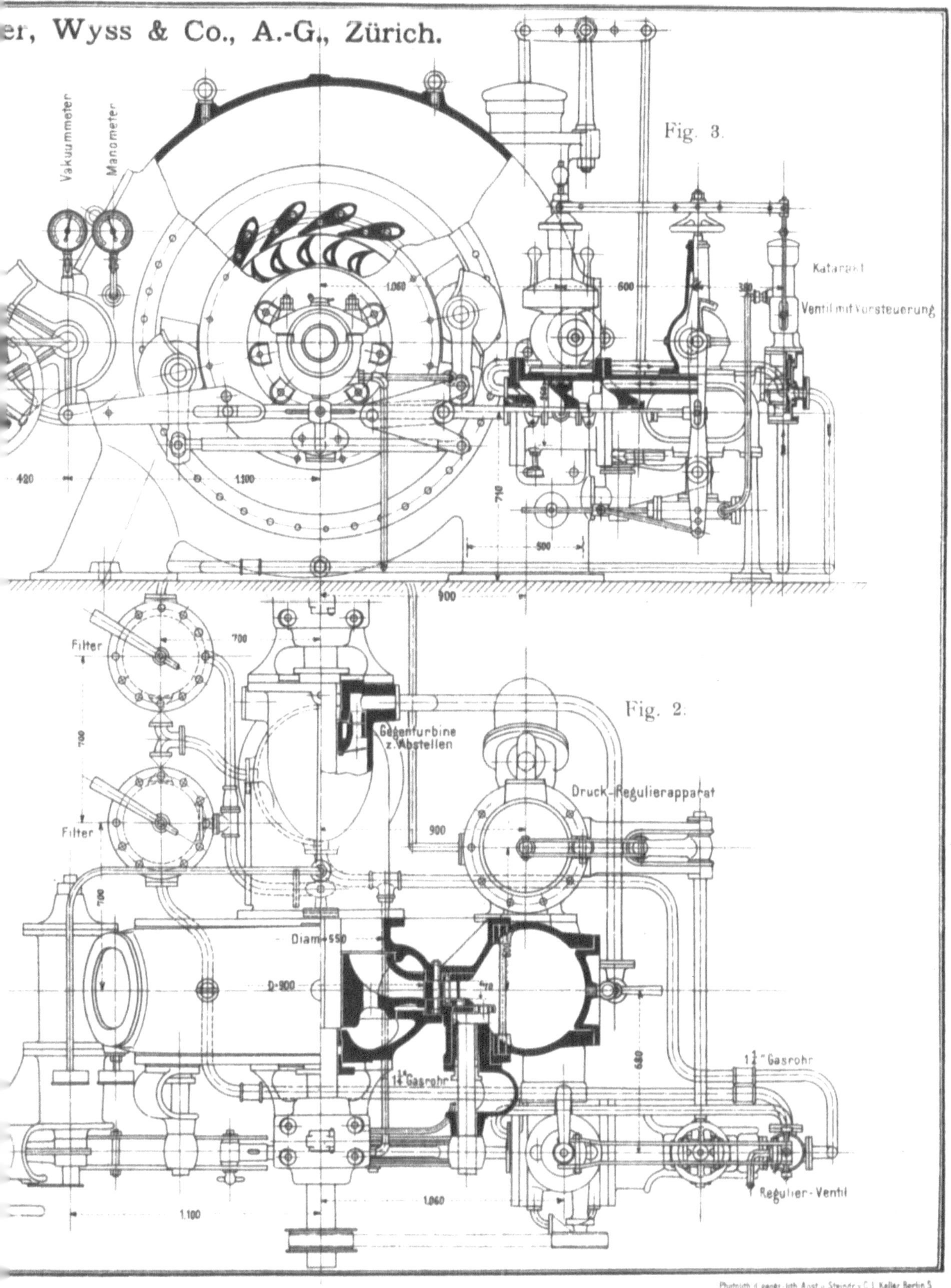

Photolith. d. geogr. lith. Anst. u. Steindr. v. C. L. Keller Berlin S.

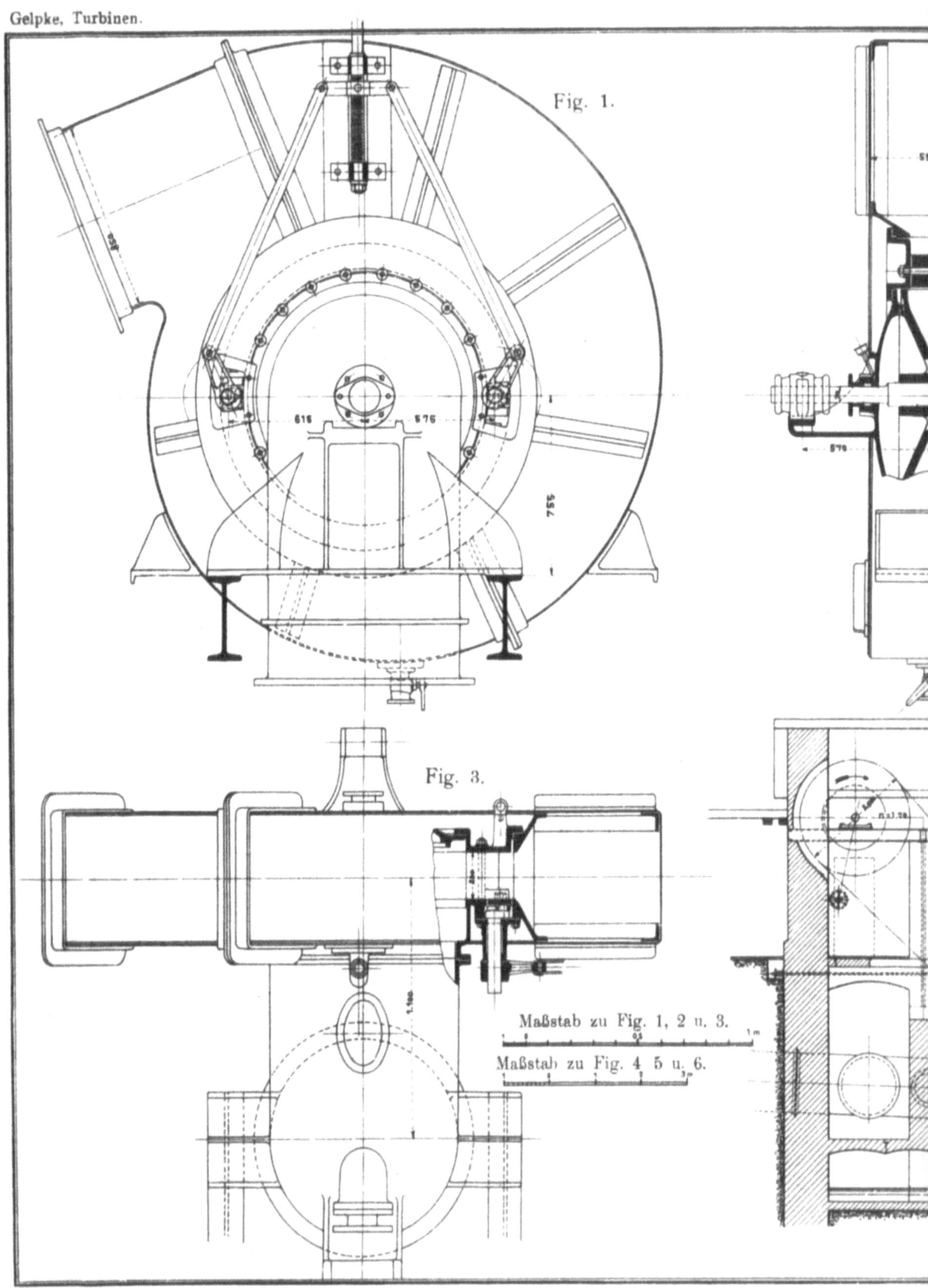

Verlag von Julius Springer in Berlin

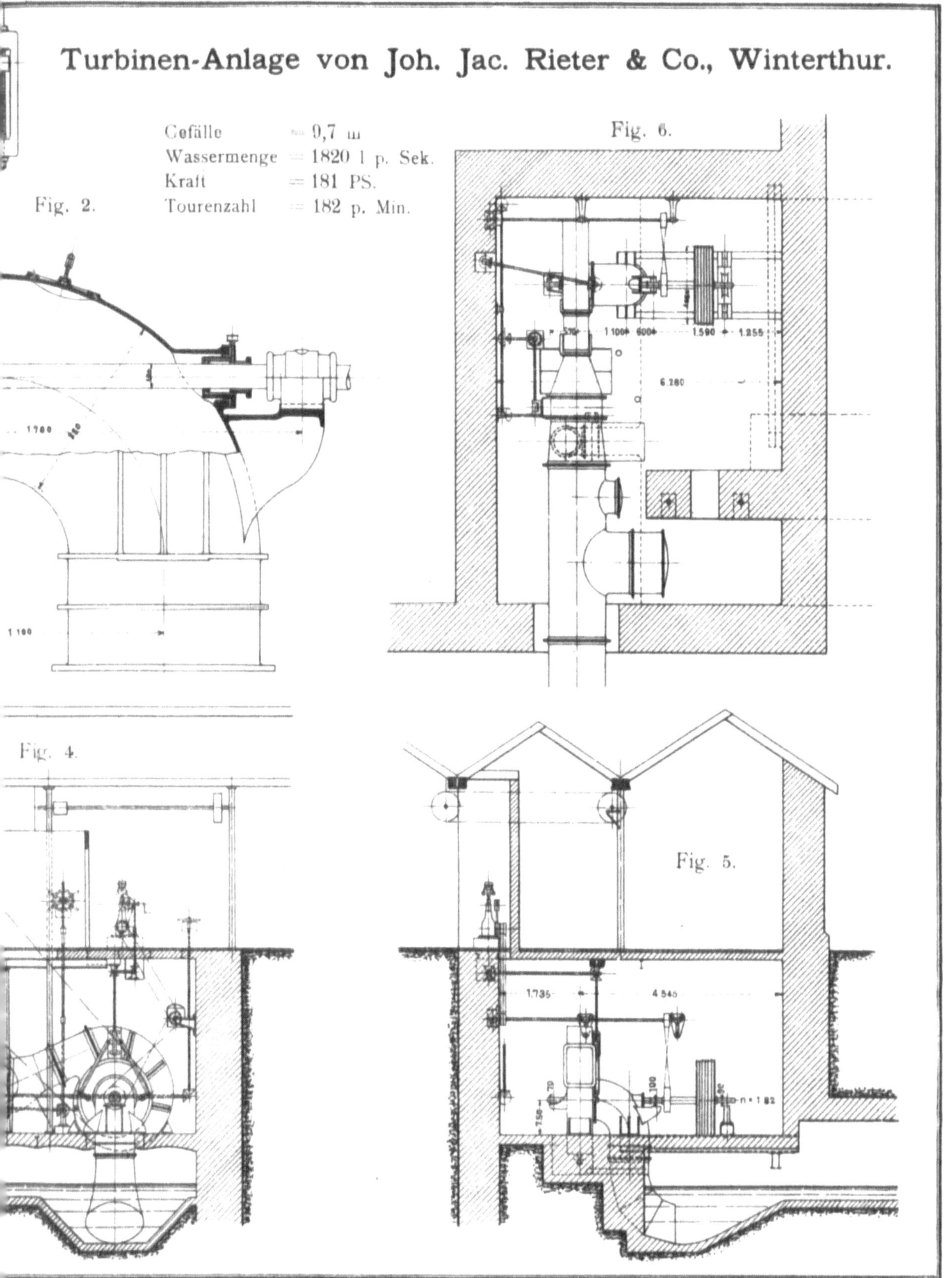

Photolith. d. geogr. lith. Anst. u. Steindr. v. C. L. Keller, Berlin S.

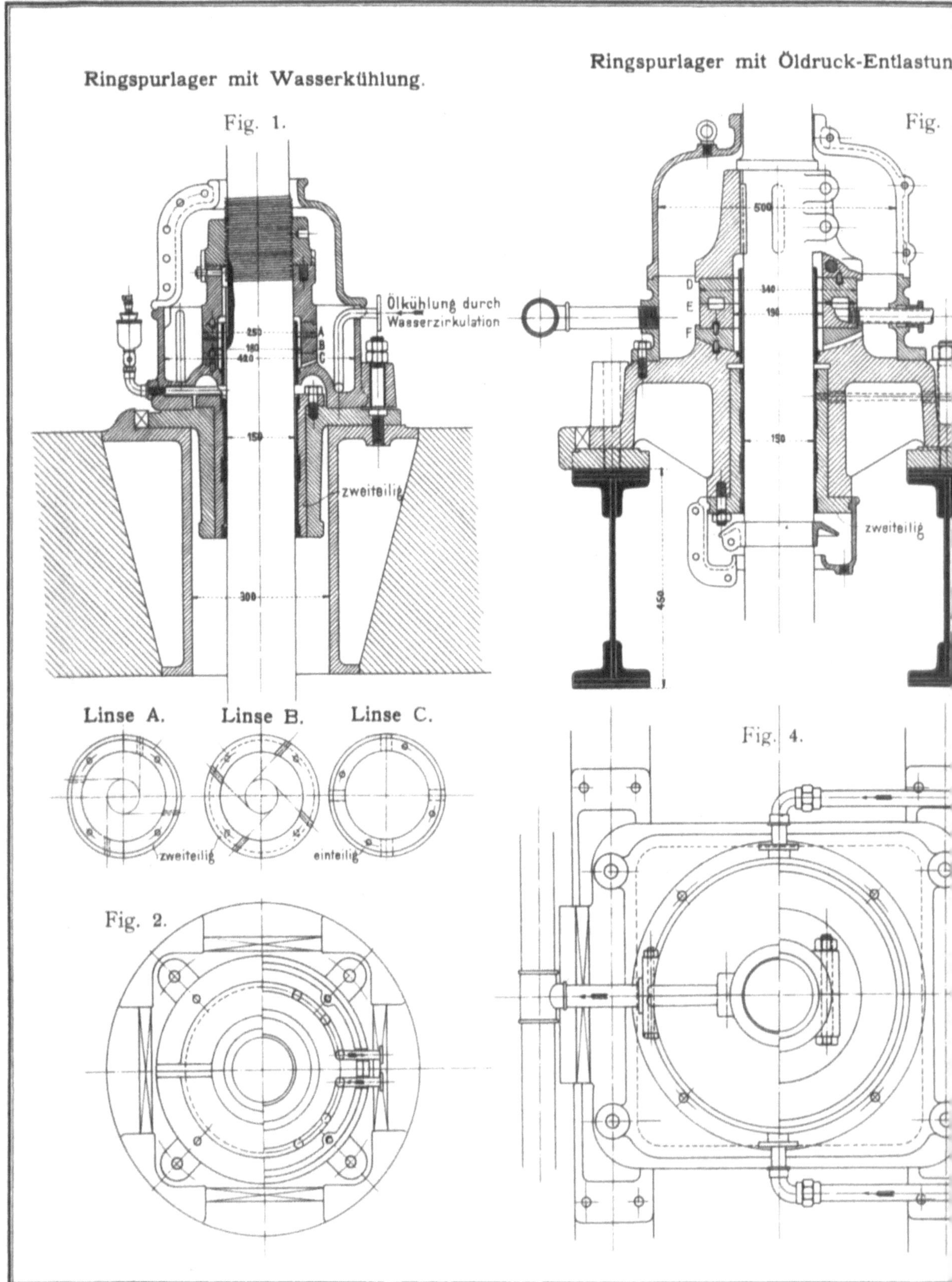

Verlag von Julius Springer in Berlin

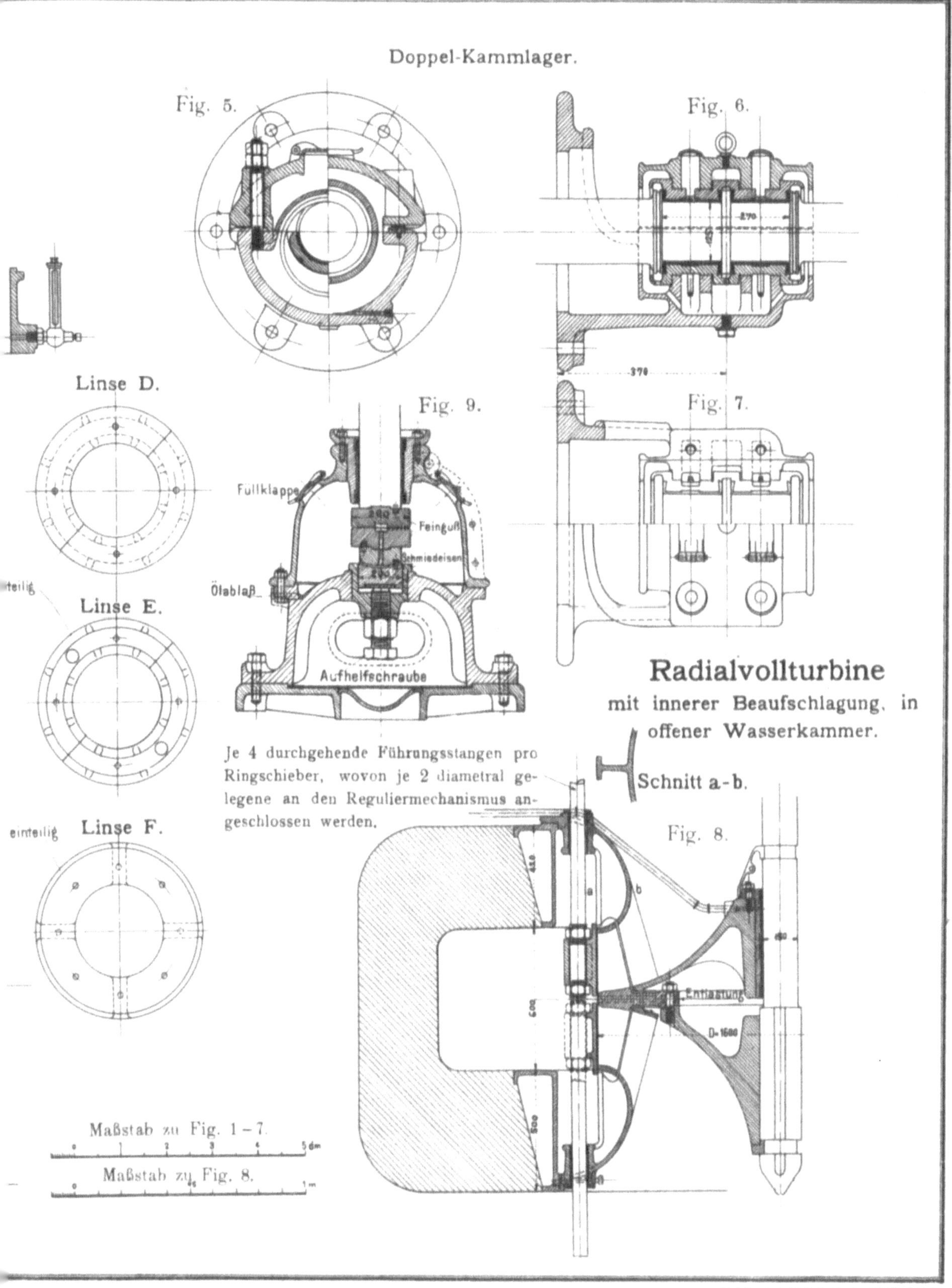

Photolith. u. geogr.-lith. Anst. u. Steindr. v. C. L. Keller, Berlin S.

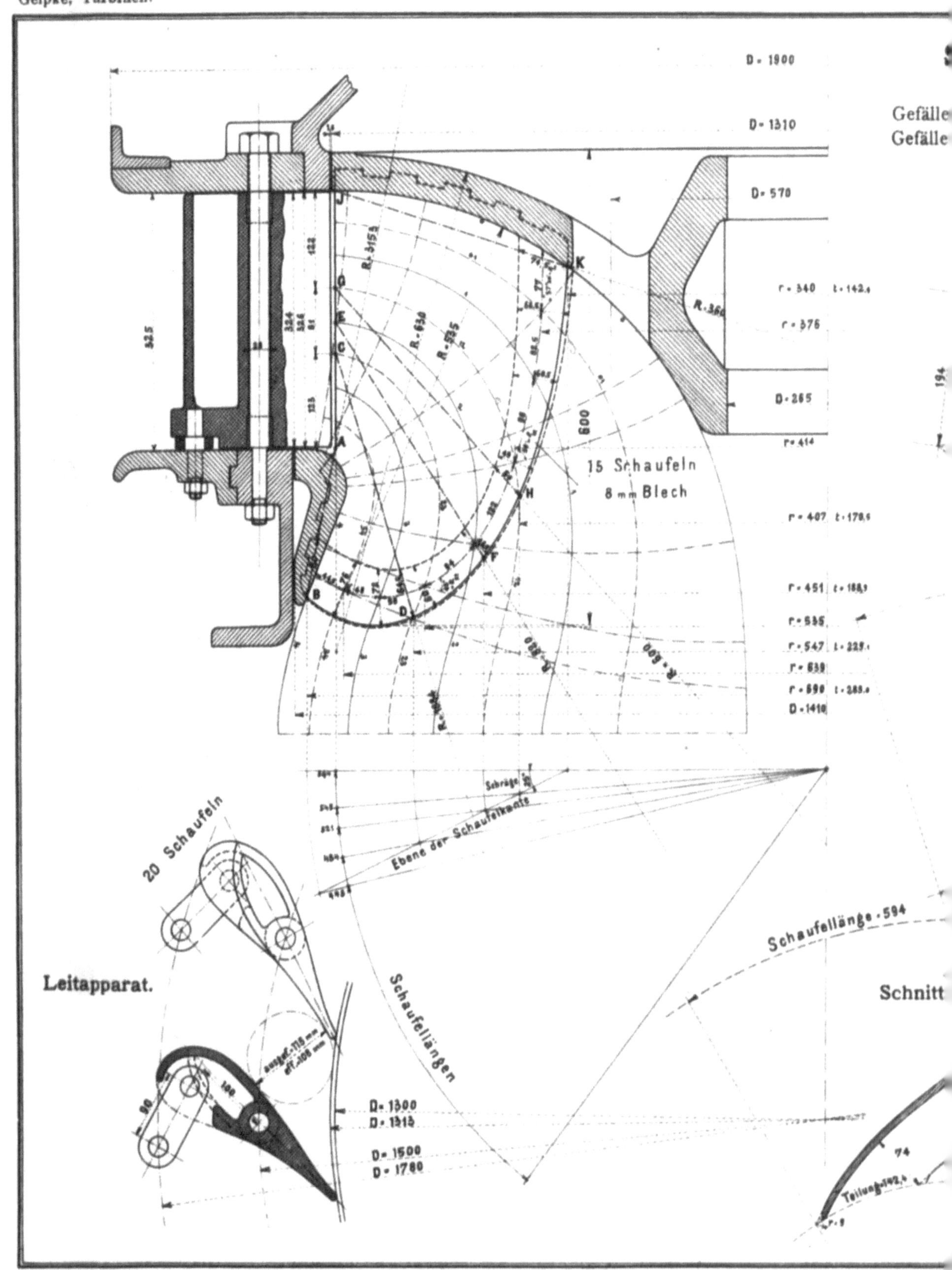

Verlag von Julius Springer in Berlin

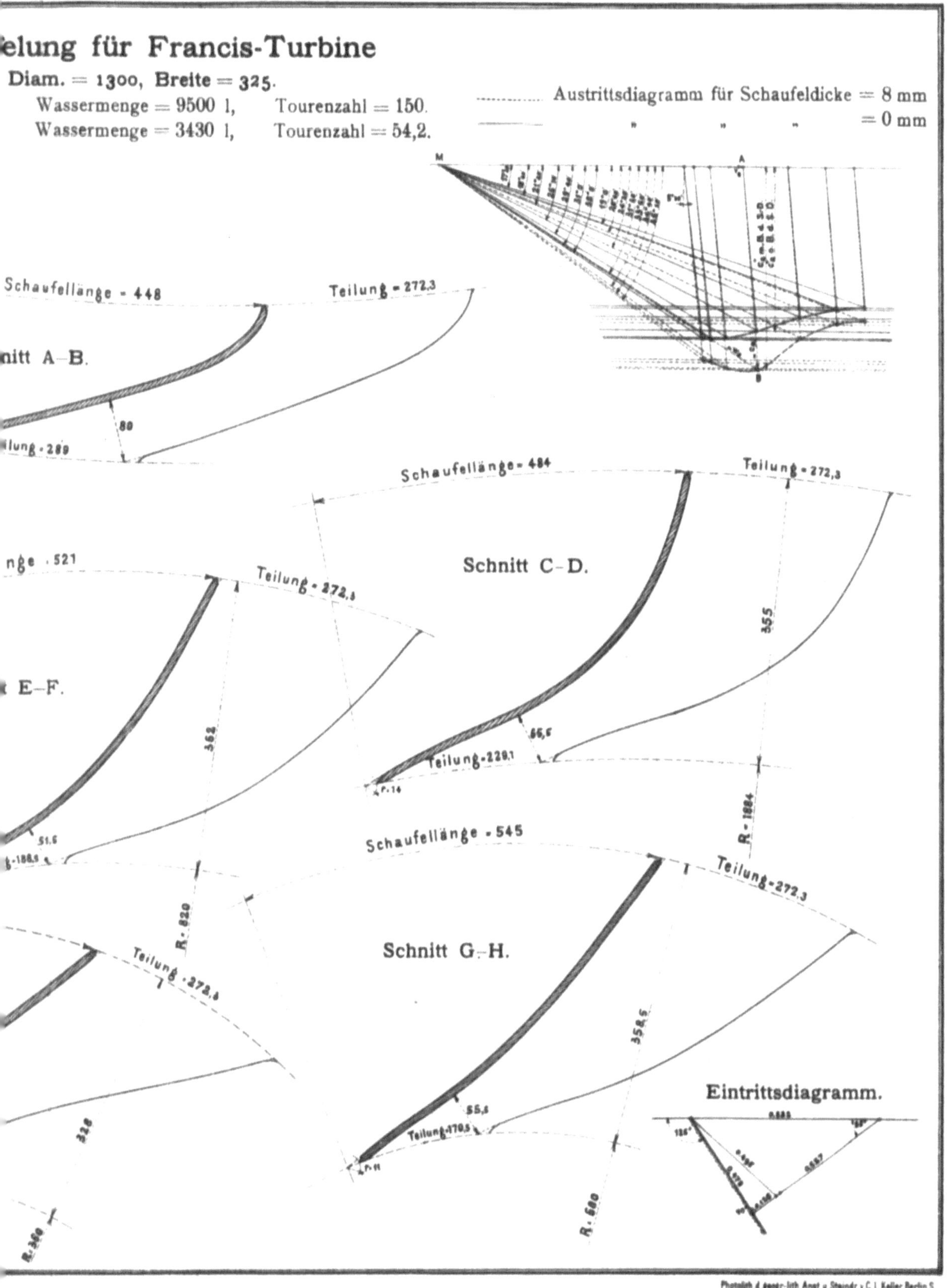

Photolith. d. geogr.-lith. Anst. u. Steindr. v. C. L. Keller, Berlin S.

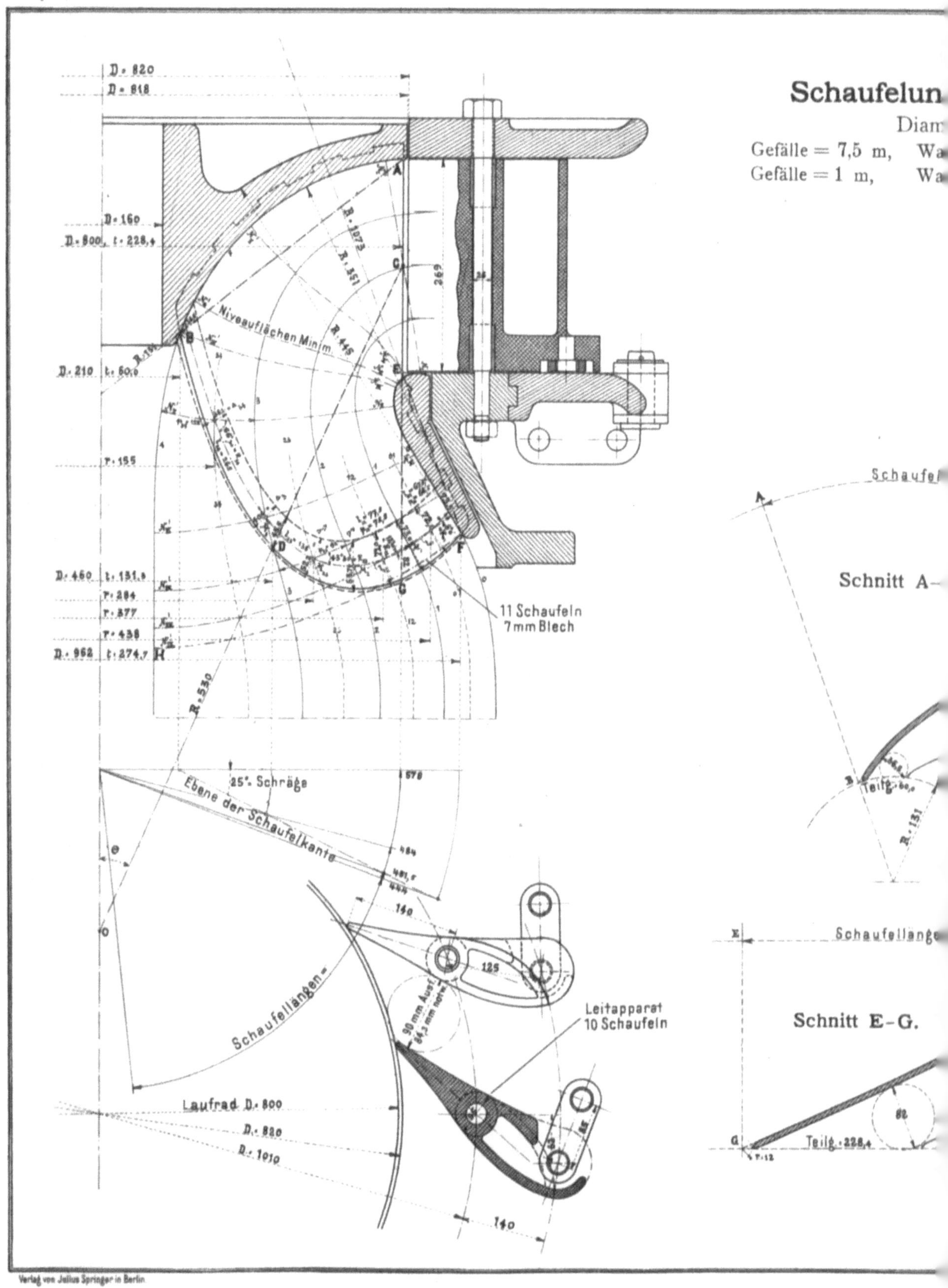

Verlag von Julius Springer in Berlin

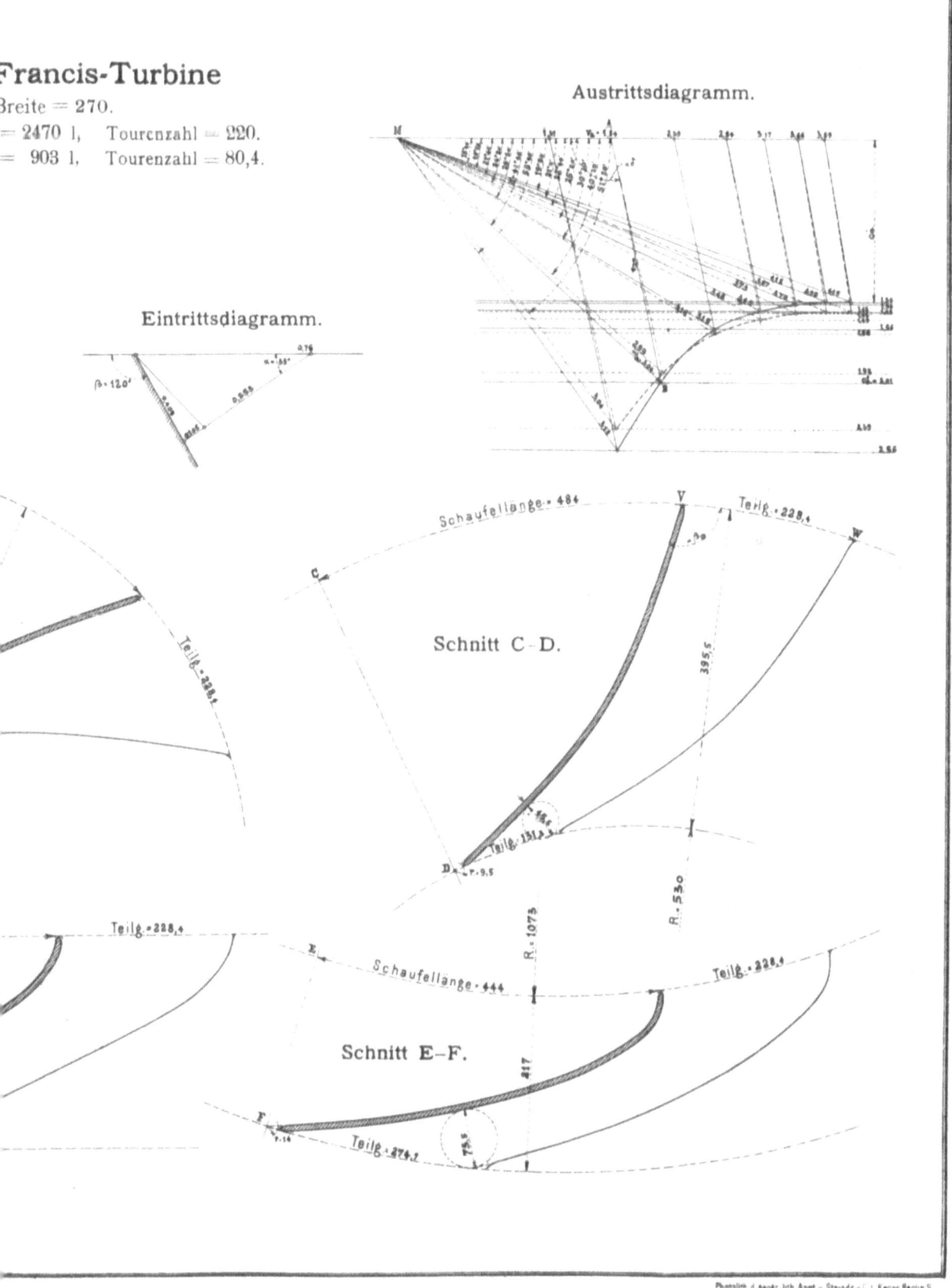

Photolith. d. geogr.-lith. Anst. u. Steindr. v. C. L. Keller, Berlin S.

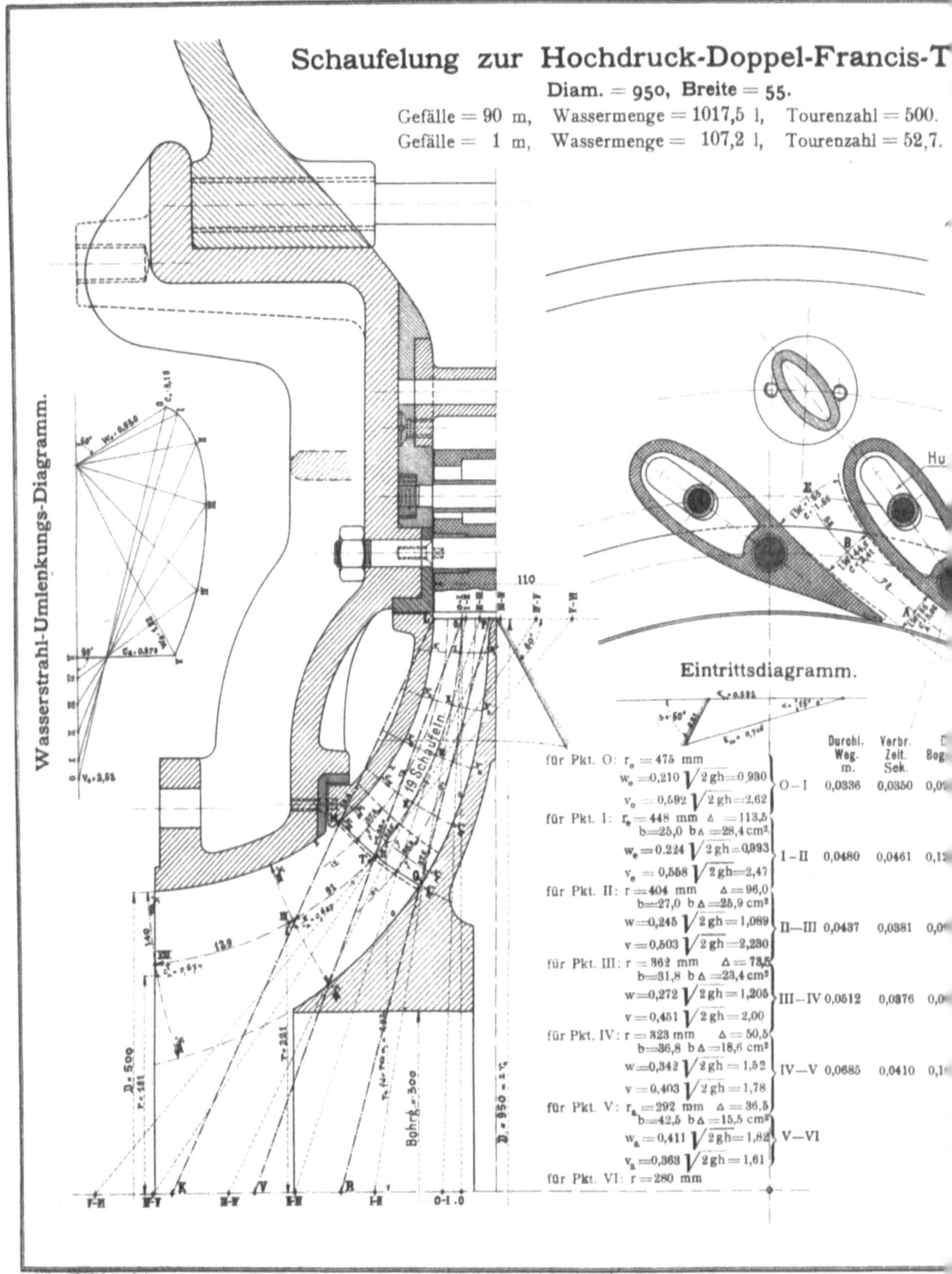

Verlag von Julius Springer in Berlin.

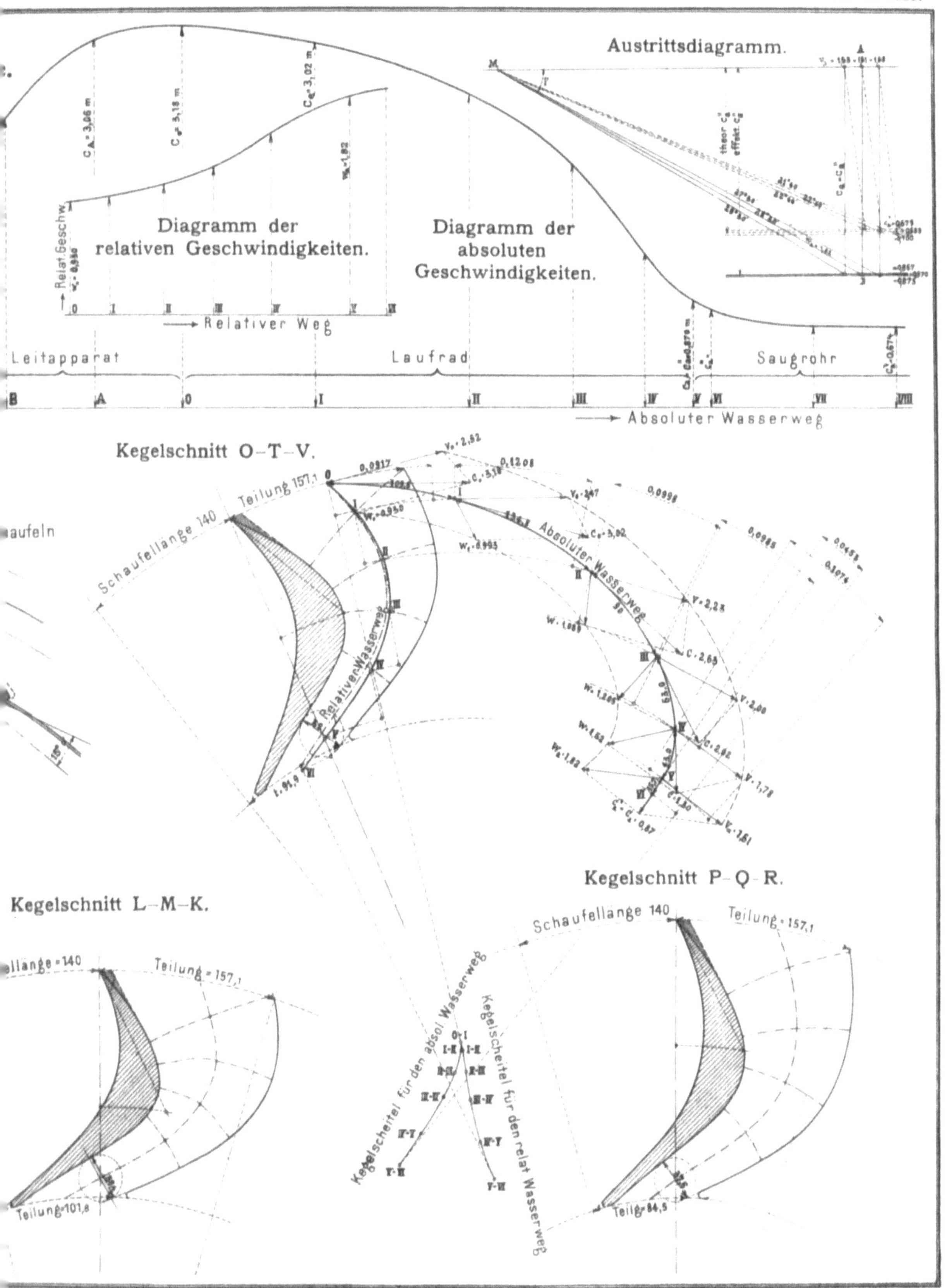

Photolith. d. geogr.-lith. Anst. u. Steindr. v. C. L. Keller, Berlin S.

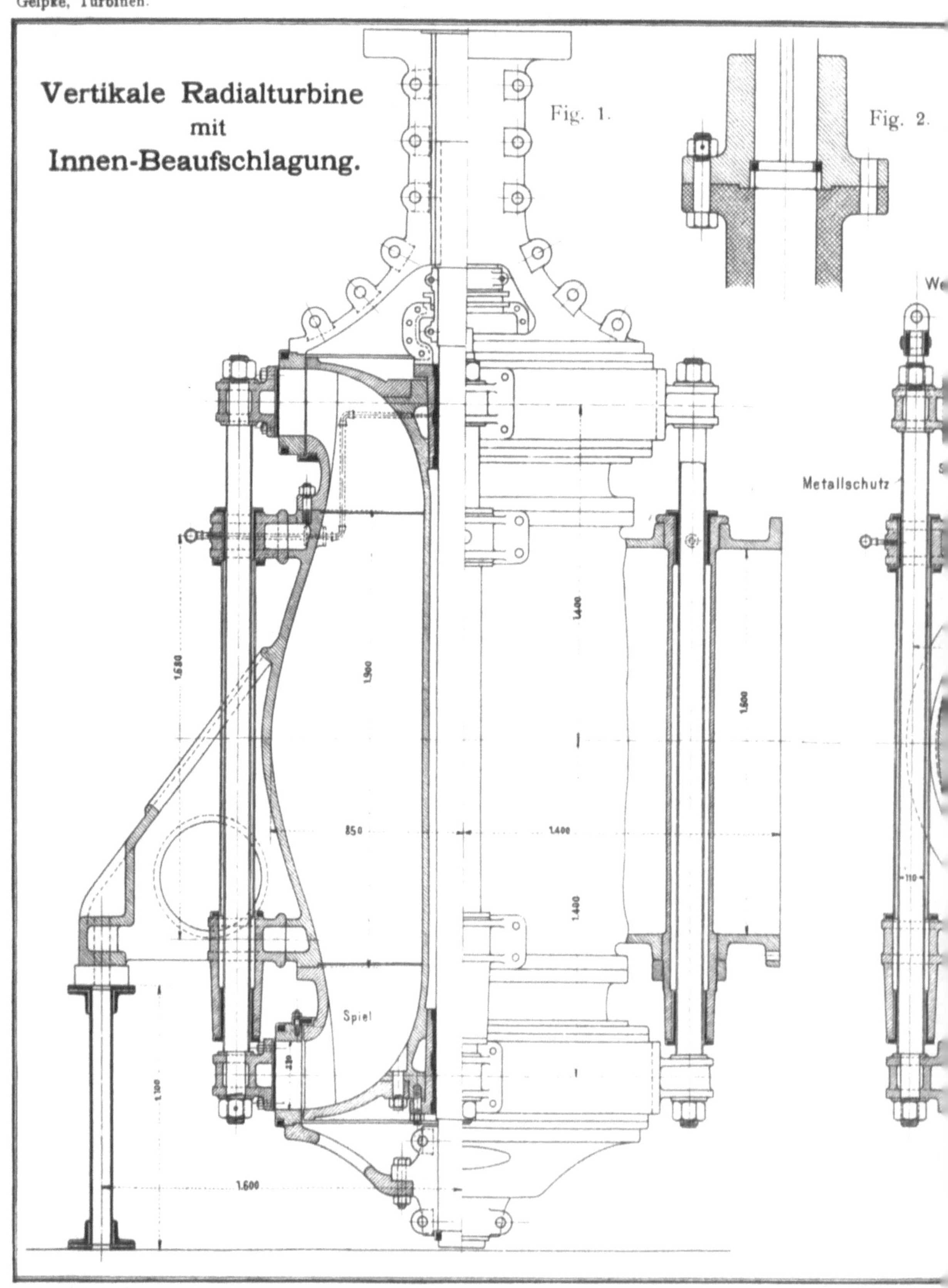

Verlag von Julius Springer in Berlin.

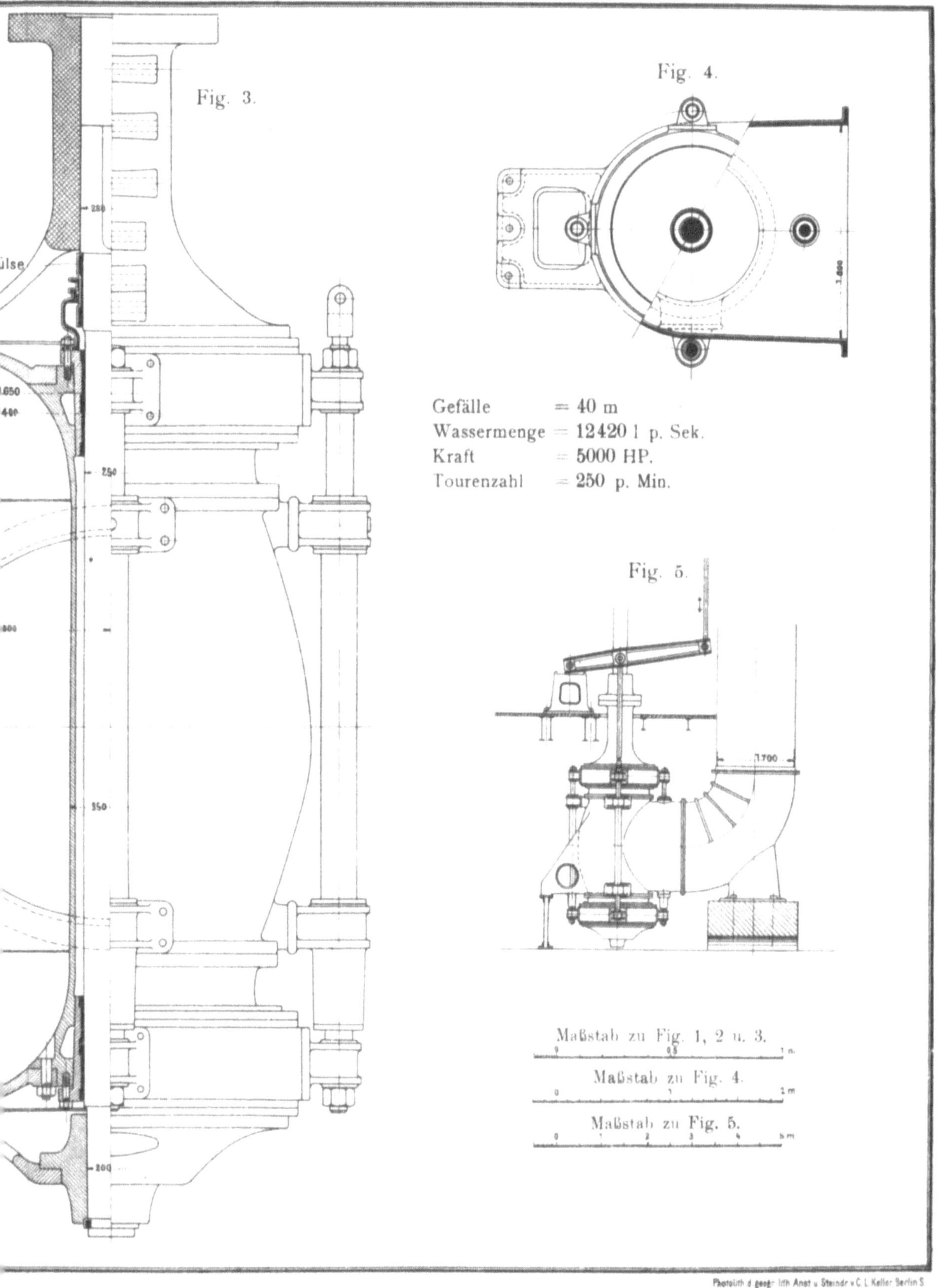

Photolith d geogr lith Anst u Steindr v C L Keller Berlin S.

Horizontale Radialturbi

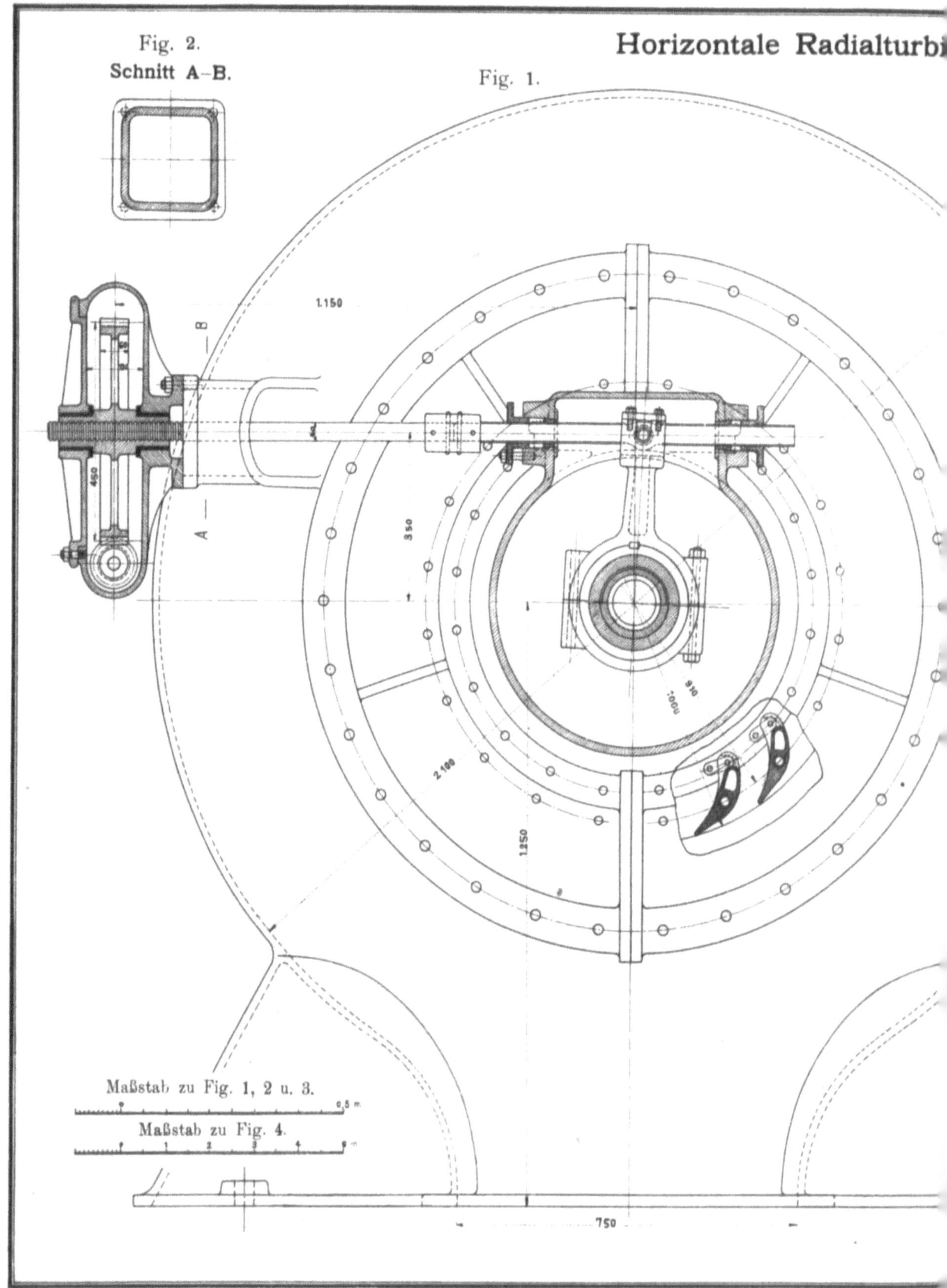

Verlag von Julius Springer in Berlin

t Innen-Beaufschlagung.

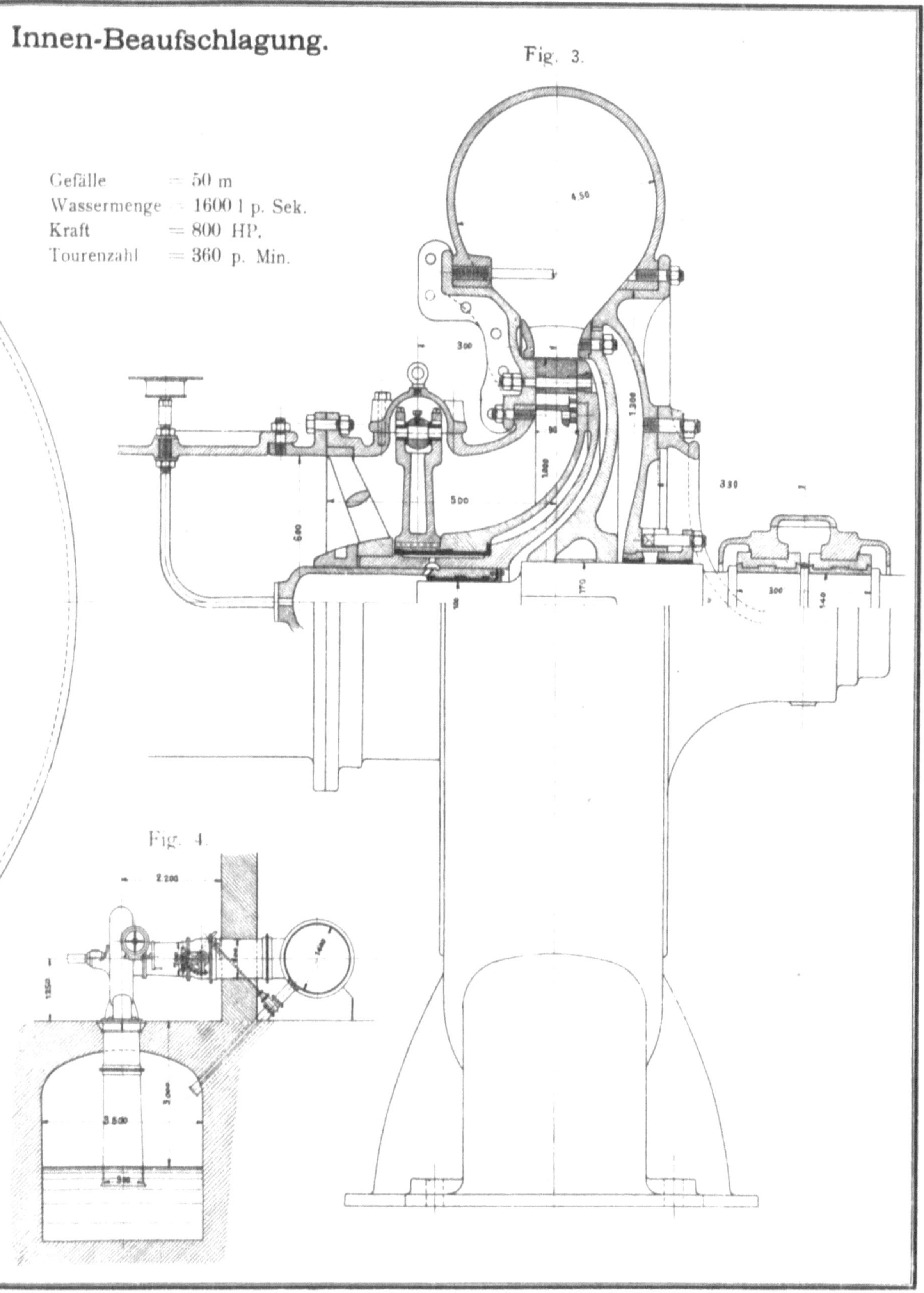

Photolith. d. geogr. lith. Anst. u. Steindr. v. C. L. Keller, Berlin S.

Axialturbine mi

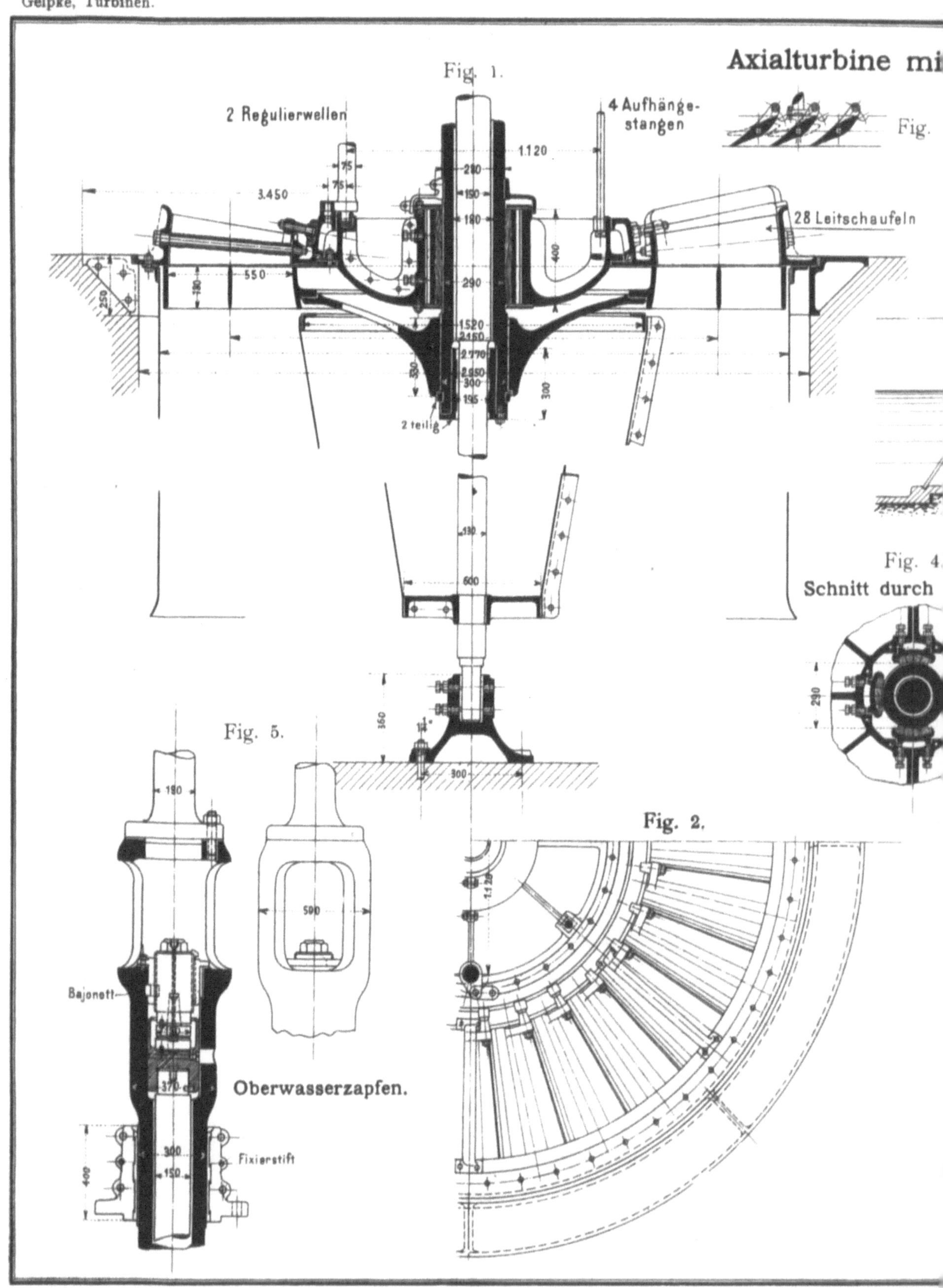

Verlag von Julius Springer in Berlin

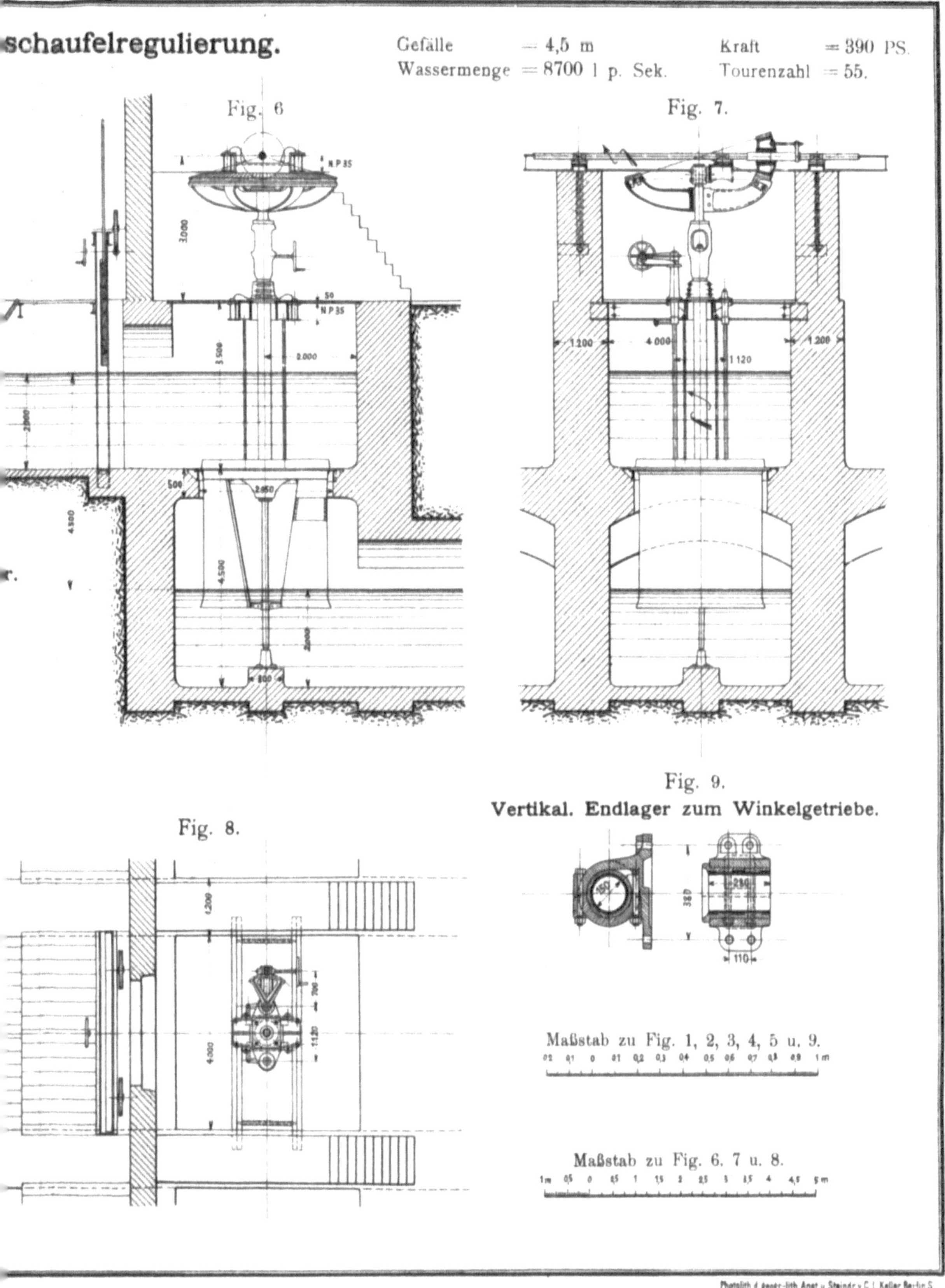

Photolith d geogr-lith Anst u Steindr v C L Keller Berlin S

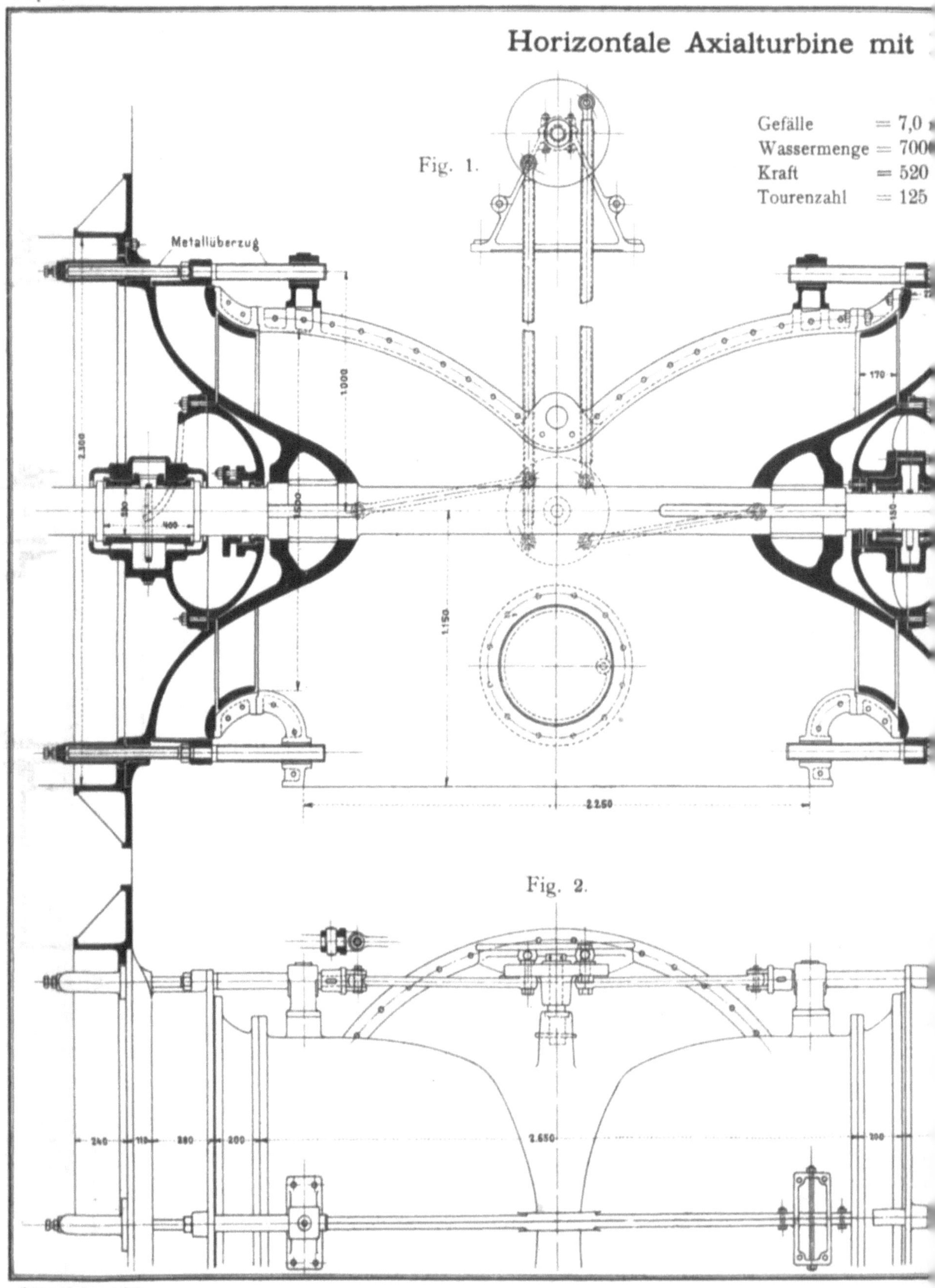

Verlag von Julius Springer in Berlin

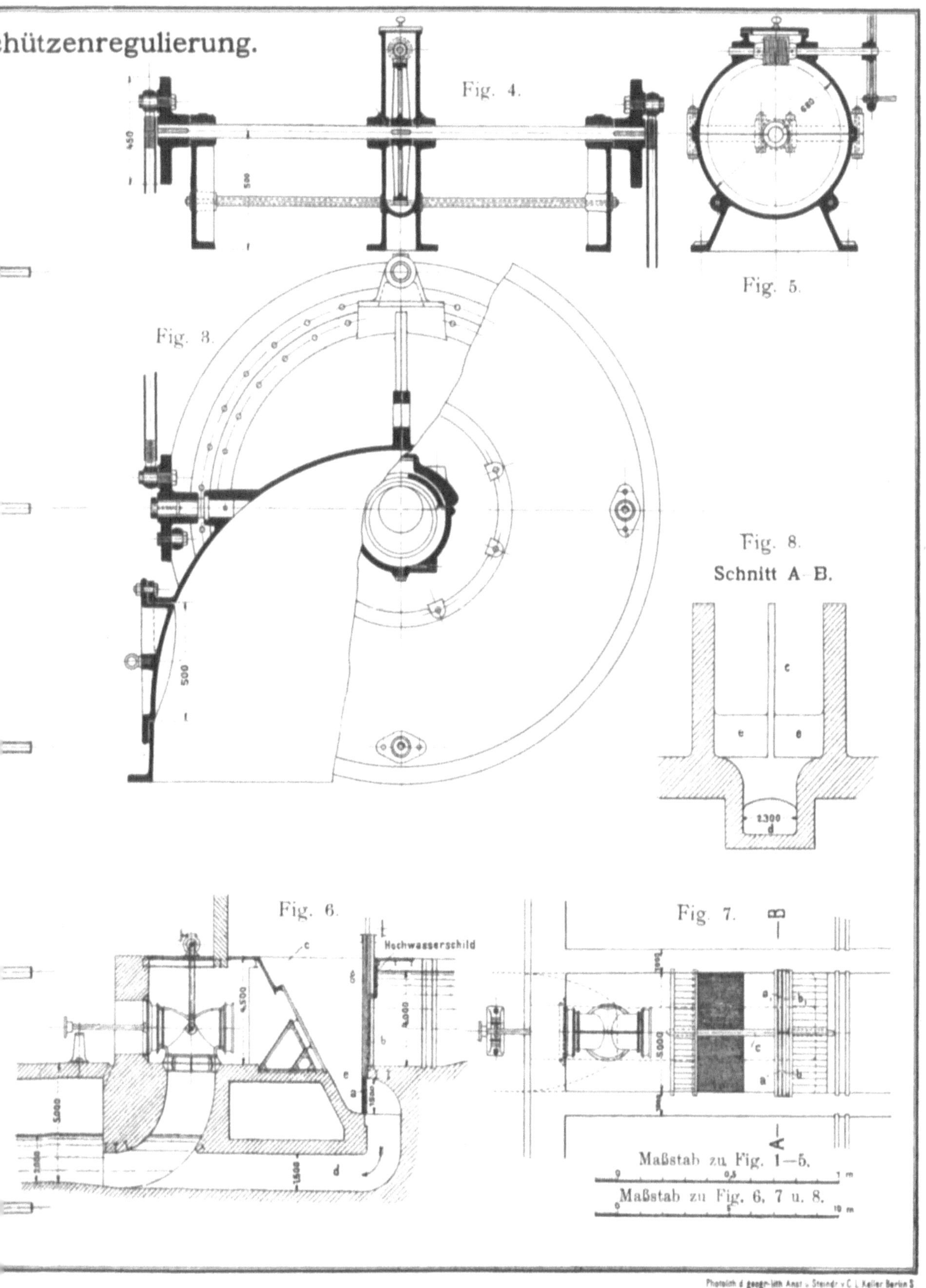

Photolith. d. geogr.-lith. Anst. u. Steindr. v. C. L. Keller, Berlin S.

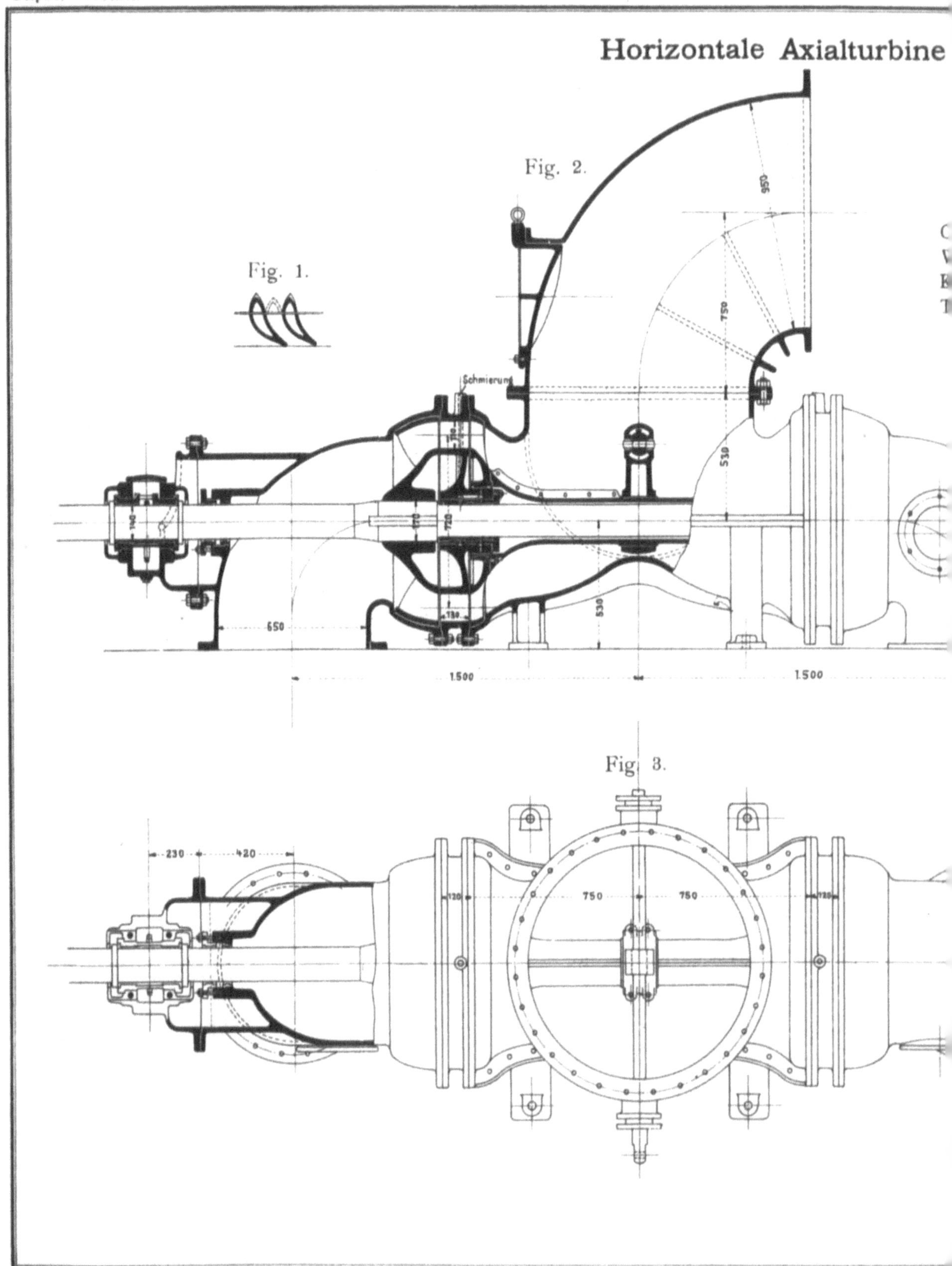

Verlag von Julius Springer in Berlin

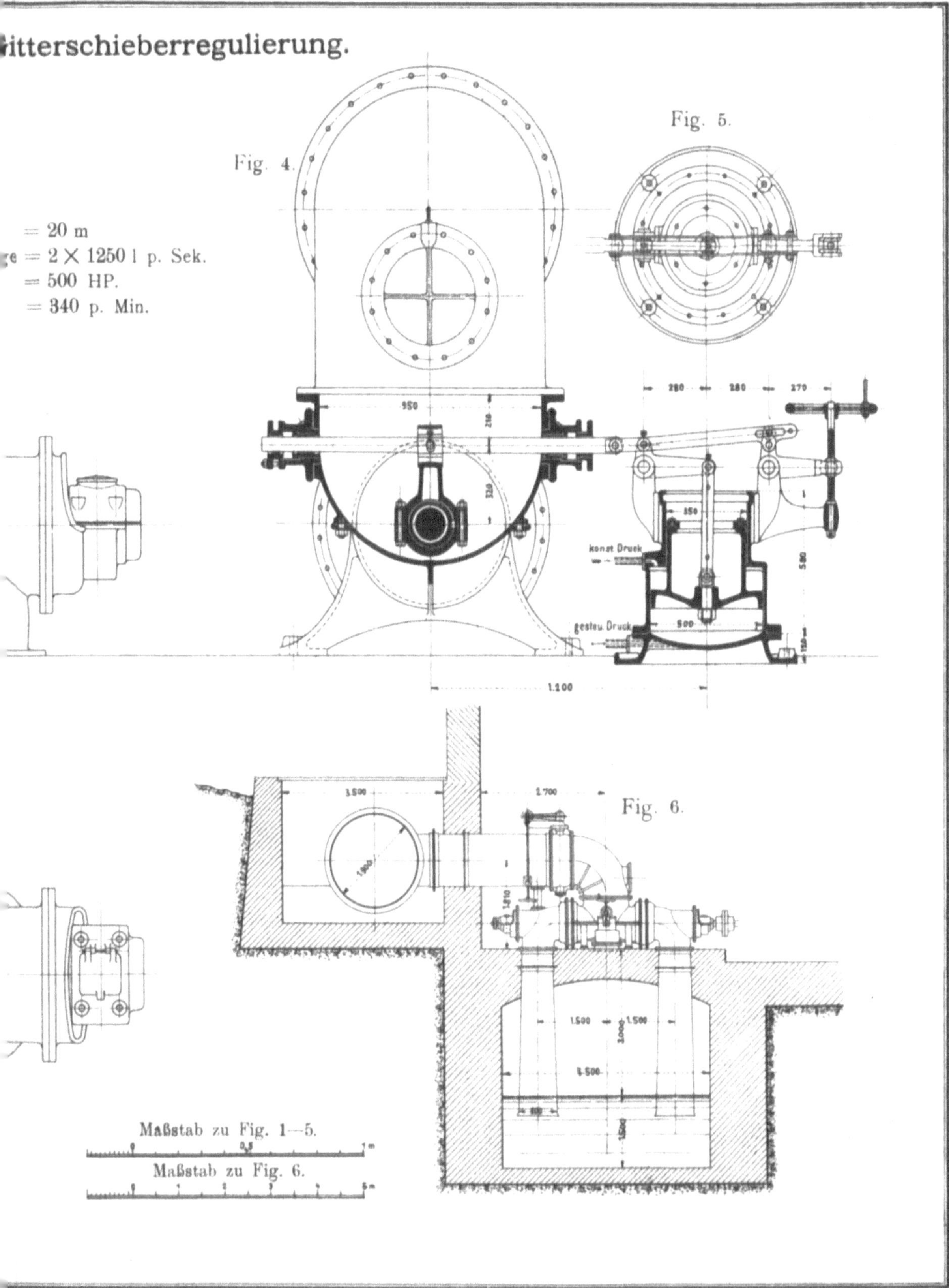

Photolith. d. geogr.-lith. Anst. u. Steindr. v. C. L. Keller, Berlin S.

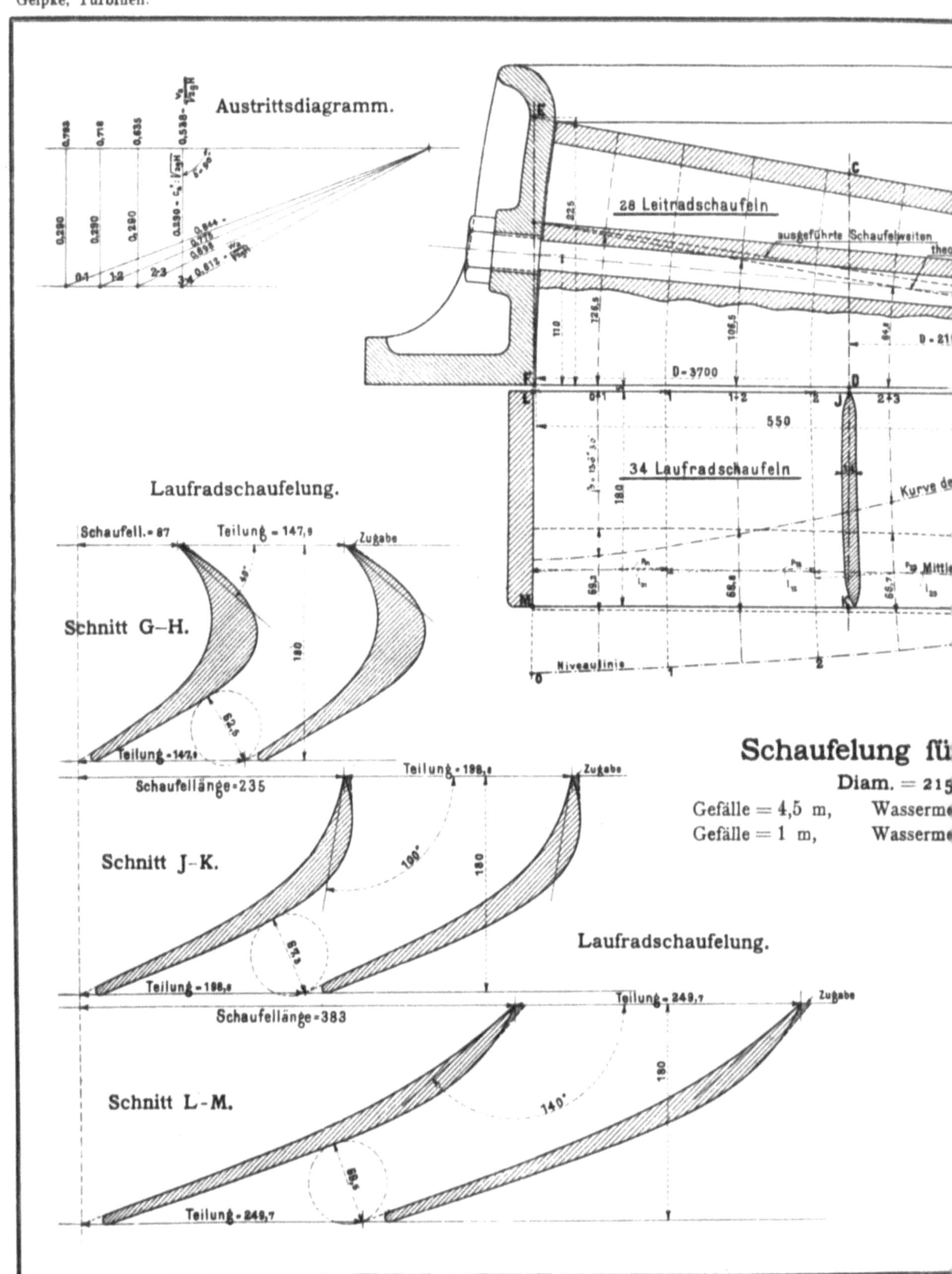
Austrittsdiagramm.
28 Leitradschaufeln
ausgeführte Schaufelweiten
D=3700
550
34 Laufradschaufeln
Niveaulinie
Laufradschaufelung.
Schaufell.=87
Teilung=147,9
Zugabe
Schnitt G–H.
Schaufellänge=235
Teilung=198,8
Schnitt J–K.
Laufradschaufelung.
Schaufellänge=383
Teilung=249,7
Schnitt L–M.
140°
Schaufelung fü
Diam. = 21
Gefälle = 4,5 m, Wasserm
Gefälle = 1 m, Wasserm

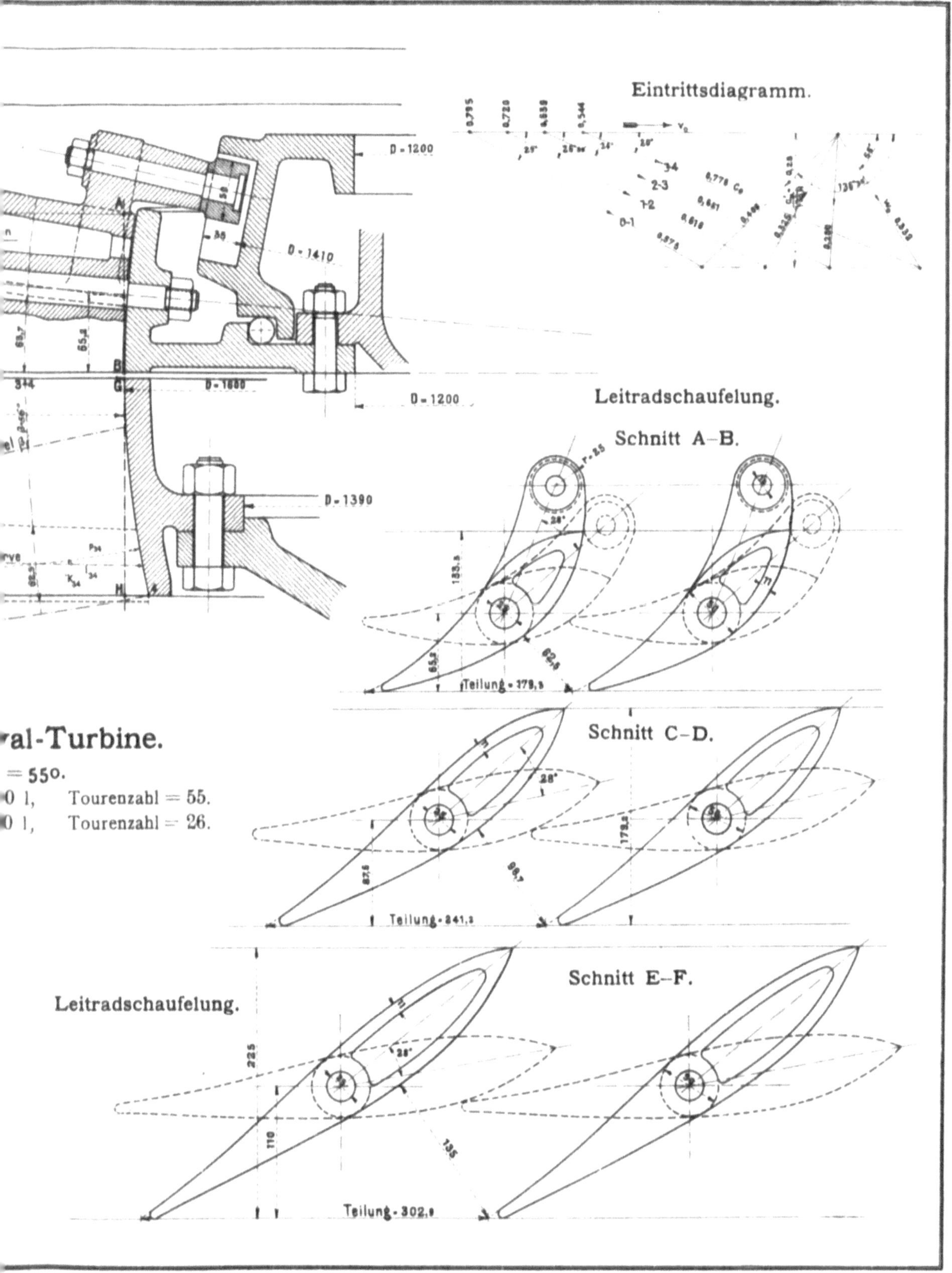

ral-Turbine.

= 55°.

0 l, Tourenzahl = 55.

0 l, Tourenzahl = 26.

Photolith d geogr.-lith. Anst. u Steindr. v. C. L. Keller Berlin S.

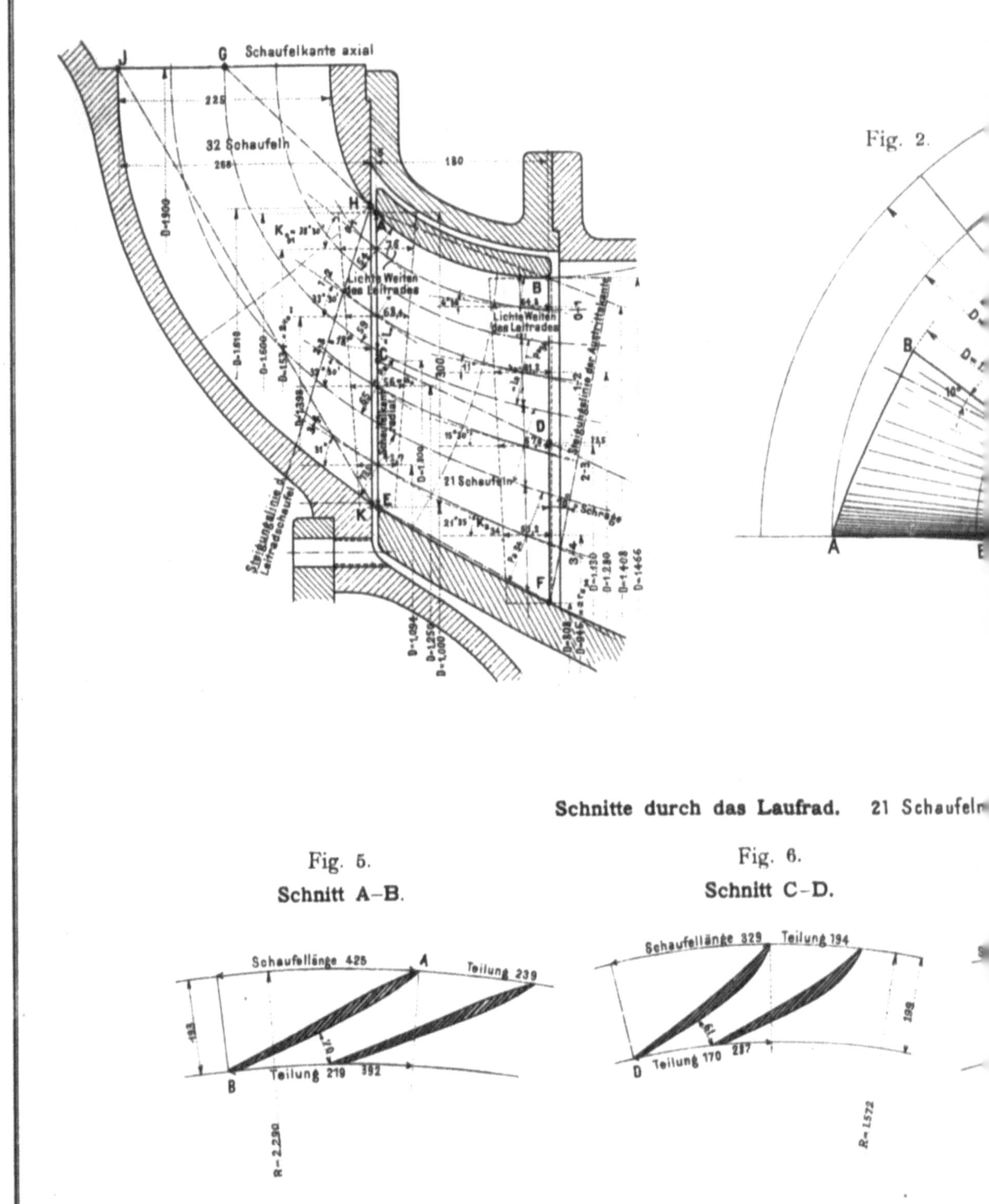

Fig. 2.

Schnitte durch das Laufrad. 21 Schaufeln

Fig. 5.

Schnitt A–B.

Fig. 6.

Schnitt C–D.

Verlag von Julius Springer in Berlin.

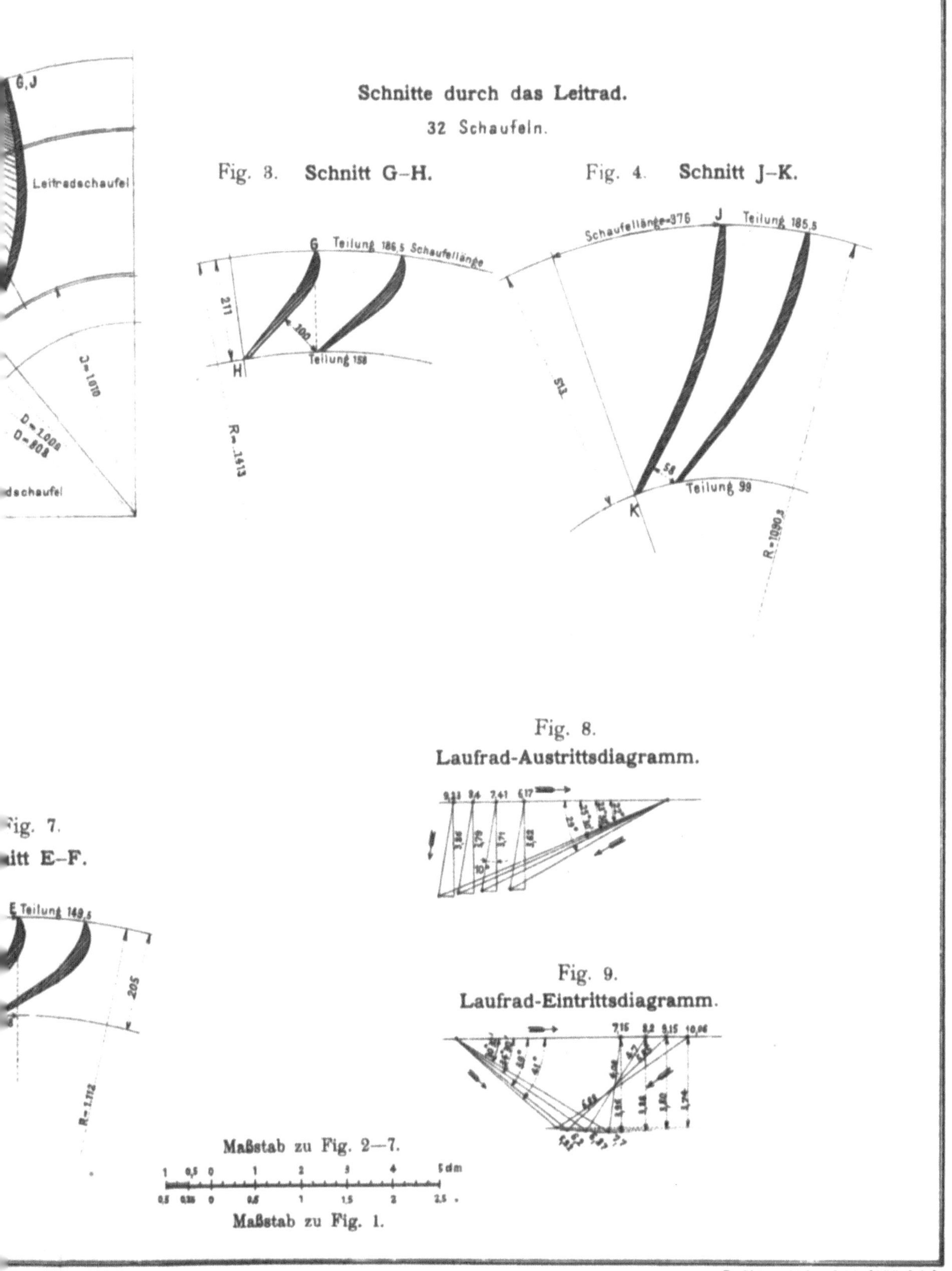

Photolith. d. geogr.-lith. Anst. u. Steindr. v. C. L. Keller, Berlin S.

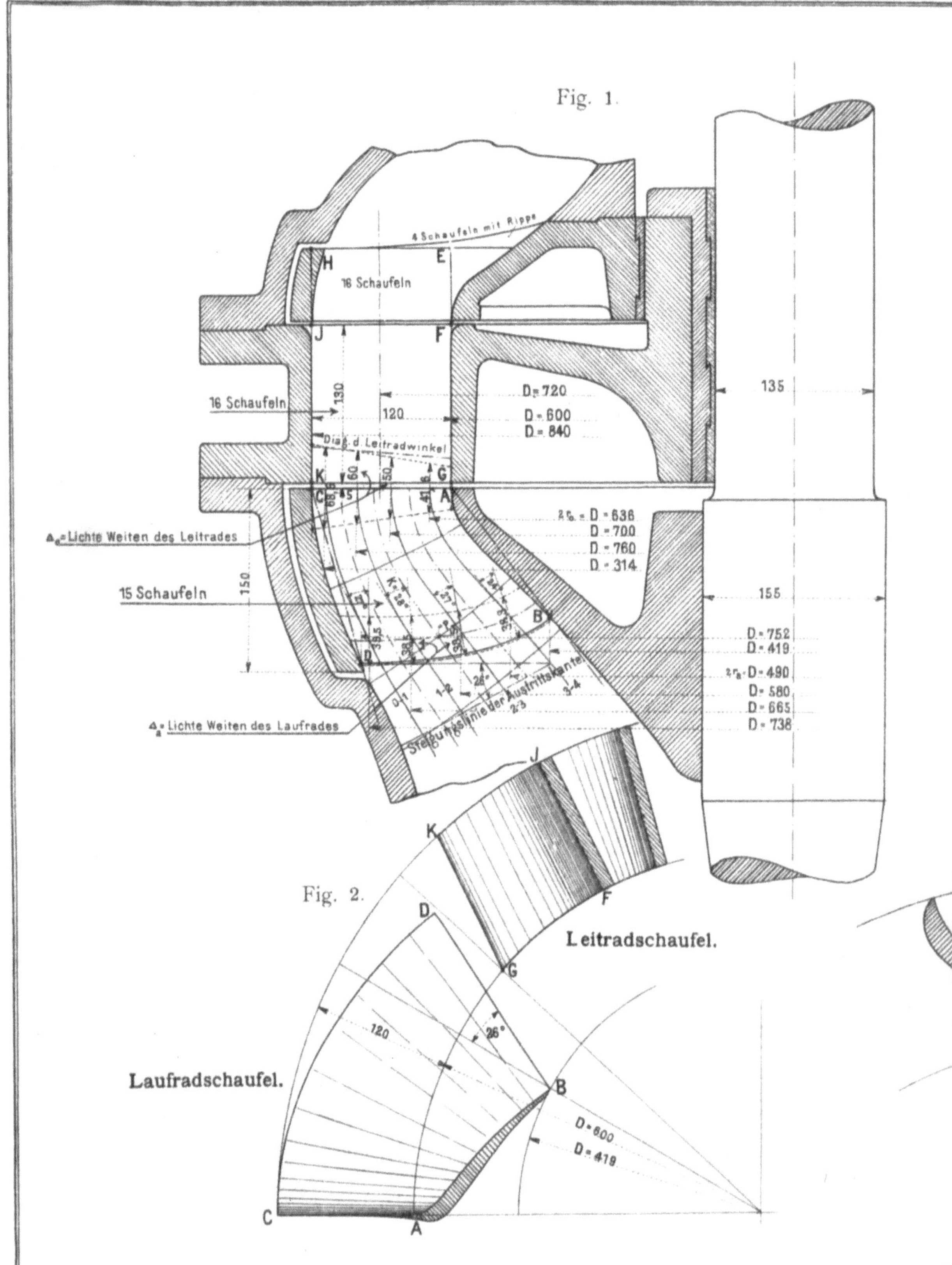

Verlag von Julius Springer in Berlin

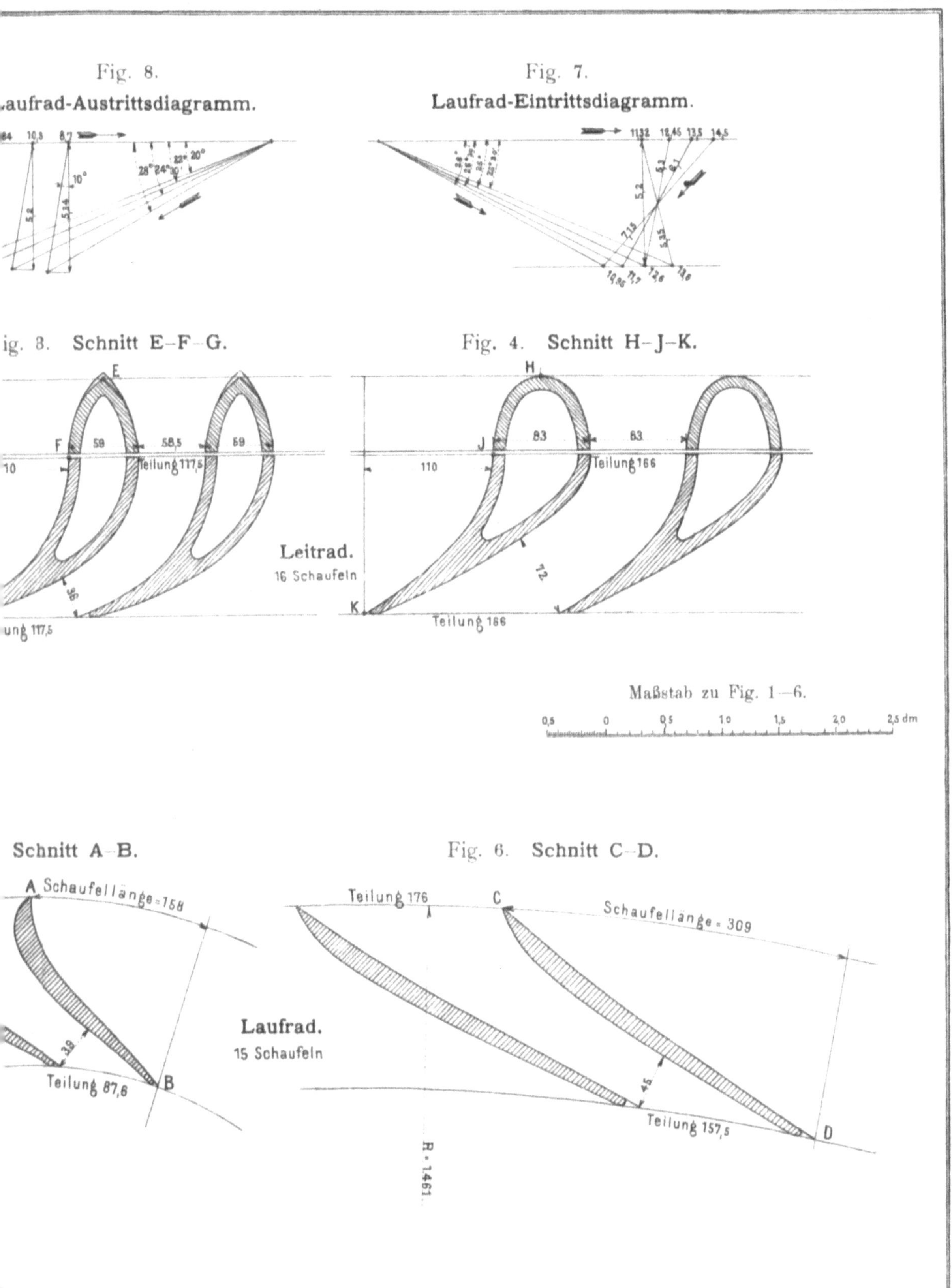

Photolith d. geogr.-lith. Anst. u. Steindr. v. C. L. Keller, Berlin S.

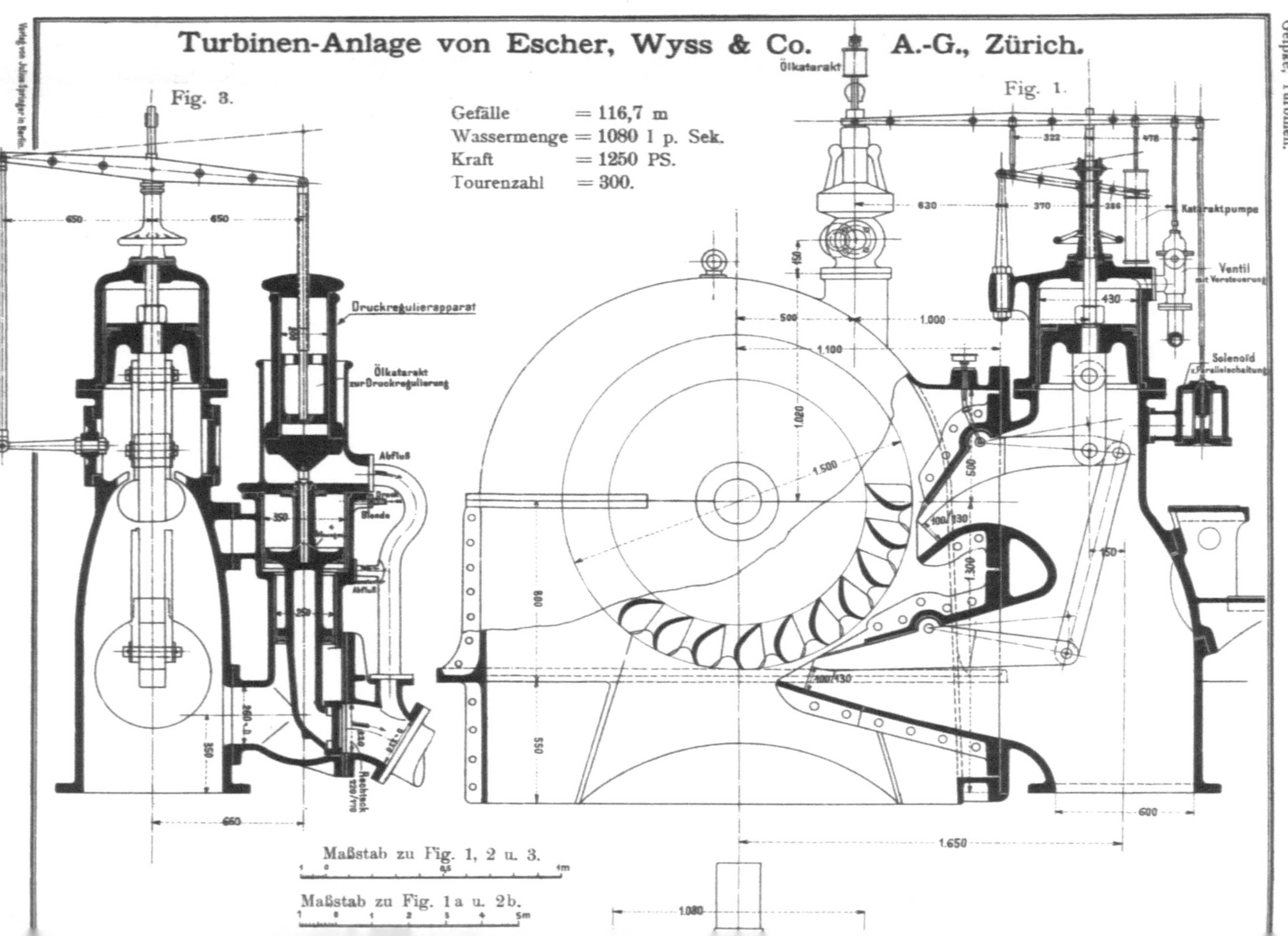

Verlag von Julius Springer in Berlin.

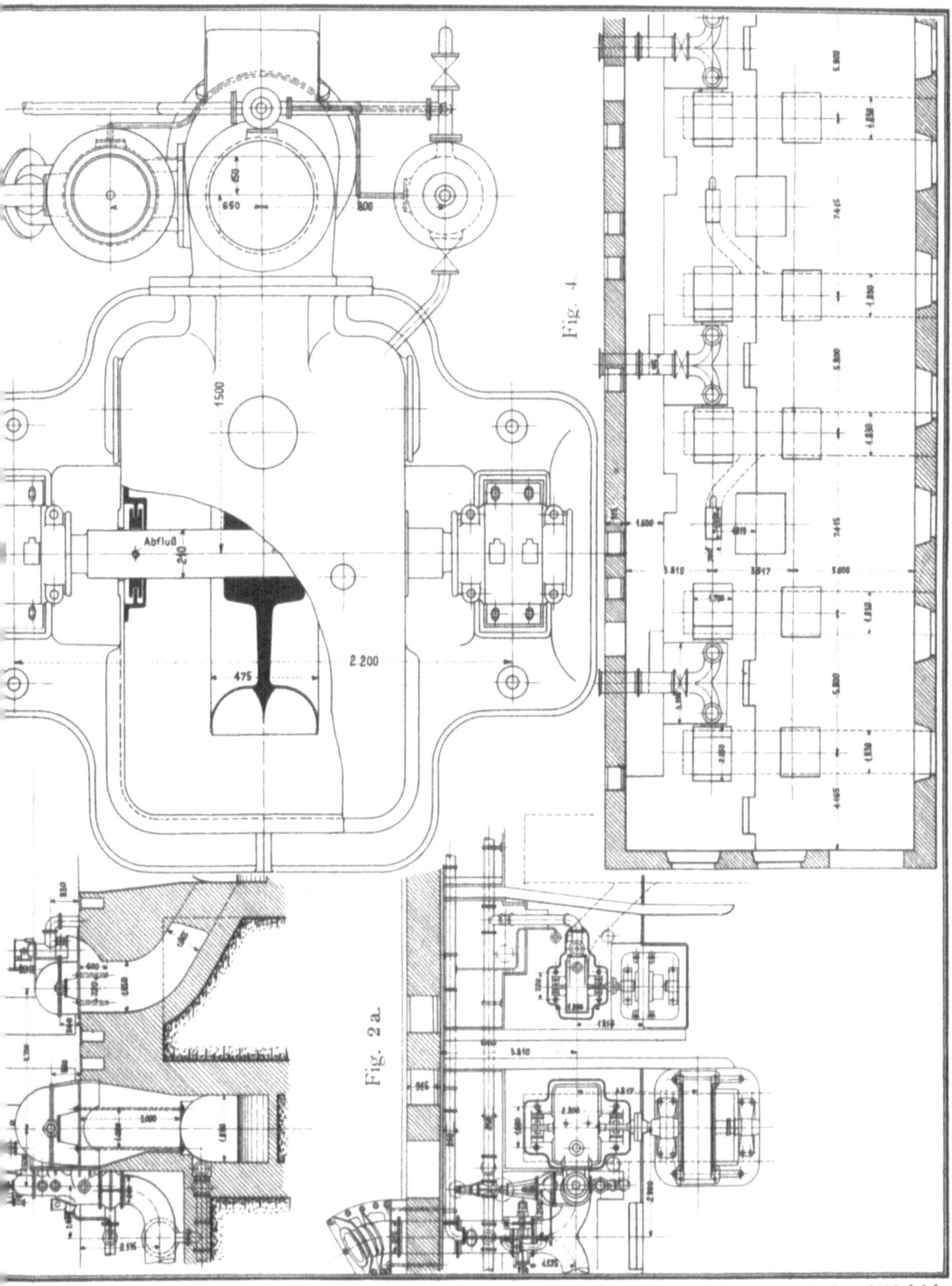

Photolith. d. geogr.-lith. Anst. u. Steindr. v. C. L. Keller, Berlin S.

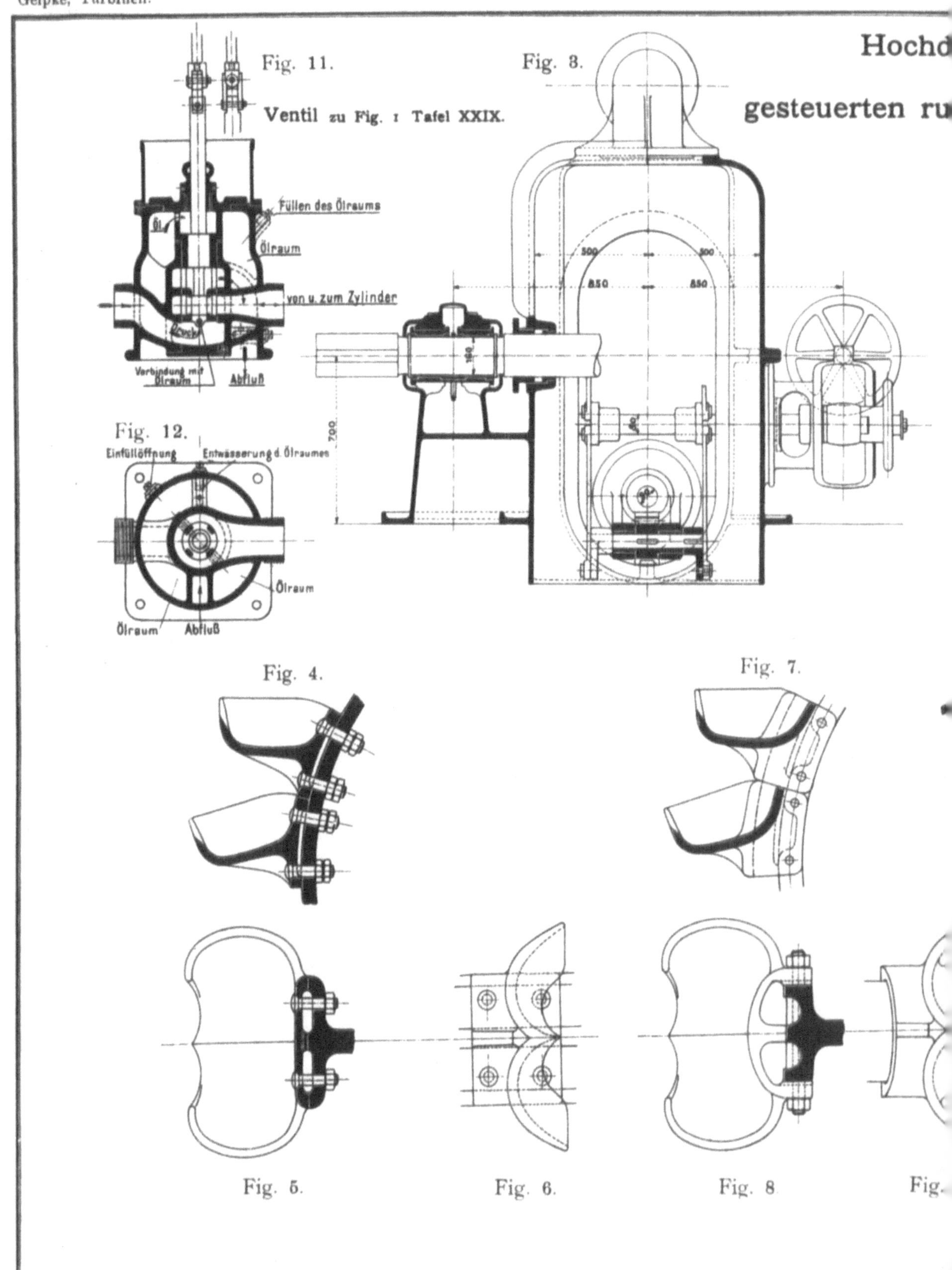

Fig. 11. Fig. 3. Fig. 12. Fig. 4. Fig. 7. Fig. 5. Fig. 6. Fig. 8 Fig.

Verlag von Julius Springer in Berlin.

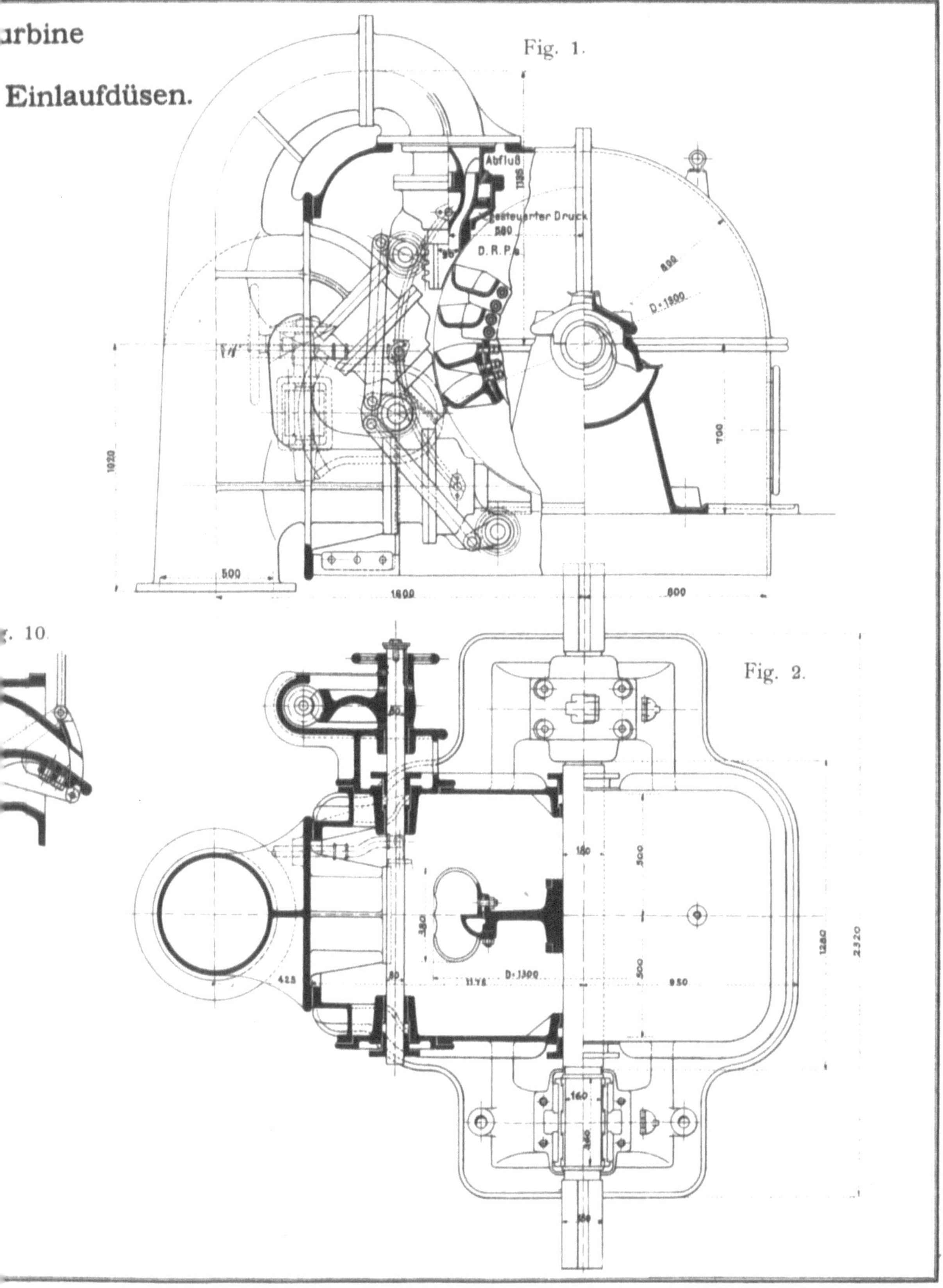

Photolith d geogr lith Anst u Steindr v C L Keller Berlin S

Hochdruckturbine mit gesteuerten runden Einlaufdüse

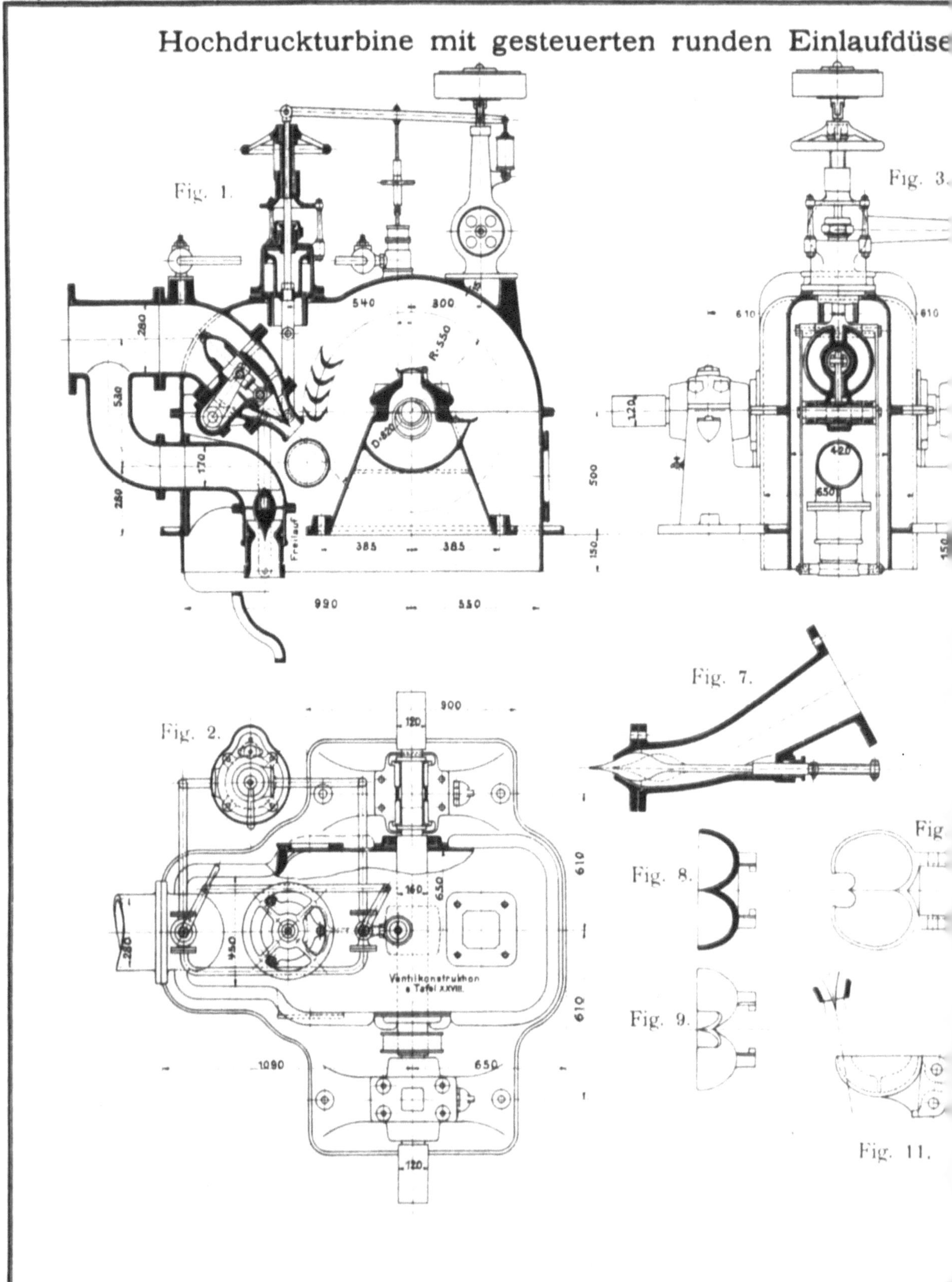

Verlag von Julius Springer in Berlin

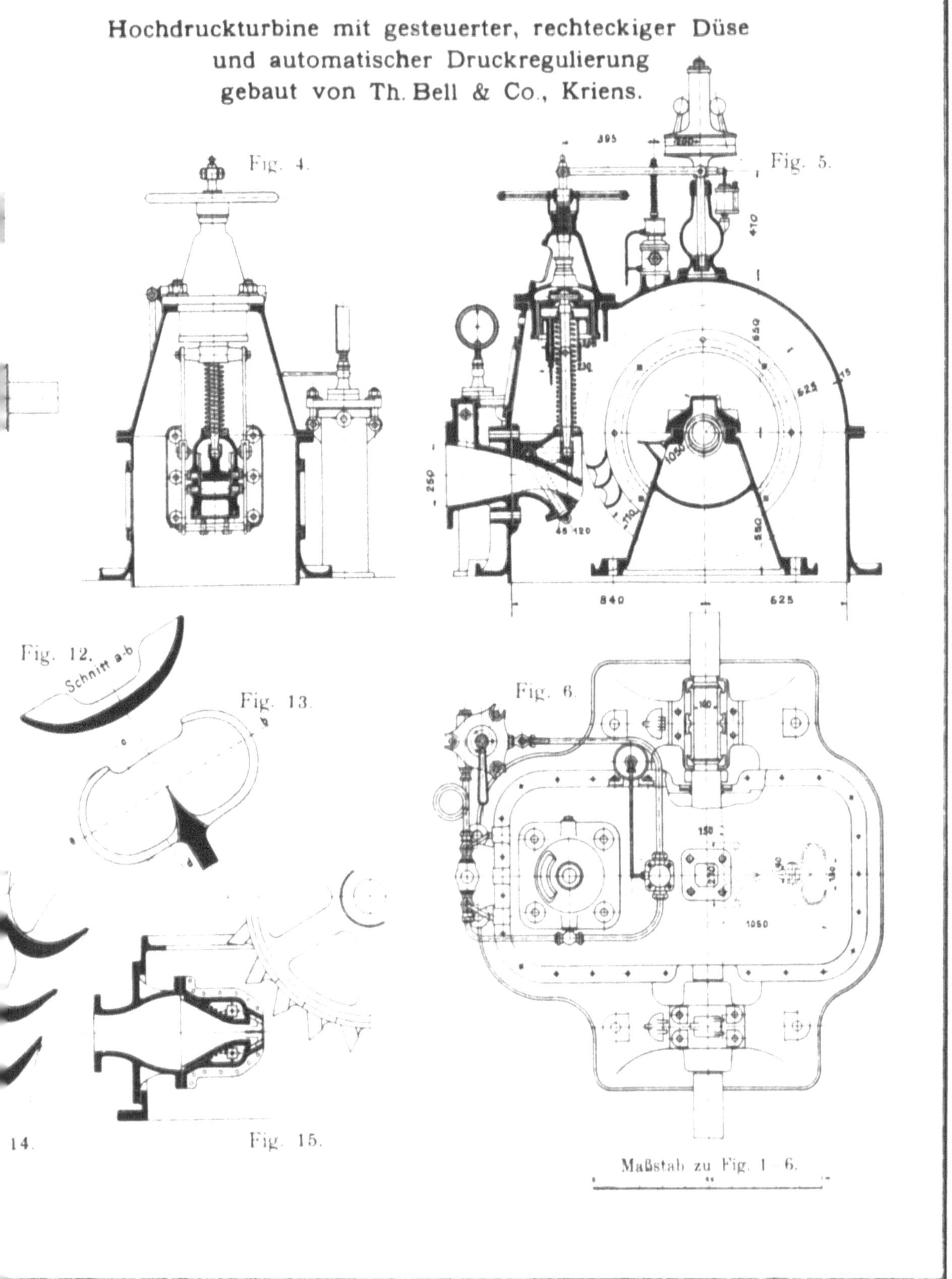

Photolith. d. geogr.-lith. Anst. u. Steindr. v. C. L. Keller Berlin S.

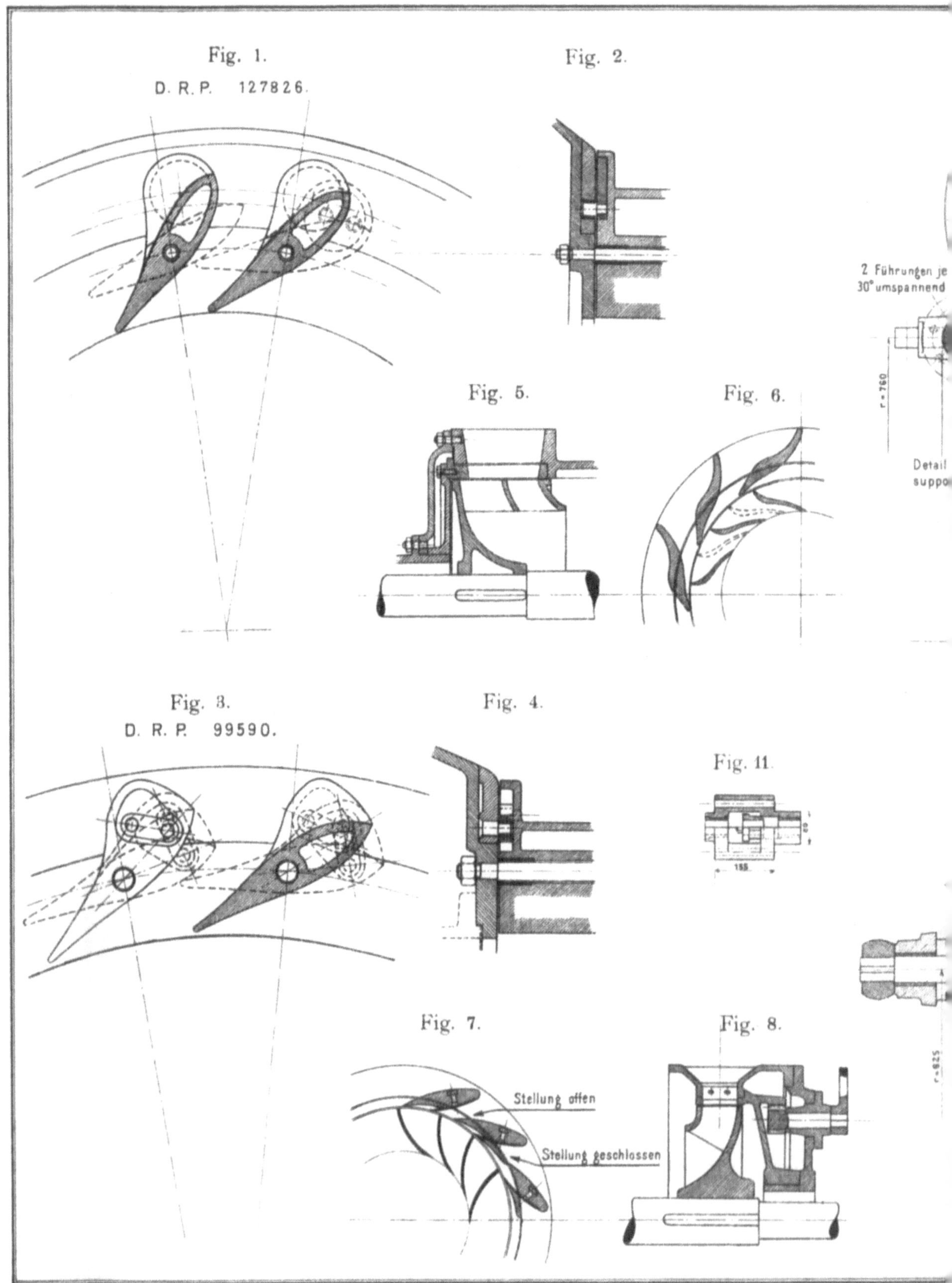

Verlag von Julius Springer in Berlin.

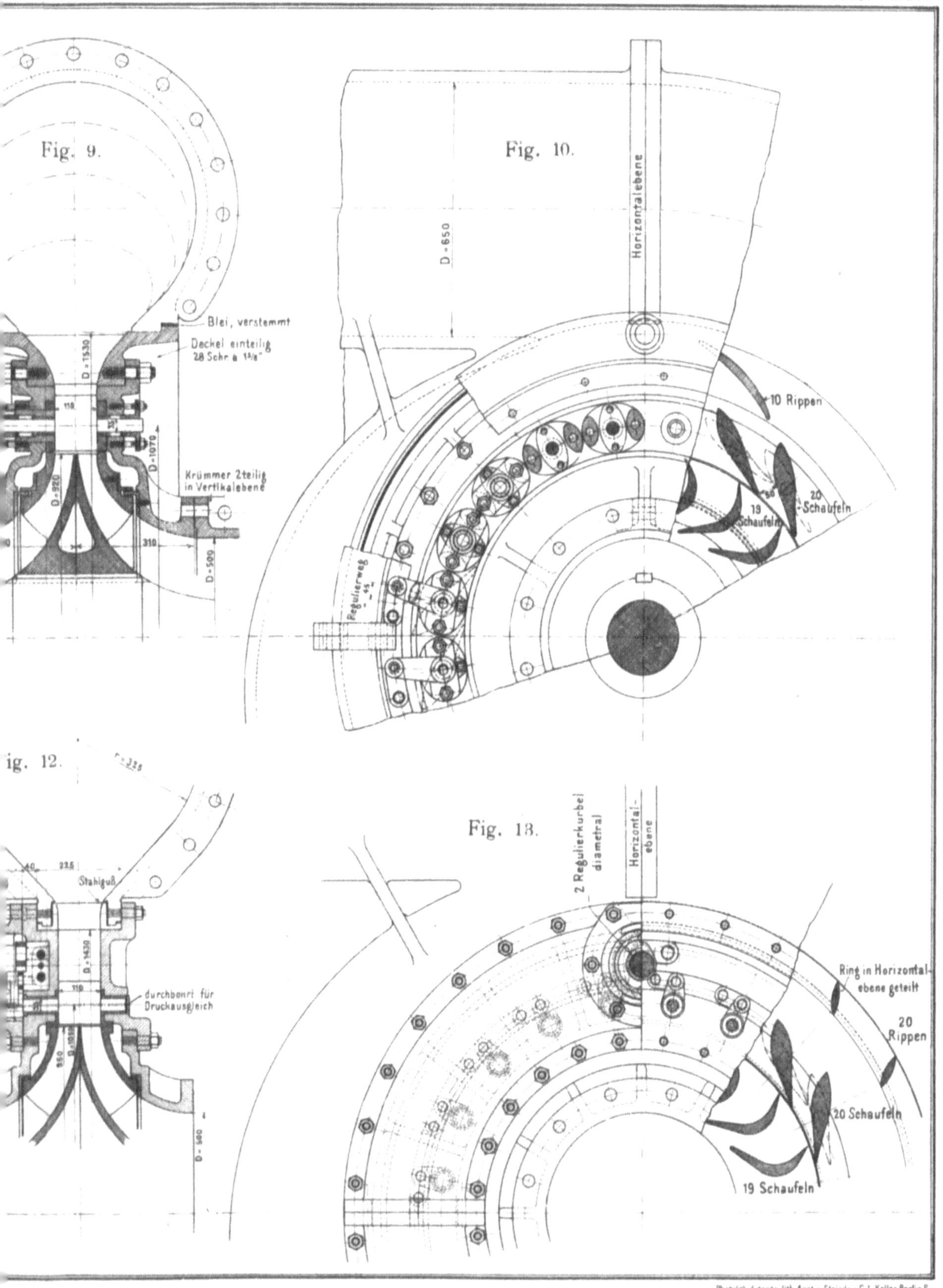

Photolith d geogr lith Anst u Steindr v C. L. Keller Berlin S.

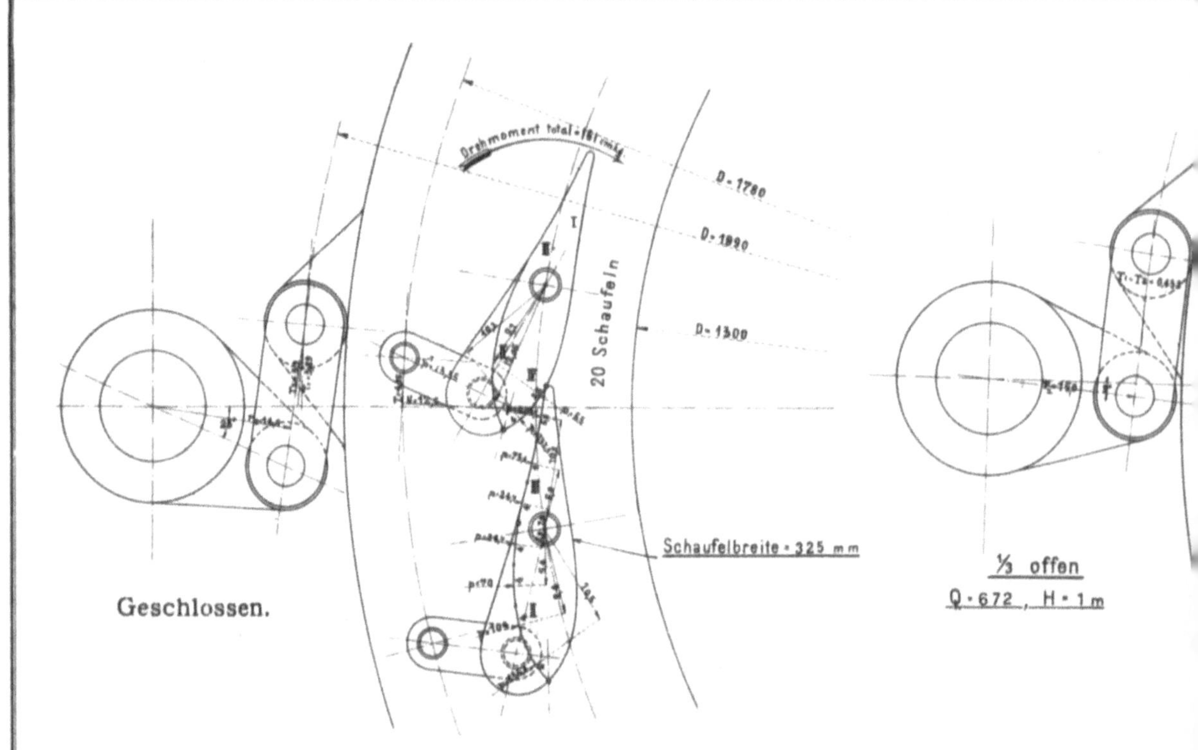

Wasserdruck-Drehmomente der Drehsc

H = 1 m, Q = 1715 l, n = 54,1 p. Min., D = 1300 mm

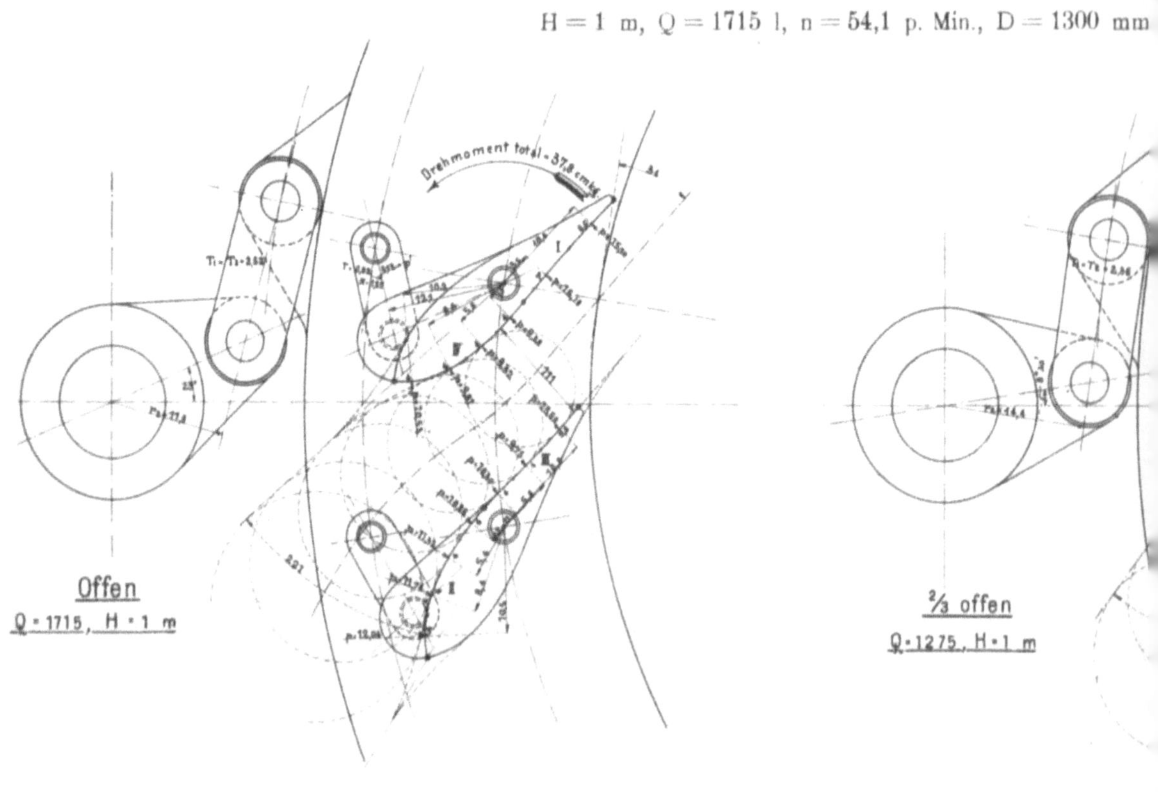

Verlag von Julius Springer in Berlin

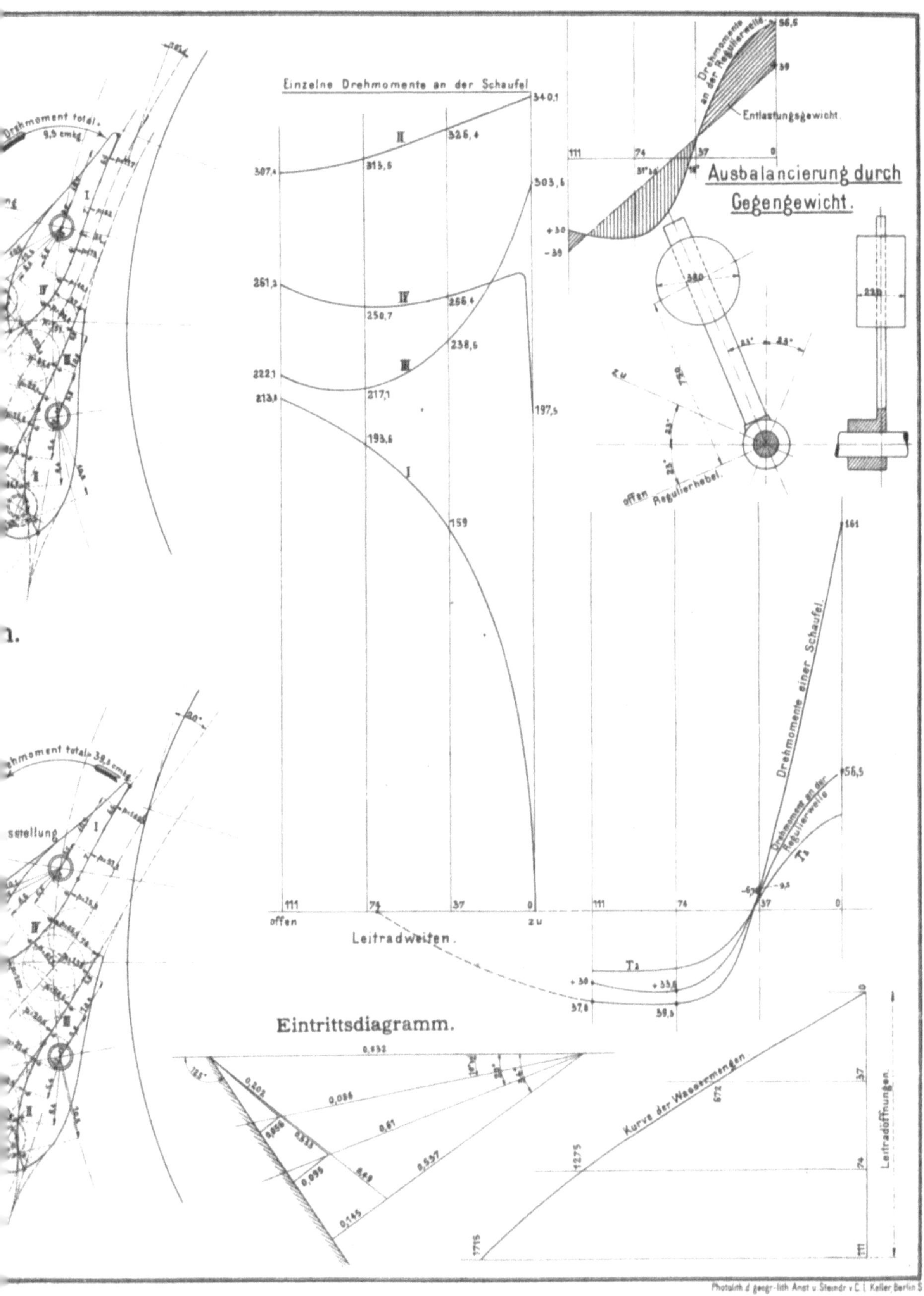

Photolith. d. geogr.-lith. Anst. u. Steindr. v. C. L. Keller, Berlin S.